鼠害管理技术

全国农业技术推广服务中心
中国农业大学　主编

中国农业出版社
北　京

图书在版编目（CIP）数据

鼠害管理技术／全国农业技术推广服务中心，中国
农业大学主编 . —北京：中国农业出版社，2018.12
ISBN 978-7-109-24802-1

Ⅰ.①鼠… Ⅱ.①全… ②中… Ⅲ.①作物－鼠害－
防治 Ⅳ.①S443

中国版本图书馆 CIP 数据核字（2018）第 244034 号

中国农业出版社出版
（北京市朝阳区麦子店街 18 号楼）
（邮政编码 100125）
责任编辑 阎莎莎 张洪光 王琦瑢 郭 科 李 蕊

北京通州皇家印刷厂印刷 新华书店北京发行所发行
2018 年 12 月第 1 版 2018 年 12 月北京第 1 次印刷

开本：889mm×1194mm 1/16 印张：18.75 插页：4
字数：540 千字
定价：75.00 元
（凡本版图书出现印刷、装订错误，请向出版社发行部调换）

编写人员 ●●●●●●●●●●

主　编：郭永旺　王　登

委　员（按姓名笔画排序）：

马庭蠹　马　勇　王凤乐　王弗望　王　勇

王雅丽　王　登　王　鹏　史建苗　冯志勇

边疆晖　成　玮　朱先敏　伍亚琼　任宗杰

刘建文　刘炳辉　刘晓辉　刘　媛　祁生源

杨立国　杨再学　李卫伟　李永平　李贤超

束　放　肖　迪　吴金钟　邹　波　张长江

张　帅　张庆贺　张武云　陈立玲　陈军昂

陈秋芳　陈　俐　周远曦　周朝霞　周新强

郑成民　郑兆阳　宛新荣　赵　清　姜　策

袁志强　殷宝法　郭永旺　郭　聪　黄立胜

黄晓燕　韩立亮　戴爱梅　魏万红

前言

6000万年前，鼠类在地球上出现，其最初生活于野外，随着人类的出现和农事活动的开展，鼠类与人类的生产生活紧密地联系在一起。鼠类不仅危害农业生产，还是多种疾病的媒介生物，对人类的健康影响巨大。可以说，鼠类是全世界都需高度关注的重要生物。中国是世界上鼠害发生比较严重的国家，年均农田鼠害发生面积超过 3 000 万 hm²，农户鼠害发生约 1.2 亿户，每年因鼠害造成的田间和农户储粮损失 70 多亿 kg，中药材、水果等经济作物的损失也很大。同时，由鼠类引起的流行性出血热等鼠传疾病年均发病人数在 1 万人以上，鼠类对广大农民群众的生产生活和健康安全都造成了威胁。

随着我国农业供给侧结构性改革的不断深化，农业种养结构和生产方式调整加快，农区鼠害发生呈现出新的特点。如山西朔州等调减玉米等粮食作物，改种黄芪、党参等经济作物，使当地中华鼢鼠发生加重，一般田块产量损失 20%，严重田块损失可达 40%。北方部分玉米改种大豆地区，大豆田鼠害呈加重发生趋势。在南方部分稻田综合种养地区，虾池鱼池周边平均鼠密度为 16%，最高可达 35%，是未开展种养结合田块的 10 倍以上，鼠害对虾产量也造成一定的损失，同时，人鼠接触概率的增加，易导致流行性出血热等鼠传疾病发生。近年来，微喷灌、地下滴灌、水肥一体化、免耕栽培、秸秆还田等新型节水、耕作技术广泛应用，农业耕作制度变更导致的生态环境变化，更利于鼠类的生存。人类活动正在深刻影响和改变环境，我国鼠害发生和发展也呈现动态发展，局部非常严重的鼠害年年发生。在海南南繁基地，老鼠已经成为当地科研育种单位和企业公认的最大危害，几乎所有育种田都要采用电网、投药、围栏"三道防线"防控鼠害，但损失率仍在 10%～30%，一些未防治的田块几乎颗粒无收。

我国非常重视农区鼠害的监测与防控工作。农业农村部在全国140个县建立了农区鼠害监测站，对农区鼠害的发生动态进行常年监测。鼠害的防控工作在不同历史时期都取得了明显的成效，特别是随着科学控制鼠害技术的研究与推广应用，我国农区鼠害严重发生的情况得到了有效控制，在防灾、防病、保生产、保安全、保生态方面都取得了显著成绩。科学灭鼠知识与技术得到了广泛的推广应用，经过农业及植保部门的努力，鼠害防控的新理念和新技术正逐渐普及。

近年来，随着科学技术的发展，物联网智能监测、围栏陷阱技术（TBS）、不育控制技术等鼠害绿色防控技术取得重大突破，为新时期我国农区鼠害的可持续治理工作提供了技术保障。为了更好地推广科学防控鼠害的知识与技术，我们对传统和新型的鼠害防控技术进行了详细归纳，就鼠类的益与害、分类与识别、鼠害监测与防控技术等内容，将传统的经典方法和最新的研究成果进行了整理，编写了这本《鼠害管理技术》。本书既注重科学理论的阐释，又与生产实际紧密结合，具有通俗易懂、方便实用、图文并茂的特点，可供基层广大植保技术人员、农民以及农业院校相关专业师生参考使用。

编　者

2018 年 10 月

目　　录

第一章　　　　　鼠 的 益 与 害

　　鼠类统称为啮齿动物（glires），包括啮齿目（Rodentia）和兔形目（Lagomorpha）两大类群。6 000万年之前，鼠类就在地球上出现。其最初生活于野外，随着人类的出现和农事活动的逐渐频繁，鼠类开始潜入人类的居室进行盗食、居住等活动，并伴随人类的交往，借助于人类的交通工具蔓延至世界各地。鼠类的头骨和人类的头骨一起被发现存在于100万～250万年前。鼠类与人类的关系实际上从人类诞生起就一直存在，其很早即被人类所关注并在人类发展史上打下了烙印。如我国记录鼠类对农业的危害可追溯至春秋时期的《诗经》，其有大量描述鼠类危害或以鼠喻人、喻事的描述，《诗经·召南·行露》中有"谁谓鼠无牙，何以穿我墉?"的描述，知鼠不仅攫取粮食，还会毁坏墙壁和家具，危害不浅;《诗经·魏风·硕鼠》表达了"民困于贪残之政，故托言大鼠害己而去之也"的情志，所谓"无食我黍""无食我麦""无食我苗"便是借硕鼠的形象来控诉社会现象。除此之外，还有许多以鼠喻人、喻事的词语和成语，如称目光短浅的为"鼠目"，称鼠麹草为"鼠耳"，称栗鼠尾毛制成的笔为"鼠尾"，称轻微卑贱之物为"鼠肝"，称牡丹一别名为"鼠姑"，称蔑视之人为"鼠子"。从词语衍成的成语，有"鼠窃狗盗"，出自《史记·叔孙通传》;"鼠肝虫臂"，出自《庄子·大宗师》，喻微末卑贱;"鼠凭社贵"，出自沈约《恩幸传论》，喻依靠别人抬高自己;还有"首鼠两端"，形容犹豫不决，办事不成;"鼠目寸光"，形容目光短浅等;"抱头鼠窜"，形容狼狈逃窜的样子，多为贬义。我国几千年的农耕文明，更是体现了对鼠危害农作物的深恶痛绝，有"鼠，其众覆野，大食稻为灾"的鼠害现象。进入近代，鼠患也经常成为社会新闻，如鼠导致电器设备的故障，高铁和飞机的停运等。蚊子、苍蝇、老鼠和蟑螂被视为四害。反腐倡廉中把那些贪污受贿的"硕鼠"曝光，也是大快人心的好事。总体上看，鼠类与人类的关系源远流长，人与鼠之间的斗争及人对鼠类的利用一直存在。汉字经过了6 000多年的变化，其演变过程为甲骨文→金文→小篆→隶书→楷书→草书→行书。汉字鼠的甲骨文是象形文字:

一只小老鼠张着嘴在咬东西;金文大篆:　;小篆:　;隶书:鼠。

表示的就是张口露牙的鼠首。我国古代将穴居为主的小兽以汉字"鼠"或以"鼠"为偏旁的字称呼。但并不是所有称为"鼠"或以"鼠"为偏旁的动物都是啮齿动物。如鼹鼠、臭鼩（鼩鼱目 Soricomorpha）;树鼩（树鼩目 Scandentia）；黄鼬、白鼬、伶鼬（食肉目 Carnivora）；袋鼠、负鼠（有袋目 Didelphidae）等就不属于啮齿动物。豪猪、荷兰猪（豚鼠，原产美洲，与豪猪同一亚目，是常用的啮齿类实验动物），河狸、旱獭等名字与鼠无关，但属于啮齿动物。从广义的角度看，把啮齿类、鼩鼱目（Soricomorpha）中鼩鼱科（Soricidae）及食肉目（Carnivora）的部分种统称为鼠形动物。故"老鼠""鼠类"既包含啮齿动物，又包含其他目的一些动物。实际的啮齿动物（Glires）只包括啮齿目（Rodentia）和兔形目（Lagomorpha）两大类（统称为啮齿类），其绝大多数种属都可以以某某鼠或鼾、豳、鼷、鼫等称呼。它们是一类营陆生、穴居、树栖或半水栖的，门齿发达呈凿状、无齿根，能终生生长，无犬齿而具齿虚位（Diastema，即门齿和颊齿间隔以宽阔的齿间隙），具双子宫的小型或中型的有胎盘哺乳动物。

啮齿动物分布于除南极洲外的全球各地，据 Wilson 等《世界哺乳动物物种（第 3 版）》（2005）统计，全世界现有啮齿动物 2 369 种（其中兔形目 3 科 13 属 92 种，啮齿目 33 科 481 属 2 277 种），占现存哺乳动物总种数的 43.74%（全世界哺乳动物已知有 5 416 种）。

第一节　鼠的益处

人类对鼠类的认识，最初的着眼点是其危害。实际上，真正对农业造成危害的鼠类约占整个鼠种数的 10%。若从鼠传疾病的角度考虑，危害的种类会大大增加。随着人类对自然世界认识的深入，人们逐渐认识到并不是凡鼠就有害。

从进化的角度看，啮齿类先于灵长类出现，故人类的整个演化过程，啮齿动物始终伴随左右。它们与人类的关系是与生俱来的。啮齿动物是自然生态系统（如各种森林生态系统、草原生态系统、荒漠生态系统等）中非常重要的一环（图 1-1）。自然生态系统中鼠类以植食性为主，属初级消费者，其不断地将植物性养料转化为动物性养料，为各种肉食性动物提供了基本的生存条件，是生态系统中

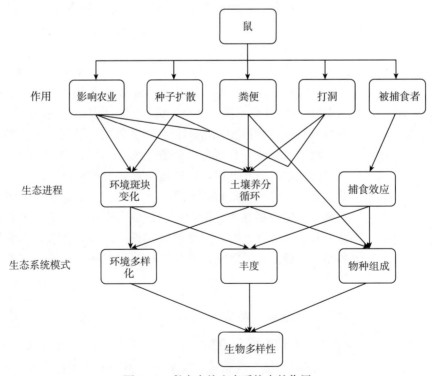

图 1-1　鼠在自然生态系统中的作用

次级生产力的主力之一。自然界众多"食物链"中，啮齿动物是连接植物与肉食性、杂食性动物及一些寄生性、腐生性生物的起始环节，从而使各种食物链再组合成"食物网"，保证了自然生态系统的物质循环和能量流动，造就了大自然的蓬勃生机、千姿百态。通过食物链网及其间接作用，几乎和生态系统中的各物种都会有一定的关系。其在农业生态系统的物质循环和能量流动中发挥着重要作用，是维持生态系统食物链稳定不可或缺的环节。在没有人为干扰的环境中，鼠类的适度取食和活动有利于维持自然生态系统的稳定。

一、鼠是生物多样性的资源之一

鼠类作为生态系统中的成员，其作用表现在多方面。如草原生态系统中，鼠啃食牧草，直接或间接分食了畜禽的食物，其对人类利益是有害的。但草原上的鼠类普遍是次级消费者——食肉动物，如狐、鼬、鹰隼等的食物，如果失去作为它们食物基础的鼠类，其难以繁衍，难于保持生产者、初级消费者以及次级消费者之间的平衡，不利于生态系统中生物多样性的保持。一些啮齿动物，有时也取食害虫或虫卵，如小家鼠在蝗虫滋生地可以大量取食蝗虫卵。在自然生态环境中，保持适量的啮齿动物种群，即使是少数可造成危害的啮齿动物，有时不仅不会对人类构成危害，还有助于食肉类野生动物的生存，对于保持自然生态平衡具有不可替代的作用。对鼠类，危害种类应当采用科学方法控制，将其种群密度控制在危害阈值以下，消除危害；对有益或稀少、濒危种类则必须保护。例如，河狸、巨松鼠、海南兔、塔里木兔和雪兔等5种，早在1988年就已列入国务院批准的《国家重点保护野生动物名录》，成为法定的国家一、二级保护动物；2000年又有2目6科49种啮齿动物进入《国家保护的有益的或者有重要经济价值的陆生野生动物名录》；此外，还有不少种类列入各省（自治区、直辖市）的《地方重点保护野生动物名录》。

二、鼠的衣用、药用和肉用价值

旱獭、麝鼠、松鼠、毛丝鼠、海狸、鼯鼠等是重要的毛皮兽和狩猎动物，鼠皮柔软，绒毛细密，可制上等皮大衣、手套、帽子、鞋和被褥等。例如，驰名全球的灰鼠皮大衣，就是松鼠皮制成的。旱獭、鼢鼠皮绒毛很厚，保温性强。麝鼠皮毛丰厚，毛色柔和，在阳光下闪闪发光，华丽可爱，在国际市场上被视为珍品。毛丝鼠皮油滑光亮，艳丽新颖。一件毛丝鼠皮大衣，在国际市场上的价值，按其重量计算比黄金还要昂贵，所以被称为"金耗子"。近年来，饲养旱獭、麝鼠、毛丝鼠等鼠类已成为致富的重要途径。在动物园里也经常展出花鼠、麝鼠、毛丝鼠等供观赏。

传统的中医学认为，某些鼠肉、鼠粪可以治疗多种疾病。《本草纲目》记载：鼹鼠入药能解毒、理气、活血，主治痔疮、淋病、喘息等；鼯鼠粪是著名中药"五灵脂"，对结核杆菌和皮肤病真菌有抑制作用，能缓解平滑肌痉挛，止痛，增加白细胞；松鼠的体躯焙干研末，主治肺结核、月经不调等症；竹鼠的脂肪有解毒、排浓、生肌、止痛等功能，主治烫伤、无名肿等症。

有的啮齿动物如板齿鼠、竹鼠等还可供肉食。我国南方沿海省份有些地方的农民有吃鼠肉的习惯，有的把鼠制成鼠肉干（鼠脯）当作精美食品。一些地方有的餐馆以鼠肉做菜。必须指出，食鼠肉要谨慎，防止鼠传疾病。特别是鼠传疾病疫源地，在疾病流行期间应禁止食用鼠肉。

三、鼠是主要的实验动物和人类疾病动物模型来源

啮齿类实验动物包括小鼠、大鼠、地鼠、豚鼠、仓鼠等，是最常用的实验动物，占所有实验动物总数的90%以上。其在生命科学和医药研究中发挥核心作用，可以为人类疾病治疗提供方法。小鼠和大鼠等经典实验动物已经按不同需要定向培育成众多品系、品种，其中小鼠现在已有近交系3 100个、突变系2 800多个（据2005年美国杰克逊实验室网站数据），服务于不同目的的实验。特别是小鼠与人类遗传基因有许多共同之处，常用于生理、行为、疾病和基因工程技术等方面的研究。基于啮齿

类动物模型，科学家们发现了许多重要的生物医学成果，推动了人类健康发展。20世纪末，我国科学家在西南地区一个小家鼠种群中，发现了一种先天性基因缺陷的小家鼠类型，表现为C_4补体缺损症状。这类小家鼠通过实验动物化研究，将有可能培育成先天性免疫缺陷动物模型，对艾滋病、红斑狼疮等疫病研究提供宝贵的实验材料（据中国科学院上海实验动物中心资料）。

1989年，新疆先后驯养过灰仓鼠（*Cricetulus migratorius*）、草原兔尾鼠（*Lagurus lagurus*）、子午沙鼠（*Meriones meridianus*）、黄兔尾鼠（*Lagurus luteus*）、红尾沙鼠（*Meriones erythrourus*）、普氏短耳沙鼠（*Brachiones przewalskii*）、长尾黄鼠（*Citellus undulates*）、灰旱獭（*Marmota baibacina*）、五趾跳鼠（*Allactaga sibirica*）、三趾跳鼠（*Dipus sagitta*）、普通田鼠（*Micratus arvalis*）和小家鼠（*Mus musculus*）作为实验动物，前3种鼠已在实验室内繁殖成功并保留种群至今，分别繁殖到24代、20多代和14代。灰仓鼠（1998）和草原兔尾鼠（1999）列入科技部"九五"攻关项目后，已按国家实验动物标准按计划完成实验动物化内容。

第二节　鼠的危害

在人类介入的环境中，当鼠类种群数量增长超过一定容忍度，便构成对人类的危害，这种危害称为鼠害。虽然真正对农业造成危害的鼠类约占整个鼠种数的10%，但鼠害仍是一个世界性问题。仅在亚洲，每年鼠害造成的损失约为水稻总产量的6%，总计近3 600万t，可供2.15亿人食用12个月。我国也是一个农业鼠害十分严重的发展中国家，全国农业技术推广服务中心1987—2017年的统计表明，每年农田鼠害发生面积0.2亿～0.4亿hm^2，由鼠害造成的粮食及蔬菜作物损失达1 500万t（占总产量的5%～10%）。2007年洞庭湖区东方田鼠大暴发使得当地水稻遭受极大损失。鼠害对农业的危害几乎涉及农林牧副渔等各个行业，对种植业的危害几乎涉及所有的农作物及其整个生育期。水稻、小麦、玉米、豆类、甘蔗以及瓜果和蔬菜等主要作物均是害鼠啃食的对象。20世纪80年代以后我国农田鼠害发生面积总体呈上升趋势（图1-2）。特别是近年来，保护地蔬菜的茄果类、瓜类和豆类等受害严重，甘蔗、花生、果树等经济作物也受害频繁。

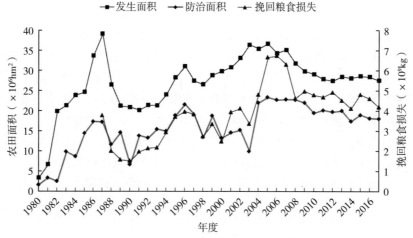

图1-2　1980—2017年我国农田鼠害发生面积、防治面积及挽回粮食损失量

注：发生和防治面积纵坐标为左轴，挽回粮食损失量为右轴。1980—1982年为18个省份统计数据，1983—1987为20～24个省份统计数据，1988—2005年以后为27～30个省份统计数据，2006年后为31个省份统计数据。

农业鼠害遍布世界各地，凡是有农事活动的地方都可以见到它们的踪迹。老鼠糟蹋粮食非常严重，据 Chitty 等（1942）报道，在自然栖息地的一群不同年龄的褐家鼠（*Rattus norvegicus*），每只鼠每天除其他可能获取的食料之外，平均还需要 24g 小麦，即每只鼠每年平均消耗约 9kg 的小麦。据联合国粮农组织（FAO）于 1975 年的报告，全世界各国的农业因鼠害造成的损失，其价值约达几十亿美元之巨，等于全世界所有作物总产值的 20％左右，相当于 25 个最贫困国家一年的国民生产总值之和，超过植物病害造成损失的 12％，虫害造成损失的 14％，草害造成损失的 9％。

一、鼠对种植业的危害

我国各省、自治区、直辖市的农业生产过程中均有鼠害发生。黑龙江、吉林、广东、海南、云南、湖南、贵州等地都曾出现局部大发生。2012 年黑龙江省农田鼠密度达 6％～28％，274 万 hm² 土地遭受鼠害，防治后仍造成粮食损失 4.8 亿 kg 以上；2012 年吉林省农田鼠密度达 3.4％～34.2％，15 个县农户害鼠密度超过 15％，防治后仍造成粮食损失 1 亿 kg 以上；云南鼠害，2000 年之后发生有所减轻，但每年的农田发生面积仍超过 60 万 hm²，主要危害水稻、玉米、小麦、马铃薯、蔬菜、果树、大豆等粮食和经济作物。

我国广东、海南等省部分地区的板齿鼠（*Bandicota indica*）、黄胸鼠（*Rattus flavpectus*）偏重发生，损失严重的作物有甘蔗、水稻、果树等。海南的南繁玉米田中鼠类甚至可导致部分育种材料绝产。2012 年 1 月调查显示，海南冬季蔬菜生产受到褐家鼠和黄毛鼠的严重危害，辣椒损失率达 8％～20％，西瓜损失率最高可达 30％左右。东南沿海及长江流域以黑线姬鼠（*Apodemus agrarius*）为主的鼠害为中等发生，对当地水稻造成的损失率在 3％～5％。

2012 年的统计数据显示，西北地区农田鼠害表现为中等到重度发生，宁夏鼠密度达 3％～10.2％，较 10 年前有所下降，同心县农田中的长爪沙鼠（*Meriones unguiculatus*）密度仍达 8％，农户危害率达 14.6％，造成较大损失。西藏贡嘎等地白尾松田鼠（*Phaiomys leucurus*）暴发成灾，有效鼠洞密度达 60 000～70 000 个/hm²。青海海东地区农田青海田鼠（*Microtus subterraneus*）暴发，其密度达到 2 000 个/hm² 洞口以上。2003—2005 年，西北干旱地区曾发生 16.7 万 hm² 的鼠害，损失粮食达 4 200 万 kg，甚至有些农民辛苦一年的收获不如挖鼠洞获得的多。新疆农田害鼠危害严重的有吐鲁番地区的印度地鼠（*Nesokia indica*）和南疆棉田的红尾沙鼠（*Meriones libcus*）。前者主要危害小麦和草原，后者则使棉花大幅度减产。从近年的调查数据看，新疆喀什地区、阿勒泰地区的林睡鼠（*Dryomys nitedula*）对当地农业生产危害加大，主要危害豆类、向日葵等作物。

湖南省洞庭湖区因"围湖造田"等加速湖泊沼泽化，东方田鼠数量激增，自 20 世纪 70 年代末开始连年成灾——湖滩草地栖息的鼠在汛期被成群逼入垸（yuàn）内，水稻、甘薯、花生、西瓜、黄瓜、甘蔗、芝麻、荸荠等作物皆遭成片洗劫，滨湖农田常致大面积失收。东洞庭湖西畔金盆农场 1981—1988 年汛期（7～8 月）在 2 850m 堤段"设障（竖 40cm 高的挡板）埋缸"拦截内迁的鼠群，年均拦获 51t 东方田鼠，其中 1986 年夏达 137t，鼠入侵数量之巨可见一斑。近 10 年经结合水利工程防治，平常年份已可控制。但是 2005 年起，正值东方田鼠高发却又疏于防治，又造成了大量损失。

中华鼢鼠在山西省普遍发生，目前严重发生面积达到 15 万 hm²，包括大同、朔州、忻州、吕梁、太原、晋中、临汾、长治等 8 市 40 余个县（市、区），严重发生地每公顷中华鼢鼠达 10 只以上，远远超过中华鼢鼠防治阈值 0.95 只/hm²（麦田）。其中，吉县、隰县、永和县、大宁县、汾西县、临县、柳林县、方山县、娄烦县、古交市、榆社县、宁武县、五寨县、神池县、岢岚县、保德县、偏关县、代县、浑源县、朔州市平鲁区、右玉县等地的中药材田、马铃薯田、大豆田和果树受害非常严重，平均减产 15％左右。朔州市平鲁区黄芪、党参等中药材田的中华鼢鼠，密度高的田块超过 10 只/hm²，下木角乡边庄村黄芪田密度达到平均 13 只/hm²，2014 年黄芪产量损失超过 20％，严重危害地块损失可达 40%，黄芪的生产周期一般为 5 年左右，每 667m² 产值一般在 7 000 元。随黄芪的生长周期，在黄芪近收获期容易吸引中华鼢鼠危害。平鲁区所种植的黄芪损失大约在 45 000 元/hm²，由于药材种植周期长，所受损失难以通过农田补苗等措施进行弥补。相邻种植的 14hm² 党参受害更重，预计收获 9t，因鼢鼠危害，实际仅收获 2.7t，损失率高达 70%，按每千克党参 50 元计，仅此一项就给农户造成直接经济损失 30 余万元。2015 年黄芪等中药材的种植面积超过 270hm²，中华鼢鼠的危害更为突出。大同市浑源县官儿乡西十字村泽青芪业开发有限公司的黄芪地，中华鼢鼠的密度达到 7~12 只/hm²，危害损失为 15%~20%，严重地块超过 30%；该地区合作组织种植的黄芪超过 2 000hm²，因中华鼢鼠危害，损失每年高达 1 000 万元，而浑源县全县种植黄芪近 2 万 hm²，每年损失 1 亿多元。五寨县李家坪乡 2007 年始种植黄芪 1 500hm²，2008 年中华鼢鼠密度上升，当地农民自发进行灭鼠，但鼢鼠密度居高不下，逐渐达到大发生的水平，造成损失严重。因无高效的灭杀方法，种植黄芪的效益很低，当地种植面积逐年减少，目前种植面积仅为 2007 年的一半。忻州市宁武县圪廖乡梅家庄村康源种植专业合作社，种植黄芪、党参等中药材 200hm²，黄芪田中华鼢鼠密度 8~10 只/hm²，党参田在 10 只/hm² 以上；2014 年投入大量人力人工灭鼠，但仅捕获中华鼢鼠 80 余只，灭效只有 5%，且花费防治费用近万元。这使当地种植中药材的效益严重下滑，农民种植的积极性严重受挫。

湖北省荆州市江陵县全面推进土地规模化经营，在三湖农场开展稻田养虾，在虾收获季节，田间鼠害平均密度达 8%，主要是黑线姬鼠和褐家鼠。其对小龙虾产量造成的损失超过 10%。并且在小龙虾收获的高峰期，气温逐步升高，害鼠活动加强，虾农出入田间频繁，接触黑线姬鼠概率高，容易感染流行性出血热、钩端螺旋体等急性传染病。对稻虾、稻鱼共育区农民身体健康和鱼虾产业发展造成了严重影响。广西壮族自治区全州市部分土地流转后集中种植水稻，随着种植规模的不断扩大，造成水稻田黄毛鼠严重发生，田间鼠密度 12%~17%，最高达 30%，部分水稻被咬断，损失率达 15% 以上。西藏自治区拉萨、山南、日喀则、昌都、林芝五市农牧交错区鼠害密度达 5.4%~10.1%，白尾松田鼠在农田和草原之间迁移，造成大麦、青稞损失较重，平均损失超过 8%。贵州省大方县是国家级贫困县，当地引进种植雪榕生物科技有限公司的食用菌带动贫困户脱贫，公司建设连栋大棚 429 个用于食用菌生产。外部环境的改变直接导致鼠害发生严重，害鼠不仅危害生产车间、原材料车间，还给菌种库带来了污染，老鼠不仅取食生产材料、咬食菌棒，危害菌种，还在菌种库中住穴产仔危害，生产食品的安全问题堪忧。内蒙古、新疆、山西等地在开展水肥一体化和节水灌溉技术的推广过程中，害鼠咬破滴灌水管，危害作物的现象十分普遍。云南、贵州、山东、海南、内蒙古等地大力发展蔬菜的地块，鼠害造成的损失也非常严重。另据调查，随着我国建设西沙群岛，老鼠随着货物通过交通运输工具进岛，对当地驻军和军民正常生活已经造成严重影响，同时，也对当地鸟类造成危害，给西沙生态环境带来严重威胁。

鼠害不仅在田间发生，对农户储粮造成的损失也相当严重。全世界因鼠害造成储粮的损失约占收获量的 5%。发展中国家储藏条件较差，平均损失 4.8%~7.9%，最高达 15%~20%。褐家鼠、黄胸鼠、小家鼠既危害田间作物，也是农舍的主要害鼠，这些害鼠在农田和农舍之间往返迁移，造成"春吃苗、夏吃籽、秋冬回家咬袋子"的现象。2000—2012 年全国的调查数据显示，我国鼠类危害的农户数超过 1 亿户（图 1-3）。据 2012 年对吉林省公主岭市、蛟河县等 6 个县（市）的 302 户农户鼠害造成储粮损失的调查数据，302 户农户粮食总产量约 744.4 万 kg，平均每户 2.465 万 kg，害鼠对所有农户的储粮危害损失约为 8.2 万 kg，平均每户粮食损失为 271.5kg，损失率为 1.1%。黑龙江省巴彦县张英屯村平均每户人家储粮损失在 500kg 以上，农户田万福家承包的 1.7hm² 地，2012 年玉米产量为 1.5 万 kg，鼠害造成的损失近 750kg。全国平均每年每户因鼠害造成的储粮损失少者 10~20kg，多者 50~60kg，最高可达 700kg 以上。

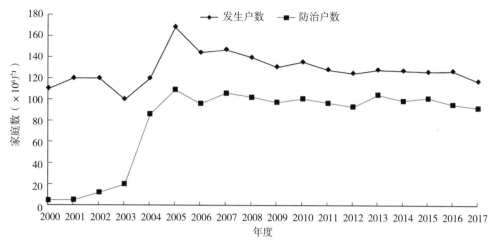

图 1-3　2000—2017 年我国农村鼠害发生和防治户数

注：2000—2005 年为 30 省份统计数据，2006 年后为 31 省份统计数据

（一）小麦鼠害

危害小麦的害鼠主要有黑线姬鼠、褐家鼠、黑线仓鼠、大仓鼠等，高沙土地区棕色田鼠危害较重，北方地区黄鼠等危害较重，新疆博州地区小家鼠、灰仓鼠、社会田鼠危害较重。小麦从播种到收获的各个生长季节都会受到鼠类的危害，以孕穗期至乳熟期危害最重，株受害率达 2%～8%。小麦播种期以盗吃种子为主，在小麦乳熟期主要是咬断咬伤麦穗，麦穗掉在地上，然后取食或践踏麦穗，残留下颖壳和麦秆。咬断麦秆具有一定规则，断面一般成 45°角。据贵州省余庆县调查，小麦鼠害株高度 23～47cm，在田间小麦倒伏地块鼠害最重，原因是麦穗靠近地面，有利于鼠类取食。据新疆博州地区 2004—2010 年调查，一年中小麦田害鼠密度有一定的变化规律。4 月即冬小麦返青期及春小麦播种期，随着气温逐步增高，农田害鼠活动也逐步增加。除 2004 年外，其余的年份 4～7 月害鼠密度逐月增加，7 月即小麦灌浆期至成熟期害鼠密度达高峰期，最高为 2005 年，达到 17.02%，最低是 2007 年，为 6.89%。与年度间小麦田总的鼠密度变化趋势一致。8 月即小麦收获期，害鼠活动有所下降，随之鼠密度有所下降。9 月即冬麦灌水、整地播种期，也是当地玉米、油用向日葵成熟时期，大部分的害鼠迁至玉米、油用向日葵田中取食，此时小麦田鼠密度为最低，平均捕获率为 4.87%。10 月即冬小麦出苗期，害鼠处于秋季繁殖活动高峰期，鼠密度上升。

（二）玉米鼠害

危害玉米的害鼠主要有黑线姬鼠、褐家鼠、黄胸鼠、小家鼠、黑线仓鼠、大仓鼠等，食虫目的四川短尾鼩、大麝鼩等在数量较高时也可危害玉米。玉米播种期、幼苗期是鼠类危害玉米最严重的时期。在玉米播种期，鼠类主要是盗食玉米种子，造成缺窝断垄，或咬断咬伤幼苗，并将幼苗上的种子部分吃掉，残留下刚出土的幼苗和幼根。据贵州省余庆县调查，在每一受害穴处均有一圆筒形洞穴，洞口朝上，直径 3～5cm，平均 4.2cm，洞穴深 4～7cm，平均 5.1cm，危害洞穴深度与玉米播种深度密切相关。在玉米幼苗期，鼠类在幼苗基部扒洞，盗食种子，致使幼苗失去养分和水分供给而枯死，形成缺苗断垄，严重的需要补种或重种。在玉米成熟期，鼠类主要是啃食苞穗，啃食后苞穗受污染引起霉烂，造成减产，损失较大。据贵州省岑巩县调查，玉米地 4 月黑线姬鼠捕获率为 4.37%，比 3 月高 4.2 倍，5～6 月捕获率下降，7 月有回升，8 月以后捕获率持续下降，到 10 月翻耕种油菜时田间密度最小，捕获率降至 0.5%，表现为播种期和乳熟期两个相似的危害高峰。

（三）水稻鼠害

危害水稻的害鼠主要有黑线姬鼠、褐家鼠、黄胸鼠、黄毛鼠等，长江三角洲以黑线姬鼠为优势种，珠江三角洲以黄毛鼠为优势种。鼠类对水稻的危害一年四季都可发生，其危害损失率达 5%～

40%，一些地区农田鼠害已大大超过水稻主要病虫的危害损失，给农业生产造成极大威胁。鼠类对水稻的危害主要是取食植株的茎、叶和种子等，鼠类在水稻播种后即开始危害，首先在两段育秧或旱育秧的苗床中危害，主要取食田块周围秧苗的种子部分，在田中间也有危害，鼠类取食水稻幼苗根部的种胚后，幼芽部分残留于田中，慢慢腐烂，秧田中随时可见鼠类行走的足迹，行走路线多靠田埂、田后坎。在水稻分蘖盛期，主要是咬断禾株，部分拖回洞内取食，一般离地面6cm左右啃咬稻基部，呈破碎麻丝状。在水稻孕穗期，咬破刚孕穗的稻株，形成枯心苗；盗吃成熟的稻穗，造成断穗。在水稻成熟期，主要盗吃谷粒，咬断穗颈，严重时将稻株压倒，大肆糟蹋，造成严重损失。水稻鼠害危害程度与稻作类型、品种、生育期、田间环境等有密切的关系，其中与生育期的关系较为明显。据长江流域稻区调查，稻谷减产率随着害鼠密度增加而提高，在相同的害鼠密度下，一季中稻的损失高于双季早、晚稻，晚稻穗期损失显著高于分蘖期。据广东省调查，黄毛鼠危害各生育期水稻植株数及产量损失明显不同，黄熟期主要咬断植株，取食穗中部分谷粒，孕穗期主要咬断植株，剥吃幼穗，分蘖期至拔节期主要咬断植株，取食稻茎，以孕穗至灌浆期咬断植株最多，其次是分蘖至拔节和拔节至剑叶始出，以黄熟期最少，各生育期被害株数差异极为显著。危害各生育期水稻所造成的产量损失差异极显著，水稻孕穗至灌浆期，植株受害重，补偿能力差，产量损失最多，其中一个池有效穗全部被毁光；拔节至剑叶始出产量损失次之；分蘖至拔节期受害苗数比拔节至剑叶始出期多65.9%，仅因其补偿能力较强，产量损失反而比后者少17.5%。据贵州省余庆县调查，水稻不同生育期黑线姬鼠种群数量具有显著差异，水稻4月播种时，田间黑线姬鼠密度较低，为7.57%，5月以后，水稻进入分蘖期、孕穗抽穗期，黑线姬鼠活动频繁，分蘖期咬断禾株，孕穗期取食幼穗，田间种群数量达到高峰，捕获率分别为22.23%和13.02%，分别为播种期的2.9倍和1.7倍，分别为成熟期的3.4倍和2.0倍，两者之间差异显著。在分蘖期调查，水稻株受害率达4.60%，9月水稻日趋成熟，黑线姬鼠咬吃稻谷，但数量不大，捕获率下降到6.61%。据贵州省岑巩县调查，水稻孕穗期黑线姬鼠捕获率为8.50%，为苗期2.50%的3.4倍，为成熟期2.25%的3.8倍，两者之间差异显著。

（四）花生鼠害

危害花生的鼠类有褐家鼠、黑线姬鼠、小家鼠、黄毛鼠、黄胸鼠、大仓鼠、黑线仓鼠、棕色田鼠、东北鼢鼠、中华鼢鼠、卡氏小鼠等10余种。其中黑线姬鼠、褐家鼠、黑线仓鼠、大仓鼠和棕色田鼠为花生田的优势鼠种。在靠近村庄的花生田，褐家鼠是优势鼠种。据张继祖等（1991）调查，福建莆田地区黄毛鼠为优势种。害鼠对花生的危害比较普遍，从播种到成熟期都会遭受害鼠的危害。主要危害花生的种子和荚果，很少危害茎和叶，受害田一般减产5%，严重的减产50%以上，造成花生产量损失严重。播种至出苗期，害鼠在下种处扒一个圆锥形小坑，深至种子播种深度，将垄扒得乱七八糟，将播种的花生种仁扒出啃食。有的种仁被整粒吃掉仅留种皮；有的种仁被咬破，不能发芽，造成大面积缺苗或不能出苗。结荚期，果荚被害仅留荚壳或被全部吃光。有少数果荚仅被吃一粒或几粒，有的从荚果一端咬1个孔洞，食果仁，留下空壳，有的荚果被扒出土面，咬破果壳，吃掉果仁，地面留下一堆堆果壳，有的荚果被搬回鼠洞储藏起来，慢慢取食。花生田害鼠一般有两个危害高峰期，即播种至出苗期和荚果成熟期。第一个危害高峰期危害时间多数在6：00～8：00和16：00～17：00，多数在隐蔽处顺垄连续危害几十穴。一般播后3～10d是危害高峰，随着气温增高，花生苗长大危害渐轻，春季危害20d左右。也有的种仁被扒出未吃，因显露于地面，很快会被其他鸟兽吃掉。出苗后至结荚前基本不受害鼠危害。荚果形成后进入第二危害期，成熟期达危害高峰。危害花生的鼠类多数栖息在花生田周边的田埂、沟渠、河道、村庄、坟墓等处的洞内，昼夜出来危害，以夜间危害最频繁，田块四周10m以内的花生受害重，越往田中间受害越轻，表现出明显的趋边危害性。危害程度与生态环境和花生栽培制度有密切关系。靠近村庄、沟渠、道路、埂边、坟堆的花生受害重，庭院、山边周围重于河边；沙质土地重于黏质土地；春季重于秋季。福建莆田地区花生田结荚期相应的防治指标以鼠密度11.54%或株受害率3.64%为宜。

（五）大豆鼠害

危害大豆的鼠种有黑线仓鼠、褐家鼠、小家鼠、黄毛鼠、大仓鼠、黑线姬鼠、鼩鼱、黄胸鼠、卡氏小鼠、中华鼢鼠等鼠种。福建莆田地区春大豆鼠害主要是以黄毛鼠为优势鼠种；沿淮地区夏大豆田以黑线姬鼠为优势鼠种；山西吕梁地区大豆田中华鼢鼠、大仓鼠为优势鼠种。害鼠对大豆的危害比较普遍，从播种到成熟期都会遭到害鼠的危害。主要危害大豆的种子和荚果，以荚果受害较为严重，很少危害茎叶，受害田一般减产10％，严重的可减产50％以上。大豆生产的整个历期，均可能发生鼠害。播种至出苗期，害鼠沿垄扒土，寻找播种的种子取食，造成缺苗断垄。结荚期，害鼠集中啃食豆荚，害鼠喜欢咬食青豆荚，被害豆荚豆粒被食殆尽，高的被食率达92.3％，少数留有1～2粒。留存下的豆粒一般靠近果柄处，仍可发育成熟，但其饱满度会受影响。大豆田害鼠一般有两个危害高峰期，即播种期至出苗期和结荚期（每年4～5月和9～10月）。第一个危害高峰期危害时间多数在6：00～8：00和16：00～17：00，多数在隐蔽处顺垄连续危害几十穴。一般播后3～10d是危害高峰，随着气温增高，大豆苗长大危害渐轻，春大豆播期受害20d左右。也有的种仁被扒出未吃，因显露于地面，很快会被其他鸟兽吃掉。出苗后至结荚前基本不受害鼠危害。大豆鼓粒初期开始进入第二危害期，成熟期达危害高峰。最先受害是大豆较早熟的小区，到了后期早熟大豆豆荚已经变黄，害鼠危害逐渐减轻，而晚熟大豆又成了害鼠集中危害的对象，轻者植株底部豆荚被咬掉几个，严重的整个植株从下到上豆荚全部被咬掉，造成绝产。鼠害危害程度与生态环境和大豆栽培制度有密切关系。靠近村庄、沟渠、道路、埂边、坟堆的花生受害重，庭院、山边周围重于河边；沙质土地重于黏质土地；春季重于秋季。在福建莆田地区春大豆果荚期允许鼠害的损失率为0.577％，相应防治指标为鼠密度7.723％。据潘学锋等（1997）研究霍邱县沿淮地区夏大豆田允许损失率为3.13％，相应的防治指标为2.31％。每年4～5月和9～10月为繁殖高峰期，6月和11月为数量高峰期，对春、秋播大豆，特别是秋季大豆危害较重，是全年灭鼠重点。

（六）棉花鼠害

危害棉花的鼠类有黑线姬鼠、褐家鼠、黄毛鼠、小家鼠、臭鼩等。由于棉花中含有有毒的棉酚，棉花并不是鼠类的喜食植物。低酚棉中棉酚含量低（不足0.05％），而且含有较高的蛋白质、氨基酸和油脂，气味芳香，因此鼠类更喜欢危害低酚棉。普通棉花与低酚棉田间害鼠种群数量差异较大，据赵瑞元等调查，低酚棉田害鼠种群密度比普通棉田高4倍之多，说明低酚棉比普通棉对害鼠有更强的诱惑力。鼠密度低的低酚棉田一般损失皮棉（包括拖走、糟蹋）5％～10％；鼠害密度高时，受害严重的低酚棉损失皮棉可高达60％以上。棉田鼠害的发生，主要与棉田周边环境中鼠害发生的情况有关。播种期，越冬后的害鼠体内脂肪被大量消耗，害鼠出洞后急需觅食补充营养，它们利用敏锐的嗅觉，顺垄刨食播入土壤中的低酚棉种子，取食棉仁，即使是地膜覆盖田，害鼠也可隔地膜准确找到低酚棉籽，严重地块，棉籽被盗食率高达37.7％，缺苗断垄严重。苗期，害鼠取食低酚棉苗茎、叶，同样造成缺苗断垄；采用地膜覆盖的棉田，害鼠常咬破苗床的塑料薄膜，在苗床内筑巢，危害棉苗。铃期，主要取食20d以上棉铃，铃壳破碎，白絮外露，棉籽被啃食。吐絮期，棉籽被咬碎，花絮落地或被拖走用于垫窝。

（七）蔬菜鼠害

蔬菜是我国重要的经济作物之一，从播种期至收获期均遭受到害鼠不同程度的危害，鼠害高峰期一般出现在秋冬季。在播种期，害鼠盗食种子造成缺苗断垄；蔬菜生长期间主要咬断植株的生长点阻碍蔬菜生长，危害率达10％；在收获期，啮咬植株基部、果实或块茎，盗食量约占鼠类体重的30％，但糟蹋的数量远大于取食量，造成的蔬菜产量损失可达15％～30％。而遭受害鼠危害的蔬菜基本失去了商品价值，造成的经济损失远大于产量损失。在广东省农田菜区害鼠中，黄毛鼠占据绝对优势地位，占害鼠总数的60％～70％，小家鼠为第二优势鼠种，占总数的15％～20％，此外还有褐家鼠、板齿鼠和黄胸鼠等。蔬菜的鼠害程度与品种、生育期及栽培方式有密切的关系，害鼠趋向于危害营养价值更高的蔬菜品种，成熟期的瓜豆类、茄果类和根茎类蔬菜地的鼠密度明显高于叶菜类菜地，鼠害损失更大。管理粗放、杂草丛生、蔓生的收获期荷兰豆田，鼠密度高达20.2%，豆荚的鼠害率19.9%，远高于精耕细作、田园清洁、上棚种植的田块。同时，蔬菜鼠害还受菜地周边作物成熟期的影响，影响较大的作物包括水稻、玉米、花生、甘薯和大豆等，菜区害鼠会出现明显的季节性迁移现象。这些作物收获后，食物条件劣化引发害鼠向菜地迁移，集聚在生长后期的菜地危害，其中瓜豆类、茄果类和根茎类蔬菜鼠害明显加重，但若蔬菜还处于播种至生长前期，对害鼠没有诱集作用，稻田的害鼠捕获率反而比菜地高126.67%。而在水稻、玉米、花生、甘薯和大豆的成熟期，菜区害鼠会长距离迁移到这些作物地附近栖息和危害。截至2013年，我国设施蔬菜瓜类的产量约占总产量的1/3。塑料大棚、温室给害鼠提供了良好的栖息条件和越冬环境，鼠害问题日益突出：咬破棚膜，造成冻害；啃咬生长点影响蔬菜生长；盗食和损毁蔬菜果实和根茎等。辽宁丹东调查发现，设施蔬菜的被害率20%~40%，其中茄果类、瓜类和豆类蔬菜的受害比较严重，害鼠种类以家栖鼠为主。山东枣庄因鼠害造成蔬菜减产10%~30%，危害时期主要在11月至翌年3月。

二、鼠对草原的危害

鼠害是草原的重要生态学问题。草原鼠类啃食及频繁的挖掘活动对植被的危害尤为严重。重灾年份牧草损失高达44%，一般年份也有15%~20%。受全球气候变化加剧、环境条件改变以及人为因素等影响，我国草原鼠害呈现愈演愈烈的趋势。根据全国畜牧兽医总站1995—2009年的统计，全国每年因鼠害造成的草原受灾面积2 500万~4 300万 hm²，严重危害面积1 500万~2 300万 hm²（图1-4），牧草损失年均近200亿 kg；因鼠害破坏植被产生的水土流失和沙尘暴问题也十分严重。鼠害已成为当前我国畜牧业持续稳定发展和草原生态环境建设的一个重大隐患。全国90%草原面积出现了不同程度退化和沙化。在内蒙古、青海和西藏，有15%~44%（约37万 km²）具有生产力的草原已经因害鼠的破坏而退化。草原鼠害的发生使得植被恢复变得异常艰难。加之近年来全球性气候变暖、干旱加剧、虫害、毒草害、雪灾、火灾等自然因素的作用，导致草原鼠害频繁暴发。草原鼠害分布范围遍及青海、内蒙古、西藏、甘肃、新疆、四川、宁夏、河北、黑龙江、吉林、辽宁、山西、陕西等13个省份和新疆生产建设兵团。尤以长江、黄河、澜沧江源头的三江源地区严重。2000年青海黄河、长江、澜沧江源头（简称三江源）地区草原鼠害严重，发生面积550万 hm²，占可利用草原的28%。其中甘南藏族自治州发生面积达80万 hm²。仅黄河首曲玛曲段两岸由鼠害导致沙化面积就达4万多 hm²。主要害鼠为高原鼢鼠和高原鼠兔。鼢鼠的平均密度高达45~60只/hm²，超过一般年份密度20多倍。在黄河源头玛多县逾80km长的被害草原变成了植被几乎完全消失，地表裸露的"黑土滩"。果洛在245万 hm²的受害草场上属"黑土滩"型退化面积已达20hm²，草原不但失去放牧价值，而且直接导致源头区水涵养功能下降，使断流现象进一步恶化。青海省每年被鼠类啃食的鲜草达44亿 kg，相当于少养480万只羊，经济损失达5亿多元。2003年被鼠类危害造成严重退化草场面积达800万 hm²，占北方可利用草原总面积的3.64%，这些地方寸草不生、土壤裸露、黄沙漫漫，完全失去了放牧价值。局部地区牧民赖以生存的环境已经丧失，一些人沦为"生态难民"。2007年三江源地区草原鼠害发生面积503万 hm²，占该区可利用草地面积的28%左右。黄河源区有50%以上的黑土型退化草地由鼠害所致，其中青藏高原的牧草每年有1/3被鼠吃掉。鼢鼠成为青海、西藏、宁夏、甘肃草原沙化、水土流失的重大灾害。青海南部地区鼠害严重的草场有效害鼠密度达1 422只/hm²，其中鼠兔密度高达431只/hm²。全省年均鼠害损失牧草达数十亿 kg，相当于500万只羊一年的食草量。在西藏，鼠兔的洞穴和土丘侵占的草原面积可达8.8%，侵占区植物组成改变，总覆盖度由95%下降到45%。2012年新疆伊犁河谷发生鼠害，最为严重的特克斯、尼勒克、昭苏和新源县发生面积达到36.2万 hm²，其中严重危害面积为15.13万 hm²。

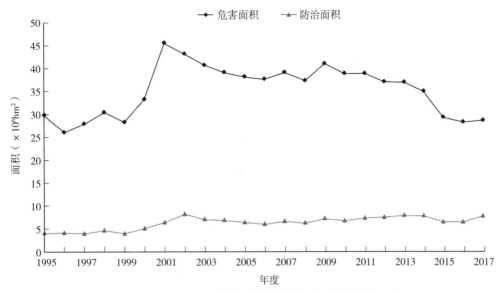

图 1-4　1995—2017 年我国草原鼠害危害面积及防治面积

三、鼠对林果业的危害

害鼠不但挖食播下的种子，还啃食树木幼苗、树皮和树根。在经济林、绿化林等人工林地，林木被害率一般为 30％～40％，严重的可达 60％～70％，死亡率可达 10％～30％。据董晓波等（2003）报道，中国每年的果树等人工林鼠害发生占我国森林病虫鼠害发生总面积的 10％，成为我国林业的主要灾害之一。在东北，对苗圃造成危害的啮齿动物和兔形目动物主要有草原鼢鼠、东北鼢鼠、大林姬鼠、棕背䶄、东方田鼠和草兔等。此外，五趾跳鼠、大仓鼠和黑线姬鼠通过取食种子，对苗圃也有一定危害。在西北和黄土高原地区，草兔、中华鼢鼠、根田鼠和棕色田鼠是苗圃的主要害兽。草兔是该地一些地区的主要害兽，可造成苗木大量死亡。在新疆等荒漠地区，子午沙鼠、大沙鼠、红尾沙鼠、三趾跳鼠、小五趾跳鼠等均可对苗圃、果园造成一定危害。在青藏高原地区，鼢鼠、高原鼠兔和根田鼠是苗圃的主要害兽。在亚热带丘陵山地及常绿阔叶林分布区，社鼠、黑线姬鼠、黑腹绒鼠、褐家鼠、黄毛鼠、白腹巨鼠、赤腹松鼠等为苗圃常见害鼠，大足鼠在四川也有一定危害。在广东和广西，板齿鼠、黄毛鼠、小家鼠和褐家鼠等均可对苗圃造成危害。

鼠类对果业的破坏，不仅在于盗食污损坚果、浆果，北方冬季鼠因缺食而环食树皮，致全树枯死，甚至可使整片果园遭受毁灭。由于我国北方果树种类繁多，遭受鼠类危害严重。河南灵宝苹果园，据柳枢等（1991）调查，果园内外有 9 种鼠，棕色田鼠为优势种，1988 年不完全统计在果园内鼠口密度平均 141.1 只/hm²，部分果园高达 300 只/hm² 以上。果树受害株率达 10％～15％，每年均有万株果树受害，死亡株达一半以上。危害期多在霜后开始，草木枯黄为高峰期，到翌年 4 月。田鼠危害果树时咬断根部和环剥树基部皮，重者树木枯死，轻者根损叶小，年复一年衰败死亡，苹果园 30 多年来果树年年受害。陕西黄土高原是我国苹果、红枣、仁用杏及梨的生产基地，据杜社妮等（1996）调查，受鼠、兔危害严重，受害株率达 32％～51％，有的高达 74％。据丛崇（1997）调查，辽宁省铁岭市西丰县和龙乡福巨村的 500 株 8 年生吉红苹果园因鼠害而被毁。据吕宁等（2002）调查，陕西延安以北的 7 个县市新造的仁用杏幼林遭受鼠害危害面积为 17.3 万 hm²，每年死亡面积将近 1.3 万 hm²。1994 年冬至 1995 年春，安塞县的 2 个乡镇 4 个村 66.7hm² 新建苹果园遭受严重鼠害，其中 13.3hm² 的死亡率在 70％，其余 53.3hm² 死亡率为 30％～40％。据戴银富（2010）调查，2009 年冬季至 2010 年春季，新疆塔额盆地有逾 310hm² 果园发生较严重的鼠害，被毁果园约 136hm²。冬季果园树干老鼠啃食率为 13.3％～44.7％，树皮啃透率为 11.2％～36.5％，严重时鼠害率高达 96.6%，树皮啃透率为 84.3%。据李结平等（2011）调查，陕西地区灌区果园草兔危害严重，甘肃地区苹果园中华鼢鼠、达乌尔鼠兔、花鼠等害鼠危害严重，辽宁省海城区南果梨园（属辽南特产）内花鼠严重危害果实。山西省果树种植地的鼠害状况也很严重，据王庭林等（2015）调查，作为山西重要农村经济产业的林果业，种植面积约 100 万 hm²，总产值达到 500 亿元，而中华鼢鼠是影响林果业发展的重大制约因素之一，造成经济损失达 100 亿元以上。据临汾市隰县调查，中华鼢鼠危害造成果园内果树死亡达 25%，有的果园鼠洞密布，人踩上后出现下陷，5～8 年生的果树也大量被鼢鼠危害致死。中华鼢鼠啃食果树根系，主要是啃食距地面 10cm 以下根系分枝以上的主根部位。一般是将皮层啃食掉，较少取食木质部。危害轻者啃去主根干的小部分皮层，虽未形成环状啃食区，但果树营养运输受阻，地上表现生长势衰弱，坐果率降低。危害重者啃去主根干的一半皮层，也未形成环状啃食区，营养运输严重受阻，地上表现生长势极弱，坐果率很低，地上叶片制造的有机物向下运输也严重受阻，限制根系的生长，经过一个生长季以后，翌年大部分树死掉。危害特别重者则将主根干的皮层全啃掉，形成环状啃食区，全部中断了营养向地上的运输，果树的部分花蕾能开花但花会干枯在枝条上，叶芽也不再萌发，果树在部分花开后即枯死。山西省各地果树鼠害状况严峻，晋南芮城、永济、闻喜等县以棕色田鼠危害为主，隰县、蒲县、汾西县以中华鼢鼠、草兔、北社鼠、岩松鼠、花鼠危害为主，据李卫伟等（2015）调查，芮城县果园内苹果树遭棕色田鼠危害被害率为 10%～15%，3～5 年生的许多幼树根部韧皮部被取食干净，仅留木质部，造成幼树苗干枯死亡。棕色田鼠的危害给农事操作带来许多不便，果园灌溉水经常窜园，果园地埂坍塌。邹波等调查隰县梨园 3～4 年生梨树幼树遭草兔危害的受害状况，以被啃数为被害株数，以啃断和树皮被全环剥数为致死株数，共随机调查梨树 309 株，其中被害株数为 110 株，致死株数为 36 株，危害率达 35.60%，致死率为 11.65%。晋中榆社、太谷、和顺、娄烦等县以中华鼢鼠、棕色田鼠、达乌尔鼠兔、北社鼠、岩松鼠、花鼠危害为主，据王庭林等（2015）调查太谷县果园棕色田鼠洞密布，1～3 年生果树大量被害致死，果树死亡率达 25%。各地干鲜果类储藏农家和仓库中以褐家鼠、黄胸鼠、小家鼠危害为主。

鲜食樱桃栽植是近些年在我国北方部分地区发展的鲜果产业，邹波等调查，山西省晋中市太谷县 2016 年冬季樱桃品种红灯、早大果、美早、龙田早红和龙田晚红 5 个品种共 3.33hm² 樱桃园，被棕色田鼠啃咬靠近地面的树皮和树根，危害率达到 45%，致死率达 15%。危害从初冬草木枯萎开始到草木发芽前大约持续 4 个月。

2010 年以来，干果扁桃在山西省许多地区引种，如运城、临汾和长治等许多地方已引种成功，成为部分地区脱贫致富的支柱产业。但鼠害问题日益凸显，如邹波等 2014 年调查汾西县邢家要乡与和平镇等地扁桃果实危害率达到 50%～90%，佃坪乡扁桃林树体根系损害率达到 50% 以上，造成 25% 的树体死亡；当地鼠密度达 11.33%，超过鼠害控制技术规程规定控制指标近 4 倍。害鼠主要有社鼠、岩松鼠、花鼠、中华鼢鼠等，靠近村庄有褐家鼠和小家鼠。扁桃发育需经萌芽期、开花期、新梢生长期、果实膨胀期、果实灌浆期、硬核期、果实成熟期。邢家要乡盈村扁桃林在扁桃果实发育的灌浆期便遭到攀爬型鼠类危害，灌浆期危害率为 5%～10%，靠沟侧的扁桃林受害最为严重，达 25%。危害持续到 10 月果实采收为止，长达 5 个月，鼠害成为山西省汾西县扁桃产业发展的重大障碍。

南方果树品种繁多，包括柑橘、香蕉、龙眼、芒果、桃、李、菠萝和荔枝等，在它们生长的各个阶段均遭受不同程度的鼠害，鼠害高峰期通常出现在秋收后至冬春季节。鼠害症状通常有两种，一是鼠类啃咬果树基部的韧皮部影响生长或枯死，一些种植不久的幼年果树甚至被整棵咬断，为减轻柑橘树的受害，一些农户在果树基部涂石灰浆、缠草绳或用竹片包扎和喷药驱鼠。二是在挂果期害鼠爬上果树咬断果柄，或盗食成熟期果实。

南方果园的主要害鼠为黄毛鼠、小家鼠、黑线姬鼠、褐家鼠和板齿鼠等，果园是它们重要的越冬场所，对翌年害鼠的繁衍起着积极作用。秋收后，农田的食物源明显恶化，鼠类聚集到果园栖息和觅食，柑橘园田埂的百米有效鼠洞口数比相邻稻田增加 10～22 倍，鼠密度比邻近稻田增加 119.35%，而香蕉园鼠密度增加92.96%，果树树干的鼠害率最高。柑橘和香蕉是我国南方农村的重要经济作物，柑橘园土壤干燥、杂草覆盖度大的生态环境适宜鼠类栖息。一些刚种植的柑橘园往往间种花生、玉米、大豆、蔬菜等作物，树基部易遭鼠类啃咬，阻碍柑橘生长甚至枯死。调查发现广东省柑橘园的黄毛鼠有两个数量高峰期，分别为早、晚水稻收获后的8月和12月，柑橘受害高峰与黄毛鼠数量高峰同时出现。其中8月柑橘园的鼠密度略低于12月，农田的作物种类多、食物源较丰富，此时黄毛鼠极少危害果实，一般只啃咬树皮但很少导致树体枯死。而秋冬季柑橘园鼠密度高、食物缺乏，害鼠既啃咬树皮又危害果实，鼠害尤为严重。

我国是香蕉的生产和消费大国，香蕉产业已成为我国南亚热带地区的重要产业，其中广西、广东和海南是主要产区。香蕉因鼠害导致减产1.5%～20%，严重的可减产70%。害鼠危害香蕉有两种方式：一是爬上香蕉树啃吃果实，5～10月香蕉果实的鼠害很轻，3月和12月有一定的危害损失，鼠害高峰期出现在1～2月，畜禽场周边田块的鼠害率可达30%～50%。二是钻入地下啃吃香蕉树球茎，易导致香蕉树倒地枯死，危害高峰期为12月至翌年1月。

四、鼠传疾病

啮齿动物是许多自然疫源性疾病〔如鼠疫、肾综合征出血热（HFRS）、钩端螺旋体病等〕的储存宿主，能将病毒、细菌、立克次体、原虫和蠕虫等病原体传播给人类和家畜，目前已知鼠类传给人类的疾病有57种，其中病毒性疾病31种、细菌性疾病14种、立克次体病5种、寄生虫病7种。鼠传疾病的传播途径主要分为直接传播和间接传播。直接传播途径是通过鼠咬伤（罕见）或其他伤口直接接触鼠的粪便、尿、鼻腔或口腔分泌物，食入被鼠粪便、尿等污染的食物、水以及吸入鼠粪便、尿等污染物所形成的气溶胶而传播；间接途径则是通过蜱、蚤、螨等媒介传播。这里就几种比较重要的鼠传疾病，病原体储存宿主鼠等信息做一简单的介绍（表1-1）。

表1-1 2002—2017年全国主要鼠传疾病发生情况

年份	鼠疫		流行性出血热		钩端螺旋体病	
	发病数	死亡数	发病数	死亡数	发病数	死亡数
2002	68	0	32 897	235	2 518	83
2003	13	1	22 653	172	1 803	60
2004	22	9	25 041	254	1 389	55
2005	10	3	20 877	271	1 415	45
2006	1	0	15 098	173	627	16
2007	2	1	11 063	145	868	33
2008	2	2	9 039	103	862	18
2009	12	3	8 745	104	562	11
2010	7	2	9 526	118	677	11
2011	1	1	11 323	127	425	5
2012	1	1	13 308	104	400	5
2013	0	0	13 568	119	397	7
2014	3	3	12 194	85	523	13
2015	0	0	10 812	63	373	1
2016	1	0	8 853	48	354	1
2017	1	1	11 614	61	229	0

（一）汉坦病毒性疾病

目前世界上已发现布尼亚病毒科（*Bunyaviridae*）汉坦病毒属（*Hantavirus*）的病毒有20个以上的血清型/基因型，每一型多来自1种或几种密切相关的鼠类，并在宿主动物中产生无症状感染，与自然宿主共进化。汉坦病毒可引发的人类疾病有汉坦病毒性肺综合征（HPS）和 HFRS。这些病遍及亚洲、欧洲、非洲、美洲、大洋洲的 70 多个国家，其流行之广，危害之重，已成为全球性的公共卫生问题。其中 HFRS 每年发病人数为 15 万～20 万，病死率为 1%～15%，相关病原体的储存宿主与鼠亚科（Murinae）或亚科 Ariviolinae 的种类有关。

1982 年世界卫生组织（WHO）将由 HFRS 病毒引起的自然疫源性疾病定名为肾综合征出血热（hemorrhagic fever with renal syndromes，HFRS），我国也称为流行性出血热。传染源为病鼠，通过寄生在病鼠身上的螨虫咬人传染。病死率一般在 5%～10%。肾综合征出血热是近半个世纪以来危害我国最大的鼠源疾病。该病至今没有停止过流行，而且尚没有特殊的治疗方法和特效药。此病在我国于 20 世纪 30 年代初开始流行于黑龙江下游两岸，以后逐渐向南、向西蔓延，近年来几乎遍及全国各地。国内可分为：野鼠型，主要分布于农村；家鼠型，主要分布于城市和农村；混合型，指同一疫区兼有野鼠型和家鼠型流行性出血热流行。近年家鼠型逐年增多，疫区逐渐趋向混合型。

（二）鼠疫

在人类历史上，波及面最广、死亡人数最多的鼠源疾病要数鼠疫，故国人特称为"一号病"。该病是由鼠疫耶尔森菌引起的疾病，最常见的感染途径是被鼠蚤叮咬，尤其是印鼠客蚤（Xenopsylla cheopis），此病发生在非洲、亚洲和美洲。由于环境、病原体、宿主、媒介种类、杀虫剂以及人类行为等因素的相互作用，鼠疫自然疫源地有扩大趋势；在蒙古，鼠疫自然疫源地约占国土的 30%，90% 的鼠疫病人是腺鼠疫，由于得不到及时的治疗，40% 以上的腺鼠疫病人发展为肺鼠疫，死亡率可高达 70% 以上。其储存宿主包括许多鼠种，如褐家鼠、黄胸鼠和黑家鼠均为城镇最常见的宿主。在非洲，多乳鼠也是鼠疫菌的主要储存宿主；在哈萨克斯坦，沙鼠属是主要储存宿主；我国已经明确的主要宿主有 12 种，即灰旱獭、喜马拉雅旱獭、长尾旱獭、蒙古旱獭、达乌尔黄鼠、阿拉善黄鼠、长尾黄鼠、长爪沙鼠、布氏田鼠、大绒鼠、齐氏姬鼠以及黄胸鼠。

据记载，从公元前 3 世纪到 19 世纪末叶，全世界发生 3 次世界性鼠疫大流行。第一次是在 6 世纪（527—565），首先发生在地中海附近地区，因始发于游西第安那王朝统治时代，故在医学史上曾有"游西第安那瘟疫"之称，全世界约有 1 亿人死于该次鼠疫；第二次大流行发生于 14 世纪，辗转流行到 17 世纪，当时称为"黑死病"，遍及欧洲、亚洲和非洲北部，欧洲死亡达 2 500 万人，占该洲当时人口的 1/4，英国有 1/2～2/3 的居民因鼠疫死亡，我国当时也有 1 300 万人死亡；第三次鼠疫大流行发生在 19 世纪末叶（1894），一直流行到 20 世纪 40 年代，波及亚洲、欧洲、美洲、非洲四大洲 60 余个国家和地区，死亡 1 500 万人。正是在这次大流行的初期，法国人耶尔辛（Yersin）、日本人北里三郎（Kitassto）于 1894 年从香港的人和鼠（Rattus rattus）尸体中分离出鼠疫杆菌，科学地证实了鼠疫在自然界的传染源是啮齿动物。据估计，鼠疫在世界史上已夺走 3 亿多人的生命，远远超过人类历史上历次战争死亡人口的总和。20 世纪以来，鼠疫的威胁显著削弱，但在 1968—1977 年，21 个国家中仍然报告了 28 042 例鼠疫患者。据 WHO 报告，2003 年全球共有 9 个国家报告鼠疫病例，总数为 2 118 例，其中 182 人死亡，鼠疫依然是许多国家关注的重要公共卫生问题。目前亚洲、非洲和南、北美洲等地鼠间鼠疫一直在流行。世界卫生组织发布数据，2010—2015 年全球共报告了 3 248 例鼠疫，其中 584 例死亡；2017 年 8 月 1 日至 10 月 24 日，马达加斯加报告了 1 309 例疑似鼠疫病例，其中死亡 93 例（7%）。目前流行最广的 3 个国家是马达加斯加、刚果民主共和国和秘鲁。

（三）莱姆病

该病属于近 30 年新发现的传染病之一，因分布广、传播快、致残率高，已经严重影响了人类的健康。1992 年 WHO 将该病列入重点防治研究对象，引起全球的关注。此病由伯氏包柔螺旋体（Borrelia burgdorferi）经硬蜱传播，发生在大洋洲、欧洲、亚洲、非洲和美洲 30 多个国家。在欧洲和北美洲，每年报告的病例数就超过 50 000 例；美国 2000—2002 年上报病例数分别为 17 739 例、17 029 例、23 763 例。由于鼠类不但能耐受高水平的螺旋体血症，而且直接参与螺旋体的生活周期，是伯氏螺旋体的主要储存宿主和传染源。在美洲，主要储存宿主是白足鼠；在欧洲，小林姬鼠（*Apodemussy lvaticus*）、黄喉姬鼠、褐家鼠和园睡鼠（*Eliomys quercinus*）是主要储存宿主；我国报道的鼠类宿主有棕背䶄、朝鲜姬鼠（*Apodemus peninsulae*）、黑线姬鼠、社鼠（*Rattus confucianus*）、大林姬鼠、小林姬鼠等。

（四）钩端螺旋体病

该病是人畜共患的接触性传染病，全球性流行，以热带和亚热带地区最为常见，病死率很高。如在泰国，首例病人发生于 1972 年，在 1996 年仅在 4 省流行，至 2000 年，已经扩散到 16 个省，报告病例数为 14 285 例，为历史最高，其中 362 例死亡，经过综合治理，疫情得到有效控制，2005 年报告病例数为 2 868 例。鼠类尤其是家栖鼠类，如褐家鼠、黑线姬鼠和黑家鼠是最主要的储存宿主和传染源；在新加坡，Johansson 等用 PCR 法检测钩端螺旋体（*Leptospira kirschneri*），32％的鼠类结果为阳性；在大洋洲，Rivera 等调查结果显示，其储存宿主为沼泽鼠（*Rattus fusipes*）、花尾家鼠（*Rattus leucopus*）、暮原鼠（*Rattus sordidus*）、小家鼠、昆士兰大裸尾鼠（*Uromys caudimaculatus*）、东方水鼠（*Hydromys chrysogaster*）等；在非洲，南非乳鼠、非洲巨鼠（*Cricetomys gambianus*）和麝属（*Crocidura sp.*）是最常见的宿主；该病在我国绝大部分省（自治区、直辖市）存在，尤以南方为甚。在我国长江流域主要宿主为黑线姬鼠，广东、福建省沿海平原地区为黄毛鼠，在云南省则为黄胸鼠。

五、鼠对人类生活的影响

啮齿动物对工业、交通和建筑、设备方面的损害，虽然不如对农、林、牧业那样频繁，但造成的经济损失也很惊人。老鼠的牙齿非常锋利，不但经常破坏文件、票据、办公桌椅，而且还会经常咬坏电线、电缆、机器零配件、仪器仪表等，并造成大的恶性生产事故。例如，在美国的电气火灾中，约有 1/3 起因不明，而这其中的大部分灾害要归罪于老鼠；在电力工业上仅老鼠所造成的损失每年达几十亿美元。啮齿动物危害交通的情况也屡有发生。2008 年，新建成的北京国际机场 T3 航站楼，刚投入使用不久就发生过鼠啃噬电气系统，影响机场的功能，导致机场管理部门与鼠害治理公司的纠纷。在火车、船舶以至飞机中隐藏的啮齿动物，不仅咬坏货物，有时还毁坏通信线路和仪表，使操纵、导航系统失灵，造成重大事故。有的地区，由于啮齿动物咬断埋于地下的通信电缆，造成通信中断的事故时有发生。鼠害同样是商业部门的重大问题之一，各种食品、蔬菜、冷库畜产品、粮油，库存纺织品及其他许多物品，均不同程度遭受鼠的危害。害鼠不但取食或啃咬商品，而且鼠粪便污染商品，常常造成很大的经济损失。

从适应辐射的范围、种的数目以及种内个体的数目来看（啮齿目动物无论种类和数量都是哺乳动物中最多的，种数占全世界哺乳动物种数的40％以上）。长期的演化中形成了种类多、形态和习性多样化，以及体型小或适中、性成熟早、繁殖力强、数量繁多的特点，啮齿目中的大多数种类在整个地质历史演变过程中都保持着小的躯体（最小的种类如巢鼠等体重仅有几克），少数种类个体越来越大。小的躯体能够开辟较大的动物所不适宜的生活环境。啮齿类的繁殖能力也是哺乳动物中最强的，数目众多的个体可以迅速开拓新的领域，并且使它们适应于不断变化的生态条件。因此它们对不同的环境条件都有较强的适应能力。啮齿类动物分布极广，在地球上的绝大多数地区都能见到，又适应于森林、草原、苔原、高山、盐碱地、沙漠、湿地、人类居住区等各种各样的栖息环境，可以地栖、树栖、半水栖，有的种类如鼯鼠等还能在空中滑翔。啮齿类主要以植物为食，但很多种类也吃昆虫及其他动物。

古生物学研究表明，地球上的生物是从简单、原始、低等的物种经过自然选择逐步演化成复杂、进步、高等的生物。生物起源与演化最直接的依据是生物化石，这也是古生物学研究的主要依据。由于生物起源进化的时间极其漫长，用年表示可达几万年到几亿年，非常不便，故古生物学所说的时间是以地质史上的"宙""代""纪""世"来表示。下列地质年代简表可表示出时间与动物进化的关系（表2-1）。

第一节
啮齿动物的起源与演化

表 2-1　地质年代与生物进化

（引自郑智民等，2008）

宙	代	纪	世	距今（年）	生物进化的主要事件
显生宙	新生代	第四纪	全新世	1万	冰期已过，气温上升，人类发展
			更新世		冰期，人类发展
				180万	
		第三纪	上新世	500万	南方古猿出现并发展
			中新世		哺乳动物和被子植物继续适应辐射
				2 400万	
			渐新世	3 800万	灵长目动物（包括猿）起源
			始新世		被子植物的优势增长 多数现代哺乳动物起源
				5 400万	
			古新世	6 500万	哺乳动物、鸟类和传播昆虫适应辐射

（续）

宙	代	纪	世	距今（年）	生物进化的主要事件
显生宙	中生代		白垩纪		出现被子植物 白垩纪末恐龙走向灭绝；鸟类发展
				1.44亿	
			侏罗纪		裸子植物继续成为优势植物；昆虫类兴起； 恐龙占优势；原始哺乳类（如古兽类）发展
				2.13亿	
			三叠纪		裸子植物成为优势景观； 最早的恐龙、哺乳动物和鸟类出现
				2.48亿	
	古生代		二叠纪		爬行类适应辐射；似哺乳动物的爬行类和大多数现代昆虫的目起源；许多海洋无脊椎动物灭绝
				2.86亿	
			石炭纪		广阔的维管植物森林，最早的种子植物； 爬行类起源，两栖类占优势
				3.60亿	
			泥盆纪		硬骨鱼类多样化增长 最早的两栖类和昆虫出现
				4.08亿	
			志留纪		无颌鱼类多样化；最早的有颌鱼类； 维管植物和节肢动物登上陆地
				4.38亿	
			奥陶纪		海洋藻类繁盛
				5.05亿	
			寒武纪		大多数无脊椎动物门起源，最早的脊索动物，藻类多样化
				5.90亿	
元古宙					蓝细菌在元古宙占优势，但在元古宙末衰落 最早的动物，最早的多细胞藻类
				25亿	真核生物起源 大气中自由氧开始积累 光合作用起源
太古宙					最早的叠层石和微生物化石记录 细胞起源 化学进化生命起源
				38亿	
冥古宙					地球起源于54亿年前，经过地核与地幔分异，地球形成

一、哺乳动物的起源与演化

古生物的化石资料表明哺乳类和鸟类一样，都是由爬行动物进化而成的。从表2-1可以看到，哺乳动物初次发现是在三叠纪（距今2.13亿～2.48亿年），三叠纪地层大量化石资料显示哺乳动物与属爬行动物的兽原类同时存在，中生代中期侏罗纪，兽原类渐趋灭绝。这时，代之而起的是三锥齿目、多尖齿目、对齿目、古兽目等原始的哺乳动物。它们均较单孔目的演化阶段更高，学者们认为单孔目（属原兽亚纲）独自由兽原类派生而成的，与其他哺乳动物在进化途径上分道扬镳，彼此间并无直接的祖裔关系。单孔类保留了卵生、无胎盘、有泄殖腔等一些爬行类的特征，成为保留至今的原始哺乳类，其代表动物有大洋洲及其邻近岛屿上的鸭嘴兽和针鼹等。有袋类（如南美洲和大洋洲的各种袋鼠）和真兽类（属于真兽亚纲）都起源于古兽类（图 2-1）。它们的化石几乎同时在白垩纪末期被发现，证明了这两类动物均由较早的哺乳动物递传下来，彼此进化而不发生关系。

真兽类系胎生并具有胎盘，为高等哺乳动物的共同特征，其种数约占哺乳动物的 95%。中生代白垩纪末期，恐龙类由盛转衰，急剧绝灭，真兽类由原始食虫的真兽类向各方面辐射适应，逐步发展成为种类繁多的、高等的哺乳动物（图 2-2）。

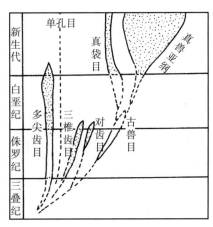

图 2-1　哺乳动物的进化示意
（引自郑智民等，2008）

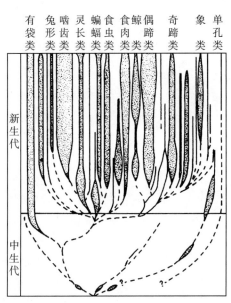

图 2-2　哺乳动物在新生代的适应辐射示意
（引自郑智民等，2008）

二、啮齿动物的起源

由于啮齿动物多是小型种类，在地层中不易形成化石或形成的化石残缺不全，如有的仅发现颌骨和牙齿。故啮齿动物的演化及其化石动物的分类，学者的观点不太一致，难免有推测或推理的成分。最早的啮齿类化石发现于晚古新世，起源还不十分清楚。有人认为啮齿目起源于灵长目的更猴类，也有根据跟骨构造怀疑它起源于古肉食类的。但近年中国发现的古新世化石表明，啮齿类的起源可能和亚洲特有的宽臼兽类如晓鼠有关。有关啮齿类的许多分类学问题至今未能解决。啮齿类的起源也一直是多年未解的问题。目前有两种学说较多得到人们的认可。一是北美起源说，认为从北美上始新世地层中出土的化石翼鼠是最古老的啮齿动物。后来，在距今约 5 500 万年北美晚古新世的地层中发现称为副鼠的动物被认为是啮齿动物的共同祖先。我国在内蒙古的晚始新世地层中也找到了它们的化石。副鼠的原始特征表现在颧弓——咬肌结构上，有很多类似袋鼠的特征，如很小的脑颅、穿孔的腭、下颌后角在它与头骨关节的下面向内弯曲。眶下孔通常中等大小，咬肌起点限于颧弓的腹面。头骨听泡不骨化，且不与头骨愈合。门齿为大的凿形，上颌前白齿 2 枚、白齿 3 枚，下颌前白齿 1 枚、白齿 3 枚，是啮齿目中颊齿最多的。以副鼠为样板，推测啮齿类起源于古新世的灵长类。二是中亚起源说，在中国发现的新化石材料支持啮齿类起源于中亚。20 世纪 70 年代，在中国安徽潜山县古新世中晚期

（距今6 000万年前）地层中发现了东方晓鼠的化石，它有一对大门齿，退化的颊齿，以及门齿和颊齿两种不同位置咬合机能的雏形，与啮齿类很相似。经过中国科学家多方研究考证，确认东方晓鼠是现今最接近啮齿类祖先的动物，现在大多数学者肯定东方晓鼠与啮齿动物起源的关系（图2-3）。近年在湖南衡东县早始新世地层中发现的钟健鼠的完整头骨，更加证实了这种论断。当然，晓鼠不可能是啮齿类的直接祖先，但至少可以说，啮齿类动物可能起源于晓鼠类的近亲。

"东方晓鼠"（左）头骨化石的发现和研究推翻了"啮齿类起源于北美洲"的论断，它的发现证明了天柱山是世界啮齿类（即鼠类）的发源地之一

图2-3　东方晓鼠头骨化石
（引自《中国国家地理》）

类似副鼠或晓鼠的啮齿类的祖先在新生代时期沿着几条辐射状路线发展，根据牙齿、头骨和下颌骨上的咬肌发育程度不同，啮齿目动物大体分成四大类：始啮类（如今仅在北美残留一种——山河狸）、松鼠类（包括松鼠和河狸）、鼠类（家鼠、仓鼠和跳鼠）和豚鼠类（豚鼠和水豚）。近年来分子生物学的研究认为，南美豚鼠与其他啮齿类的相似性低于它与灵长类或其他哺乳动物的相似性，因此认为南美豚鼠不是啮齿类，从而对传统的啮齿类概念提出挑战（图2-4、图2-5）。

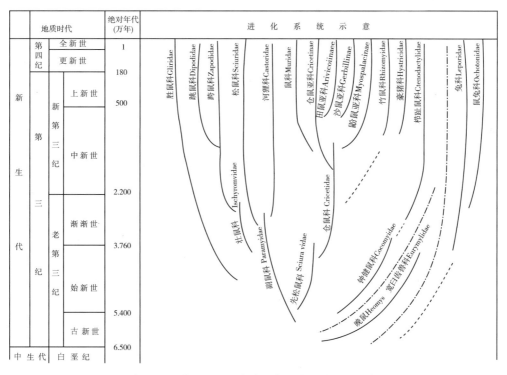

图2-4　中国现生啮齿类、兔形类系统进化示意

始啮类繁盛于古近纪，到渐新世地球骤冷时基本上灭绝了。大间断后一些新生的科出现，如河狸、松鼠、跳鼠和南美豚鼠等。鼠类和兔类是哺乳动物中演化十分成功的类群，但许多种类对人类的发展有害。如果人类不珍惜、不爱护自己的生存环境，那也许若干年之后这些生物会发展为地球上的王者。

其中兔形目的起源目前还不十分清楚。

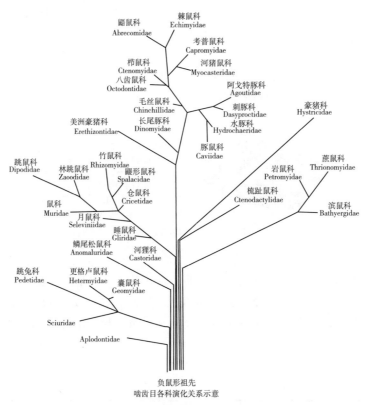

图 2-5　啮齿目各科演化关系示意

(引自施大钊等，2008)

三、分类鉴定与检索表概述

确定动物在分类系统中的位置，查对动物（或标本）名称的工作称鉴定，野外考察和实际应用方面的鉴定工作也称识别。识别动物的方法很多，可分为直接识别与间接识别两大类。直接识别是根据遇见或捕获的活动物或尸体，以及剥制的标本、皮张、动物骨骼等实物进行种类鉴定；间接识别则是根据动物的巢穴、粪便、取食和其他活动的各种痕迹等，判断某地区的某种环境中有什么动物生存。

检索表是物种鉴定的一种工具，是分类学专家根据多年的实践经验和综合国内外的研究成果，将各种动物的鉴别性状进行比较，编排成许多条款，按照这些条款，依次查对欲识别动物（或标本）的相应特征，最后可查出该种动物的科学名称。

检索表有多种形式，用于不同目的。分类工作中常用歧式检索表。这类检索表中比较适用的为二歧式检索表。其特点为在对照所列的每项鉴别性状时，都把涉及的全部动物种分为"是"与"否"两大部分，逐渐缩小欲鉴定种类的归属范围，直到最后查出唯一正确的名称。

常见的二歧式检索表又可分为定距式（级次式）、平行式和连续平行式 3 种，其中最常用的为平行式检索表，即将每一对互相区别的特征编以同样的项号，并紧接并列，项号虽变但不退格，项末尾注明应查的下一项号或查到的分类等级。如：

仓鼠科（Cricetidae）检索表

1　上白齿咀嚼面有 2 纵列齿尖；口内有颊囊 ·· 2

　　上白齿咀嚼面平坦，围以各种齿环 ·· 10

2　成体体长大于 250mm；腹毛黑色；体侧前部有 3 个圆形白斑 ··························

·· 原仓鼠（*Cricetulus cricetus*）

成体体长小于250mm；腹毛灰色或黄色；体侧无浅色斑 ·······································3

对一般非专业人员较实用的为直观较强的图画检索表。把动物的主要鉴别性状画成图（图2-6），排在一起，用以取代相应条款。

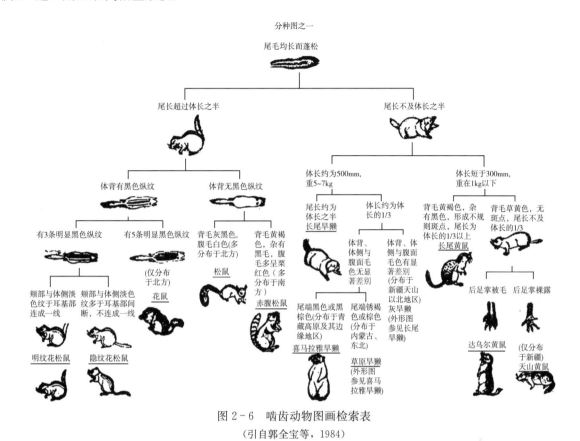

图2-6 啮齿动物图画检索表

（引自郭全宝等，1984）

分类专著中，或一个国家的动物系统检索中，多采用逐阶元检索的方法，如依次有目检索、某目分科检索、某科分属检索、某属分种检索，有时还有分亚科、分亚属和分亚种的检索等。如上检索表的仓鼠科分种检索。

物种鉴定或识别时，常使用检索表试查动物至目、科、属、种；查阅地区动物区系名录和文献；查对原始描记（某动物的发现者在原发表的论文中对该物种的描记）；与模式标本或研究机构经准确鉴定过的标本对比；确定动物名称。

第二节　啮齿动物的系统发生和分类概述

啮齿动物（Glires）包括啮齿目（Rodentia）和兔形目（Lagomorpha）两个目中的众多物种。据美国史密森研究院国家自然历史博物馆哺乳动物部主任唐·威尔逊博士等编著的《世界哺乳动物物种（第3版）》统计，全世界现有啮齿动物2 369种（其中兔形目3科13属92种，啮齿目33科481属2 277种），占现存哺乳动物总种数的43.74%（全世界哺乳动物已知有5 416种）。它们是最成功的适应者，在所有大陆的几乎所有生态系统中，从热带荒原到北极冻原，从热带、温带到北方森林，都成功建立种群。啮齿类的成功进化适应与广泛的食性、特异的头骨和牙齿特征、小型到中型体型，以及短的个体发育和世代有很大关系。啮齿类循环反复的适应进化和惊人的多样性给科学家对其系统发育关系的研究造成了巨大困难。

最早的被大多数科学家接受的啮齿目的分类系统是 Simpson（1945）的分类系统，他把啮齿类划分为 6 个亚目，15 个超科，37 个科。另外两个有影响的分类系统是 McKenna 和 Bell（1997）、Nowak（1999）的分类系统。前者把啮齿类分为 3 个亚目，8 个下目，11 个超科，49 个科。后者把啮齿类分为 2 个亚目，11 个下目，8 个超科，29 个科。分子生物学的发展，提供了一个解决啮齿类系统发育的可靠途径。Wilson 和 Reeder（2005）的分类系统，即根据分子进化结果并结合形态学，将啮齿类分为 5 个亚目：松鼠形亚目（Scuriomorpha）、河狸形亚目（Castorimorpha）、尾鳞松鼠亚目（Anomaluromorpha）、鼠形亚目（Myomorpha）和豪猪形亚目（Hystricomorpha），总计 34 个科，2 277 种。根据这一分类系统，我国有哺乳动物 13 目，54 科，245 属，572 种。啮齿目中中国有 4 个亚目，9 个科，192 种。

我国疆域辽阔，地跨热带、亚热带、暖温带、中温带和寒温带等多个温度带。自然条件极其复杂多样，从低于海平面 100m 以上的盆地平原到海拔 8 000m 以上的世界最高峰——喜马拉雅山，分布有热带雨林、常绿阔叶林、阔叶落叶林、针阔叶混交林、针叶林、森林草原、沿河灌丛和草甸、山地草原、荒漠草原、荒漠、亚高山草甸、高山垫状植被等多种生态环境，为各种啮齿动物生存和繁育提供了有利条件，是世界上啮齿类动物物种分布最多的少数几个国家之一。但是，由于分类学家们受个人掌握的标本和资料局限，在啮齿类的分科、属、种上有不同观点，难于一致精确地给出我国啮齿类动物种类数。近 20 年来，我国不同学者对我国啮齿目物种的统计数为 200～250 种。中国科学院昆明动物研究所研究员王应祥先生在 2007 年统计中国啮齿目为 10 科 73 属 216 种，占中国哺乳动物种数的 33.5%（总数 645 种）；随着分子分类技术的发展，传统的分类学观点与分子分类观点逐步互相修正，传统松鼠形亚目中的鼯鼠科（Pteromyidae）被划归到松鼠科下的不同属。从方便实用的角度考虑，本书按我国啮齿目下的 4 个亚目，亚目下的 9 个科，每个科下我国常见 96 个鼠种所在的属和种分别编制检索表。并描述单个鼠种的主要分类特征，以及在我国的分布范围。

一、啮齿目与兔形目特点

啮齿目（Rodentia）一词最早见于欧洲的早期文献。在林奈早期的分类系统中，鼠类和兔类等哺乳动物被归为有爪类中的啮类（Glires）。在 Lacepeda（1799）的系统中，兔类、河狸、小家鼠等被划作门齿－臼齿目。Cuvier（1817）和 Bowdich（1821）使用了"Rodentia"这一术语。Ognev（1940）在《苏联及邻国兽类志》专著中对啮齿动物的分类，使用了啮目（Glires）一词，并划分了复门齿亚目（Duplicidentata，包括兔类和鼠兔类）和单门齿亚目（Simplicidentata，包括现生啮齿目各科）。此后有人认为此二者起源于亲缘关系相差很远的祖先，应分别独立为不同的目。5 年后，Simpson（1945）把复门齿亚目提格为兔形目（Lagomorpha），单门齿亚目提格为啮齿目（Rodentia），二者合称为啮类总目（Glires），从而妥善地解决了学术界对此问题的争论。

啮齿目和兔形目的最显著区别特征，是啮齿目动物上下颌都具有一对单排的终生生长的凿状门齿，没有齿根；无犬齿，取代犬齿位置的是一宽大的齿隙，即门齿和臼齿间有空缺，其齿式为 $\frac{1.0.0～2.3}{1.0.0～1.3}=$ 16～22（图 2-7）。而兔形目的上颌门齿后面还有一对钉状的门齿，其齿式为 $\frac{2.0.3.2～3}{1.0.2.3}=26～28$。

图 2-7　啮齿目（Rodentia）动物头骨

啮齿目和兔形目及其下各科系统进进化见图2-8。

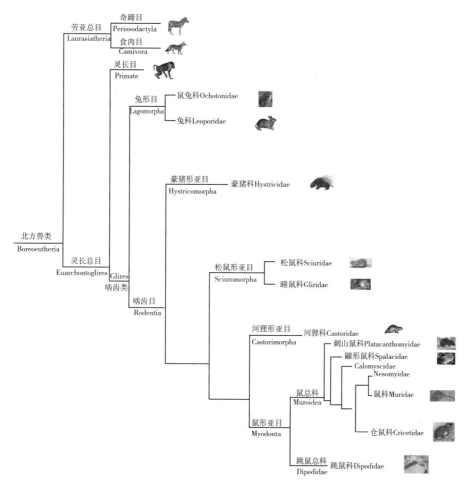

图2-8　我国啮齿目和兔形目及其下各科系统进化示意

（参考Fabre et al.，2012；Smith et al.，2009）

二、我国的啮齿目亚目

啮齿目是哺乳动物中最大最成功的一类，分布几乎遍及南极和少数海岛以外的世界各地。对于种类繁多的啮齿类成员之间的亲缘关系争议比较大，主要是根据颅骨上咬肌的结构和附着情况、牙齿、下颌骨等进行分类。传统上一般将啮齿目分成5个亚目，我国分布有松鼠形亚目（Sciuromorpha）、河狸形亚目（Castorimorpha）、豪猪形亚目（Hystricomorpha）和鼠形亚目（Myomorpha）等4个亚目（图2-9至图2-12）。

表层咀嚼肌　　　侧面咀嚼肌　　　中面咀嚼肌

图2-9　松鼠形亚目（Sciuromorpha）咀嚼肌的结构和附着情况

松鼠形亚目是最原始的啮齿类，分化比较早，其成员间差异较大，有时又被分成几个不同的亚目。此亚目分布比较广泛，以亚洲、北美洲和非洲最为丰富，少数分布在欧洲和南美洲北部，大洋洲和南美洲南部没有分布。此亚目我国分布有松鼠科（Sciuridae）和睡鼠科（Gliridae）2个科。

表层咀嚼肌　　　　　　侧面咀嚼肌　　　　　　中面咀嚼肌

图 2-10　河狸形亚目（Castorimorpha）咀嚼肌的结构和附着情况

表层咀嚼肌　　　　　　侧面咀嚼肌　　　　　　中面咀嚼肌

图 2-11　豪猪形亚目（Hystricomorpha）咀嚼肌的结构和附着情况

表层咀嚼肌　　　　　　侧面咀嚼肌　　　　　　中面咀嚼肌

图 2-12　鼠形亚目（Myomorpha）咀嚼肌的结构和附着情况

鼠形亚目起源于松鼠型亚目，下颌骨和松鼠形亚目接近，有时可并入松鼠形亚目或再分出不同的亚目。鼠亚目的种类繁多，几乎遍布于世界各地，其成员体型较小，浅咬肌起自吻部，侧咬肌的前部源于颧弓前方的延长部分。此亚目我国分布有鼠科（Muridae）、仓鼠科（Cricetidae）、鼹形鼠科（Spalacidae）、刺山鼠科（Platacanthomyidae）和跳鼠科（Dipodidae）等5个科。

豪猪形亚目较早和其他啮齿类分化出来，成员之间体型和习性差异很大，但下颌骨均为豪猪形，也有人将其分成2～3个不同的亚目。该亚目咬肌的前部源于吻部并通过扩大的眶下孔，包含的种类最少而科最多。我国仅分布豪猪科（Hystricidae）1个科。

分子分类学上，河狸形亚目也起源于松鼠形亚目，与鼠形亚目同源。我国仅有河狸科（Castoridae）一科一个种。

三、兔形目分类概述

兔形目（Lagomorpha）字源来自希腊文，Lagoa-是兔子的意思，而-morpha是形状，Lagomorpha则是具有兔形的动物。我国古书的解释同样如此，如汉代魏朗在《魏子》中即记有："兔字篆文，象形"。实际上，兔形目的外形并不均像兔子，全目共3个科，古兔科（Eurymylidae）已绝灭，2个属，分布于晚古新世至始新世的亚洲北部，但其并非现兔形目的直接祖先。现存种分两个科：兔科（Leporidae）和鼠兔科（Ochotonidae）。兔科确具兔形，管状长耳朵，簇状短尾巴，后肢发达，比前肢长得多，善跳跃。本科有 11 属 61 种，我国仅有 1 属 10 种。但鼠兔科外形似啮齿目中的豚鼠，耳朵短而圆，尾巴退化，仅留残迹，不露出毛外。鼠兔属名来自于蒙古语"没有尾巴"的意思。现有 1 属 30 种，我国有 24 种。

第三节　我国农区常见啮齿动物分类检索特征

对于生态系统来说，存在于其中的生物物种原本并无益害之分。"益"或"害"都是相对于"人"这一主体而言的。从人类利益来看，确实也有很多啮齿目种类对人类有害，它们在生活史的某个阶段对农林牧副渔业或者人类健康造成危害。我国分布的啮齿动物种超过 200 种，真正对农业和人类造成危害的有 40 余种。限于篇幅及实用的原则，本节编制了我国分布的所有啮齿动物的 9 个科的分科检索表及农业鼠害监测过程中常捕获到的鼩鼱科特征，以及各科下的分属检索表。对于属下种的检索表，仅编制包含有我国农区常见的 54 种啮齿动物所在的属及 4 种鼩形目鼩鼱科动物所在属的分种检索表（表 2－2）。并对 54 种啮齿动物及 4 种鼩形目动物种的分类特征，以及在我国的分布范围进行简明扼要的描述。

表 2－2　危害我国农区的主要鼠形动物分类

目	科	亚科	属	种
兔形目	鼠兔科			达乌尔鼠兔
啮齿目	松鼠科	中国亚非地松鼠亚科	黄鼠属	达乌尔黄鼠
				赤颊黄鼠
			花鼠属	花鼠
			岩松鼠属	岩松鼠
		中国丽松鼠亚科	丽松鼠属	赤腹松鼠
	睡鼠科		林睡鼠属	林睡鼠
	鼹形鼠科	鼢鼠亚科	中华鼢鼠属	中华鼢鼠
				甘肃鼢鼠
				高原鼢鼠
			鼢鼠属	东北鼢鼠
				草原鼢鼠
		竹鼠亚科	竹鼠属	银星竹鼠
	仓鼠科	鮃亚科	鼹形田鼠属	鼹形田鼠
			兔尾鼠属	草原兔尾鼠
			白尾松田鼠属	白尾松田鼠
			毛足田鼠属	棕色田鼠
				布氏田鼠
				青海田鼠

（续）

目	科	亚科	属	种
啮齿目	仓鼠科	䶄亚科	田鼠属	东方田鼠
				狭颅田鼠
				根田鼠
				莫氏田鼠
			红背䶄属	山西䶄
				红背䶄
			绒鼠属	中华绒鼠
				大绒鼠
				黑腹绒鼠
		仓鼠亚科	仓鼠属	灰仓鼠
				黑线仓鼠
				长尾仓鼠
			大仓鼠属	大仓鼠
			毛足鼠属	小毛足鼠
				黑线毛足鼠
		沙鼠亚科	沙鼠属	长爪沙鼠
				子午沙鼠
				柽柳沙鼠
				红尾沙鼠
			大沙鼠属	大沙鼠
	鼠科	鼠亚科	板齿鼠属	板齿鼠
			巢鼠属	巢鼠
			小鼠属	小家鼠
				卡氏小鼠
			姬鼠属	高山姬鼠
				黑线姬鼠
				朝鲜姬鼠
				中华姬鼠
			白腹鼠属	针毛鼠
				社鼠（北社鼠）
			家鼠属	褐家鼠
				大足鼠
				黄毛鼠
				黄胸鼠
				屋顶鼠

（续）

目	科	亚科	属	种
鼩形目	鼩鼱科	鼩鼱亚科	短尾鼩属	短尾鼩
		麝鼩亚科	臭鼩属	臭鼩
			麝鼩属	北小麝鼩
				大麝鼩

中国啮齿动物分科检索表

1　头骨上颌具两对门齿，在 1 对大型凿状门齿之后，还有 1 对小门齿 ……………… 兔形目（Lagomorpha）2
　　头骨上颌仅具 1 对大型凿状门齿，在其后方再无小门齿 ……………… 啮齿目（Rodentia）3
2　体型较大，成体体长超过 300mm；耳长形；后肢远比前肢长；尾明显露出毛被外 ……………… 兔科（Leporidae）
　　体型较小，成体体长小于 250mm；耳近圆形；前、后肢长接近等长；尾不露出毛被外 …… 鼠兔科（Ochotonidae）
3　身体被角质长刺；下颌骨腹面呈 U 形 ……………… 豪猪形亚目（Hystricomorpha），仅一科：豪猪科（Hystricidae）
　　身体被毛，无角质长刺；下颌骨腹面呈 V 形 ……………… 4
4　尾大而宽，上下扁，呈铲形，上面覆有大型鳞片 …… 河狸形亚目（Castorimorpha），仅一科：河狸科（Castoridae）
　　尾的形状与上述不同 ……………… 5
5　全尾均密被蓬松的长毛，其腹面毛向两侧生长；头骨下颌每侧具 4～5 颗颊齿 …… 松鼠形亚目（Sciuromorpha）6
　　尾不完全覆以密毛，不蓬松，其腹面毛不向两侧生长；头骨下颌每侧具 3 颗颊齿 …… 鼠亚目（Myomorpha）7
6　头骨无眶后突；听泡膨大，内部被骨质膜分隔为几个室 ……………… 睡鼠科（Gliridae）
　　头骨眶后突长而尖；听泡正常，其内部不分隔为几个室 ……………… 松鼠科（Sciuridae）
7　头骨上颌每侧有 4 颗颊齿（若仅 3 颗颊齿，则其后肢长为前肢长的 2 倍以上）……………… 10
　　头骨上颌每侧仅有 3 颗颊齿；前、后肢长度大致相等 ……………… 8
8　眼极小，完全被皮毛覆盖 ……………… 鼹形鼠科（Spalacidae）
　　眼大或小，不完全被皮毛覆盖 ……………… 9
9　骨腭在第一上臼齿间有大孔 ……………… 刺山鼠科（Platacanthomyidae）
　　骨腭在第一上臼齿间无大孔 ……………… 10
10　后肢长于前肢 2 倍以上，下颌骨角突（隅突）处有大孔 ……………… 跳鼠科（Dipodidae）
　　　后肢长略大于前肢或相等，下颌骨角突处无大孔 ……………… 11
11　上臼齿咀嚼面有 3 纵列齿突，尾毛稀疏，有明显鳞片 ……………… 鼠科（Muridae）
　　　上臼齿咀嚼面有 2 纵列齿突，尾长小于体长的 2/3，尾毛密而不见鳞片 ……………… 仓鼠科（Cricetidae）

一、兔科（Leporidae）

本科为一些体型较大的草食种类，成体体长 400～600mm 及以上。耳长、尾短，上唇中间分裂为左右两瓣，后肢显著长于前肢，适于跳跃。头骨细长，额骨面向上隆起。吻部长而鼻骨较宽，其后部宽，大于眶间宽。额骨两侧具发达的眶后突。顶间骨在成体不明显。枕骨上方有略似长方形的枕上突。两颧弓较靠近臼齿列，其后部不向外扩，二颧弓接近平行。颧宽小于颅全长之半。门齿孔极宽大。腭骨很短，在上臼齿与前臼齿间形成骨桥。听泡显著地隆起。下颌冠状突不发达。关节突较大，居于最上方。角突相当宽大。上门齿两对，前面一对较大，后面一对小。除第三上臼齿外，上臼齿的咀嚼面分成前后两部分。第三上臼齿最小，呈圆柱形。上臼齿列比下臼齿列宽得多。齿式为 $\frac{2.0.3.3}{1.0.2.3}=28$。

已知在中国的森林、草原、荒漠、农田、山麓、河谷、灌丛等各种环境中仅分布有 1 属：兔属（Lepus）9 种和 1 个疑问种（高丽兔 L. coreanus）。在全国各地的平原、丘陵和荒漠绿洲的农区及邻近地区中，较常见的有海南兔（L. hainanus）、东北兔（L. mandshuricus）、高原兔（L. oiostolus）、中亚兔

（*L. tibetanus*）、雪兔（*L. timidus*）、蒙古兔（*L. tolai*）和塔里木兔（*L. yarkandensis*）等7种。

中国兔属（*Lepus*）动物分种检索

1　尾背面呈现大块黑色毛斑 ……………………………………………………………………… 2
　　尾背面无大块的黑色毛斑 ……………………………………………………………………… 5
2　体型多较小，体色较鲜艳，呈橙黄或棕黄色；毛基浅棕黄色 ……………………………… 3
　　体型较大，体色较浅淡，呈土黄或棕褐色；毛基浅，较灰 ………………………………… 4
3　体型较小，耳长小于100mm，尾长小于80mm；头骨的眶后突，向上弯翘较明显 ………… 海南兔（*L. hainanus*）
　　体型略大，耳长大于80mm，尾较长，通常大于100mm；头骨的眶后突低平，或仅略向上弯翘
　　…………………………………………………………………………………… 云南兔（*L. comus*）
4　耳长大于或等于后足长，头与背部毛色较深，夏季毛色多褐色调，少沙土色调，呈黄棕到黄褐色 …………………
　　……………………………………………………………………………………… 蒙古兔（*L. tolai*）
　　头与背部毛色较浅淡，夏季毛色少褐色调，多沙土色调，呈土黄棕到沙黄色 …… 中亚兔（*L. tibetanus*）
5　体型较大，成体颅全长大于94mm；尾较短，其长接近后足长的1/3；夏毛无明显的明暗相间的波纹；冬毛多变白
　　………………………………………………………………………………………… 雪兔（*L. timidus*）
　　体型较小，成体颅全长通常小于90mm；尾较长，其长为后足长的1/2左右，或更长；夏毛有明显的明暗相间的
　　波纹；冬毛不变白 ……………………………………………………………………………… 6
6　耳端无黑毛；背毛沙褐，无黑毛尖；听泡较大，其宽大于听泡间距的120% ………… 塔里木兔（*L. yarkandensis*）
　　耳端有黑毛；背毛色暗，有黑毛尖；听泡较小，其宽小于听泡间距的120% ………………… 7
7　体型较小，体长不大于420mm；体色较鲜艳，体侧呈橙黄色；毛基暗灰色 ………… 华南兔（*L. sinensis*）
　　体型较大，体长大于420mm；体色较浅淡，体侧呈沙棕或淡棕色；毛基浅灰色 ……………… 8
8　臀部毛色与体背部毛色相近，无明显的灰色臀斑 ………………………………… 东北兔（*L. mandchuricus*）
　　臀部毛色显然比背色浅，呈现大块灰色臀斑 ………………………………………… 高原兔（*L. oiostolus*）

二、鼠兔科（Ochotonidae）

　　本科为一些体型较小的食草动物，广栖于草原、山地草原、高山裸岩和山地针叶林地带的多岩石地区。体长一般不超过250mm。头大，外耳壳呈短圆形，耳长仅为头长之半左右。鼻吻部略短，上唇纵裂为左右两瓣。四肢不甚发达，后肢接近或略长于前肢，前肢5趾，后肢4趾，足掌被密毛。尾极短，不露出毛被外。头骨略呈椭圆形。颧弓仅略向外扩张，其后部有一向后延伸的长形剑状突起。二颧弓的距离前后变化不大，颧宽远超过颅全长之半。脑颅扁平。听泡显著膨大，略呈三角形。鼻吻部较钝，鼻骨前端显然变宽，门齿后有一对小孔，腭孔很大，少数种类的腭孔与门齿孔相连，有的甚至二者合为一孔。部分种类的额骨前部有一对卵圆形小孔。无眶后突，与兔科相似，上颌具两列门齿，前大后小，但每侧只有5枚颊齿，上颌缺第三上臼齿，下颌多数缺一枚前臼齿，其齿式为$\frac{2.0.3.2}{1.0.2.3}=26$。

　　本科仅有鼠兔属（Ochotona）一个现代属，主要栖息在全北界中一些高原、山地、平原等开阔景观中，其大部分种类都集中分布在亚洲中部，仅少数见于欧洲东南部与北美洲。我国鼠兔种类最多，有23种和2疑问种。

中国鼠兔属（*Ochotona*）动物分种检索

1　门齿孔与腭孔明显分为两孔，或相连，或以骨缝相通 ………………………………………… 2
　　门齿孔与腭孔合为一孔 ……………………………………………………………………… 10
2　门齿孔与腭孔相通 ……………………………………………………………………………… 3
　　门齿孔与腭孔完全分开或仅以狭缝相连 ……………………………………………………… 5

3　额骨明显向上拱凸，其上无卵圆形小孔；眶间宽小于 4.5mm ················· 拉达克鼠兔（O. ladacensis）
　　额骨较平，向上拱凸不明显，其上具 1 对卵圆形小孔；眶间宽大于 4.5mm ································· 4

4　体型略大，后足长大于 34mm；体背毛与耳背和头额部毛同色，皆为锈红色 ········· 红耳鼠兔（O. erythrotis）
　　体型较小，后足长小于 34mm；体背毛与耳背和头额部毛色不同，前者暗褐色，而后者具鲜艳的棕红色调 ········
　　·· 川西鼠兔（O. gloveri）

5　夏季体背毛沙黄或浅黄棕色；耳下颈侧部毛色与体色明显不同，呈锈红色毛斑 ······················· 6
　　夏季体背毛暗棕或褐色；耳下颈侧部毛色与体色相近 ··· 7

6　四季毛色无明显的季节变化；额骨向上拱凸弧度较大，眶间宽较小，明显小于 4.5mm ···················
　　·· 褐斑鼠兔（O. pallasi）
　　毛色有季节变化，冬季背毛银灰色，有黑毛尖；额骨向上拱凸弧度较小，眶间宽大于 4.5mm ···············
　　·· 贺兰山鼠兔（O. argentata）

7　体型较大，耳大，耳长大于 30mm ································ 木里鼠兔（O. muliensis）
　　体型较小，耳小，耳长远小于 30mm ·· 8

8　颜面部较短阔，其宽度大于上齿隙长的 80%；染色体数目 2n=38 ·········· 草原鼠兔（O. pusilla）
　　颜面部较细长，其宽度小于上齿隙长的 80%；染色体数目 2n=40 或 42 ··························· 9

9　体型较大，后足长大于 30mm，颅全长大于 42mm；染色体数目 2n=42 ········· 高山鼠兔（O. alpina）
　　体型较小，后足长小于 30mm，颅全长小于 42mm；染色体数目 2n=40 ········· 东北鼠兔（O. hyperborea）

10　耳较大，耳长不小于 30mm，趾垫大而裸露 ·· 11
　　　耳较小，耳长小于 30mm，趾垫小，并隐于毛被内 ·· 14

11　背毛以灰色为主；额骨上有 1 对卵圆形小孔 ·· 12
　　　背毛不以灰色为主；额骨上无卵圆形小孔 ··· 13

12　背毛色淡灰或灰褐，头肩部有棕黄色斑，耳内毛密而长，额骨明显向上拱凸 ······· 大耳鼠兔（O. macrotis）
　　　背毛色深灰，头肩部有烟黄色斑，耳内毛短而稀，额骨向上拱凸的弧度较小 ··········· 灰鼠兔（O. roylei）

13　头肩部有 3 块锈棕色毛斑 ································· 伊犁鼠兔（O. iliensis）
　　　整个头肩部橘红色 ···································· 喜马拉雅鼠兔（O. himalayana）

14　整体毛色浅淡，偏灰，背色沙灰或灰褐 ··· 15
　　　整体毛色浓重，背色较褐或鲜艳 ·· 16

15　鼻端及唇周黑褐色，额骨向上拱凸的弧度较大 ··············· 黑唇鼠兔（O. curzoniae）
　　　鼻端及唇周污白色或略暗，额骨向上拱凸的弧度较小 ··············· 达乌尔鼠兔（O. dauurica）

16　额骨向上拱凸的弧度很大 ······························· 柯氏鼠兔（O. koslovi）
　　　额骨低平或向上拱凸的弧度很小 ·· 17

17　额部有棕色或褐色块斑；门齿孔与腭孔相连呈葫芦形 ······································· 18
　　　额部无棕色或褐色块斑；门齿孔与腭孔合为一个梨形孔 ····································· 19

18　头颈部毛浓锈棕色，而体背部毛暗棕色，二者差别明显 ··············· 高黎贡鼠兔（O. gaoligongensis）
　　　头颈部与体背部毛同色，均为茶褐或茶黄色 ················· 灰颈鼠兔（O. forresti）

19　体型较大，枕鼻长大于 38mm；听泡大而鼓，额骨低扁、中凹 ··············· 努布拉鼠兔（O. nubrica）
　　　体型较小，枕鼻长小于 38mm；听泡小而低，额骨微凸，不低扁 ································· 20

20　体型较小，体长小于 140mm，颧宽小于 17mm ·· 21
　　　体型较大，体长不小于 140mm，颧宽大于 17mm ·· 22

21　体型较大，颧宽大于 15mm ································ 间颅鼠兔（O. cansus）
　　　体型较小，颧宽小于 15mm ································ 狭颅鼠兔（O. thomasi）

22　身体毛色较浅淡，呈沙棕褐色；头骨扁宽，颧宽 18mm 左右，到 20mm，脑颅宽在 14.6mm 以上 ···········
　　　··· 黄河鼠兔（O. huangensis）
　　　身体毛色较深暗，呈暗褐色；头骨较隆凸，颧宽小于 18mm，脑颅宽在 14.5mm 以下 ···· 藏鼠兔（O. thibetana）

达乌尔鼠兔（Ochotona dauurica）　达乌尔鼠兔的体型较小，体长 150～220mm，颅全长 39～45mm。耳较小，耳长小于 30mm；整体毛色浅淡，偏灰，背色沙灰或灰褐，夏季被毛色从浅棕色到草灰色，腹面浅白色，颈颏部毛淡黄色，向后延伸到胸部，鼻端及唇周污白色或略暗，耳背侧缘浅黑棕色，耳背后上方有一明显淡色小区，没有铁锈色毛斑，冬季毛被为一致的淡沙黄色、浅黄褐色或沙棕色。后足掌被毛，趾垫小，并隐于毛被内；门齿孔与腭孔合为一个梨形大孔，额骨向上拱凸的弧度较小，额骨上没有卵圆形小孔，听泡较大；染色体数目 $2n = 50$。

达乌尔鼠兔的地理分布属蒙古高原东部温旱型，分布在我国内蒙古、辽宁、河北、河南、山西、陕西、宁夏、甘肃、青海、四川等省份；在国外见于蒙古国和俄罗斯的外贝加尔地区。栖息中温带森林草原地区中的山地草原、典型草原和荒漠草原、沿河草甸。通常选择低洼较潮湿的地段掘洞栖居。白昼活动，冬季不休眠。喜取食冷蒿、锦鸡儿嫩枝、禾本科和莎草科植物的根、茎、叶和种子，也盗食农田中的粮食，对农牧业有一定的危害。秋季有储草行为，在其数量多的地区，能加剧因过度放牧引起的草原退化。它们是鼠疫病原体的储存宿主，在其数量高的地区应做好防疫工作。

达乌尔鼠兔是以其模式产地命名的。少数文献中称其为草原鼠兔，这不太合适，因为早已有另一种鼠兔 O. pusilla 称草原鼠兔，而且在我国也有分布。该种的体型更小，耳长远小于 30mm，但形态特征与达乌尔鼠兔有很大区别，夏季体背毛暗棕或褐色，耳下颈侧部毛色与体色相近；颜面部较短阔，其宽度大于上齿隙长的 80%；门齿孔与腭孔完全分开；染色体数目 $2n = 38$。此种的地理分布属哈萨克温旱型，仅分布在哈萨克斯坦和我国新疆塔尔巴哈台南麓的山地，栖息于山地森林草原、草原和沿河草甸中。在我国极少见，应加以保护。

三、豪猪科（Hystricidae）

本科属大型啮类动物。体型笨重，体长 380～900mm，尾长 60～230mm，体重达 18～27kg。四肢短而有力。体短，头大，吻部短钝，颈粗。四肢短而有力。尾长短于体长。体躯覆以单色调的淡棕色或浅黑色毛。身体表面的大部分被角质刺毛，最长刺毛达 350mm。长刺有黑白相间的环。尾部的刺很特化，有的末端膨大呈铃状。身体腹面，头吻部和四肢下部覆毛。前肢 3～4 趾，后肢 5 趾，后肢第五趾很短。爪强大。后足掌裸露无毛。雌性具 2～3 对乳头。头骨的颜面部长，脑颅部短。颧弓不发达，仅向两侧微凸，无眶上突和眶后突，眶间部无向内缩的部分，表面向上拱。听泡小。顶骨上有发达的骨嵴。颊齿具长齿根。上下颌均有 1 枚前臼齿，齿式为 $\frac{1.0.1.3}{1.0.1.3} = 20$。分布在非洲的大部分、欧洲南部、亚洲南部。多栖息在热带和亚热带的森林和森林草原地区。见于山地和山麓地区，最高到海拔 3 900m，有时也见于荒漠中。全世界计有 3 属 10 余种。我国有 2 属 3 种。

中国豪猪科（Hystricidae）动物分属检索

体型较大，成体体长超过 500mm；尾较短，隐于棘刺中，其端部的刺膨大呈铃状 ………… 豪猪属（Hystrix）
体型较小，成体体长不超过 450mm；尾较长，显露于棘刺外，其末端具帚状毛簇 …… 帚尾豪猪属（Atherurus）

1. 帚尾豪猪属（Atherurus）

体型较小的豪猪，成体体长 380～525mm，尾长 140～228mm，体重 2～4kg。体背部和体侧的大部分被刺毛。嵴背部的刺毛最长。大部分刺毛扁形，有纵沟。尾较长，端部具一小束长的硬棘，每一棘刺末端有 2～4 个囊状构造的小珠。头骨的吻鼻部狭长。颧弓的颧突后端向后超过上颊齿列前端。额骨的长大于宽。齿式为 $\frac{1.0.1.3}{1.0.1.3} = 20$。本属有 2 种，分布在我国西南部、东南亚、中南半岛和印度，以及非洲中部一些国家。我国仅有 1 种：帚尾豪猪（A. macrourus）。

2. 豪猪属（Hystrix）

体型比帚尾豪猪属大而粗壮。成体体长 600～900mm，体重可达 20kg 以上。尾短于 115mm。前肢 4 趾，后肢 5 趾。后肢具正常的拇趾。足宽，足趾具强爪。尾端部有很特化的长棘刺，其末端膨大呈铃状。在受到惊扰时，全部棘刺能颤动，发出恐吓的沙沙声。体前部毛变为硬棘，后背部和体侧覆以坚硬而尖锐的筒状长刺毛。这些长刺有防御敌害的作用，当敌害袭来时，能竖起棘刺，对准冲上来的天敌，猛然到退，以刺击敌人。雌性具 3 对乳头。头骨大，吻鼻部长，额骨长而宽，后脑部分短。听泡较小而圆。门齿宽。臼齿全部有齿根。第一颗臼齿的齿冠最大，第三颗的齿冠圆形。有前臼齿，齿式为 $\frac{1.0.1.3}{1.0.1.3}=20$。本属有 8～9 种，分布在亚洲、非洲、欧洲。我国有 2 种。

中国豪猪属（*Hystrix*）动物分种检索

鼻骨较长，其长大于颅全长的 1/2。向后延伸到泪骨之后，达到眼眶中线之后；染色体核型 2n＝48 ·············
·· 中国豪猪（*H. hodgsoni*）

鼻骨较短，其长小于颅全长的 1/2。达不到泪骨水平线，向后仅接近颧弓颧突前基部；染色体核型 2n＝60 ·····
·· 马来豪猪（*H. brachyura*）

四、松鼠科（Sciuridae）

本科多为中等体型的啮齿目动物，成体体长都在 100mm 以上，一般为 150～250mm；少数为大型种类，如旱獭的体长可达 600mm 以上。本科动物分布较广，营各种生活方式，形态甚为多种多样。本科动物头形圆，眼睛大，前后肢约等长，前脚具 4 趾，后脚具 5 趾。尾无角质鳞片，均被密毛，常上下扁，其腹面毛向两侧方向生长。头骨较宽，特别是额骨甚宽，而且平坦，没有明显的凹陷。眼眶较大，眶后突发达，眶前孔小。头骨的吻部较短，鼻骨短，脑颅部分较大，但听泡较小。上下颌均有前臼齿，大多数种类上颌有两颗前臼齿，下颌 1 颗前臼齿，其齿式为 $\frac{1.0.2.3}{1.0.1.3}=22$。其中部分种类的上颌前面的一颗前臼齿退化，很细小，颇似一枚骨针；个别种类则完全消失，仅存 20 枚牙齿，臼齿均为低齿冠形，齿突较简单。本科分布很广，几乎遍布世界。中国有 16 属 43 种和 3 疑问种。本科大多数种类栖息于深山密林、人迹罕见的高寒莽原、荒漠戈壁，与农业关系不大。仅地栖性的，以及半地栖半树栖的少数种类对农牧业有一定的危害。其中部分种类为鼠疫等流行疾病的储存宿主，或参与流行。

中国松鼠科（Sciuridae）动物分属检索

1　无滑翔皮膜和距 ·· 2
　　具滑翔皮膜和针突 ··· 11
2　头骨较短阔，鼻骨较短，其长度明显小于眶间宽 ··· 3
　　头骨较狭长，鼻骨较长，其长度大于或接近眶间宽 ·· 6
3　体型大，体长超过 270mm，颅全长大于 65mm；头骨上颌仅有 4 颗颊齿 ··········· 巨松鼠属（*Ratufa*）
　　体型较小，体长小于 270mm，颅全长小于 60mm；头骨上颌生有 5 颗颊齿 ·················· 4
4　腹毛色纯白；耳端常有簇状长毛；后足掌被毛 ································· 松鼠属（*Sciurus*）
　　腹毛不为纯白色；耳端无簇状长毛；后足掌裸露无毛 ·· 5
5　体型较小，成体体长不超过 150mm，头骨颅全长小于 40mm；体背有明暗相间的纵纹 ····· 花松鼠属（*Tamiops*）
　　体型较大，成体体长远超过 180mm，头骨颅全长不小于 45mm；体背无明暗相间的纵纹 ········
·· 丽松鼠属（*Callosciurus*）
6　体型较小，成体体长不到 170mm，头骨颅全长不超过 42mm；背部有 5 条显著的纵行暗色长条纹，面部也有明暗相间的花纹 ··· 花鼠属（*Tamias*）
　　体型较大，成体体长超过 170mm，头骨颅全长不小于 45mm；背部无上述 5 条纵行暗色长条纹，如有暗色纵行条纹，则必短且少于 5 条；面部也无明暗相间的花纹 ····························· 7
7　尾基部和股部具锈红色或橘黄色臀斑，与体背毛色明显区别 ············· 长吻松鼠属（*Dremomys*）

1. 巨松鼠属（*Ratufa*）

体型中等到大型，成体体长达 480mm，颅全长达 90mm 以上；耳短宽而圆，耳壳明显露出毛被外；尾较长，多数种类的尾长超过体长，少数也达体长的 2/3 左右；密被纯毛；掌宽，爪强大，体躯被毛艳丽，不同种的毛色各异，有的背毛色亮黑，腹毛浅黄棕色，有的背色棕红，有的暗棕色到灰色，而腹毛污黄到白色；后足适应树栖生活。头骨短阔而粗壮，鼻骨较短，其长度明显小于眶间宽，头骨上颌第一前白齿完全消失，仅有 4 颗颊齿，齿式为 $\frac{1.0.1.3}{1.0.1.3}=20$。全世界计有 4 种，分布在印度、斯里兰卡、尼泊尔、缅甸、不丹、马来西亚、苏门答腊、爪哇、加里曼丹和近岸的一些小岛上。我国仅有巨松鼠（*Ratufa bicolor*）一种。

2. 松鼠属（*Sciurus*）

体型属中小型，体长 200~310mm，不同种的尾长短不一，有的远超过体长，有的明显很短小，也有的大致等长。耳大，耳壳明显露出毛被外，耳端常有簇状长毛；后肢明显比前肢长，后足掌被毛；多数种在冬季体躯被毛长、软、厚，而在夏季变为短、粗、稀，躯体毛色多样，背部被毛有的为单一的灰色、淡灰色、暗褐色杂以棕红色调多种，腹部毛有白色、污黄色、黄色或橘色等。头骨较短阔，脑颅不大，吻鼻部较短，鼻骨长度明显小于眶间宽，听泡通常较大，头骨上颌生有 5 颗颊齿，第一前白齿甚退化，呈杆状，明显小于第二颗前白齿，齿式为 $\frac{1.0.2.3}{1.0.1.3}=22$。广布于地球北温带的北方森林区，全世界计有 30 种左右，其中 2 种分布在亚欧大陆，其他各种都分布在美洲。我国仅北松鼠（*Sciurun vulgaris*）一种。

3. 花松鼠属（*Tamiops*）

松鼠科体型最小的种类，成体体长不超过 150mm，头骨颅全长小于 40mm；尾较长，不小于体长的 2/3；外形与花鼠属有些相似之处，但区别明显，鼻吻部略前伸，耳壳明显露出毛被外；耳端通常有少量白色簇毛；体躯被毛厚软，背部毛色灰棕，头顶毛色较灰，体侧浅灰色，腹面毛色污白或污黄，沿体背和体侧有黑、白或黑与污黄色相间的条纹，我国种类背上的暗色条纹为 3 条，故俗称为三道眉花鼠，背崤部的纵纹黑色，两侧暗色纵纹之外还各有一条淡黄褐色或污白色的纵行亮纹，眼下脸颊部有一条与此条纹毛色相近的淡色条纹，尾被毛不密，后足掌裸露无毛，雌鼠的乳头 3 对；头骨短阔，脑颅部圆凸，鼻骨较短，其长度明显小于眶间宽，头骨上颌生有 5 颗颊齿，第一前臼齿甚退化，齿式为 $\frac{1.0.2.3}{1.0.1.3}=22$。全世界有 3～4 种，主要分布在我国南部、中南半岛、马来半岛、缅甸和印度北部。一些学者认为仅有明纹花鼠（T. macclellandi）和隐纹花鼠（T. swenhoei）两种，另外两种都是隐纹花鼠的亚种，也有的认为只有明纹花鼠一种。我国有 2～3 种。

中国花松鼠属（Tamiops）动物分种检索

1 体侧毛被的淡色条纹长，向前伸与眼下纹相连；腹部毛为鲜艳的橘黄色 ·················· 明纹花鼠（T. mcclellandii）
　体侧毛被的淡色条纹短，不与或不明显与眼下纹相连；腹部毛白色或土黄色 ······················· 2
2 体型较大，体躯被毛较长而绒粗；体背部橄榄色调较淡，其内侧的淡色纵行条纹明显有别于颈背部的色调 ········
　·· 隐纹花鼠（T. swenhoei）
　体型较小；体躯被毛较短而绒细；体背部橄榄色调较浓，其内侧的淡色纵行条纹更接近于颈背部的色调 ·········
　·· 倭花鼠（T. maritimus）

4. 丽松鼠属（Callosciurus）

中等体型的树栖种类，体长 130～280mm，尾长 130～250mm。外形与松鼠属相似，但被毛较粗，毛色十分艳丽，无斑点，也无花纹；尾背面无条纹，耳小而圆，耳壳明显露出毛被外；耳端无簇状长毛，四肢的足背较宽大，后足跟部被毛，但脚掌裸露无毛。尾毛长，厚密而蓬松，略扁平。雌鼠具 3 对乳头。我国的种类偏小，成体体长多在 200～250mm，最小的在 180mm 左右；颅全长 45～60mm，尾很长，远超过体长的 2/3，多与体长接近或超过之。体躯背部毛色较单一，多为橄榄色，腹毛多为污白色、污黄色或黄白色。尾基部和股部的毛色与体背无明显区别，无锈红色或橘黄色的臀斑。头骨较短阔，额骨很宽，鼻骨长小于或接近眶间宽，一些种的吻鼻部略前伸而脸部略长，眶后突中等大小，颧弓平直，听泡较小，上颌每侧生有 5 颗颊齿，第一前臼齿甚退化，齿式为 $\frac{1.0.2.3}{1.0.1.3}=22$。

全世界有 15 种左右，分布在东南亚州、中南半岛到印度东部，我国有 5～6 种主要分布在长江—黄河以南各省份。其中的金背松鼠（Callosciurus caniceps）在我国有无分布尚有待调查。

中国丽松鼠属（Callosciurus）动物分种检索

1 身体腹面毛被有 3 条黑色纵纹，其间为白色或淡棕黄色条带 ·················· 五纹松鼠（C. quinquestriatus）
　身体腹面毛被无纵纹 ·· 2
2 吻部淡黄色至赤橙色，耳淡黄色，前后足淡黄色至橙黄色 ························· 黄足松鼠（C. phayeri）
　吻部、耳部与前后足均非黄色或橙色 ··· 3
3 身体腹面毛色调明快，呈亮丽的栗红色、赤色、橙红色、橙黄色或浅黄白色 ············· 赤腹松鼠（C. erythraeus）
　身体腹面毛色调晦涩，有较浓重的灰色调 ·· 4
4 后肢上部臀股部外侧具明显的锈黄色毛斑 ······································· 蓝腹松鼠（C. pygerythmus）
　臀股部外侧无上述锈黄色毛斑 ·· 中印松鼠（C. inornatus）

赤腹松鼠（Callosciurus erythraeus）　又名红腹松鼠，成体体长 190～252mm，尾长 160～210mm，后足长 40～50mm，耳长 15～22mm，颅全长 49.7～53.5mm；主要形态特征见属。各地不

同种群的毛色非常多样，但是，其躯体从吻、颈、背、尾、体侧至四肢背面为一致的橄榄黄或橄榄褐色，并杂有黑毛，呈现不同程度的环形波纹。下体栗红色或锈棕色、棕黄色或灰白色，没有纵行条纹；有的在颏喉部及胸腹部中央有一条与背部毛色相同的带状斑。

赤腹松鼠的地理分布属中国南部热湿型，主要分布在我国，遍布西至西藏东南部的墨脱、横断山地，东抵台湾岛，北自秦岭、伏牛山和大别山、江苏省的长江，南达海南岛之间各省份的山地森林中，国外见于印度、缅甸、泰国，以及整个中南半岛，主要栖息在热带、亚热带雨林、季雨林、常绿阔叶林、次生灌丛、果园及村寨附近。筑巢于高大乔木的树洞或枝杈的浓密处。晨昏活动于树上，行动敏捷，也常下地活动，取食各种果实、树叶、嫩枝、花芽，也吃鸟卵、雏鸟和昆虫。数量较高，为林区的优势种。

此种的地理亚种很多，毛色差异较大，易被误认为其他形态上相近的物种。如长江下游与华中区某些省份中的赤腹松鼠的 *C. erythraeus styani* 亚种，曾有人将它鉴定为蓝腹松鼠（*C. pygerythmus*）的亚种，应予更正。

王应祥（2003）将赤腹松鼠的台湾亚种（*C. erythraeus taiwanensis*）和秦岭亚种（*C. erythraeus qinlingensis*）升格为主要分布在中南半岛南部的金背松鼠（*C. caniceps*）。根据 Smith 和谢焱（2009）报道，金背松鼠为典型的树栖种，外形的主要特征为背部暗棕色，腹毛银灰色，尾灰色带有明显的黑色毛尖。栖息在植被茂密的稠密的龙脑香森林，也常见在低海拔的地面活动和取食，食物包括水果和一些昆虫，将食物运回树上食用。很适应与人类共存，常出现在种植园、耕地、次生林、庭院中。在我国分布于云南。但是，至今并没见到可确认的标本，尚有待进一步深入调查研究。

5. 花鼠属（*Tamias*）

体型小，体长 80～180mm，尾长 60～140mm，四肢较短，后肢略长于前肢后掌多被毛。耳小，被毛较少，无耳端毛簇，尾毛不明显向两侧生长。被毛短粗，体背的总体毛色从灰褐到棕褐色。沿体背通常有暗色纵纹，腹面毛白色，口腔内有发达的颊囊。头骨较大，伸长，脑颅部分略低平，骨嵴发达，眶上突弱小，听泡较大，硬腭骨宽。头骨上颌第一前臼齿甚退化，甚至消失。齿式为 $\frac{1.0.1\sim2.3}{1.0.1.3}=20\sim22$。已测知种类的染色体核型 $2n=38$。

主要分布在北美洲和亚欧大陆北方，栖息在针叶林、针阔叶混交林和部分阔叶林中。主要营地面生活，善于攀爬林木，居住在自己挖掘的地道内。白昼活动，冬眠，植食性。有储存食物的习性。全世界有 20～25 种，仅花鼠（*Tamias sibiricus*）一种分布在亚洲，包括我国。

Trouessart（1880）以分布在欧亚大陆的花鼠（*Eutamias sibiricus*）的第一颗前臼齿明显较大，而以其为属模发表了单型属——花鼠属（*Eutamias*）。鉴于其第一颗前臼齿的咀嚼面明显小于第二颗前臼齿的，因而，一些学者主张将其与 *Tamias* 属合并，将 *Eutamias* 视为后者的亚属。两种观点相持了几十年，直到 20 世纪末期，Leveson（1985）在采用支序分类方法研究花鼠类系统发育时发现，*E. sibiricus* 和 *T. striatus* 都被归入了原始的 *Neotamias* 属，为其侧枝。近些年来的动物分类学著作均接受了将 *Eutamias sibiricus* 更名为 *Tamias sibiricus* 的观点。

花鼠（*Tamias sibiricus*） 又名北花鼠，俗称五道眉花鼠。为松鼠科中体型较小的半树栖种类。外形介于树栖的松鼠与地栖的旱獭之间。体长仅 150mm 左右，头骨颅全长不超过 42mm；尾长 100mm 左右，约占体长的 2/3，覆以蓬松的长毛。耳长 14～18mm，耳壳明显露出于毛被之外，无耳端毛簇。后肢略长，30～39mm。头顶暗棕褐色，眼角两侧及眼下有两条棕褐色条纹，在眼周上、下方各有一条白色条纹，体背有 5 条清晰的黑色花纹，黑色花纹间于其他部位的毛多为黄褐色。臀部毛色土黄或为橘红色，而腹部毛色污白，杂以黄色调。尾背面毛色多为灰黑，并有白色的长毛尖，而其腹面毛则为橙黄色。头骨较狭长，鼻骨较长，其长度大于或接近眶间宽；吻部略尖。听泡不甚膨大。头骨上颌第一前臼齿虽然小于第二颗前臼齿，但其残存面积仍明显大于此属内其他物种。齿式为

$$\frac{1.0.2.3}{1.0.1.3}=22.$$

花鼠的地理分布属欧亚大陆北部寒湿型，遍布于从英国到日本北海道，从北冰洋到中国北部的整个欧亚大陆北方。在我国分布也较广，北从东北山地向西分布到内蒙古东部草原、大青山和鄂尔多斯市西部的桌子山、宁夏六盘山、青海黄湟谷地、新疆北部的阿尔泰山地，向西南一直分布到河南伏牛山、山西、陕西、甘肃南部至四川盆地西北缘的岷山山地。栖息于针叶林、针叶阔叶混交林、落叶阔叶林、灌丛、山地顶部与山村农区附近的荒草地。白昼活动，以地栖为主，也能上树。一般在树根下，以及倒木的树洞或岩石缝隙做巢。冬季，在洞中冬眠。食物主要为松子、橡子、核桃等坚果，浆果核，豆类及其他草本植物的种子，也吃昆虫和植物的绿色部分。有储粮习性。对农作物和林果业有一定危害。

6. 长吻松鼠属（*Dremomys*）

半树栖，体型中等，成体体长超过170mm，头骨颅全长不小于45mm；尾较长，为体长的2/3左右或更长；吻尖，前伸，耳壳明显露出毛被外，耳端无簇毛，足掌较窄；头和额头下部被毛亮棕褐色，眼周有白眼圈，有的在耳后有白斑；体躯被毛厚软，毛色因种而异，有的背毛橄榄色，略染棕色调，或火红棕色，腹毛白色或橘黄色，有的种类腹部和颊部具淡红色斑。尾覆以厚密的长毛，但不蓬松，尾基部和股部具锈红色或橘黄色臀斑，与体背毛色明显区别，尾的背部有几乎全黑，但毛尖通常灰色，尾的腹面褐色，尾端部黑色，乳头3对。头骨圆而凸起，颜面部长，吻狭窄，从基部向前逐渐变窄，鼻骨长超过眶间宽。额骨宽，眶后突中等大小，听泡通常较小。头骨上颌残留有退化的第一前臼齿，第一上前臼齿与第二上前臼齿和臼齿等高，齿式为$\frac{1.0.2.3}{1.0.1.3}=22.$全世界计有6种，我国有5种。

中国长吻松鼠属（*Dremomys*）动物分种检索

1 身体腹面毛色或橙黄，或黄，或棕黄；尾腹面毛色或淡黄，或黄，或锈黄 ………… 橙腹长吻松鼠（*D. lokriah*）
　身体腹面毛色或乳白，或灰白，微染黄；尾腹面有锈红色毛区 ……………………………………… 2
2 仅尾基部腹面有锈红色 ………………………………………………………… 珀氏长吻松鼠（*D. pernyi*）
　整个尾的腹面为锈红色 ………………………………………………………………………………… 3
3 身体腹面毛的基色为暗褐；喉部及后肢下部橙棕色 ……………………………… 橙喉长吻松鼠（*D. gularis*）
　身体腹面的毛淡黄棕或灰白色；喉部毛色或淡黄，或红，后肢下部不呈橙棕色 …………………… 4
4 腿部无栗红色毛斑，喉部毛淡黄 ……………………………………………… 红颊长吻松鼠（*D. rufigenis*）
　腿部具栗红色毛斑，或喉部毛红色 …………………………………………… 红腿长吻松鼠（*D. pyrrhomerus*）

7. 条纹松鼠属（*Menetes*）

又称线松鼠属或多纹松鼠属，体型中等偏小，成体体长达200mm左右，颅全长不小于45mm；尾长大约为体长的2/3。外形与花鼠相似，吻鼻部尖，前伸，被毛厚软，耳壳明显露出毛被外；体背和体侧有数条黑、白或污黄色相间的纵行短纹，面部无明暗相间的条纹，尾基部和股部毛色与体背相近，无锈红色或橘黄色臀斑，尾密覆以厚密的长毛，雌鼠乳头3对；头骨较狭长，鼻骨较长，其长度大于眶间宽，头骨的吻部细长，眶后突较短小，齿式为$\frac{1.0.2.3}{1.0.1.3}=22.$单型属，只有条纹松鼠（*Menetes berdmorei*）1种。

8. 旱獭属（*Marmota*）

我国松鼠科中体型最大的种类，体矮胖，成体体长达670mm，体重近5kg。颅全长达100mm左右。四肢和尾均短，尾被以均匀的短毛，除个别种类外，尾长多仅为体长的1/4左右，仅长尾旱獭的尾长可达到体长的1/2。眼大，外耳壳退化，以残痕状存在，很短小，覆毛少，不显露于头部的毛被外。不同种的毛色，以及被毛长短、稀疏和粗细都有不同；前足4趾，拇趾退化，后肢5趾，足掌宽大，爪发达，善挖掘。雌鼠多具5对乳头；头骨粗壮。棱角突出，脑壳部分大致呈圆形，眶上突宽大，平直，仅后缘略向下弯，二眶上突后缘大约在同一个垂直平面上，额骨低平，矢状嵴发达，听泡大而凸出，第一前臼齿较大，齿式 $\frac{1.0.2.3}{1.0.1.3}=22$；染色体核型有较大差异，二倍体数 $2n=36\sim42$，我国种类多为 $2n=38$。此属动物为生活在亚欧大陆和北美洲的草原、荒漠草原、山地草原，以及北极地区的垫状植被等无林景观中的地栖种类。昼行性，洞穴栖，挖掘能力很强，洞道结构复杂，洞口外常看到它们挖洞市推出洞外的沙石形成的"旱獭丘"。全世界有 $13\sim14$ 种，我国有4种。

Ellermann 等（1951）曾将草原旱獭（*M. bobak*）、灰旱獭（*M. baibacina*）和西伯利亚旱獭（*M. sibirica*）均合并为欧洲旱獭（*M. marmota*）。Corbet 等（1978）认为它们均为草原旱獭（*M. bobak*）。俄国学者 Zholnerovskaya 等（1990）根据遗传免疫学研究结果进行分析，认为它们是不同物种。Sokolov 等（1980）还发现在蒙古国西北部西伯利亚旱獭（*M. sibirica*）与灰旱獭（*M. baibacina*）同域分布。因此现在已重新恢复它们作为独立物种的地位。

中国旱獭属（*Marmota*）动物分种检索

1 尾长明显超过体长的1/3；体背部毛色较艳丽，呈橙黄色或土黄褐色；颅骨形状较细长，颧宽55mm左右；人字嵴不向后突出；后枕骨面平坦 ·· 长尾旱獭（*M. caudata*）

尾较短，仅为体长的1/4左右；体背部毛色较浅淡，呈干草黄色或灰白色，具较深色的毛尖；颅骨形状较短粗，颧宽60mm左右，或更宽；人字嵴明显向后突出；后枕骨面上呈现一个较大的凹陷坑 ·· 2

2 背部的针毛尖黑色。眼周与鼻端部的毛通常黑色；耳毛橘黄色；头骨较大，成体颅全长大于100mm，超过体长的1/5 ·· 喜马拉雅旱獭（*M. himalayana*）

背部的针毛尖棕色或暗褐色；眼周与鼻端部的毛色不黑；耳毛土黄色；头骨较小，成体颅全长100mm左右或更小，小于体长的1/5 ·· 3

3 唇周及颏下部毛色黄褐，无白斑 ·· 西伯利亚旱獭（*M. sibirica*）

唇周的毛白色，颏下部有白色毛斑 ·· 灰旱獭（*M. baibacina*）

9. 岩松鼠属（*Sciurotamias*）

体型较大，成体体长达250mm，头骨颅全长达56mm，尾较长，为体长的2/3左右或更长，尾甚蓬松，耳壳明显露出毛被外；体被毛色单一，背部、面部和体侧没有任何花纹，尾基部和股部毛色也与体背相近，无任何锈红色或橘黄色臀斑；头骨的吻部较长，头骨低平，颧板不抬高，眶后突退化，头骨上颌每侧具5颗颊齿，第一前臼齿退化，齿式为 $\frac{1.0.2.3}{1.0.1.3}=22$。岩松鼠属为我国特有属，分布在我国东部许多省份。单型属，仅有岩松鼠（*Sciurotamias davidianus*）1种。

岩松鼠（*Sciurotamias davidianus*） 体型中等，体长 $190\sim250$mm，颅全长 $52\sim58$mm，尾略短，$125\sim200$mm。耳较短，长 $20\sim28$mm，耳壳明显露出毛被外。体背部橄榄灰色；背部无纵纹，面部也无明暗相间的花纹，体侧也无纵行的淡色细纹；无锈红色或橘黄色臀斑；尾基部和股部毛色与体背相近；腹毛浅黄白色或赭石色；后足跗部生有密毛。头骨较狭长，鼻骨较长，其长度大于或接近眶间宽；头骨宽平，头骨上颌每侧具5颗颊齿，齿式为 $\frac{1.0.2.3}{1.0.1.3}=22$，听泡较小。阴茎骨弓形，在主干前端的边缘突出，呈勺状。

岩松鼠的地理分布属华北温湿型，为中国特种。北从辽宁的辽西走廊和内蒙古赤峰市南部的赛汗大坝向南经天津、北京、河北西部太行山、山西五台山和吕梁山，分布到陕西、河南伏牛山、宁夏六盘山、甘肃东南部、四川北部、重庆、湖北、安徽的大别山和黄山，以及湖南北部和贵州北部山地。

栖息于低山丘陵区，山林中多岩石地貌，营半树栖半地栖生活。在岩石缝隙或石洞内筑巢，昼行性，多在灌丛、小乔木、岩石堆和农耕区活动，常藏身于岩石下或梯田边的石埂中，也善爬树；有储食行为，不冬眠。以核桃等坚果、柿子等浆果，树木种子及农作物种子为食；偶尔成为农业上的害兽。

10. 黄鼠属（*Spermophilus*）

黄鼠属动物的体型属中小型，我国种类个体偏大，成体体长 200～300mm，头骨颅全长小于 80mm；四肢和尾均短，尾长多小于体长的 1/2；外耳壳退化以残痕状存在，很短小，覆毛少，不显露于头部的毛被外。体毛色多样，多为沙黄或沙灰色，少数种类体背有浅淡的污黄色或白色斑点，但多数种类仅呈现明暗毛色交错的波纹。眼大，有颊囊，雌鼠多具 5 对乳头（胸位 2 对，腹位 3 对），前足拇趾退化，爪发达，善挖掘；头骨的脑壳部分大而圆，颧弓前部狭窄，头骨略呈三角形，有明显的眶后突，二眶后突后缘不在同一个垂直面上；矢状嵴不发达，听泡大而凸出，第一前臼齿很大，齿式 $\frac{1.0.2.3}{1.0.1.3}=22$；染色体核型有较大差异，二倍体数 $2n=30\sim38$，我国种类多为 $2n=36$，而阿拉善黄鼠的为 $2n=38$。此属动物属生活在草原、荒漠草原及荒漠中的地栖种类，个别种类也进入森林草原或森林区，但不攀爬林木。全世界黄鼠属计有 41 种，我国大约有 6 种。Wilson 等（2005）和 Pavlinov（2003）均认为我国新疆有沙黄鼠（*S. fulvus*）分布，但是在苏联著名兽类分类学家 Ognev（1947）确认的沙黄鼠分布图中没收入我国新疆。中华人民共和国成立 60 多年来的多次考察也全无发现。

中国黄鼠属（*Spermophilus*）动物分种检索

1 后足掌被密毛 ·· 2
　后足掌裸露无毛 ·· 3
2 尾较短，其长小于体长的 1/3；眶间部较平坦；染色体 $2n=36$ ················· 达乌尔黄鼠（*S. dauricus*）
　尾较长，其长大于体长的 1/3；眶间部微凹；染色体 $2n=38$ ················· 阿拉善黄鼠（*S. alashanicus*）
3 尾的背、腹面毛色显然不同，其两侧有很多近端黑色部分较宽的长毛；头骨颧弓前部不向外拱凸 ················· 4
　尾的背、腹面毛色相似，其两侧没有近端黑色部分较宽的长毛（如有，其体色必浅，呈黄色）；头骨颧弓前部明显向外拱凸 ·· 5
4 体侧部毛色土黄或污黄；头部无明显的棕色或褐色的眉斑和颊斑；尾较短，小于 80mm；尾毛尖土黄色或污白色，在尾的近端部及两侧近边缘部分有黑色长毛区；在尾的近端部分构成较宽的 U 形黑色半环 ·················
　·· 天山黄鼠（*S. relictus*）
　体侧部毛色橘黄；头部有红棕色或褐色的眉斑和颊斑；尾较长，大于 100mm；尾毛尖白色
　在尾的近端无上述 U 形黑色半环 ······································· 长尾黄鼠（*S. undulatus*）
5 身体背、腹面同为沙黄色；尾毛色极浅淡，接近白色，微带淡土黄色调 ················· 淡尾黄鼠（*S. pallidicauda*）
　体背与腹部毛色不同，背部黄褐色或锈黄色，腹面土黄或污黄色；成体尾侧的长毛中有少量具黑色近端 ··········
　·· 短尾黄鼠（*S. brevicauda*）

（1）达乌尔黄鼠（*Spermophilus dauricus*）　又名蒙古黄鼠和草原黄鼠。体型中等，体长 165～268mm，颅全长 42～50mm。尾较短，其长小于体长的 1/5～1/3；体被毛沙土黄色或灰黄褐色，杂有黑褐色调，体侧、腹面及前肢外侧均为沙黄色，尾背面中央有黑色毛斑，其边缘为土黄色；眼周具白圈；耳壳极短，仅 5mm 左右，不露出毛被外，黄色。前足掌裸露无毛，后跗被密毛。夏毛相对短而粗，毛色较深；冬季则毛长而软，毛色浅淡。头骨眼眶间的额骨面较平坦，不向下凹，染色体 $2n=36$。

达乌尔黄鼠的地理分布属蒙古高原—中国北部温旱型，在中国有很广的分布，遍布东北和华北各省份，向南到山东黄河南岸的济南和菏泽，向西到陕西、宁夏、甘肃的黄土高原区及青海的黄湟谷

地，其分布区西界大约在青藏高原东界，以及内蒙古狼山和贺兰山以西阿拉善荒漠的东界；国外仅分布在蒙古国和俄罗斯的外贝加尔地区。栖息在平原和高原开阔地貌中各种类型的草原、山地草原以及农田等各种较干旱的无林景观中。逃避人类密集区和灌溉农区。具严格的昼行性，晨昏活动最频繁，取食各种野生草本植物和耕作谷物。有冬眠习性。对农牧业有较大危害。是鼠疫的储存宿主之一。

（2）赤颊黄鼠（*Spermophilus pallidicauda*） 又名内蒙黄鼠（淡尾黄鼠 *Spermophilus pallidicauda* Satunin，1902）、阿尔泰黄鼠（短尾黄鼠 *Spermophilus brevicauda* Brandt，1841）。体型较大，成体体长 195～233mm，尾较短，长 42.5～53mm，为体长的 1/5～1/4。后足长 33～42mm，耳长 6～9mm；体毛色甚浅淡，身体背、腹面同为沙黄色，无明显的波纹，头部和体背略染粉棕色调。眉斑和颊斑很浅淡；尾毛色极浅淡，其背、腹面毛色相似，沙土黄色，微染淡橘黄色调，其两侧近端没有黑色部分较宽的长毛，尾毛尖较长，近似白色，后足掌裸露无毛；头骨的吻部短，眶间部较狭窄，眼眶上缘略上翘，颧弓前部明显向外拱凸，上齿列长大于或大致等长。

淡尾黄鼠的地理分布属西蒙—东疆温旱型，为蒙古高原特有种，在我国分布在内蒙古西部和甘肃西北部的马鬃山、龙首山和雅布赖山，以及阴山北中蒙边境的荒漠草原中，国外分布在蒙古国戈壁阿尔泰山以南的准格尔戈壁。群栖在人类活动较少的荒漠戈壁和砾石较多的半荒漠草地附近地区，昼行性，草食性，也吃少量昆虫。

淡尾黄鼠的分类地位以往有较多分歧意见，有人认为是独立物种，有人认为是赤颊黄鼠的亚种。现依 Harrison 等（2003）对其染色体核型和多纳 DNA 序列的结论，确认其为独立物种。

11. 毛耳飞鼠属（*Belomys*）

小型鼯鼠，成体体长通常小于 160～250mm，颅全长 40～44mm；耳较大，其基部有细丝状的黑色长毛簇，尾较短，尾长 100～160mm，颊部无须，体躯背部毛长而厚密，头顶部和背色红棕，有很多黑毛尖，致使毛被略带黑色调。皮膜背面发黑，暗棕色，具红褐色调。前肢红褐色。腹面前面亮红色或被白色。同背毛的暗红棕色形成鲜明对照，皮膜腹面暗橘黄，带灰白色。额骨狭小，眼眶长，眶上突短，其基部的前方无缺刻。听泡较大，臼齿列短，长 8.2mm，齿突形态复杂，上颌具 5 颗颊齿，齿式为 $\frac{1.0.2.3}{1.0.1.3}=22$。此属只有毛耳飞鼠 1 种，很稀有，仅分布在我国南部及近海岛屿，以及中南半岛北部和喜马拉雅山南坡。

12. 复齿鼯鼠属（*Trogopterus*）

体型中等，比毛耳飞鼠属略大，成体体长通常超过 250mm，颅全长 55～61mm；后足长超过 40mm；耳壳发达，其基部的内外侧有黑色长毛簇。耳端部也有显著的黑色长毛。有红眼圈。体躯被以较粗的厚密长毛，体背部和皮膜毛色黄褐，毛基灰色，体躯腹面白色。皮膜侧缘和腹部亮灰色，尾灰色，具黄色调。尾底底部两侧的毛略向侧部生长。后足掌垫裸露，卵圆形。眶上突发达，其基部的前方有缺刻。牙齿数及颊齿特征与毛耳飞鼠相似，齿式为 $\frac{1.0.2.3}{1.0.1.3}=22$。但上白齿列长 14.2～17.1mm，超过颅全长的 1/4。齿冠构造很复杂。染色体核型 $2n=38$。单型属，仅复齿鼯鼠（*T. xanthipes*）1 种，为我国特有物种，分布在我国北与东起燕山、太行山、伏牛山、大巴山，西至吕梁山、秦岭、青海东部山地、云南西北部山地，南抵广西十万大山的广大地区。

13. 沟牙鼯鼠属（*Aeretes*）

体型较大，成体体长达 350mm，尾长大致与体长相等，后足长超过 45mm；颅全长 60mm 左右；外形与其他鼯鼠无大区别，耳基部前、后无细长的簇毛。尾毛长且蓬松，侧面的毛明显向两侧生长。其最突出的特征为上门齿宽，其唇面有一条明显的纵行细沟。吻很短，前颌骨后端被鼻骨后端超越。齿式为 $\frac{1.0.2.3}{1.0.1.3}=22$。我国特有的单型属，仅有沟牙鼯鼠（*A. melanopterus*）1 种。

14. 鼯鼠属（*Petaurista*）

鼯鼠科中体型大的属，包括成体体长超过 1m 的，全世界最大的鼯鼠。多数种的体长 300～580mm，尾长 360～630mm。耳基部前、后无黑色的长毛簇。将四肢连接在一起的飞膜比科内其他种类的发达。尾较细，一般呈圆柱形，整个尾全部均匀地覆以长毛。背毛色从黄灰、亮褐到黑色，腹毛色淡黄、污黄、淡黄褐或白。尾与背部同色。雌性具 3 对乳头。头骨短宽，硬腭骨宽。眶上突很发达，几乎眼眶垂直。成体齿冠低。上门齿较窄，其唇面无纵沟。臼齿咀嚼面的齿纹结构较复杂，具崎岖曲折的齿嵴或齿突。第三上臼齿的咀嚼面与第一上臼齿和第二上臼齿的相等，或略小。听泡很大。齿式为 $\frac{1.0.2.3}{1.0.1.3}=22$。各国动物学家对其属下的分种问题分歧意见较多，粗略估计，全世界有 10～15 种。主要分布在亚洲喜马拉雅山以南和以东的南亚和东南亚南部各国的山地森林中。我国约有 10 种。Wilson 等（2005）把我国各地一些体型较小的鼯鼠属种类均合并为小鼯鼠（*Petaurista elegans*）的同物异名，将中国南部的栗背大鼯鼠（*P. albiventer*）归入赤鼯鼠（*P. petaurista*）；并将云南和四川的 *P. lylei* 和 *P. yunnanensis*、台湾的 *P. grandis*，以及海南的 *P. hainana* 等体型较大的几种鼯鼠都归为模式产地在印度的霜背大鼯鼠（*P. philippensis*）。本书将我国体型较小的鼯鼠属种类分为灰头小鼯鼠（*P. caniceps*，含西藏的 *P. gorkhei*）、白斑小鼯鼠（*P. punctatus*，含云南的 *P. marica*）和小鼯鼠（*P. elegans*，含四川的 *P. clarkei* 和 *P. sibylla*）等三种；体型较大或中等大小的鼯鼠分为红白鼯鼠（*P. alborufus*）、霜背大鼯鼠（*P. philippensis*）、丽鼯鼠（*P. magnificus*）、栗背大鼯鼠（*P. albiventer*）、赤鼯鼠（*P. petaurista*）和海南鼯鼠（*P. hainana*）等 6 种，以及一个疑问种台湾鼯鼠（*P. lena*）。

中国鼯鼠属（*Petaurista*）动物分种检索

1 身体背部有许多清晰的较规律排列的大块纯白色毛斑 ················ 斑点鼯鼠（*P. punctatus*）
  身体背部无上述纯白色的毛斑 ·· 2

2 头部毛色呈均匀的淡铅灰色，与身体其他部位毛色明显不同；皮膜边缘具内边红褐色，外边亮灰色艳丽的双边缘，眼周具红褐色环 ···················· 灰头鼯鼠（*P. caniceps*）
  毛色特征与上述不同 ·· 3

3 体背部毛色较暗淡，灰色或灰褐色；耳后部比背部毛色鲜艳，形成橘色或土黄色毛斑 ············ 4
  体背部毛色艳丽，不为灰色或灰褐色；耳后部与背部毛色相同，不形成艳色毛斑 ············ 5

4 腹部毛杂有橘黄色调；足背毛橙黄色 ···························· 小鼯鼠（*P. elegans*）
  腹部毛土黄色，不杂以橙黄色调；足背毛暗褐色 ···················· 灰鼯鼠（*P. xanthotis*）

5 体背毛色上下不同，下背部毛色比上背部浅淡得多，形成大块浅色斑 ········· 红白鼯鼠（*P. alborufus*）
  下背部与上背部毛色基本相同，在下背部无大块浅色毛斑 ·························· 6

6 体型略小，体长小于 400mm，尾长小于 430mm；体背毛色亮，赤褐到栗红色，腹面毛色粉红或橙红 ············
  ·· 赤鼯鼠（*P. petaurista*）
  体型较大，体长大于 450mm，尾长大于 440mm；体背毛色较暗，栗褐赤色或黑色，腹面毛色灰白色或略带浅黄 ············
  ·· 7

7 体色较暗，头黑色或暗褐色，背色橙褐黑色；腹部毛色灰白，接近白色 ·········· 海南鼯鼠（*P. hainana*）
  体色较浅亮，背部亮栗褐或赤褐色；腹部毛略带浅黄色 ···························· 8

8 体背毛具较浓的暗色调，而且具较宽的白色近端，整体呈现小的霜花状；耳背红色 ············
  ·· 霜背大鼯鼠（*P. philippensis*）
  体背毛栗红、橘黄等亮色调较突出，背毛无白色近端或很少，整体不呈现花白斑纹，耳背非红色 ············ 9

9 体背部毛暗棕或黄褐色，从头至尾有暗棕到淡黑色的纵条纹。肩部有明显的黄斑；肩后与腰臀部完全不见白色芝麻点斑；腹部毛橘红色或粉红色 ············
  ·· 丽鼯鼠（*P. magnificus*）

体背部毛栗色或栗褐色。从头至尾无暗色的纵条纹。肩后与腰臀部散生有少许白色芝麻斑点；腹部毛白色，胸、腹中央为棕黄或橘黄色 …………………………………………………… 栗背大鼯鼠（*P. albiventer*）

15. 箭尾飞鼠属（*Hylopetes*）

又名剑尾飞鼠属，体型中或小，成体体长不超过 330mm，尾长达 290mm。我国种类小，体长不到 250mm，颅全长不到 50mm。耳大，略尖，耳基部前、后无黑色的长毛簇。躯体背部被毛较长而稀疏，绒毛较少。后足掌完全裸露。雌性具 3～4 对乳头。尾扁。体色较暗，背毛从灰褐色带棕色调，到淡褐、暗褐或黑色。腹面灰白色、灰色或黄色。尾毛通常与背同色，尾基毛色略浅。其基部的前方无缺刻。听泡间距大于听泡宽。齿冠低。上臼齿列较短。其长度小于 10mm。臼齿咀嚼面的齿纹结构较简单，具整齐排列的齿嵴或齿突。齿式为 $\frac{1.0.2.3}{1.0.1.3}=22$。全世界大约有 9 种，分别在亚洲东南部的热带和亚热带的森林中。我国 2 种。

中国箭尾飞鼠属（*Hylopetes*）动物分种检索

体型较大，体长大于 180mm，颧宽 26mm 以上；体背面较暗，呈暗褐色 ………………………… …………………………………………………………………………………… 黑白飞鼠（*H. alboniger*）

体型较小，体长小于 180mm，颧宽 25mm 以下；体背面较鲜艳，为赤褐色 ……………………… …………………………………………………………………………………… 中印飞鼠（*H. phayrei*）

16. 飞鼠属（*Pteromys*）

鼯鼠科中体型最小的种类。体长不到 250mm，颅全长不到 50mm。头大，圆形，吻短突，眼睛很大，黑色。耳基部前、后无黑色的长毛簇。后肢和尾之间的皮膜不发达。后足跟部被密毛。体躯被毛长而厚软，毛色较浅，从淡银灰色到污黄灰色。皮膜以灰色或棕色为主；腹部毛污黄白色。尾毛略向两侧生长，通常淡黄褐或灰色。雌性有 4 对乳头。脑壳较大，略呈上下扁。眼眶大，在眶后突前部有一个小凹陷。在颞孔中央有突出的颞嵴。门齿孔大，臼齿为低齿冠，其咀嚼面的齿纹结构较简单，具整齐排列的齿嵴或齿突。听泡十分膨大，二听泡间距离明显小于听泡宽。齿式为 $\frac{1.0.2.3}{1.0.1.3}=22$。此属仅有两种：小飞鼠 *P. volans*，分布在欧亚大陆北方的针叶林和针叶阔叶混交林中；日本飞鼠（*P. momonga*），分布在日本的本州岛和九州岛。我国仅有小飞鼠（*P. volans*）1 种。

五、睡鼠科（Gliridae）

本科动物体型皆较小，成体体长 80～190mm，尾长 55～160mm。有地栖和林栖两类。地栖的外形颇似鼠科动物，而林栖的外形似松鼠。耳中等大小，圆形。眼大。尾很像松鼠科的林栖种类，长而且较蓬松，尾端毛长。地栖种类尾被毛较稀，而树栖的毛密。身躯体被短而厚密的软毛，体毛为单一的灰色到褐色。无硬毛刺。前后肢长度几乎相等，前脚具 4 趾，后脚具 5 趾，前后脚掌均裸露，掌垫皆大而且彼此很靠近。雌鼠具 4～6 对乳头。头骨颅形圆，无矢状嵴，眶上嵴完全没有或很不发达。头骨形状也颇似鼠科种类，但门齿孔较小，听泡较膨大，其内部被骨质膜分隔成几个室。颧骨发达，颧弓粗大。上下颌每侧各具 1 枚前臼齿，齿式为 $\frac{1.0.1.3}{1.0.1.3}=20$。每枚臼齿咀嚼面均具有几列横向的珐琅质齿嵴。消化系统比较特殊，没有盲肠。全世界计有 8～9 属 26～28 种。散布在西起英国，东到日本，北自瑞典中部，南到非洲南部和印度三大洲，栖息在海拔 3 500m 以下的山地和平原的森林和森林草原中，个别种生活在哈萨克斯坦的荒漠中。仅有 2 属 2 种分布在我国新疆和四川的少数地区。

中国睡鼠科（Gliridae）动物分属、种检索

由眼周至耳基部有一长条形黑色毛斑；尾覆毛长，略显蓬松，尾侧毛向两侧生长；门齿孔短 ……… …………………………… 林睡鼠属（*Dryomys*），仅 1 种：林睡鼠（*D. nitedula*）

面部无黑色长条形毛斑；尾覆毛很短，贴轴生长，仅尾端毛长，尾侧无向两侧生长的长毛；门齿孔长 ………
…………………………………… 毛尾睡鼠属（*Chaetocauda*），仅 1 种：四川毛尾睡鼠（*C. sichuanensis*）

林睡鼠属（*Dryomys*）

林睡鼠（*Dryomys nitedula*）　体型小，成体体长约 110mm，尾长 85～113mm。后足长 20～23mm，耳长 13～19mm，颅全长 25～30mm。背和体侧灰褐色或黄褐色。体形细瘦似姬鼠，但耳壳短圆，尾也较长。体毛软而厚密，底绒较多。尾轴覆以密毛，尾侧毛较长，而且向尾的两侧生长。

后肢明显比前肢长。后足略伸长。足裸露。头部两侧从眼周有一条暗褐或黑色的长形毛斑向上一直伸到耳前下方。额部毛较灰。头顶和体背的毛色从灰褐、黄褐，到暗褐色。体侧毛色略浅或略灰，腹部毛色污黄。体侧与腹部之间界线明显，有时于体侧和腹部之间，以及颊部还可以发现土黄色毛。除喉部、胸部及鼠鼷部的毛基也为土黄色外，整体被毛的毛基部为铅灰色。尾背面毛色由鼠灰到深灰褐色。尾腹面毛色污白，土黄或黄褐。耳毛色淡褐，足背面毛白色或浅棕色。头骨的脑壳部分浑圆。额骨和顶骨上无骨嵴。眶间部分较平，在眶间的狭窄区有个纵行的短沟。听泡中等膨大，内部被隔成几部分。齿式为 $\frac{1.0.1.3}{1.0.1.3}=20$。牙齿较短，齿面低，臼齿的咀嚼面具大型的横嵴。染色体核型 $2n=48$。

林睡鼠的地理分布属欧洲－西西伯利亚温湿型，广泛分布在欧洲和西西伯利亚的阔叶林区，并连续分布到我国。国内见于阿尔泰山、塔尔巴哈台山、准格尔界山、伊犁天山的中温带山地森林区和邻近地区的绿洲，以及塔里木盆地中的绿洲。栖息于阔叶林、针叶阔叶混交林和沟谷灌丛，在伊犁地区也进入果园。在尼勒克发现于低山区无林也无灌木的岩石坡上。夜间和晨昏活动，善攀缘树林和灌木，能在树枝上奔跑。巢多筑在树洞内或树木分权处。冬季也在地面筑巢，在那里冬眠。食物较杂，有浆果、水果、核果、树籽、嫩枝的皮和芽、草本植物的茎叶、部分昆虫，有时也吃小型鸟卵。

六、鼹形鼠科（Spalacidae）

又称瞎鼠科，是高度适应地下穴居的啮齿类，每个种都具有营地下生活方式相关的形态学、生理学和行为特征。其比其他的穴居啮齿类更加特化，眼睛已经完全退化，没有外耳，尾巴也消失。现有 4 个亚科，我国分布有 2 个亚科：鼢鼠亚科（Myospalacinae）和竹鼠亚科（Rhizomyinae）。

鼢鼠类是亚洲特有的动物群，有 2 属 6～9 种。已知其多数现代种为我国特有种，或主要分布在我国。仅很少几种也见于俄罗斯亚洲部分的南部、哈萨克斯坦东北部、蒙古国东部和朝鲜。古生物学考察发现，在我国新生代后期地层中鼢鼠化石数量很大，而且种类多，分布广。历史和现代的分布资料表明，鼢鼠类可能起源于我国黄土高原。动物学界对鼢鼠类的分类地位问题有较大的分歧。在 1769 年 Laxmann 建立鼢鼠属（*Myospalax*）后不久，有些专家根据它们地下穴居的生活习性和体型都与鼹形鼠属（*Spalax*）相似，归为鼹形鼠类。Pallas（1811）还把他自己 1776 年命名的草原鼢鼠（*Mus aspalax*）更名为 *Spalax talpinus*。Lillijeborg 不同意他们的意见，于 1866 年最早建立了鼢鼠族 Myospalacini。1876 年，Milne-Edwards 指出，*Myospalax* 与 *Spalax* 不但牙齿完全不同，而且其他形态构造上的区别也很大，如 *Spalax*，无眼，无外耳，无尾，前足与爪不特别发达，而 *Myospalax* 有圆形的小眼，有外耳壳，有短尾，前足和爪特别发达。它们的分布区也各不相同。此后分歧转为其高级阶元的归属。Miller 等（1918）最早将它合并为鼹形鼠科（Spalacidae）的亚科 Myospalacinae。也有人把它列为鼠科（Muridae）的亚科；或列为仓鼠科（Cricetidae）的亚科。相反，也有人把它提升为独立科 Myospalacidae。近 20 年，此观点得到呼应。Gromov 等（1995）讨论此问题时指出，有人认为鼹鼠类是独立科，有人认为是总科甚至是亚目，也有人认为是鼠科的亚科，或仓鼠科的亚科，或鼹形鼠的亚科，甚至只是一个族。问题在于鼢鼠类适应挖土的形态特征阻碍了人们对其原始特征或趋同特征的区分。显然，仅基于对脸部和皮下肌肉的比较研究，提出的结果不足以证实其科级或科以上高级分类级别的地位。近年来，Wilson（2005）和 Smith 等（2007）又根据某些分子系统学工作者在做系统学研究中得出的初步进展，认为鼢鼠亚科、竹鼠亚科、鼹形鼠亚科和非洲竹鼠亚科等四类动物代表一个单元演化支，是已知所有鼠类的辐射形成的一支姐妹群，它们位于其他鼠类动物的基部，是从鼠类家族的祖先分化而来的。因此坚持将它们组合在一起，为鼹形鼠科（Spalacidae）。在这里按我国分布有鼢鼠亚科（Myospalacinae）和竹鼠亚科（Rhizomyinae）进行分类检索。

我国鼹形鼠科（Spalacidae）动物分亚科检索

栖息于开阔地；耳廓小于 3mm；鼻骨超出前颌骨 ……………………………… 鼢鼠亚科（Myospalacinae）

栖息于竹林；耳廓大于 7mm；鼻骨不超出前颌骨 ……………………………… 竹鼠亚科（Rhizomyinae）

中国鼢鼠亚科（Myospalacinae）动物分属检索

头骨的枕骨较平坦，不向后拱凸，从人字嵴处向下几呈直截状；门齿孔全部位于前颌骨范围内 …………………
………………………………………………………………………… 鼢鼠属（*Myospalax*）

头骨的枕骨部位明显向后拱凸；门齿孔及一半位于前颌骨范围内，另一半在上颌骨范围内 …………………
………………………………………………………………………… 凸颅鼢鼠属（*Eospalax*）

1. 鼢鼠属（*Myospalax*）

又名平颅鼢鼠属或平枕鼢鼠属。形态特征似凸颅鼢鼠属，但头骨枕部宽而高，自人字嵴处向下几成直截状，而与颅骨面几乎垂直。眶前孔下部狭窄，门齿孔全部足前颌骨范围内。后头宽略大于后头高。第三上臼齿后端无向后伸延的小突起。有 2～3 种分布在我国北方、俄罗斯亚洲部分的南部，哈萨克斯坦东北部、蒙古国和朝鲜北部。我国有 2 种。

本属原包括平颅鼢鼠亚属和凸颅鼢鼠亚属。现今它们被分作两个独立属。依习惯把原亚属名直接转作属名，分别称为平颅鼢鼠属和凸颅鼢鼠属比较方便。有人认为，称作平枕鼢鼠属和凸枕鼢鼠属比平颅鼢鼠属和凸颅鼢鼠属能更准确反映它们的特征。

中国鼢鼠属（*Myospalax*）动物分种检索

1 背部毛色以暗灰褐色调为主，有时具赤褐色调；上臼齿的内陷角和下臼齿的突角深长，终生存在 ……………… 2

 背部毛色浅淡，以浅灰土黄色或灰色调为主；上臼齿的内陷角浅和下臼齿的突角浅小，经磨损后会消失…………
………………………………………………………………………… 阿尔泰鼢鼠（*M. myospalax*）

2 第一上臼齿内侧只有 1 个内陷角 ……………………………………………… 草原鼢鼠（*M. aspalax*）

 第一上臼齿内侧有 2 个内陷角 ……………………………………………… 东北鼢鼠（*M. psilurus*）

（1）东北鼢鼠（*Myospalax psilurus*）　东北鼢鼠体型中等，成体体长 200～270mm，尾长 35～55mm，后足长 25～37mm，颅全长 43～52mm。背毛浅灰黄色，具淡赤棕色调，毛基灰色。吻端附近的毛为纯白色，无灰色毛基。额部中央一般均有一块大小形状不定的淡色毛斑。个别鼠体上甚至完全消失。体侧及前后肢的外侧与背色相似而稍淡。腹面灰白色。尾较长，尾与后足裸露，仅覆有遮不住皮肤的极其稀少的白色短毛。头骨具有明显的棱角。后头宽略大于后头高。从侧面看，头骨枕部宽而高，从人字嵴处极度下斜，几成直截状，与颅顶面几相垂直。眶前孔较窄。鼻骨扁平，后部狭窄，几乎与前额骨在同一条线上。门齿孔较小，全部在前颌骨范围内。上臼齿的形态类似，仅第一上臼齿比第二、三上臼齿大。第一上臼齿外侧有两个凹陷角，其内侧有两个与之交错排列的凹陷角，中部的较大，前部的浅小。染色体核型 $2n=64$。

东北鼢鼠的地理分布属东北亚温湿型，主要分布在我国东北三省的平原区、内蒙古大兴安岭的山麓草甸草原，经华北平原向南断续分布至安徽黄淮平原北部。栖息在中温带、暖温带低山丘陵区的森林草原、平原区河岸附近的草地和耕田中。营地下洞穴生活。洞道内挖出的土堆在地面上，形成连串的土丘。昼夜活动。通常在地下觅食，主要取食植物的地下部分，也吃草本植物的绿色部分和种子，以及少量昆虫。在农区对马铃薯、胡萝卜与花生有一定的危害。

罗泽珣等（2000）把此种视为阿尔泰鼢鼠（*M. myospalax*）的亚种。据 Gromov 等（1995）认为这两种的形态特征有明显区别：阿尔泰鼢鼠的尾被毛较厚密，能遮盖住皮肤；浅小，经磨损很容易消失。而东北鼢鼠的尾被毛很稀少，皮肤清晰可见；头骨上白齿的凹陷角和下白齿的突角较深长，终生存在。因而认为它们是不同种。已知其染色体核型 $2n = 44$。Wilson 等（2005）也支持他们的观点。阿尔泰鼢鼠是狭域分布的稀有物种，分布在俄罗斯的阿尔泰山和鄂毕河下游西部，以及哈萨克斯坦的东北地区。已知该种在塔尔巴哈台山的哈萨克斯坦境内有分布，有人推测在我国新疆这一侧可能也有分布。但是，到目前为止还没有发现。Thomas（1912）曾依据大兴安岭的标本发表了黑龙江鼢鼠（*M. epsilanus*）。Allen（1940）认为其特征不稳定，至多属于地理亚种。Pavlinov（2003）认为此种成立，现分布在我国东北和俄罗斯的滨海边区。罗泽珣等（2000）同意 Allen 的观点，认为其是否为东北鼢鼠的亚种有待进一步观察证实。

（2）草原鼢鼠（*Myospalax aspalax*）　草原鼢鼠的外形与东北鼢鼠十分相似，成体体长 140～290mm，尾长 35～75mm，后足长 29～35mm，颅全长 40～50.2mm。体背被毛浓密而柔软。多为银灰褐色，毛尖淡土黄色，毛基部银灰色。因地区环境不同有较大差异，通常，较干旱地区的略浅淡，呈灰棕色。较湿润的地区毛色较暗，体背毛呈暗灰棕色。头顶部和体侧与体背同色。腹毛灰白色。背腹间毛色无明显的分界线。额部白色毛斑的有无、形状和大小都很不规则，但绝大多数没有，据统计仅 20% 的个体具很小的白斑。纯白色毛斑也见于吻端的上下唇，有的还伸延至鼻的上部。尾较长，覆以较密的白色短毛，将尾鳞完全遮住。头骨特征与东北鼢鼠相似，稍小。鼻骨后方较细，后缘具"八"字形缺刻，其末端不超过颌额缝。二颅顶峰近似平行，老年个体的顶脊后端粗大。人字嵴不如东北鼢鼠的发达。第三上下白齿明显小，约为第一、二上下白齿的一半。人字嵴呈截面状，故头骨侧面观象直角三角形。颧弓向两侧扩张，其最大宽度在颧弓的前部。门齿孔小。听泡扁平。3 颗上白齿齿面的形状相似，每个齿的内侧都有一个凹陷角，外侧有两个凹陷角。染色体核型 $2n = 62$。

草原鼢鼠的地理分布属蒙古高原东部温旱型，为蒙古高原特有种，在我国仅分布在内蒙古东部的呼伦贝尔、锡林郭勒、察哈尔高原的典型草原地带，草甸草原中的退化草场，科尔沁沙地，河北省坝上地区，以及东北三省与之邻近的草地。国外伸延到蒙古国东北和俄罗斯的外贝加尔地区。栖息在中温带土壤松软肥沃而宽阔的草原和耕地中。营地下生活，很少到地面，挖掘很长的洞道，将洞土推到地面上，覆盖草场。不冬眠，全天活动，晨昏最活跃。有储草习性，洞道中有储草用仓库。它们的挖掘荒地和取食行为对目前的草场和农区的农作物有较大的破坏作用。在其洞道中曾挖出它们储存的大量黄芩、防风、远志、杏树根、山葱、知母等中药材，以及马铃薯和胡萝卜等农产品。

2．凸颅鼢鼠属（*Eospalax*）

又名凸枕鼢鼠属或中华鼢鼠属，为平颅鼢鼠属的姊妹属。它们的形态很相似，但后枕部完全不同。头骨后端的枕骨面，不与颅顶面垂直呈直截状。而是明显向后拱凸，从人字嵴先向后斜伸一段，然后再逐渐弯向下方。后头宽明显大于后头高。眼眶前的视神经孔下部较宽。在额、顶骨上都有骨嵴，其形态特点对于不同种有很大差别。已测知的这类的染色体核型为 $2n = 58～60$。本属为我国特有属，主要分布在我国的黄土高原地区，有 3～6 种。本属种类间的形态差异较小，因此究竟有几种，分类学家们的分歧意见较多。

本属原为鼢鼠属的亚属，现被提升为独立属，故称为凸颅鼢鼠属。有人称它为中华鼢鼠属，是因为中华鼢鼠是原亚属的模式种，也即为本属的模式种。但是，模式种名称不能与亚属名称相提并论。若原亚属名称仍是有效的名称，就不能被取代。

中国凸颅鼢鼠属（*Eospalax*）动物分种检索

1　尾近乎裸露，覆很稀疏的毛，皮肤清晰可见；鼻骨末端不超过额颌骨缝的水平 ·················· 2

尾被密毛；鼻骨末端多处在额颌骨缝的水平，少数个体超过之 ……………………………………………… 3

2　体型较大，额部多具有较大的亮白色毛斑；鼻骨后缘的"八"字形缺刻较深；颧弓较宽，其最宽处位于颧弓后部；额嵴不明显；顶嵴发达，雄性老体左右顶嵴的中部彼此很靠近，近似 X 形，但中间不接触 ……………………………………………………………………………………………………… 中华鼢鼠（E. fontanierii）

体型较小，仅少部分个体的额部有较小的白色毛斑；鼻骨后缘的"八"字形缺刻较浅；颧弓较弱，其最宽处约在颧弓中部；额嵴明显；雄性老体左右顶嵴的中部仅彼此相靠近呈"八"字形或平行 ……… 甘肃鼢鼠（E. cansus）

3　体型明显小，成体体长多在 185mm 以下，前爪细弱，牙齿细小；老体的顶嵴在中缝处不靠近，鼻骨末端不超过额颌骨缝的水平 ……………………………………………………………… 罗氏鼢鼠（E. rothschildi）

体型较大，前爪粗壮，牙齿发达；老体的顶脊在中缝处靠近或合并，鼻骨末端超过或平额颌骨缝的水平 ……… 4

4　门齿孔仅 1/2～2/3 部分在前颌骨包围中；鼻骨后缘平或稍超过额颌骨缝 ………………… 秦岭鼢鼠（E. rufescen）

门齿孔全部在前颌骨包围中；鼻骨后缘多超过或平额颌骨缝 ……………………………………………… 5

5　老体的二额顶嵴在中缝处合并，但在顶骨处仍有距离，形成狭长的三角形骨窝 ………… 斯氏鼢鼠（E. smithii）

老体的二额顶嵴在中缝处极靠近，但始终近似平行，而不合并 ………………………… 高原鼢鼠（E. baileyi）

　　（1）中华鼢鼠（Eospalax fontanierii）　体型较大，成体体长 160～265mm，尾长 30～71mm，后足长 27～38mm，颅全长 46～58mm。尾较长，约占体长的 1/4。头顶部中央通常有白斑。尾及后足背被毛很稀疏，皮肤裸露。鼻垫呈现细长体形或近似葫芦形，体背毛呈浅黄褐色至灰褐色。毛尖为铁锈红色。吻鼻部至眼间的毛苍白或灰白色，两侧灰色。额部中央也常常有一条白色短纹或有一白色区域与口鼻部相连。其他部位的毛尖锈红色到浅褐色，毛基灰黑色，且常显露于外。腹面、足背和尾部的毛白色，或淡灰褐色。腹背间毛色无明显的分界线。头骨的轮廓扁宽，有明显的棱角。枕骨面的宽度明显大于头骨的高。鼻骨稍窄。鼻骨后缘有"八"字形缺刻，其后缘未超过颌额骨缝。门齿孔约一半在前颌骨包围中。额骨在幼年时平坦，老年个体有发达的眶上嵴，向后与颞嵴相连，并延伸到人字嵴处。人字嵴发达，上颌骨自人字嵴向后略为延伸，再转向下方，不形成陡直的截切面。门齿孔小，听泡低平。第一上臼齿的内侧有两个陷入角。一些个体的第三上臼齿后端比其他鼢鼠多一个向后外方斜伸的小突起。染色体核型 2n＝58～60。

　　中华鼢鼠的地理分布属黄土高原温湿型，为我国特有种，分布西界为青海的东祁连山地和黄湟谷地，向东经甘肃和宁夏南部，到内蒙古呼和浩特以南的土默特平原、鄂尔多斯高原南部、陕西北部和山西黄土高原，向南到河南西北部伏牛山北坡，河北西部和北部山地，以及北京延庆的燕山山地。栖息在暖温带森林草原地区的黄土高原及次生黄土丘陵与山坡的荒地和耕地。终生穴居生活在地下。习性与其他鼢鼠相似。不冬眠，秋季作物成熟期，频繁地储存食物，有较大危害。在黄土高原农区，曾在它们的洞穴中挖出大量马铃薯、花生、麦穗、豆类、甘薯、谷穗、萝卜、植物根茎等。在林区，它们啃咬苗圃中的幼树苗、树皮和树根，对营林造林，以及对防护林工程能形成较大的危害。

　　（2）甘肃鼢鼠（Eospalax cansus）　甘肃鼢鼠的体型明显比中华鼢鼠小。成体体长 125～265mm，尾长 30～71mm，后足长 27～38mm，颅全长 46～58mm。外形和头骨形态特征与中华鼢鼠极相似。鼻垫成椭圆形，尾较长，尾覆毛很稀疏，皮肤裸露。额部多无白斑，仅少数个体有极细小的白斑或只有极细小的几根白色短毛。体毛色较深暗，灰褐色。毛尖的铁锈红色少。毛基石板灰色增加了体毛的灰褐色调。腹毛灰色较淡。鼻骨后缘也呈"八"字形缺刻，但较浅小。二额嵴发达，二顶嵴近似呈"八"字形，或在稍后方平行。二额嵴间宽稍小于二顶嵴间宽。老体的顶嵴在中缝处不靠近。第三上臼齿呈三叶形，内侧有一个凹陷角，外侧有 2 个凹陷角。染色体核型 2n＝60。

　　甘肃鼢鼠的地理分布属秦陇山地温湿种，主要分布在陕西、甘肃、宁夏和青海等省份的秦岭、六盘山、陇南山地及其周边有黄土覆盖的地区。栖息在黄土高原及黄土丘陵的农田、林区和黄草坡上。生态习性及经济意义同中华鼢鼠。

　　动物学界对甘肃鼢鼠是独立种或是中华鼢鼠的亚种，一直存在较大分歧。有人认为它们是不同物种者多依据它们体型大小，头顶上有无白斑，尾覆毛多少度等不同，特别是中华鼢鼠的第三上臼齿后端比甘肃鼢鼠多一个小突起。但是，后来的研究者发现，上述的差别都不稳定，有明显的个体差异，坚持它们是同一物种。尽管如此，它们头骨上的额骨和顶骨形态特征的差别是稳定的。完全可以作为种间差异的依据。

（3）**高原鼢鼠**（*Eospalax baileyi*）　体型与秦岭鼢鼠很相近，成体体长 170～250mm，尾长 33～58mm，后足长 23～44mm，颅全长 40～52.5mm。尾较短，为体长的 24%～25%。鼻垫僧帽状。体毛深灰褐色。少数个体因毛尖的铁锈红色较长，体毛呈亮铁锈红色。腹毛比背部晦暗。鼻垫上缘及唇周毛色淡。尾及后足背面苍白或灰褐色。鼻骨较长，略呈梯形。鼻骨后缘大多数超过，少数平额骨缝。二额顶骨嵴在亚成体组时距离较宽，接近平行。随年龄增长距离缩小。老年组时已很靠近，雄性老体的二额顶嵴极靠近，但不合并。门齿孔 1/2～2/3 被前颌骨包围。雄性成体的二顶嵴间距离宽，大于二额嵴间宽。第三上臼齿大多为三叶形。

高原鼢鼠的地理分布属青藏高原东缘高地特有种。分布在祁连山以南的青海东部、甘肃西北部和陇南地区和四川西北部的高原区。栖息在海拔 2 800～4 200m 的山坡、草甸草原和农田。生态习性与经济意义同中华鼢鼠、秦岭鼢鼠相似。对牧区的危害程度更为严重。

本种曾被视为中华鼢鼠或甘肃鼢鼠和秦岭鼢鼠的亚种。Wilson 等（2005）、Smith 等（2005）至今仍把本种及甘肃鼢鼠和秦岭鼢鼠全列为中华鼢鼠的亚种。罗泽珣等（2000）把本种归为秦岭鼢鼠的亚种。近些年来，随着获得标本数量增加，对这些种的头骨做了较细致的观察和比照。发现这些物种间在门齿孔与其颌骨的相对位置，鼻骨与额颌骨缝的相对位置，以及二额顶嵴相对位置年龄变化的物种间存在差异。因此认为它们都是独立的物种。

中国竹鼠亚科（Rhizomyidae）动物分属检索

体型较小；耳长小于 12mm，完全被毛遮住；后足垫平滑；体重小于 800g ⋯⋯⋯⋯⋯⋯ 小竹鼠属（Cannomys）

体型较大；耳长大于 12mm，略露出毛被外；后足垫呈粒状；体重大于 1 500g ⋯⋯⋯⋯⋯ 竹鼠属（Rhizomys）

3. 竹鼠属（*Rhizomys*）

本属是本科中体型最大者，体长 230～480mm，尾长 50～150mm。不同程度地适应地下生活。尾毛很少。眼小。耳比小竹鼠的略大，大于 12mm。略露出毛被外。足爪强大。后足垫呈粒状；前肢第三趾最长，第二趾比第四趾略短。头骨很强大，颅全长大于 60mm；头骨的额骨扁平。脑颅部不如小竹鼠明显向上拱凸；矢状嵴和人字嵴很发达。颧弓外扩。硬颚骨狭窄。门齿孔小。听泡巨大。上门齿宽而粗大，唇面珐琅质橘色。上门齿不明显向前倾斜，几乎与上颌骨的底平面垂直，齿尖明显向后弯。上齿隙较短，小于颅全长的 40%；白齿有齿根，第一臼齿最小。第五趾最短。乳头 4～5 对。第二臼齿最大。本属有 3～4 种，在我国均有分布。在国外分布在东南亚和中南半岛诸国。

中国竹鼠属（*Rhizomys*）动物分种检索

1　体型甚大，体长大于 380mm；头骨上齿隙长大于上齿列长的 1.5 倍 ⋯⋯⋯⋯⋯⋯ 大竹鼠（R. sumatrensis）

　体型较小，体长远小于 380mm；头骨上齿隙长小于上齿列长的 1.5 倍 ⋯⋯⋯⋯⋯⋯⋯⋯⋯⋯⋯⋯ 2

2　身体背部毛具有亮白色长毛尖的粗毛，遮体；尾几近裸露无毛 ⋯⋯⋯⋯⋯⋯ 银星竹鼠（R. pruinosus）

　身体背部的毛没有具白色毛尖的粗毛；尾覆以稀疏长毛 ⋯⋯⋯⋯⋯⋯⋯⋯⋯⋯ 中华竹鼠（R. sinensis）

银星竹鼠（*Rhizomys pruinosus*）　又名花白竹鼠，霜毛竹鼠。体型中等偏大，形态特征似中华竹鼠，成体体长 216～380mm，尾长 60～153mm，后足长 40～55mm，耳长 13～20mm，颅全长 56～71mm。体被密而长的绒毛，整个体背，包括额、颊、眼周、鼻和体侧毛均为浅棕灰色到灰褐色，杂有许多尖端为亮白色粗毛，均匀的白点点缀在体背上，好似着了一层白霜。腹毛较稀疏，粗毛较少，毛色较浅淡，灰褐色。足背具淡棕褐色细毛。尾几乎无毛，仅在基部具稀疏短毛。此鼠具乳头 5 对。头骨短宽，较低平。鼻骨前端较宽，眶间部较宽，颧弓外扩呈圆弧形。颅顶后部略呈拱形。听泡低平。上齿隙远大于上颊齿列长。上门齿不向前倾斜，几乎同上颌骨垂直，不为唇掩盖。齿尖向内弯。

银星竹鼠的地理分布属中南半岛—中国南部热湿型，既主要分布在中南半岛和南洋群岛，而且在中国南部也有较广分布。中国从云南西部和南部、四川的渡口、贵州南部山地向东，分布到广西和南岭山地，以及邵武以南的福建西南部山地。栖息环境与生活习性均与中华竹鼠很相似，当与中华竹鼠同域分布时，通常栖居于海拔较低的 1 000m 以下山地。

七、仓鼠科（Cricetidae）

本科包含的动物种类数多，仓鼠科的系统地位及其包含的范围存在多种争议。有人认为是独立科，也有认为是鼠科的亚科。目前其作为独立科基本已无疑义，但是它包括哪些种类分歧很大。涉及我国的啮齿动物有仓鼠亚科、沙鼠亚科、鼢鼠亚科、田鼠亚科（䶄亚科）。其中沙鼠亚科被归为鼠科（Muridae），鼢鼠亚科被归为鼹形鼠科（Spalacidae）。仅剩下仓鼠亚科和䶄亚科，许多学者将此两类动物归为仓鼠科（Cricetidae）。这两个亚科的主要区别：仓鼠亚科（Cricetinae）有内颊囊，臼齿具齿突；䶄亚科（Ariviolinae）无内颊囊，臼齿齿冠高，呈棱镜状。

（一）仓鼠亚科（Cricetinae）

本亚科动物为中、小型啮齿类，体长多在 150mm 以下，毛足鼠属（*Phodopus*）的体长仅 50mm 左右。少数种类体长达 200mm 左右，原仓鼠属（*Cricetus*）则可达 300mm。体型短粗或细长。吻部较圆钝。营地面生活。穴居，而无地下生活的特化特征。眼正常。耳壳长，明显露出毛被外，前翻超越鼻眼距的中点。口腔内有颊囊。四足短粗，前足 4 趾，后足 5 趾，爪正常。尾短，一般不超过体长，一些种类仅略超过体长的 1/2。少数种类的尾很短，甚至短于后足长。躯体被毛柔软、厚密而较长。体背毛色多以单一的灰色、沙灰色或棕褐色为主，有些种类背上有纵行黑色峰纹，原仓鼠的体色较斑斓，为多色混合。腹面毛为白色、污白色，或污灰色具淡土黄色调色，个别种类的腹毛亮黑色。尾无鳞，均匀地被密毛或较稀疏的毛。头骨光滑，多数种类无明显的棱嵴，但体型较大的种类成年后均具明显的眶上嵴和顶嵴。鼻骨前伸，常超出门齿或与门齿齿槽齐平。脑颅部不显著外扩。颧宽大于后头宽。听泡小。门齿垂直下伸，唇面无齿沟。臼齿具齿根，齿冠较低。无前臼齿，齿式为 $\frac{1.0.0.3}{1.0.0.3}=16$。白齿咀嚼面具两纵列左右排列的齿丘。本亚科的主要鉴别特征：①仓鼠类的白齿咀嚼面具两纵列齿丘；田鼠类的白齿咀嚼面是平坦的，由数个左右相对或交错排列的三角形齿环组成。②仓鼠类的口腔内有颊囊；田鼠类的口腔内没有颊囊。③仓鼠类的耳壳长，前翻超越鼻眼距的中点；田鼠类的外耳壳较短，前翻达不到鼻眼距的中点。仓鼠科有 7 属，我国有 6 属。本科动物广泛分布在欧亚大陆的古北界。栖息在多种自然生境，以及人造生态环境中。它们的多数种类都数量大，其取食行为和挖洞存粮习性在许多地方给农业生产造成危害，应加强监测和防治。

中国仓鼠亚科（Cricetinae）动物分属检索

1 体型大，成体体长超过 250mm；腹毛墨黑色；体两侧前部各有三大块的白色毛斑 ………… 原仓鼠属（*Cricetus*）
　体型较小，成体体长不到 250mm；腹毛不黑；体两侧前部无浅色花斑 ……………………………… 2
2 体型较大，颅全长不小于 33mm；尾较长，尾长超过体长之半；头骨脑颅部具发达的眶上嵴 ……… 3
　体型较小，颅全长小于 33mm；尾较短，尾长小于体长之半；头骨脑颅部无眶上嵴 …………………… 4
3 耳后具白色毛斑；尾具纤细的长毛；成体头骨的眶间部较窄，而且具有一条 V 形深陷的眶间沟 ………
　…………………………………………………………………………………………… 甘肃仓鼠属（*Gansumys*）
　耳后不具白色毛斑；尾不具纤细的长毛；成体头骨的眶间部宽而平坦，老年个体眶上嵴发达，眶间部虽然也略有凹陷，但浅而阔，呈 U 形 ……………………………………………………… 大仓鼠属（*Tscherskia*）
4 尾甚短，明显短于后足长；后足掌全部被白色密毛，看不见掌垫 ………… 毛足鼠属（*Phodopus*）
　尾长超过后足长；后足仅跟部被毛，前部裸露，掌垫清晰可见 …………………………………………… 5

5　尾短，呈楔形，尾长约与后足等长；头骨顶间骨狭缩，其宽为长的 4～5 倍 ………… 短尾仓鼠属（*Allocricetulus*）

尾较长，不呈楔形，尾长约为后足长的 2 倍；头骨顶间骨正常，其宽小于长的 4 倍 ……… 仓鼠属（*Cricetulus*）

1. 大仓鼠属（*Tscherskia*）

体型大，体长达 223mm，尾长达 100mm（体长的 40%～65%）。尾被稀疏的短毛。多见有白色的尾端部。四足的上表面也被白毛。外形与褐家鼠略相似，但粗壮，尾较短，约为体长之半。耳壳较长，圆形，明显露出毛被外，覆以稀疏的单色细长毛。后足蹠部裸露，仅足跟部覆以稀疏的毛。后足的外侧趾和前足的拇指正常。雌性具乳头 4 对。头骨粗壮而坚实，头骨轮廓较狭长。脑颅背面较平，不明显向上拱凸。颧弓后部比前部宽。左右额骨后缘几乎近平直。顶骨大，间顶骨大，呈三角形。鼻骨狭长，其后端中间尖，被前颌骨后端超出。有明显的眶上嵴、顶骨嵴和人字嵴。眶上嵴发达，向后经过顶骨和间顶骨与人字嵴相接。枕髁显著突出枕部后端。门齿孔狭长，后端不达第一上臼齿前缘水平线。听泡中等大小。齿式为 $\frac{1.0.0.3}{1.0.0.3}=16$。

本属原为 Ognev（1914）依据图们江岸的标本发表的新属和新种 *Tscherskia albipes*。后来被合并入仓鼠属（*Cricetulus*）为亚属。但是，因其形态特征和染色体核型均与灰仓鼠属有很大差异，现已恢复了其独立属地位（Corbet，1991）。

本属为单型属，仅大仓鼠（*T. triton*）1 种。主要分布在我国，国外见于蒙古国东部、俄罗斯东南部与朝鲜半岛。

大仓鼠（*Tscherskia triton*）　体躯肥胖，头较宽大，眼小，耳短圆。口腔内两侧有颊囊，长 27～30mm。四肢短粗而肥壮。尾长接近或略超过体长的一半。成体体长 142～220mm，尾长 69～106mm，后足长 20～25mm，耳长 17～24mm，颅全长 36～42mm。体背部毛长，灰褐色，毛中有少量黑毛。背中央毛色较浓而两侧渐淡。腹部毛较短，白色或污白色，毛基灰色。在胸部常有不同大小和不同形状的白斑。尾粗，基部膨大，向后逐渐变细。膨大部分毛显著长于尾的其他部分，毛色与背毛相似。无鳞环。尾上下毛色相同，尾毛短而直，呈白色，少数个体为白色。四足背白色。头骨特征见属。染色体核型 2n=28。本种曾用名 *Cricetulus triton*，现更名为 *Tscherskia triton*（见属）。

大仓鼠的地理分布属中国东部温湿型，广布在我国的黑龙江、吉林、辽宁三省的松辽平原，内蒙古的阴山南麓，宁夏的银川河套平原，陕西、山西、河北、山东、河南、安徽、江苏等省的黄土高原、华北平原、江淮平原、长江下游平原及其周边低山丘陵地区，向南一直分布到安徽的黄山和浙江的天目山；栖息在中温带和北亚热带的平原、丘陵、山地等各种地形环境中。尤喜农田、田间荒地、田埂、林缘、道旁，以及灌丛、次生林、撂荒地、草甸等食物丰富、地势干燥的生境。挖复杂的深洞穴居。夜行性，晨昏荒地活动最频繁。冬季不蛰眠，转入地下活动。入冬前把大量食物拖入洞内，分类处藏在不同的地下仓库里。食性非常复杂，取食各种植物的绿色部分、地下根茎，以及果实和种子。也吃一些昆虫、小型无脊椎动物、蛙类和小型鼠。在农作区，啃食青苗，盗食粮食作物，特别是油料作物种子。对农业有很严重的危害。

2. 毛足鼠属（*Phodopus*）

我国仓鼠属中体型最小者，成体体长多在 100mm 以下。颅全长在 25mm 左右以下。体形短圆，尾甚短，小于体长的 1/5，并明显短于后足长；在生活状态常隐于被毛下。体背灰色或驼色，腹面白色。腹背毛色在体侧的分界线非常明显。耳黑色，具白色耳缘，四足显著短宽，后足掌全部被白色密毛，看不见掌垫。雌性具乳头 4 对。头骨光滑脆弱，眶间无明显的狭缩，眶上嵴不明显。鼻骨较短。听泡略扁平。齿式为 $\frac{1.0.0.3}{1.0.0.3}=16$。本属为主要栖息在荒漠和草原地区的动物，性情温顺，柔弱。多在土质松软的地段挖结构较简单的浅洞穴居。植食性，易于人工饲养。主要分布在亚洲中部干旱地区，包括我国西北、华北和东北的荒漠和荒漠草原地区。

动物分类学界对本属分种有不同意见。Ellerman（1951）、Corbet（1978）和 Gromov 等（1995）均认为本属只有黑线毛足鼠（*P. sungorus*）和小毛足鼠（*P. roborovskii*）两种。其中的黑线毛足鼠有指名亚种 *P. s. sungorus* 和蒙古亚种 *P. s. campbelli* 两个亚种。后来 Corbet（1991）又认为此属有 3 种，蒙古亚种独立为种，罗泽珣等（2000）依其没有列出理由，仍坚持蒙古亚种只是黑线毛足鼠的亚种。由于 Wilson（2005）说明了 *P. s. campbelli* 为独立种，是依据 Safronova 等（1992）对这两亚种的染色体研究的结果作出的。于是，21 世纪的著作多接受了此变更，承认本属有 3 种。我国有 2 种：小毛足鼠（*P. roborovskii*）和蒙古毛足鼠（*P. campbelli*）。目前 *P. campbelli* 的中文名称有三：①依据其原亚种名称提升为独立种而称蒙古或内蒙古毛足鼠；②其拉丁学名是依据人名命名的，而称为坎氏毛足鼠；③依过去已经习惯的称呼不变，仍称其为黑线毛足鼠。

中国毛足鼠属（*Phodopus*）动物分种检索

身体脊嵴部无暗色纵纹；在体侧部，背、腹毛色交界线平直；染色体核型 $2n=34$ ⋯ 小毛足鼠（*P. roborovskii*）

身体背嵴部有黑色纵纹；在体侧部，背、腹毛色交界线呈波浪状；染色体核型 $2n=28$ ⋯⋯⋯⋯⋯⋯⋯⋯⋯⋯⋯⋯⋯⋯⋯⋯⋯⋯⋯⋯⋯⋯⋯⋯⋯⋯⋯⋯⋯⋯⋯ 蒙古黑线毛足鼠（*P. campbelli*）

小毛足鼠（*Phodopus roborovskii*）　又名荒漠毛足鼠，是我国仓鼠科体型最小者，成体体长 55～100mm，尾长 6～14mm，后足长 7～15mm，耳长 10～13mm，颅全长 22～26mm。体背毛色淡红驼色或灰驼色，毛基黑色，中段白色，毛尖浅红驼色，背部杂有少量具黑色毛尖的长毛，颈部至腰部一段，驼色毛尖较短，黑灰色毛基常显露于外，故毛色较暗。背嵴部无黑色嵴纹。两颊、喉部、腹部及四肢毛纯白色。多数个体的背腹部毛色界线在体侧几乎成一直线。耳眼之间有一小块纯白色的圆形毛斑。尾及前后足背均被白色毛。跖部具白色密毛。前足拇趾裸露，该处的掌垫大而明显。头骨细小，脑颅圆形。鼻骨较宽，成体眶上，嵴较明显。顶骨略隆起，顶间骨发达，略呈等边三角形。颧弓较发达，两侧近于平行。颚骨较宽，颚孔后缘不达第一上臼齿水平线。听泡小而低平。染色体核型 $2n=34$。

小毛足鼠的地理分布属蒙新—哈萨克温旱型。在国外从哈萨克斯坦的乌拉尔河下游，沿里海东岸，到土尔克明斯坦，向东到俄罗斯外贝加尔的赤塔地区和蒙古国的西部和南部。广布在除马鬃山以外的内蒙古高原西部和中部各地，向东还断续分布在内蒙古高原东部的锡林郭勒盟、赤峰和哲里木盟等地的沙地，以及吉林和辽宁西部的风沙草原中，向南一直分布到与内蒙古接壤的河北康保、陕西北部、宁夏北部和甘肃河西走廊、阿尔金山东段、青海柴达木盆地和青海湖四周，此外还零星分布在青海黄河源头的西金乌兰湖、西藏的班戈地区、新疆额尔齐斯河下游及昆仑山北坡。栖息在中温带荒漠和半荒漠地带植物较稀疏的沙地、固定和半固定沙丘、干河床的沿岸以及荒漠草原区开垦地附近的土坡上。逃避有黏土或植被茂密的地方。穴居，洞巢多筑在沙质土壤地区。小毛足鼠的四肢虽细弱，但在沙地上挖洞速度很快。夜间行动，取食植物的绿色部分、种子，以及少量昆虫。数量多的地区盗食牧草种子，对牧区的固沙造林工程有一定的危害。

3. 仓鼠属（*Cricetulus*）

又名小仓鼠属，或灰仓鼠属。体型中等，成体体长不大于 135mm，多在 100～110mm。颅全长小于 33mm。体较短粗，鼻吻部短钝，四肢短，耳不长，但露出毛被，密覆细软的毛。尾较短，尾长不到 50mm，小于体长之半；但远超过后足长，约为后足长的 2 倍。体被毛长而密，尾被毛很稀疏。后足仅跟部被毛，前部裸露，掌垫清晰可见。颊囊发达。雌性具乳头 4 对。头骨较狭长，鼻骨较前伸，脑颅部较宽，额骨略隆起，眶间平坦，额顶骨上面无骨嵴，眶上嵴也不显。顶间骨中部明显前伸，其宽大约为长的 4 倍。腭骨上的门齿孔小，其后缘不达第一上臼齿前缘水平线。听泡较小，圆形。分布很广，几乎遍布在从欧洲的巴尔干半岛向东经亚洲西南、中亚一直到俄罗斯的南部、蒙古国以及我国北部。属内分种有较多的分歧意见。Pavlinov（2003）和 Wilson（2005）都认为有黑线仓鼠、长尾仓鼠、藏仓鼠、灰仓鼠，以及高山仓鼠和索氏仓鼠等6种；而Smith等（2009）认为仅我国就有8种，除上述6种外还有藏南仓鼠和康藏仓鼠，王应祥（2003）认为我国有7种，增加了中国仓鼠、拟黔仓鼠，而去掉了高山仓鼠。但是，罗泽珣等（2000）只承认黑线仓鼠、长尾仓鼠、藏仓鼠和灰仓鼠等4种，此观点得到马勇等（1987）的复议。

中国仓鼠属（*Cricetulus*）动物分种检索

1 身体背嵴部有一条明显的黑色纵纹，或隐约可见 ·················· 黑线仓鼠（*C. barabensis*）
　身体背嵴部无黑色纵纹 ·· 2
2 体覆毛长而密，体侧背、腹毛色交界线呈波浪形 ·················· 藏仓鼠（*C. kamensis*）
　体覆毛短而稀，体侧背、腹毛色交界线平直 ······································· 3
3 耳壳有白色耳缘；身体腹面毛基部为灰或深灰色 ·············· 长尾仓鼠（*C. longicaudatus*）
　耳壳无白色耳缘；身体腹面毛基部为白色 ························· 灰仓鼠（*C. migratorius*）

　　（1）**长尾仓鼠**（*Cricetulus longicaudatus*）　本属中体型最大，尾最长，成体体长80～135mm，尾长35～48mm，后足长15～21mm，耳长15～20mm，颅全长25～31mm，颅全长小于50mm。体背毛色变异较大，从吻部到尾基部均呈灰棕色，毛基深灰，毛尖黄褐或黑褐色，并杂有部分黑色长毛，尤以背中央较多。故背嵴部较其两侧略暗，但不形成黑线。老年个体黄色调较明显。颊部、喉部、腹部及四肢内侧毛尖白色，毛基深灰。少数个体的喉部毛为灰白色。耳壳内外侧均被黑色或暗褐色短毛，边缘极端部毛灰白色。尾双色，覆短而密的毛，上部与体背面近似，下面白色。四足背面被白色短毛，足掌裸露，后跖部具稀疏的白色短毛。头骨较狭长。额骨略隆起。脑颅圆而扁平。顶间骨发达，略呈半月形。颧弓较细，外凸不明显。门齿孔较长，中部较宽，其后缘甚接近，或达到臼齿列前缘水平线。听泡略膨大，高且圆。染色体核型2*n*＝24。

　　长尾仓鼠的地理分布属黄土高原温湿型，长尾仓鼠为中国的准特有种，分布在陕西和山西的黄土高原，青藏高原东北部除羌塘高原和柴达木盆地外的青海各地，向南一直分布到西藏的那曲一带，向东分布到四川北部若尔盖、秦岭、伏牛山和桐柏山的北坡，北到河北西北部、北京和天津蓟县、内蒙古赤峰市大兴安岭的东麓，西至甘肃的东祁连山地（马鬃山待查）及新疆北部的巴里坤山、北塔山、阿尔泰山和塔尔巴哈台等山地，在国外仅见于俄罗斯的阿尔泰和图瓦地区，以及哈萨克斯坦和蒙古国与我国邻近的地区。栖息在中温带和暖温带中的山地草原、灌丛、高原草甸、半荒漠，也见于林间、林缘、荒地和耕地，在毡房内有时也能发现。夜间活动，洞穴简单。主要食物为植物种子和部分草本植物的青嫩部分，在农区也盗吃粮食。有储食习性。

　　（2）**黑线仓鼠**（*Cricetulus barabensis*）　黑线仓鼠又名纹背仓鼠，医用的实验动物称中国仓鼠。成体体长80～135mm，尾长35～48mm，后足长15～21mm，耳长15～20mm，颅全长25～31mm，颅全长小于50mm。形态特征与长尾仓鼠相似，体略小，尾较长，约为体长的1/3。背毛浅灰棕到黄褐色或灰褐色，背嵴部有一条黑色纵纹。嵴纹的粗细、毛色的深浅和浓淡，因亚种和栖息环境而异，大兴安岭亚种的嵴纹很宽，毛色黑亮，并且在额顶部增宽形成黑色毛区，而内蒙古西部的萨拉其亚种的毛很细、纹色极浅淡，老年个体甚至完全模糊不清。吻部、颊部和大腿外侧与背毛同色。耳壳内外均具短毛，内侧毛棕黑色，外缘具狭窄的白色耳缘，外侧前方黑色或棕黑色，后方棕白色，使双耳背面呈现两块黑斑。尾背面与背纹色相近，向尾尖逐渐浅淡。体腹面包括颏下、四肢内侧、尾下均为灰白色，具白色毛尖。背、腹部毛色之间有明显的分界线。头骨特征见属。染色体核型2*n*＝20～24。

　　黑线仓鼠的地理分布属中国东部温湿型，主要分布在我国。国外仅见于俄罗斯的西伯利亚南部、蒙古国和朝鲜。在我国遍布于内蒙古阿拉善荒漠以东的东北区和华北区各地，向西沿荒漠南缘和祁连山北麓大约可分布到甘肃酒泉一带；向南一直分布到甘肃南部山地、陕西秦岭、河南的伏牛山和桐柏山、安徽黄山和浙江天目山以北的平原上。除高山岩石地带以外，广泛栖息在中温带和北亚热带的森林、草原、半荒漠地带各种生境。尤喜居住在土质松软、植物茂密的草场，如锦鸡儿灌丛草原和岌岌草甸、林中空地、耕地中的田埂和撂荒地。挖结构比较简单的洞穴，有时也利用其他鼠类的废弃洞。夜间活动。杂食，主要以草本植物种子为食，也吃少量昆虫。在农区主要吃粮食和油料作物。黑线仓鼠已适应农田环境，遍布我国东部各大平原农区，成为旱作耕地的主要害鼠。有储粮的习性，秋冬季节在洞中储存高粱、谷子、胡麻和草籽等。

Orlov 等（1975）依染色体特征把本种分为 3 个独立种：黑线仓鼠（*Cricetulus barabensis*，$2n=20$，FN＝38）、中国仓鼠（*Cricetulus griseus*，$2n=22$，FN＝38）、拟黝仓鼠（*Cricetulus pseudogriseus*，$2n=24$，FN＝38）；但是，后人做重复试验没成功，对其结果产生怀疑。Pavlinov（2003）、Wilson（2005）和 Smith 等（2009）都把它们作为黑线仓鼠的不同亚种。但是王应祥（2002）认为此 3 种成立；鉴于目前尚没有见到能足够支撑分为 3 种的研究报道。马勇等（2012）仍暂视它们为同一物种黑线仓鼠（*Cricetulus barabensis*）的不同亚种。

Orlov 等（1988）依据蒙古国西部巴彦诺尔的标本发表了新种索氏仓鼠（*Cricetulus sokolovi*）。Pavlinov（2003）承认此种，指出其分布在蒙古国南部的荒漠和半荒漠中。王应祥（2003）将其分布扩大到我国内蒙古。于是，Wilson（2005）和 Smith 等（2009）都认为我国有索氏仓鼠分布。但同时Wilson（2005）确认，内蒙古西部的萨拉其亚种（*C. b. obscurus*）是黑线仓鼠，指出必须对二者进行区别。Smith 等（2009）则清楚地说明，原来蒙古国和我国内蒙古的索氏仓鼠标本正是萨拉其亚种（*C. b. obscurus*），因其符合索氏仓鼠的染色体和毛被特征，而将其视为 *Cricetulus sokolovi*。根据 Smith 等（2009）对索氏仓鼠特征的描述，确实与我国内蒙古的萨拉其亚种符合。至于萨拉其亚种的染色体核型，虽然目前未见有报道，但索氏仓鼠的 $2n=20$，与黑线仓鼠种的核型 $2n=20\sim24$ 也符合。说明它们很可能是同物异名，而萨拉其亚种发表的时间比索氏仓鼠早 121 年。遵照国际动物命名法规的优先律原则，用索氏仓鼠（*Cricetulus sokolovi*）取代黑线仓鼠萨拉其亚种是违章的。鉴此，本书认为该种能否成立尚属疑问，至少在我国有无分布有待调查。

（3）灰仓鼠（*Cricetulus migratorius*）　体型略小于黑线仓鼠，成体体长 80～135mm，尾长 35～48mm，后足长 15～21mm，耳长 15～20mm，颅全长 25～31mm，颅全长小于 50mm。体较粗壮。吻短钝，耳圆形。尾较长，明显大于后足长，为体长的 1/4～1/3。个体间毛色差异较大，一般体背毛黑灰色或沙灰色。在幼体，灰色调较成体明显，越老沙黄色越明显。背部毛基灰色，毛尖黄褐或黑色。体侧毛色较浅，具沙黄色调。头部毛色与背色相同。耳背面具暗灰褐色细毛，耳廓内部较淡，体躯腹面，包括喉部、胸部、腹部、后肢内侧和鼠鼷部被毛纯白色，少数个体的腹部毛基淡灰色，毛尖白色。有些个体亦杂有全白色毛。腹、背部在体侧的毛色界线明显。后肢外侧毛色与体背相似。四足背面被毛白色，足掌裸露。头骨较狭长，鼻骨略前伸。额骨微隆起，光滑，无骨嵴，眶上嵴不显。脑颅圆，顶部扁平，顶骨前方的外侧角前伸达眶后沿，其端部不向内弯曲。间顶骨中间略向前尖突，近似呈等边三角形。枕骨略向后凸，枕髁明显超出枕骨平面。颧弓中间较细。额骨上的门齿孔短小，其后缘不达白齿列前缘水平线。听泡较小。目前仅知藏北亚种的染色体核型 $2n=20$。

灰仓鼠的地理分布属亚洲中、西部广布的温旱型，主要分布在亚洲中部以西的干旱地区，向西分布到西南亚、东欧东南部，向东经乌克兰、俄罗斯顿河草原、哈萨克斯坦、我国西北部干旱地区和蒙古国。中国遍布整个新疆，向东一直分布到甘肃河西走廊、青海的柴达木盆地、宁夏、内蒙古中部的苏尼特左旗。栖息在中、暖温带的荒漠、半荒漠地带中的多种生态环境。也包括山地森林草原、山地草原、高山草甸以及农区的耕地、撂荒地、粮场、仓库、果园、菜园等，有时也进入人房。洞居，多营巢于砾石、倒木、杂草堆和天然隐蔽物下。偶尔也利用黄兔尾鼠的废弃洞。在农区其洞口多集中在农田周围。夜间活动，晨昏最活跃。不冬眠，有储食习性。食性杂，以植物的绿色部分和种子为主，也吃昆虫等。在农区盗食小麦、玉米、高粱、胡麻、豌豆等粮油作物种子，也啃食幼苗和瓜果。为农区的主要害鼠之一。也是自然医源性疾病的传播者。

（二）䶄亚科（Arvicolinae）

该亚科是啮齿动物中种类最繁多的类群之一。分布广泛，适应各种生活环境，形态多种多样。体型多为小型，少数体型中等，个别种属大型。身体的某些构造也相应特化。该科种类的体态多比较粗笨，四肢短粗，绝大多数的尾长等于或短于体长之半。有的种类甚至短于后足长。尾轴大多数呈圆形，个别种类侧扁。其上覆以短毛，个别种类覆以圆形小鳞片。耳较短，一般稍露于毛被外，有的则完全退化。臼齿构造比较特殊。咀嚼面平坦，多数种类由许多左右交错的三角形齿环组成，少数种类的三角形齿环排列近似相对。侧面珐琅质褶皱，形成齿突，齿突数目因种类不同而有较多的变化。大多数种类臼齿具齿根，少数种类在成年后有齿根。鳞骨上的眶后嵴明显。听泡较小。齿式为 $\frac{1.0.0.3}{1.0.0.3}=16$。该科动物绝大多数为地栖的群居种类，个别种类营半水栖生活。以植物的绿色部分或果实为食。某些种类有迁徙习性。有的种类种群数量变化很大。广泛分布在欧洲、亚洲、北美洲三大洲。从北方北冰洋沿岸的冻土带到南非的亚热带都有分布，在山区遍布整个垂直地带。全世界有近 30 属，我国有 16 属。

田鼠类与仓鼠类都是超大的动物类群，虽然它们的形态特征有一些相似，但是彼此的差别也是巨大的，本书将田鼠类的分类地位提升为独立科（见仓鼠科的前言）。关于田鼠科的学名问题，已知 Microtinae 是 Miller 于 1906 年以田鼠属（Microtus）为模式属建立的。该亚科含水䶄属（Arvicola）。另据 Kretzoi（1962，1969）考证，Gray 于 1821 年曾以水䶄属（Arvicola）为模式属发表了䶄亚科（Arvicolinae），根据优先律原则，建议将田鼠亚科的学名更名为䶄亚科（Arvicolinae Gray，1821）。世界各国近期出版的分类学著作中，多采纳了此意见。

我国䶄亚科（Arvicolinae）动物分属检索

1 体型大，成体后足长超过 65mm；后足趾间具半蹼；尾侧扁，被有圆形小鳞片 ·················· 麝鼠属（Ondatra）
　中、小体型，成体后足长小于 35mm；后足趾间无蹼；尾轴圆，被有密而短的毛 ·················· 2

2 体型较大，成体体长不小于 150mm，后足长不小于 30mm ·················· 水䶄属（Arvicola）
　体型较小，成体体长小于 150mm，后足长小于 30mm ·················· 3

3 眼很小，耳壳退化，不露出毛被外；上门齿明显地向前倾斜，露出唇外 ·················· 鼹形田鼠属（Ellobius）
　眼正常，耳壳明显可见于毛被外；上门齿不明显向前伸出唇外 ·················· 4

4 前肢内侧第一趾的爪大而扁平；颧宽较大，颧弓明显向外拱凸；第三上臼齿咀嚼面具 4 个横齿叶
　·················· 林旅鼠属（Myopus）
　前肢内侧第一趾的爪小而尖；颧弓向外拱凸较小；第三上臼齿咀嚼面只有 1 个前横叶，其后为左右交错的三角形齿叶 ·················· 5

5 尾很短，小于后足长；后足掌全部覆盖以密毛 ·················· 6
　尾较长，超过后足长；后足掌心裸露无毛 ·················· 7

6 体型较小，体长多小于 100mm；身体背嵴部有一条明显的黑色纵纹 ·················· 兔尾鼠属（Lagurus）
　体型较大，体长大于 100mm；身体背嵴部无黑纹 ·················· 黄兔尾鼠属（Eolagurus）

7 头骨的腭骨后缘弯曲，两侧形成椭圆形缺刻，中间有骨桥后伸与翼骨基部相连，在翼骨两侧的后方各形成 1 个翼骨小窝 ·················· 8
　头骨的腭骨后缘平直，悬浮于翼骨基部的上方，无骨桥与翼骨相连，在翼骨两侧后方无小窝 ·················· 13

8 第一下臼齿咀嚼面后横叶前的第五与第四两个三角形齿环左右贯通 ·················· 9
　第一下臼齿咀嚼面后横叶前的第五与第四两个三角形齿环不贯通 ·················· 10

9 上门齿斜向前伸出；第一下臼齿外侧仅具 3 个角突，如有第四个，也极不明显；第五个三角形齿环与前齿叶贯通
　·················· 白尾松田鼠属（Phaiomys）
　上门齿垂直向下生长，不向前倾斜；第一下臼齿外侧具 4 个或更多的角突；第五个三角形齿环与前齿叶通连或不通连 ·················· 亚洲松田鼠属（Neodon）

10 上门齿宽，其上有明显的纵行齿沟；眶间宽明显大于颅全长之半 ………………… 沟牙田鼠属（*Proedromys*）

上门齿不宽，其上无明显的纵行齿沟，如有门齿沟，则头骨窄，眶间宽仅为颅全长之半 ………… 11

11 同时具备尾长，且为体长的 1/2 左右，或更长；头骨背面眶间部光滑没有任何隆嵴 ……… 川田鼠属（*Volemys*）

或尾短，尾长小于体长的 1/2，或头骨背面眶间部有隆起的骨嵴 …………………………………… 12

12 第三上臼齿内侧仅有 3 个突角；脚掌生有浓密的毛，遮盖住脚底 ………………… 毛足田鼠属（*Lasiopodomys*）

第三上臼齿内侧有 4 个，或 4 个以上的突角；脚掌即使有毛，也仅在局部，大部分脚底裸露 ……………
…………………………………………………………………………………………………… 田鼠属（*Microtus*）

13 体背部毛以灰色为主；唇须很长，超过头长；头骨上臼齿侧沟宽而深，咀嚼面显得单薄 … 高山䶄属（*Alticola*）

体背部毛色多为红棕色或褐色；唇须较短，等于或仅略超过头长；头骨上臼齿侧沟窄而浅，咀嚼面显得结实 …
…… 14

14 第一下臼齿左右两侧的三角形齿环排列工整，一一相对，彼此通连 ………………… 绒鼠属（*Eothenomys*）

第一下臼齿左右两侧的三角形齿环交错排列，彼此不通连 ………………………………………………… 15

15 身体被毛较短；成体臼齿具齿根，其臼齿外侧齿棱不及齿槽上缘，染色体数目 $2n=56$ ……… 䶄属（*Myodes*）

身体被毛较长；终生臼齿无齿根，其臼齿外侧齿棱通入齿槽内，染色体数目 $2n=54$ …… 绒䶄属（*Caryomys*）

1. 鼹形田鼠属（*Ellobius*）

体型较小，是一类高度特化的适应地下生活的啮齿动物。其形态发生了巨大变化，如上门齿特长，向前下方伸延到口腔外的鼻骨前，上门齿唇面珐琅质白色。头骨粗大，鼻骨短而细，颧弓粗，向外扩展。门齿没有齿根，终生生成。耳退化，眼小，被毛柔软，无毛向，几乎无针毛。腭骨后缘有典型的田鼠类的骨桥和翼骨窝，臼齿咀嚼面上的三角形齿环不封闭。上下颌的第三臼齿退化。比第二臼齿小很多。Gromov（1995）把此属归入仓鼠亚科，是一类具有田鼠牙齿营地下生活的仓鼠特殊类群，但同时他也认为此属的分类地位不能最后确定。他的观点模糊了田鼠类同仓鼠类的区别，大多数动物分类学者都不认同。此属有 4～5 种，分布在欧洲东南部、西南亚、中亚，向东到我国和蒙古国。我国仅有鼹形田鼠（*E. tancrei*）1 种。

鼹形田鼠成体体长 95～131mm，尾长 8～20mm，后足长 15～24mm，颅全长 24～36mm。头大，体短粗，呈圆筒状。眼小。无外耳廓。尾极短，略突出毛被外。四足宽大，爪较长。前足第一趾极小，仅达第二趾基部，具一极短的小爪，第三趾最长。后足的二外侧趾较短，中间第三趾长，接近相等，掌部具 6 个肉垫。毛短，柔软如绒。体背部毛色的个体差异较大，多呈黄褐色、黑棕色或浅红肉桂色，也有黑化和白化个体变异。毛基灰色，毛尖黄色或浅红褐色。面部黑色或黑褐色。体侧和腹部毛基黑灰，毛尖白色或土黄色。足背被稀疏的白色毛，沿足掌边缘生有长而硬的白毛。尾毛淡黄或暗褐色。头骨特征见属。染色体核型 $2n=52～54$。

鼹形田鼠的地理分布属亚洲中、西部广布的温旱型，主要分布在亚洲中部干旱地区国家。西从伏尔加河下游东岸向东一直分别到我国和蒙古国的干旱和半干旱地区。在我国，鼹形田鼠几乎遍布在库尔班通古特沙漠和额敏戈壁以外的整个新疆北部地区，还分布在甘肃河西走廊东段、内蒙古阴山以北的荒漠草原、浑善达克沙地、鄂尔多斯高原，以及陕西北部和宁夏。栖息在从亚高山草甸到丘陵、谷地、山坡、戈壁、沙丘、沼泽边缘，以及农田和撂荒地。最喜栖居在较潮湿、草质好的夏季草场中的沟谷、阴坡等生境。营地下生活方式，洞系复杂，洞较深而洞道长。它们从洞道内推出大量土，在地面上形成很多排列不规则的土丘，覆盖大面积草场，严重影响产草量，并常导致优良牧草场的植被演替，变成劣质牧草场。不冬眠，在洞中储藏过冬的食物。昼夜都活动，但白天很少到地面。主要取食植物的地下部分，特别是富含淀粉的鳞茎和块茎。也吃牧草和耕地中的农作物。在其数量很高的新疆北部农牧区为主要害鼠之一。

2. 兔尾鼠属（*Lagurus*）

体型较小，成体体长多小于 100mm；身体背嵴部有一条明显的黑色纵纹。眼略小，耳正常，略露出毛被外。尾很短，小于后足长。前肢内侧第一趾具小而尖的利爪。后足掌全部覆盖以密毛。头骨吻鼻部短宽，门齿孔较长，其后缘接近臼齿列前缘。脑颅部略扁平。颧弓向外拱凸较小，前部最宽。腭骨结构较复杂，与田鼠相似，其后缘有骨桥。听泡很大，乳突部发达，明显地露出在枕骨两侧，后缘不超过枕髁。上门齿不露出唇外，也不向前倾斜，其唇面珐琅质黄色。臼齿咀嚼面平坦，具左右交错的三角形齿环。臼齿无齿根，终生生成。第三上臼齿咀嚼面只有 1 个前横叶，其后为左右交错的三角形齿叶。单型属，仅有草原兔尾鼠（*L. lagurus*）1 种。

草原兔尾鼠（*Lagurus lagurus*） 又名草原旅鼠。成体体长 80～104mm，尾长 7～14mm，后足长 12～115mm，耳长 3～6mm，颅全长 21.4～24.6mm。体小，耳壳短小，微露出毛被外。尾略短于后足长。体背毛浅褐灰色，略显淡褐色调，毛基深灰，中段浅黄，毛尖黑色或黄色。背中央从头顶到臀部有一条明显的黑色或暗黑色嵴纹。腹部毛色较浅，毛尖浅黄或污白，黄色调明显。两颊、体侧及臀部毛色较背部浅。尾两色，上部浅黄，下部白色。尾基附近毛淡黄色。四足背面被浅黄色毛，前足掌裸露，后足掌被白色毛。雌鼠具乳头 4 对。头骨特征见属。染色体核型 $2n＝54$。

草原兔尾鼠的地理分布属哈萨克温旱型。国外分布在乌克兰、哈萨克斯坦、俄罗斯的高加索地区和西西伯利亚南部，蒙古国西部；国内主要分布在新疆北部西起伊犁谷地和巴音布鲁克，沿南天山北麓向东至奇台、木垒的博格达山和巴里坤的山地草原和荒漠草原，以及塔尔巴哈台南麓和巴尔鲁克山的山地草原和沿河草甸。据文献记载，也见于北塔山北坡。主要栖息在中温带海拔 2 800m 以下至 700m 的高寒草原、森林草原、山地草原、草甸，以及荒漠和半荒漠地区局部牧草生长良好的地区。群栖，挖洞穴居。栖居处洞口较密集，洞口间有明显的通道，地下有 10～20m 长的洞道。昼夜活动，主要以禾本科和豆科等植物的绿色部分为食。在农区也盗食作物种子。不冬眠，秋季常见在洞口堆放有拖来的麦穗和植物茎叶等食物。在数量高的地区对牧场破坏严重。

3. 白尾松田鼠属（*Phaiomys*）

体型较小，成体体长小于 150mm，后足长小于 30mm。眼正常，耳壳明显可见于毛被外。尾较长，超过后足长。尾轴圆，被有密而短的毛。前肢内侧第一趾具正常的尖爪。后足掌心裸露无毛。颧弓向外拱凸较小。头骨的腭骨后缘弯曲，形成椭圆形缺刻，有骨桥与翼骨相连，在翼骨两侧后方各形成 1 个翼骨小窝。眶间宽明显大于颅全长之半。眶上嵴不明显，眶后突发育程度中等。听泡大而膨胀。上门齿斜向前伸出；第三上臼齿咀嚼面只有 1 个前横叶，其后为左右交错的三角形齿叶。第一下臼齿外侧具 3 个角突，如有第四个，则极不明显。第一下臼齿咀嚼面后横叶前的第五个三角形齿环与前叶彼此相通连。单型属，仅有白尾松田鼠（*P. leucurus*）1 种，主要分布在我国青藏高原，也见于喜马拉雅山南麓的尼泊尔、克什米尔和印度。

白尾松田鼠属（*Phaiomys*）是 Blyth 于 1831 年建立的。因其和亚洲松田鼠属的形态特征都与墨西哥松田鼠属（*Pitymys*）相似，Ellerman 等（1951）和 Corbet（1978）都将 3 属合并为 *Pitymys* 属的不同亚属。21 世纪初，Wilson（2005）和 Smith 等（2009）相继简单地承认了 *Neodon* 的独立属地位。罗泽珣等（2000）虽以其第三下臼齿后横叶前的第四、五齿环贯通并与前叶相通连，将它视为 *Pitymys* 属，但同时指出了其形态特征与 *Pitymys* 属，以及与 *Neodon* 属种类的区别：*Neodon* 的眶后突发达，眶上嵴成体愈合，听泡较小，耳正常，适应地下或半地下生活特征不明显；而 *Phaiomys* 的眶上嵴不明显，眶后突发育程度中等，听泡大而膨胀，耳、眼较小，尾短，前肢爪较长，表现出趋向半地下或地下生活的特征。鉴此，本书承认白尾松田鼠属（*Phaiomys*）的独立属地位。

白尾松田鼠（*Phaiomys leucurus*） 又名白尾松田鼠、松田鼠和拟田鼠。成体体长 87～130mm，尾长 21～47mm，后足长 15～24mm，耳长 9～16mm，颅全长 24.5～30.0mm。耳壳略小，常被稀疏的毛掩盖。尾较短，约为体长的 1/3。四肢发达，爪强而结实，适于挖掘。体背毛色较浅，沙土黄色，略带棕色调。西藏东部标本褐色明显偏重。毛基灰色，毛尖牙白色，杂以黑色长毛。腹毛毛基灰色，毛尖苍白，少量毛中段带黄色。背、腹部在体侧的毛色分界不明显。体侧毛黄白色。耳后少许毛的毛尖白色。耳缘毛沙土色。毛缘稍褐，形成狭窄的褐色边缘。尾毛上下相似，黄白色，被面略深；亚成体常显上下双色。四肢毛白色，四足背毛苍白或浅黄白色。足底除足垫外覆以白色密毛。爪深褐色。雌鼠具乳头 4 对。眶间宽明显大于颅全长之半。第一下臼齿外侧具 3 个角突，如有第四个，则极不明显。头骨第一下臼齿咀嚼面后横叶前的第五个与第四个三角形齿环以及前叶均彼此相通连。其他头骨特征见属。

白尾松田鼠的地理分布属青藏高原广布的寒湿型，为青藏高原的特有种，广泛分布在青藏高原各地，包括西藏全境及其周边的青海和新疆南部山地，国外见于尼泊尔、印度北部、巴基斯坦和克什米尔地区。栖息在高原寒带海拔 3 700～4 800m 间的山间盆地、阶地、河流湖泊沿岸的高山草甸、沼泽草甸或盐生草甸等湿润地段，也活动于阶地上的农田和房舍，高山地带中的河岸、湖畔、山间盆地、台地、灌丛、沼泽草甸和盐生草甸。也进入耕地、房舍和住宅。在土地上挖洞群居，洞系集中分布。昼夜活动。食物主要有棘豆、泥胡菜、高山唐松草以及禾本科、莎草科的多种植物。取食植物的茎叶和种子，也盗食青稞等谷物。数量高的地区对农牧业生产能造成危害。

4. 毛足田鼠属 (*Lasiopodomys*)

营半掘土生活的种类。尾很短，尾长小于体长的 1/2。耳小，几乎不露出毛被外。脚掌生有浓密的毛，遮盖住脚底。前爪稍长。上门齿完全前齿型。头骨的腭骨结构复杂，其后缘弯曲，形成椭圆形缺刻，有骨桥与翼骨相连，翼骨两侧后方各形成 1 个翼骨小窝。头骨外形类似田鼠属，但在颧弓前根处附近有一个突然而明显的向下凹陷。臼齿无齿根，终生生长。臼齿地凹沟很尖长。第三上臼齿内侧仅有 3 个突角。第一下臼齿咀嚼面后横叶前的第四个封闭的三角形齿环，内侧有一个深的凹沟。有 3 种，都主要分布在我国北部干旱半干旱地区。国外见于蒙古国东部以及俄罗斯的外贝加尔地区。

中国毛足田鼠属 (*Lasiopodomys*) 动物分种检索

1 体背毛色较暗，暗棕灰色，背毛与腹毛色的分界明显；尾较长，约为体长的 1/3；第一下臼齿后横叶前有 4 个封闭三角形齿环 ··· 青海田鼠 (*L. fuscus*)
  体背被毛黄色或棕黄色，背毛与腹毛色的分界不明显；尾较短，约为体长的 1/4；第一下臼齿后横叶前有 5 个封闭三角形齿环 ··· 2
2 体背与腹部毛色均浅淡，近似干草黄色调；腹毛乳灰色微带黄色；成体头骨具发达的眶间嵴；染色体核型 $2n=34$ ··· 布氏田鼠 (*L. brandtii*)
  体色较暗，体背棕黄或浅栗色，腹部毛色深灰，毛尖白色；成体头骨无眶间嵴；染色体核型 $2n=48$ ··· 棕色田鼠 (*L. mandarinus*)

(1) 青海田鼠 (*Lasiopodomys fuscus*)　体型与白尾松田鼠相似，略大。成体体长 91～141mm，尾长 20～34mm，后足长 14～23mm，耳长 8～15mm，颅全长 27.2～31.3mm。吻部短，耳小而圆，其长不及后足长。尾略长，占体长的 1/4 左右。四肢短粗，爪较强大，适于挖掘活动。体躯被毛较长而柔软，鼻端黑褐色。体被毛暗棕灰色，毛基灰黑色，毛端棕黄色，杂有较多黑色长毛。腹面毛色灰黄，毛基灰黑色，毛端淡黄或土黄。耳壳后基部具十分明显的棕黄色斑。尾明显二色，上面毛色同体背，下面为沙黄色，尾端具黑褐色毛束。四足毛色同体背或稍暗，足掌及趾为明显的黑色。爪黑色或黑褐色。头骨较粗壮。上颌骨突出于鼻骨前端，鼻骨前端不甚扩大。眶间部显著狭缩。左右眶上嵴紧相靠近，甚至相互接触。颧弓较粗壮。腭孔显，较粗大，腭骨后缘有骨桥与翼骨突相连。上门齿斜向前下方伸出。上下门齿唇面为黄色或橙黄色，舌面白色。第三上臼齿前甲甚小，其内缘不具凹角。第一下臼齿横叶前通常有 4 个封闭三角形齿环。第五个三角形齿叶往往与前叶相通连。

青海田鼠的地理分布属三江源寒湿型，为我国青藏高原的特有种，目前仅知分布在青海南部长江、黄河、澜沧江发源的三江源地区。栖息在高原亚寒带海拔 3 700～4 800m 的沿河沼泽草甸及高山草甸草原、高寒半荒漠草原带。群居。白昼活动。多与高原鼠兔混居。以牧草为食，对牧场有一定的破坏作用。但是，数量很少，经济意义不明显。

本种最早由 Büchner（1889）发表为田鼠的变种，Ellerman（1951）修订为白尾松田鼠的亚种。郑昌琳等（1980）认为它是 *Lasiopodamys* 亚属的一个独立种。Hoffmann（1996）对标本经过仔细研究后，认为它是一种界于毛足田鼠和白尾松田鼠之间的种。

（2）布氏田鼠（*Lasiopodomys brandtii*） 又名草原田鼠。体型中等偏小，成体体长 110～130mm，尾长 22～30mm，后足长 18～24mm，耳长 9～12mm，颅全长 25～30mm。毛粗硬，较短，被毛长通常短于 10mm。尾相当短，占体长的 20%。尾上覆盖一层直硬的毛。耳短几乎完全隐藏在 10mm 左右长的被毛中。前足明显短于后足，前足有利爪，但不太长。前足 4 趾，后足 5 趾。雌鼠具乳头 4 对。背毛沙黄色，针毛基部黑褐色，毛尖灰黄色，杂有稀疏长毛。头与背部毛色相同。眼周毛色较鲜艳，呈浅灰赭色的环。耳孔覆以浅黄色的长毛。腹毛淡黄，与背部毛色接近。尾端有长毛束。四足背浅灰黄色。足垫 5 个，极小，集聚在一起，部分被细毛覆盖。足趾和跖部后部的 1/2 足掌均覆以淡灰黄色的细毛。头骨粗硕，棱角鲜明。左右眶上嵴发达，在眶间部分愈合。人字嵴发达。吻部细。门齿孔较大。颧宽占颅全长的 58%。颧弓向外扩展。腭骨具典型的田鼠型结构。上门齿近乎垂直，齿面有极浅的齿沟痕迹。第一上臼齿有 4 个交错排列的三角形齿环。内外侧各有 3 个突角。第二上臼齿有 3 个交错排列的封闭三角形齿环。外侧 2 个内侧 1 个。第三上臼齿比较特殊，只有 2 个封闭三角形，内、外侧各 1 个，外侧还有一个不封闭，与末端齿环愈合。第一下臼齿有 5 个交错封闭的三角形齿环。染色体核型 $2n=34$。

布氏田鼠的地理分布属蒙古高原东部温旱型，在我国仅分布在内蒙古东部的呼伦贝尔、锡林郭勒、察哈尔高原的典型草原地带，草甸草原中的退化草场，荒漠草原中的草围栏；以及科尔沁沙地，河北省坝上地区和东北三省与之邻近的草地。国外分布在蒙古国东部和俄罗斯外贝加尔地区。栖息在中温带海拔 2 000m 以下的典型草原和草甸草原。严格的昼行性。集大群生活。在地表下挖造复杂的洞群。草食性。不冬眠。暖季吃洞群周围的羊草、冷蒿、针茅、多根葱、隐子草等多种草本植物的青嫩部分，秋季在洞中储存大量干草，供越冬食用。随食物条件的改变，有明显的季节迁徙现象。数量的年度变动规律很突出，大起大落。大致 11～12 年一个周期性变化。数量高的年份，洞群连片，洞口密集。地下挖空，地面的植物吃光，能导致牧草演替和草场严重退化，水土流失，加重土壤沙化和沙丘流动。对牧业生产造成严重危害。

（3）棕色田鼠（*Lasiopodomys mandarinus*） 又名北方田鼠。体型比布氏田鼠小，成体体长 97～113mm，尾长 20～27mm，后足长 15～18mm，耳长 7～12mm，颅全长 24～30mm。躯体短，略显瘦小，眼小。耳短圆，几近裸露。尾很短，约为体长的 20%。尾被密毛。四肢较短，爪细长，略弯而尖，长达 4mm 以上，中爪最长。后足爪比前足的略短。被毛厚长。夏季，通体棕褐色，头和体背部毛色比体侧略深，毛基黑灰色，中段棕黄，毛尖暗褐色。腹毛暗灰白色，毛基黑灰，毛尖很短，灰白或棕黄色。背腹毛色在体侧的界限不清晰。尾二色，上面棕褐色，下面棕白色。四足背毛色浅棕黄色。冬毛较浅淡。体背棕灰色，体侧和腹面暗灰白色。雌鼠具乳头 2 对。头骨扁平，显短宽，棱角清晰。鼻骨短宽，前部较膨大。颧弓宽，向外扩展。眶后突明显。眶间区较窄，在较老个体上，其中间有纵嵴。顶间骨几呈长方形，前缘中间有尖突。腭骨为典型的田鼠型。门齿孔短，其后缘达不到第一上臼齿前缘水平线。上下门齿发达。上门齿略向前倾斜。明显超出鼻骨前端。臼齿特征与布氏田鼠相似。染色体核型 $2n=48$。

棕色田鼠的地理分布属中国东部温湿型，为中国的准特有种。在国外仅分布在蒙古国东北部，俄罗斯的外贝加尔地区和西伯利亚的东南部以及朝鲜，而在中国则分布在内蒙古阴山南麓呼和浩特以东的土默特平原、锡林郭勒草原、察哈尔草原、赤峰市和科尔沁沙地、吉林省西北端，以及辽宁、北京、山西、陕西、河南、安徽、山东、江苏、江西等地区。主要栖息在中温带和北亚热带中植被茂密的洼地、小渠旁等湿润环境，尤喜在土质松软的林灌草地、果园、农田和荒坡。挖掘能力很强，以家族为单位挖复杂的洞穴。有堵洞习性，堵洞速度很快。在其繁殖的地段，地面上有许多洞土堆成的小土丘。主要营地下生活，也到地面活动。以夜间活动为主，白天也有活动。主要取食植物的地下根、茎，也啃食果树及其他树木的皮，以及农作物。很喜欢吃小麦、花生、甘薯、萝卜、苹果树苗。不冬眠，四季活动。冬季常集群活动。随食源的季节变化，常定期在不同农田、果园间迁移。春季开始大量迁入麦田，危害小麦。麦收开始时又迁到其他农田。秋后开始向果园聚集，啃食果树的根和皮。数量高的地区对农、牧和园林业有较大的危害。

5. 田鼠属（*Microtus*）

体型属中等或偏小型。体长 110～200mm。尾长短于体长之半。典型的田鼠类形态为眼小，颈项较不明显，大部分种类的后足底裸露，少数种类即使有毛，也仅局限在足根部。头骨的颜面部短，脑颅宽。颧弓前部略向外扩。头骨背面眶间部有隆起的骨嵴。腭骨后缘弯曲，形成椭圆形缺刻，有骨桥向后伸出与翼骨基部相连，在翼骨两侧后方各形成 1 个翼骨小窝。上门齿不宽，其上无明显的纵行齿沟（狭颅田鼠除外）。颊齿无齿根。上颌颊齿咀嚼面齿环的大小和形状多样。第三上白齿内侧有 4 个，或 4 个以上的突角；第一下白齿咀嚼面后横叶前的第五三角形齿环与第四三角形齿环不通连，也不与前端齿环通连。田鼠属原是一个很大的属，其下有好几个亚属，依 Sokolov（1977），全世界有 65 种，广布于亚洲、欧洲、北美洲三大洲，以及非洲北部。据黄文几等（1995）报道，我国有 20 多种。但是现在，随着一些亚属独立为属，我国田鼠属中已仅剩下 10 种，遍布全国各地区的各种生态环境。

中国田鼠属（*Microtus*）动物分种检索

1　头骨甚狭窄，其颧宽略小于颅全长之半；上门齿唇面有一条纵沟 ·············· 狭颅田鼠（*M. gregalis*）
　头骨不狭窄，其颧宽略大于颅全长之半；上门齿唇面无纵行齿沟 ···························· 2
2　尾较短，尾长小于体长的 30%；听泡极大，其长大于 9mm，其乳突大，后缘超出枕髁，听泡下壁明显的超出咀嚼面 ··· 社田鼠（*M. socialis*）
　尾较长，尾长大于体长的 1/3；听泡小，其长小于 9mm，其乳突不大，后缘不超出枕髁听泡，下壁不超出咀嚼面 ··· 3
3　第一下白齿咀嚼面横叶后具 4 个交错排列的封闭三角形齿环，外侧只有 3 个角突 ·············· 4
　第一下白齿咀嚼面横叶后具 5 个以上交错排列的封闭三角形齿环，外侧有 4 个或更多角突 ·········· 5
4　体型较大，成体颅全长大于 29mm，尾较长，平均占体长的 1/3 以上；体色较暗，背毛黑灰色或赤褐色；尾明显上下 2 色，上面深棕，下面白色 ································· 根田鼠（*M. oeconomus*）
　体型略小，成体颅全长不大于 29mm，尾较短，平均不到体长的 1/3；体色较浅淡，背毛浅沙褐色；尾 2 色不明显，背面为极淡的黄褐色，腹面为淡牙白色； ·············· 柴达木根田鼠（*M. limnophilus*）
5　第二上白齿内侧除有 2 个较大的角突外，还有 1 个小角突 ·············· 黑田鼠（*M. agrestis*）
　第二上白齿内侧只有 2 个较大的角突，再无其他角突 ··· 6
6　体型较大，成体头骨的颅全长大于 28mm；尾较长，约占体长的 40% 或更长 ······················ 7
　体型较小，成体头骨的颅全长小于 28mm；尾略短，约占体长的 1/3 或更短 ······················ 8
7　头骨的棱角明显，颧弓甚外扩，骨嵴发达；第一下白齿前叶外侧有一个小缺刻 ····· 莫氏田鼠（*M. maximowiczii*）
　头骨较平滑，棱角不明显，颧弓外扩较弱，骨嵴不显；第一下白齿前叶外侧无缺刻 ········· 东方田鼠（*M. fortis*）
8　体背毛色较暗，通常为暗褐色；第一下白齿前齿叶外侧的角突较圆，或无；染色体数 2n=50 ·············· 蒙古田鼠（*M. mongolicus*）
　体背毛色较浅，通常为灰棕色；第一下白齿前齿叶外侧的角突明显而尖锐；染色体核型 2n 不为 50 ········· 9
9　染色体数 2n=46 ·· 普通田鼠（*M. arvalis*）
　染色体数 2n=54 ·· 伊犁田鼠（*M. ilaeus*）

　　（1）狭颅田鼠（*Microtus gregalis*）　体型偏小，为田鼠属中最细瘦的一种。成体体长 83～138mm，尾长 19～36mm，后足长 15～22mm，耳长 9～16mm，颅全长 22.3～27.6mm。外形与一般田鼠类没有太大区别，但头吻部很尖细，略向前伸。眼小。耳短，稍露出毛被外。尾较短，占体长的 20%～30%。四肢短，前足掌裸露。后足短，后足跗部覆以白色短毛，后足掌也有稀疏的毛，具掌垫

6枚。雌鼠的胸、腹位各具乳头2对。不同地区的背毛色深浅有较大差异，从沙灰黄色到暗褐色。颊部与体侧毛色略浅淡，暗灰色。腹部毛污白色，毛基深灰，毛尖淡黄或污白色。背腹之间无明显的分界线。足背毛灰白或灰棕色。尾2色，背面近似体背部，但略浅，腹面污白色。染色体核型 $2n=36$。头骨颅形极为狭长。颅全长约为颧宽的2倍。鼻骨前宽后窄，较粗壮。颧弓外扩较小。眶后突明显。眶间部极为狭窄，仅3mm左右，或不及。眶间形成一条明显而发达的纵嵴，该嵴向后延伸与脑颅两侧的人字嵴相接。顶间骨宽大，近似椭圆形。腭骨后缘具典型的骨桥及其两侧的翼窝。听泡略膨大，听泡间距较宽。上门齿唇面似沟牙田鼠，具1条明显的纵沟。臼齿田鼠属型，但齿环稍窄。

狭颅田鼠的地理分布属欧亚北部寒湿型，分布区域很广，向北进入北极圈，向西到俄罗斯欧洲部分的北部，向东不逾越白令海峡。向南经蒙古国和哈萨克斯坦东部，进入我国境内，在国外还见于帕米尔高原。在国内的分布可分为东、西两部分，在东部栖息于内蒙古大兴安岭以西的呼伦贝尔和锡林郭勒高原，河北的张北高原，在西部栖息于新疆阿尔泰山、准噶尔界山、阿拉套山、伊犁山地和乌恰境内的天山南脉。栖息在寒带、寒温带海拔4 000m以下的高山和亚高山草甸，山地森林草原和典型草原中较湿润，禾草茂密土壤的河岸、小溪旁的灌草丛，以及湖泊周围的下湿地。群居。挖掘能力极强。洞口细小，洞口内壁细密的草根纵横交织，洞外地面上的鼠路全被高草遮掩。躲避干旱草低和盖度低的地段。昼夜活动，晨昏为主。不冬眠。主要以各种植物的绿色部分为食，也吃植物的根茎和种子。冬季也啃食雪下的枯干植物的根、茎和叶。数量高的年份与牲畜争食牧草现象严重。

狭颅田鼠的形态特征虽然与田鼠属种类大体相似，但其头吻部细尖而前伸。头骨细长，颧宽仅占颅全长的50％等特征在田鼠属中比较突出，非常适合于挖掘活动。Kastschenko（1901）以其作为模式建立了 Stenocranius 亚属。目前，田鼠属的多数亚属均已被提升为独立属。鉴于狭颅田鼠的颧宽仅为颅全长的一半，眶间尤其极狭窄，其宽度仅3mm。而且，狭颅田鼠头骨眶间的矢状嵴也很发达，这些与田鼠属中其他亚属间的差异非常明显，为此建议将此亚属也提升为独立属。狭颅田鼠的拉丁学名更名为 Stenocranius gregalis。

（2）根田鼠（microtus oeconomus）　又名欧根田鼠、经济田鼠。成体体长102～122mm，尾长32～49mm，后足长16～18mm，耳长12～16mm，颅全长29～32mm。外形与一般田鼠属种类相似，尾略长，约为体长的36％。体背毛较长，冬毛更长，而且蓬松。四肢短，后肢相对更短，几乎与前肢等长。足背部有密毛，足趾毛可盖住趾部。蹠后部覆有短毛，但足掌裸露，6个足垫。体背毛色与一般田鼠相似，呈黑褐到赤褐色，毛基灰色。腹部毛淡青灰色。尾2色，上面深棕色，下面白色。足背面银灰白色。后足6个足垫。染色体核型 $2n=30\sim32$。头骨特征与一般田鼠相似。牙齿特征较为突出。第一下臼齿下端横齿环之前只有4个左右交错排列的三角形齿环。最下面的1个三角形齿环与横齿环愈合。因而比一般田鼠属种类少1个封闭齿环。

根田鼠的地理分布属欧亚大陆北部寒湿型，广泛分布在从英国和伊比利亚半岛向东一直到俄罗斯的堪察加半岛和萨哈林岛、日本北海道，北从斯堪的纳维亚半岛和俄罗斯的西伯利亚极地向南分布到欧洲中部林区、哈萨克斯坦西北部山地、阿尔泰山地、外贝加尔地区、阿穆尔地区、蒙古国北部、中国北部和朝鲜北部的寒温带山地森林和森林草原。在我国仅见于新疆北部的阿尔泰山、塔尔巴哈台山、阿拉套山和天山山地。栖息在沿湖、溪、沼泽边缘湿润而植被生长茂密的灌木下、草丛中。在农区也见于芦苇湖、岛田、麦田周边、打谷场、下湿地果园、林带、苜蓿地、河滩地等生境。最喜在灌木下挖洞营巢。以夜间活动为主，晨昏活动也频繁。取食植物的绿色部分、种子、浆果、地下根茎以及灌木的幼芽。数量较少，对作物和林木的危害较轻微。

Kretzoi（1964）以根田鼠为属模建立了根田鼠亚属（Pallasiinus），俄罗斯的一些分类学家支持他的观点。Pavlinov（2003）认为此亚属包括根田鼠（M. oeconomus）、柴达木根田鼠（M. limnophilus）和日本田鼠（M. montebelli）。但是，Wilson等（2005）根据一些学者的分子学研究结果，把此亚属合并到远东田鼠亚属（Alexandromys）中。

（3）东方田鼠（*Microtus fortis*）　又名沼泽田鼠，体型明显比一般田鼠属种类大，尾相对较长。成体体长 130～170mm，尾长 53～65mm，后足长 21～24mm，耳长 13～16mm，颅基长 26～36.1mm。尾长超过体长的 40%。体背毛从赤褐色至黄褐色至棕黄色。体腹面淡白色或浅土黄色，毛基灰色。尾 2 色，上面深棕色，下面淡白色。足背面褐色。后足长，具 5 枚掌垫。染色体核型 $2n=52$。头骨坚实而粗大，顶部略弯，背面呈穹状隆起。颧弓外扩明显，棱角发达。眶间有明显的纵嵴。成体在眶间形成发达的眶间嵴。腭骨特征与其他田鼠属种类相同。前颌骨后端超出鼻骨。听泡较大。门齿孔长，几乎达第一上臼齿前缘水平线。第一下臼齿咀嚼面后横齿环之前有 5 个封闭三角形齿环。第一上臼齿前横齿环后有 4 个交替的三角形齿环。第二上臼齿前横齿环后有 2 个外侧三角形齿环和 1 个内侧封闭的三角形齿环。

东方田鼠的地理分布属华北温湿型，为我国特有种，分布在内蒙古的黄河河套平原和宁夏平原黄河阶地，湖南的洞庭湖区、江西的鄱阳湖区，安徽、江苏、浙江等长江和钱塘江下游地区，以及福建西部山区，此外还零星分布在河北、山东、陕西、甘肃、四川、贵州、广西等省份。栖息在中温带—中亚热带河、湖沿岸草甸、沼泽地等潮湿、植物生长茂密的生境中。在洪水季节常向内陆农田迁徙。取食植物的茎、叶、根、种子以及树皮，最喜食种子，也吃昆虫和小型鼠类。对农林业有较严重的危害。

在以往文献中多报道，此种也分布在我国东北各省和内蒙古自治区。王应祥（2002）和 Wilson 等（2005）把东北的 *M. pelliceus* 和 *M. michnoi* 归为东方田鼠（*Microtus fortis*）的亚种；但是，它们的形态特征与东方田鼠模式产地标本对比，相差甚远。谢建云等（2003）和陈安国等（2003）研究发现，它们的分子生物学特征和染色体特征也与东方田鼠指名亚种特征有很大差别；而且杂交试验结果，宁夏的指名亚种与湖南的长江亚种可自由培育，而黑龙江的乌苏里亚种则与它们都生殖隔离，从而支持马勇将东北的 *pelliceus* 和 *dolicocephalus* 归为莫氏田鼠（*Microtus maximowiczii*）的亚种的观点。

（4）莫氏田鼠（*Microtus maximowiczii*）　体型中等偏大，略小于东方田鼠，成体体长 116～155mm，尾长 37～60mm，后足长 18～22mm，耳长 12～16.6mm，颅全长 26～36.1mm。头顶与体背部毛色深暗，黑褐色。体侧较浅，褐色较浓。腹部毛呈乳白色，毛基深灰色，毛尖白色。腹、背毛色在体侧有明显的分界线。四足背色与体背一致，腹面较暗。后足垫 5～6 个。尾 2 色，背面黑色，腹面灰白色。染色体核型 $2n=38～44$。头骨略长，棱角清晰，老体尤为明显。脑颅平坦。鼻骨前端下斜，前部宽，后部窄。眶间较宽。眶间嵴显著，向后伸延与颅两侧的颞嵴相连接。听泡较小。腭骨特征与其他田鼠属种类相同。牙齿特征与东方田鼠相似。

莫氏田鼠的地理分布属东北亚温湿型，国外分布于俄罗斯东南部地区和蒙古国东北部，在我国广布于黑龙江、吉林、辽宁三省，向西一直分布到大兴安岭以西的内蒙古呼伦贝尔和锡林郭勒高原东部，向南到河北的张北高原。主要栖息在中温带的山地林区、森林草原和典型草原区的湿润、植物生长茂密的生境中。在河、溪、湖沼沿岸、沼泽草甸中最为多见。也进入苗圃、耕地。不冬眠，如冬前在洞内储存食物。主要以植物的绿色部分为食，也吃种子和地下的根和块茎。在农区盗食马铃薯。在林区也啃咬树木的嫩皮和幼树苗。对农林业有一定的危害。

6. 红背鼠平属（*Myodes*）

又名鼠平属或林鼠平属，本属为生活在北半球北方温带和寒带林区的一类小型鼠类。眼小。耳壳略露出毛被外。唇须长等于或仅略超过头长。尾长超过后足长，尾轴细圆，覆以较密的毛。后足掌裸露或仅足跟部微秃，具掌垫。前后肢的拇趾都短，前肢中趾比第四趾长，而后肢的第三、四趾等长。冬季体被毛软而厚密的长毛，而夏季被毛短粗。体背部毛色的基调略灰，具浓重的棕红或火红色。体侧较灰，而腹部灰色或白色。雌鼠具乳头 4 对。头骨的鼻吻部短。眶间平坦，内缩不明显，没有人字嵴。听泡大。腭骨后缘平直，游离，止于第三上臼齿的中部。无骨桥与翼骨相连，在翼骨两侧后方无小窝。幼年时颊齿无根，但成年或老年时生出齿根。上臼齿侧沟窄而浅，突角多较圆钝，外侧齿棱不及齿槽上缘。第一下臼齿左右两侧的三角形齿环交错排列，彼此不通连。染色体核型 $2n=56$。全世界有 12～13 种，我国有 5 种，主要分布在东北、华北、西北地区，也见于湖北和四川。

本属过去曾长期用名 *Clethrionomys*。Kretzoi（1961）提出，此属有一个早期同物异名 *Myodes*，建议依据命名法规取代 *Clethrionomys*。但是 *Myodes* 发表时，没指定模式种，而且其原始名录中有 10 种，还含有旅鼠（*Lemmus lemmus*），十分混乱，特别是 Ellerman（1851），又已依此将它视为旅鼠属的同物异名。因此。许多专家不支持此变更。21 世纪初，经 Carleton 等（2003）、Musser 等（2005）对此问题做了较详细的解释后，*Myodes* 这一属名已获普遍接受。*Clethrionomys* 不能再继续使用。

我国红背䶄属（*Myodes*）动物分种检索

1 体背毛暗灰褐色；上门齿的齿根向后延伸，与第一上臼齿的齿根接触 ··············

     ··· 天山林䶄（*M. frater*）

 体背毛红棕色或灰棕色；上门齿的齿根较短，其后端距第一上臼齿的齿根较远 ·············· 2

2 耳壳内缘被毛黄褐色；第三上臼齿内侧有 3 个凹陷角 ················· 红背䶄（*M. rutilus*）

 耳壳内缘被毛灰褐色；第三上臼齿内侧仅有 2 个凹陷角 ······························· 3

3 体背毛浅棕灰色；尾略长，其长平均超过 40mm；上齿列长小于 6mm ·········· 灰棕背䶄（*M. centralis*）

 体背毛红棕色；尾较短，其长度平均不超过 40mm；上齿列长大于 6mm ·················· 4

4 体背毛的红棕色调较浓，体侧具较多的土黄色调，足背灰白色；在进入成体前白齿开始生长齿根 ··········

                 棕背䶄（*M. rufocanus*）

 体背毛的红棕色较浅，有较重的褐色调，体侧较黄褐，足背白色；在进入老年后白齿开始生长齿根 ··········

          ··· 山西䶄（*M. shanseius*）

（1）**红背䶄**（*Myodes rutilus*）　成体体长 95～100mm，尾长 25～27mm，后足长 18～20mm，耳长 14～19mm，颅全长 22.9～25.8mm。体型较小，耳壳小，但露出毛被外。尾显短粗，其长约为体长的 1/3。尾覆毛较长，尾短具长毛簇，约 10mm。后足较长，足掌裸露无毛，掌垫 6 个。夏季的被毛较鲜艳，呈棕红色或灰棕色，沿嵴背红色较宽，由额至臀部色调一致。毛基灰黑色，毛尖红褐色，杂有少量黑色毛。体侧较浅，棕红色调不显。由体背到体侧毛色逐渐过渡，中间无明显的分界线。腹毛无白色，个别个体略带浅黄色调，毛基灰黑色，尖部白色。耳壳内缘覆以赤褐或橙褐色的毛，与棕背䶄区别明显。尾毛 2 色，上面灰棕色或黄褐色，下面污白或淡黄色。足背覆以短而稀疏白色毛。头骨略小，上部较平坦。鼻骨较短，后部较狭窄。成体眶间两侧略隆起，中间形成一下陷的纵沟。脑颅扁圆。眶后突不及棕背䶄发达。顶间骨横宽大于纵长的 2 倍。颧弓较细，中间部不及棕背䶄宽大。听泡较膨大。腭骨后缘游离不与翼骨相连。幼年牙齿无齿根，随年龄增长逐渐形成。第三上臼齿与我国其他几种林䶄不同，内侧有 3 个凹陷角及 4 个突角，最后一个较小。外侧 3 个突角。上门齿的齿根短，向后延伸远不到第一上臼齿齿根。

红背䶄的地理分布属环北方寒湿型，在国外遍布欧亚大陆北部林区，南到俄罗斯西伯利亚南部的阿尔泰山和外贝加尔地区，以及哈萨克斯坦和蒙古国等，最东分布在北美洲的阿拉斯加地区和加拿大，在我国分布在黑龙江、内蒙古、吉林的大小兴安岭和长白山，以及新疆北部的阿尔泰山地森林中。典型的林栖种类，广泛栖息在寒温带针叶林和针阔混交林带各种林型中。洞穴多筑在树根部、倒木下和树枝下，以及枯树枝下的落叶层内。不冬眠，冬季在雪被下活动。昼夜活动，夜间更活跃。夏季以绿色植物为食，秋季吃草籽和树种子。冬季和早春啃咬树皮。在我国东北林区树龄较高时对林业生产有轻微危害。但同时它是林区国家保护的野生的食肉兽类和猛禽类的主要食物，益害兼有。

（2）**山西䶄**（*Myodes shanseius*）　曾用名山西绒鼠，体型与形态特征均与棕背䶄相似，成体体长 85～115mm，尾长 25～41mm，后足长 16～19mm，耳长 10～16mm，颅全长 23.5～28.0mm。体背毛黄褐色，仅较狭窄的嵴背部稍有红棕色泽，少赤褐色调。体侧黄灰色，缺乏棕背鼠平体侧的淡灰色特征，体侧的毛基灰色，与背色分界明显。腹毛灰色，毛尖米黄色。尾2色明显，上面黑棕色，稍带米黄或灰色调，下面浅白色。四足背浅棕白色。雌鼠具乳头4对。第三上臼齿咀嚼面内侧有2个凹陷角。与棕背鼠平最大的区别在于，其幼体与年轻的个体臼齿无齿根，而进入老年后始生长出齿根来。染色体核型 $2n=56$。

山西鼠平的地理分布属华北温湿型，我国特有种，分布在内蒙古中部的大青山以南、鄂尔多斯市的桌子山、河北北部和西北部、北京西部和北部、河南的嵩县一带、山西北部和西部、陕西的黄龙和商州地区、甘肃南部的夏河附近。栖息在暖温带海拔 1 700～2 650m 的山地针叶林、针叶阔叶混交林、阔叶林、疏林灌丛。与本属其他种类略有不同，对森林的依赖度明显减少，也常见于林缘耕地，以及草原灌丛和草甸中。洞穴多筑造在枯枝落叶层下或粗大腐朽的大树根下、倒木下和林缘灌丛中。昼夜活动。取食绿色植物、嫩芽、幼树的树皮和少量种子。数量高时对林区的幼树苗有轻微危害。

此种命名后一直被视为棕背鼠平亚种。但是 Corbet（1978）和 Corbet 等（1980）研究发现，它的臼齿没有齿根，将其更名为山西绒鼠（*Eothenomys shanseius*）。姜建青、马勇等（1991）据获自该种模式产地的活鼠进行饲养、染色体研究，制作标本，借阅英国博物馆模式标本进行比对，结果发现这批鼠的形态特征与模式标本完全一致，还发现该鼠老年个体的臼齿始生出齿根。此外还发现它的染色体核型也与鼠平属种类的一致，$2n=56$，有一对较小的中部着丝粒染色体。最终证明了它不是绒鼠，而是鼠平。不能再称为山西绒鼠。其形态特征与栖息环境都与本属其他种类不同，特别是老年后才开始生齿根，说明此种具有鼠平属与绒鼠属过渡的特征，明显为一独立物种。

7. 绒鼠属（*Eothenomys*）

本属为生活在亚洲东南部亚热带和温带林区的一类小型鼠类。体长 80～140mm，尾长 30～55mm。具典型的田鼠类的外形。其形态特征界于田鼠属和鼠平属之间。耳小，略露于毛被之外。唇须较短，等于或仅略超过头长；足掌裸露。体背部毛色较深暗，具较重的褐色调。尾覆以较短的粗毛。尾端长毛簇较短。体躯覆以短而厚的软毛。体背部毛色暗褐，并带有金属光泽。腹部毛蓝灰色。雌鼠具 2 对乳头。腭骨后缘平直，游离，止于第三上臼齿的中部。无骨桥与翼骨相连，在翼骨两侧后方无小窝。头骨弱小，眶间较宽。额顶骨上的骨嵴不连接。听泡内没有海绵状组织。上颌臼齿的侧沟窄而浅，咀嚼面显得结实。颊齿无根，终生生长。第一下臼齿左右两侧的三角形齿环排列工整，一一相对，且彼此通连融合。目前，绒鼠属的分类研究还有待深入，分种依据的某些特征还存在有个体变异。譬如，绒鼠属中有些物种在上臼齿齿突数方面的个体差异较大，依臼齿突特征对同一地点相同生态域，甚至同一家族的不同个体进行鉴定时，有时会得出它们为"不同物种"的结果。因此，一些形态很相似的同域分布种类能否都成立值得进一步研究。估计全世界有 2 亚属 12～13 种，主要分布在中国、中南半岛北部各国和朝鲜半岛。我国有 8～9 种，包括指名亚属（或黑腹绒鼠亚属）（*Eothenomys*）4 种，东方绒鼠亚属（或中华绒鼠亚属）（*Anteliomys*）5 种，主要分布在秦岭一淮河以南各省份的山地森林区中。

中国绒鼠属（*Eothenomys*）动物分种检索

1 第一上臼齿具 4 个内侧突角；第一、二上臼齿分别具 5 个和 3 个封闭齿环 ⋯⋯⋯⋯⋯ 黑腹绒鼠 *melanogaster* 组 2
　第一上臼齿具 3 个内侧突角；第一、二上臼齿具封闭齿环数分别为 5 个和 4 个，或 4 个和 4 个，或 3 个和 3 个 ⋯
　⋯⋯⋯⋯⋯⋯⋯⋯⋯⋯⋯⋯⋯⋯⋯⋯⋯⋯⋯⋯⋯⋯⋯⋯⋯⋯⋯⋯⋯⋯⋯ 中华绒鼠 *chinensis* 组 5
2 第三上臼齿具 3 个内侧突角；第一下臼齿左侧具 5 个凹陷角 ⋯⋯⋯⋯⋯⋯ 黑腹绒鼠（*E. melanogaster*）
　第三上臼齿具 4 个内侧突角；第一下臼齿外侧具 4 个凹陷角 ⋯⋯⋯⋯⋯⋯⋯⋯⋯⋯⋯⋯⋯⋯⋯ 3
3 第 3 上臼齿具 4 对内、外侧突角分别愈合，形成 4 个封闭齿环 ⋯⋯⋯⋯⋯⋯ 克钦绒鼠（*E. cachinus*）

第三上臼齿具前 2 对内、外侧突角分别愈合，其后的突角与齿后端突起愈合为一个多角的大封闭齿环，全齿共有 4 个封闭齿环 ·· 4

4　第三上臼齿内侧有大、小 4 个突角；最后一个封闭齿环为一个有 4 个以上突角的不规则齿叶，长度约为其他两个封闭齿环的和 ·· 大绒鼠（*E. miletus*）

第三上臼齿内侧仅有 3 个突角；最后一个封闭齿环大致为一个有 3 个突角的三角体齿叶，长度甚小于其他两个封闭齿环的和 ··· 滇绒鼠（*E. eleusis*）

5　第二上臼齿有第三后内侧突角（但通常不大于第三后外侧突角）；形成 3 个封闭齿环 ········ 昭通绒鼠（*E. olitor*）

第二上臼齿无第三后内侧突角，或呈痕迹状存在；形成 4 个封闭齿环 ································ 6

6　第三上臼齿内、外侧各有三个突角 ·· 玉龙绒鼠（*E. proditor*）

第三上臼齿内侧有 4 个或 5 个突角，外侧有 4 个角突 ·· 7

7　第二上臼齿后内侧有很小的第三个突角；第三上臼齿外侧各 5 个突角 ············· 德钦绒鼠（*E. wardi*）

第二上臼齿后内侧只有 2 个突角；第三上臼齿外侧各 4 个突角 ····································· 8

8　体型较大，尾较长，大于体长之半，后足长大于 20mm；脑颅部较隆凸，听泡较大，长约 8mm；第三上臼齿内侧具 5 个突角 ·· 中华绒鼠（*E. chinensis*）

体型较小，尾较短，小于体长之半。后足长小于 20mm；脑颅部较低平，听泡较小，小于 7mm；第 3 上臼齿内侧具 4 个突角（末端还偶见有一小齿突）···························· 西南绒鼠（*E. custor*）

　　（1）**黑腹绒鼠**（*Eothenomys melanogaster*）　体型较小，成体体长 85～125mm，尾长 30～46mm，后足长 15～19mm，耳长 10～17mm，颅全长 22.1～28.2mm。体小而粗壮。吻部短钝。眼小，耳稍大，呈椭圆形，被黑色短毛，几乎裸露。四肢短，其后足均具 5 趾。前足的拇趾退化成痕迹状。体背面从吻至尾基部覆以暗褐、锈褐、褐茶或淡茶黄色毛，嵴背有黑色长毛，毛基深灰黑色。腹部毛略短于背部，毛色近似，毛尖黑灰色，毛基灰黑色。胸腹部中央毛尖染有淡黄色、白色、茶色或棕色调。足背和尾灰褐色或暗褐色，尾腹面灰白色，端部具小束黑褐色长毛。染色体核型结构与䶄属的非常相似，$2n=56$，有 1 对小的中着丝粒染色体。头骨扁平，骨缝清晰。鼻骨长大于吻长，前宽约为后宽的 2 倍。顶骨有一凹迹。颧弓粗壮而宽厚。矢状嵴不发达。无眶后突。腭骨长，超过颅全长的 1/2。腭骨上门齿孔细长，长度不小于 5mm，为宽的 4 倍以上。听泡大，其长约等于上臼齿列长。上下颌的门齿均向内弯，唇面珐琅质，橘黄色。成体臼齿无齿根，终身生长。上颌第一上臼齿最大，具 3 个外侧突角，4 个内侧突角，第一内外侧突角相互汇通，形成一个最大的封闭三角形齿环。第二外侧突角与第二、三内侧突角封闭，形成 3 个交错排列的小封闭三角形齿环。第三外侧突角和第四内侧突角相互汇通，形成一个大三角形齿环，故此齿有 5 个封闭三角形齿环。第二上臼齿左右对称，内外侧各具 3 个突角。第三上臼齿较小，内外侧也各具 3 个突角。下颌第一下臼齿，包括后叶在内，由后向前有内外 4 对突角，一一相对排列并相互贯通。

　　黑腹绒鼠的地理分布属中国南部热湿型，为我国准特有种。国外仅见于中南半岛北部国家与我国邻近的地区和印度的东北部。国内主要分布在南岭与长江间各省份的山地，东到台湾山地；在西部分布在西双版纳以北的云贵高原，横断山地和西藏东南部山地，一直到甘肃南部山地和陕西秦岭，最北分布点在宁夏的六盘山。栖息在中亚热带海拔 1 000～3 000m 阴湿山地森林、稀疏林、灌丛及农田附近。营地道生活。多在晨昏外出活动，白天也偶尔遇见。随季节变化取食不同食物。主要以植物根茎、树皮、嫩枝叶、果实、种子为食，兼吃少量昆虫。在山地农区还盗吃豆类、小麦及甘薯等农作物。对林牧业也有一定危害。黑腹绒鼠是钩端螺旋体病病原体的中间宿主，为卫生防疫上的防治对象。

　　（2）**大绒鼠**（*Eothenomys miletus*）　形态特征与黑腹绒鼠很相似，体略大，成体体长 90～127mm，尾长 40～50mm，后足长 14～22mm，耳长 7～20mm，颅全长 24.2～29.9mm。被毛柔软而细密。体背毛具较浓重的暗红棕色调。尾短，不及体长的一半。染色体核型 $2n=56$，但是与黑腹绒鼠有很大区别，其 27 号染色体不是中部着丝粒，而是端部着丝粒。头骨较大而坚实。腭骨的门齿孔细长，长 4～4.5mm，中央略宽于前后端，其长度为宽的 4 倍以下。牙齿特征也与黑腹绒鼠很相似，但其第三上臼齿具 4 个内侧突角，3 个外侧突角，第一、二内外侧突角相对并愈合，第三内外侧突角虽也彼此愈合，但不相对，而且外侧第三突角后还有一个微小的突起，与第三、四内侧突角以及齿后端突起愈合在一起，组成一个多角的封闭齿环。

大绒鼠的地理分布属中国西南山地温湿型，为我国西南部山地特有种，仅分布在云南和四川西南部山地。栖息在海拔 1 000～3 000m 的亚热带季风常绿阔叶林、针叶阔叶混交林及林缘稀疏灌丛中。生活习性与黑腹绒鼠相似。数量高的地区对农林业有一定危害，也是自然疾原型流行性疾病病原体的中间宿主，为卫生防疫上的防治对象。

大绒鼠的形态特征与黑腹绒鼠很相似，仅有微小区别，很长时期被视为黑腹绒鼠的亚种。然而，染色体核型研究发现，它与黑腹绒鼠有很大区别，其 2 倍染色体数目虽然也是 $2n=56$，但其 27 号染色体不是一对很小的中部着丝粒，而是一对端部着丝粒，因此大绒鼠被定为独立物种。

（3）中华绒鼠（*Eothenomys chinensis*）　体型为本属之最大者，成体体长 101～125mm，尾长 63～767mm，后足长 19～24mm，耳长 12～15mm，颅全长 25.1～27.2mm。尾长明显超过体长之半，平均达 60%。吻部较短而端钝。颈短，眼小，耳大而裸露，呈椭圆形。后足爪稍长，拇趾小，具一个扁平趾甲。前足垫 5 个，后足垫 6 个。足底被毛。尾端具短而细的绒毛束。雌鼠具乳头 2 对。体背覆以细软的绒毛，毛长达 12mm 左右。体背毛暗褐色，毛尖微亮，淡红色。毛基黑灰色。耳壳边缘黑褐色。体侧稍淡于体背。腹部浅蓝灰色，胸、腹及鼠鼷部略深，褐色。其后足、趾和爪均为深浅不同的褐色。尾背黑灰色，腹面浅淡，腹面基部的 2/3 灰白色，后 1/3 黑褐色。头骨粗壮而坚实。吻部较短，鼻骨长。额骨中央有一明显的凹陷。顶骨略隆起。矢状嵴不发达。颧弓粗实外扩。眶间较细窄，无眶上突。听泡膨大，多超过 8mm。门齿较大，内弯，唇面珐琅质，橘黄色。成体臼齿无齿根，其臼齿的外棱角直通齿槽内。第一上臼齿内外侧均具有 3 个突角。第二上臼齿外侧具 3 个突角，内外侧仅具 2 个突角，第三后内侧突角突完全消失或呈痕迹状。第三上臼齿外侧具 4 个突角，内侧具 4～5 个突角。第四、五内侧突角与第四外侧突角汇通。第一下臼齿内外侧对应的三角形通常汇通融合。第一下臼齿内外侧均具有 5 个突角。第二下臼齿内外侧均具有 3 个突角。第三下臼齿内外侧也均具有 3 个突角。

中华绒鼠的地理分布属横断山地温湿型，为仅分布在四川西南部的横断山地特有种。主要栖息在川西海拔 300～3 100m 的中亚热带山地的阴湿阔叶林、杜鹃灌丛、稀疏灌丛、草坡和耕地附近。在质地不很坚实的地段挖浅洞穴居。晨昏外出活动，觅食。主要取食植物种子、根茎及嫩枝叶，冬季多吃嫩叶和树皮。常到园林、苗圃啃食幼苗和小树，但因数量少，危害不显。

八、鼠科（Muridae）

该科是哺乳动物中最大的科。鼠科动物的臼齿缺少纵列的釉质齿突，这是其与仓鼠科的重要区分特征。形态学和分子数据支持鼠科分为 5 个亚科，我国有 2 个亚科：沙鼠亚科（Gerbilinae）、鼠亚科（Murinae）。沙鼠亚科动物的泪骨扩展，在眼眶前缘之上形成一横嵴；中翼骨窝狭窄呈 V 形；下颌骨在升支处被小孔穿孔。鼠亚科动物的泪骨不扩展，不在眼眶前缘之上形成一横嵴；中翼骨窝宽阔呈 U 形；下颌骨没有被小孔穿孔。

（一）沙鼠亚科（Gerbilinae）

该亚科动物为在荒漠中营地面生活的典型种类，体型中等或偏小、粗壮、坚实。外形与鼠科种类有些相近。因适应干旱区开阔景观生态条件，四肢略长，后足倾向于延长，倾向于跳跃习性，但远不如跳鼠科种类后腿变长明显。后足掌被毛。尾很长，覆以密毛，尾端具长毛，构成毛簇。体色一般为深浅不同的沙土黄色或淡沙灰褐色。腹毛唇白或污白色。颅骨很宽，而吻部窄。鼻骨伸出门齿上前方。颧弓不明显向外扩张。腭骨上有 2 对小孔排列在上齿列之间，前面一对大，后面一对小。听泡膨大。齿式同鼠科和仓鼠科，也为$\frac{1.0.0.3}{1.0.0.3}=16$。但是形态与它们明显有别。上门齿唇面有1～2条纵沟。颊齿冠高，多数种的臼齿具齿根，终生生长。臼齿冠面平坦，近似菱形，没有凸出的齿尖。也不呈左右交错排列的三角形齿环。而是由几个像椭圆形小饼的齿环竖着挤在一起，齿环左右相通。臼齿的内外侧都有凹陷角。第一上臼齿最大，有3个齿环，内外侧各有2个凹陷角，第二上臼齿有2个齿环，内外侧各有1个凹陷角，第三上臼齿最小，一般仅有1个齿环，内外侧无凹陷角，或仅为1个圆形齿叶。

对沙鼠类的分类地位问题争执较多。Gray于1825年建立了沙鼠亚科（Gerbillinae），1842年de Kay将它升格为沙鼠科（Gerbillidae）。此后不久，因其形态特征，如齿式和臼齿咀嚼面等与鼠类或仓鼠类都有一些相似，因而被合并为鼠科（Muridae）的亚科，或被视为仓鼠科（Cricetidae）的亚科。各方面的意见长期不能统一。Pavlinov等（1990）从系统演化、动物分类、形态、生态和地理分布等方面做了全面的综述，承认沙鼠类应是独立的科Gerbillidae。但是争议并没有从此停止。罗泽珣等（2000）沿用了它们是仓鼠科的亚种的观点。Wilson等（2005）和Smith等（2007）从分子分类角度仍支持它们属于鼠科的亚科，而Pavlinov（2003，2012）坚持它们是独立科。全世界有18属，主要分布在亚洲中、西部和非洲北部的广大干旱和半干旱区。我国有3属，分布在北方各省份的荒漠、半荒漠、草原和耕地中。

中国沙鼠亚科（Gerbillinae）动物分属检索

1 每颗上门齿唇面有2条纵行齿沟，外侧1条较明显；臼齿无根，终生生长；第三上臼齿咀嚼面具凹陷角 …………
………………………………………………………………………………………………… 大沙鼠属（*Rhombomys*）
  每颗上门齿唇面仅只有1条纵行齿沟；臼齿有根；第三上臼齿咀嚼面无凹陷角 …………………………………… 2
2 耳较大，耳长大于10mm，占后足长（连爪）的1/2左右；听泡前部甚膨大，整个听泡略呈三角形 ……………
…… 沙鼠属（*Meriones*）
  耳较小，耳长小于10mm，占后足长（连爪）的1/3左右；听泡前部仅略膨大，整个听泡略呈椭圆形 …………
…………………………………………………………………………………………………… 短耳沙鼠属（*Brachiones*）

1. 大沙鼠属（*Rhombomys*）

又名大砂土鼠属，是本科中体型较大的种类，体长一般大于150mm。耳短小，不及后足长的一半。尾长而粗大，尾长接近体长，靠近端部的后半段具黑色或暗褐色长毛，并在尾端形成毛束。爪粗壮而锐利。头骨粗大，棱角分明。眶上嵴发达，听泡膨大，听孔小，呈管状。上门齿较粗大，唇面具两条纵沟，外侧的较粗，明显可见，内侧的很细。没有前臼齿，第三上臼齿内侧具一浅凹陷角，将该齿分成前后两个齿环。齿式为$\frac{1.0.0.3}{1.0.0.3}=16$。单型属，仅大沙鼠（*Rhombomys opimus*）1种，分布在亚洲的中、西部各国。

大沙鼠（*Rhombomys opimus*）　又名大砂土鼠，是我国沙鼠科中体型最大者，成体体长150～190mm，尾长132～160mm，后足长36～47mm，耳长12～19mm，颅全长39～45mm。外形与大家鼠相似。鼻吻部短，耳壳较小。后肢比前肢略长。后肢的拇趾短，后足爪很长。前后足掌被毛。尾密被粗毛，在端部构成毛簇。体被毛厚软，有明显的季节变化，冬毛比夏毛厚长。背部毛色从沙黄、橘黄，到深黄或深灰黄色。腹面毛白色。头骨的吻部短。脑颅部上表面平。眶上嵴明显，后延形成一颗嵴。门齿孔短。上门齿唇面有两条纵沟。臼齿没有齿根，终生生长。染色体核型$2n=40$。

大沙鼠的地理分布属亚洲中、西部广布的温旱型，为亚洲中部荒漠的典型鼠种之一。国外分布在伊朗、阿富汗、巴基斯坦西南部、哈萨克斯坦和蒙古国。国内分布在新疆的伊犁、准噶尔盆地、哈密盆地东部、若羌和罗布泊附近地区，甘肃河西走廊、马鬃山，内蒙古的阿拉善荒漠、贺兰山麓和狼山，以及阴山北沿中蒙边境的荒漠草原一直分布到二连浩特和苏尼特右旗一带。栖息在中温带的荒漠、半荒漠区中。尤喜沙质荒漠中以梭梭为主的砾石荒漠和山麓冲积扇。在农区一般栖息在田埂上。在山谷河漫滩沙丘附近也有栖息。洞群居，多聚集在固定和半固定的沙丘阴坡下部。洞口大。洞巢区深可达 3m，洞道很长，可达 100m 以上，多分层，昼行性，清晨活动最频繁。食物以荒漠植物为主，如梭梭、锦鸡儿、猪毛菜、芦苇、沙拐枣、白刺等的茎、叶、嫩枝等。在内蒙古阴山以北无梭梭植物的地区，喜吃盐爪爪。个别地区偶尔有取食荒漠边或绿洲中耕地的粮食作物。大沙鼠受食物丰歉情况影响有高度流动性，可迁移达数十千米远。不冬眠，在较寒冷的冬季，有时多日不出地面。洞内筑有储存食物的仓库，秋季逐渐往洞内拉运食物，供冬季食用。它们的活动能破坏固沙植被和改变当地的地貌，造成危害。大沙鼠还是鼠疫自然疫源地的主要储存宿主之一，还是利什曼皮肤病、斑疹伤寒等多种流行病的传播者。对其数量必须严格监控。

2. 沙鼠属（*Meriones*）

又名小砂土鼠属，体型中等或略小。小型种类的成体体长达 150mm，而大型种类达 185mm。外形略与大鼠属种类相似。耳壳正常或略伸长。耳较大，耳长大于 10mm，占后足长（连爪）的 1/2 左右。眼大。尾长，多覆以密毛，通常在尾端具短小的毛簇。前肢的拇趾很发达，具强大的爪。后足掌细瘦，通常被毛，也有的裸露。头骨的脸部长而侧扁。脑颅部上表面扁平。门齿孔长，在腭骨后部白齿列之间有短而细小的腭骨空，但有的种缺如。眶间较狭窄。额顶部无骨嵴。听泡发达，特别是前部甚膨大。听泡前部甚膨大，整个听泡略呈三角形。颊齿具齿根，齿冠高。门齿唇面有一条纵纹。齿式与大沙鼠相同，为 $\frac{1.0.0.3}{1.0.0.3}=16$。头骨的其他特征见科。不同种的染色体核型差异很大，$2n=38$，40，44，50～60。本属有 17 种分布在非洲的北部、西南部和中部，向东一直分布到俄罗斯的外贝加尔，蒙古国和我国广大的干旱和半干旱地区中的平原、山麓和山地，个别地区分布到海拔 3 000m 的高山上。我国有 4～5 种。

中国沙鼠属（*Meriones*）动物分种检索

1 背毛驼色；尾背、腹面毛两色：背面褐色，腹面白色；后足掌有一块长形的暗棕或暗褐色毛斑；听泡小，听泡前部不与鳞骨相接触；染色体核型 $2n=40$ ·················· 柽柳沙鼠（*M. tamariscinus*）

　 体背毛色沙黄或灰棕；尾背、腹面毛色相近；后足掌无暗色毛斑；听泡大，听泡前部与鳞骨相接触，或几相接触；染色体核型；染色体核型 $2n=44$ 或 50 ·················· 2

2 体型较大，体长大于 150mm；尾端约 1/3 部分被暗褐色或黑色长毛；染色体核型 $2n=44$ ·················· 红尾沙鼠（*M. libycus*）

　 体型较小，体长小于 150mm；尾端约 1/3 部分无暗色毛，或仅末端具黑色长毛 ·················· 3

3 整个身体腹面毛均为纯白色；爪较短，呈污灰白色，或淡土黄褐色；染色体核型 $2n=50$ ·················· 子午沙鼠（*M. meridianus*）

　 整个身体腹面毛均为灰色毛基；爪较长，呈暗褐色；染色体核型 $2n=44$ ·················· 长爪沙鼠（*M. unguiculatus*）

（1）红尾沙鼠（*Meriones libycus*） 又名红尾砂土鼠，体型较大，尾长等于或略大于体长。成体体长 110～180mm，尾长 108～180mm，后足长 30～38mm，耳长 11～21mm，颅全长 36～42mm。体背部毛色灰棕或黄褐色。毛基深灰，端部沙黄或黑色。耳背部毛浅沙黄色，耳尖部被稀疏白色毛。体侧色较背部浅，不具黑色毛尖。喉部和四肢内侧毛纯白色，胸、腹部毛基浅灰，毛尖白色或略黄。雌性个体腹部中间具一狭长腹腺。尾较背部色深，呈棕黄色，尾毛较长，末端具黑色或栗红色长毛，形成毛束，近尾梢黑色或栗褐色毛约占尾长的 1/3。前足掌肉垫裸露，背面覆沙黄或白色密毛，后足掌覆沙黄或污白色毛，跖部有一狭长的裸露区，爪灰褐色。头骨粗壮，略呈等边三角形，鼻骨狭长，顶骨平坦，眶上嵴发达，在顶骨末端平直向两侧延伸。顶间骨发达，前缘中间凸出，后缘平直。颧弓中部不向外凸，略向下弯曲。听泡发达，略呈三角形，其长约为枕笔触颅全长的 35%，听道口前壁膨大成一显著的小鼓泡，并与鳞骨突相接。听泡后缘向后突出，超出枕髁后缘。腭骨较宽而长。白齿咀嚼面较平坦，第一上臼齿具3个，第二上臼齿具2个椭圆形齿环。两侧均有凹陷角，而第三上臼齿呈圆形，无凹陷角。染色体核型 $2n=44$。

红尾沙鼠的地理分布属都兰—西南亚温旱型，主要分布在从非洲北部向东经西南亚和中亚各国，以及阿富汗，一直到我国新疆北部的塔城盆地、伊犁谷地和天山北麓至库尔班通古特沙漠南缘的山地冲积扇，也见于南疆的吐鲁番。哈密是其分布的东限。在新疆主要栖息在以蒿属植物、假木贼为主的黏土荒漠和荒漠化草原中。在荒漠中的农田周围，如麦地、渠埂、休耕地、荒地中数量较高，也进入粮场和粮库。昼夜活动，在作物成熟季节活动频繁，其活动范围可达100m左右。在荒漠草原中主要取食植物的茎、叶和根等生长部分，在农田、粮场、果园啃食农作物的幼苗、种子等。不冬眠。秋季有储粮习性。洞中储存的食物包括小麦、玉米、作物种子和葡萄干等，以及肉苁蓉根。数量高时对农牧业有危害。

Lichtenstein 于1823年依据获自非洲北部利比亚的标本发表新种红尾沙鼠（*Meriones libycus*）。Gray 于1842年又依据获自亚洲阿富汗的标本发表新种（*Meriones erythrourus*）。但是，二者的形态特征没有大的区别。Shaworth 等（1947）依据二者的听泡大小略不同，承认它们为不同物种，非洲的是 *M. libycus*，亚洲的是 *M. erythrourus*。在20世纪中期以前，苏联和我国的许多分类著作中，都曾采用 *M. erythrourus*。后来，Ellerman（1951）、马勇等（1987）、罗泽珣等（2000）都认为仅依据听泡大小的微小差异而分两种证据欠充分，不能成立。因此，*M. libycus* 是 *M. erythrourus* 的同物异名，不能继续使用。

（2）柽柳沙鼠（*Meriones tamariscinus*）　又名柽柳砂土鼠，体型比红尾沙鼠略大，尾长短于体长。成体体长140～190mm，尾长115～150mm，后足长32～40mm，耳长13～19mm，颅全长36～45mm。背毛锈褐色，毛基灰色，中段淡黄，有很短的黑色毛尖。喉、腹部毛纯白色。鼻眼间毛色较浅，眼周具白色毛圈。耳壳背面被密毛，其毛色与背色相同，内面毛稀疏，白色，耳缘具白色短毛。腹部与背部毛色在体侧有明显的分界线。尾覆密毛，双色，背面黑棕色，其腹面白色或黄褐色。末端毛较长，形成黑色或黑棕色毛束。前足掌裸露，足背毛白色。后足掌被密毛，其前部和两侧毛污白色，中间具一狭长的暗棕色或黄褐色的毛斑。爪暗棕色。头骨特征与红尾沙鼠相似，但听泡不及红尾沙鼠发达。听道口不膨胀，其前缘不与鳞骨突角相接触，后壁也不向后突出超过枕骨横截面。染色体核型 $2n=40$。

柽柳沙鼠的地理分布属都兰—西南亚温旱型，主要分布在从高加索北部和中亚各国，向南分布到塔吉克斯坦，向东则到我国和蒙古国西南部。在我国已知分布在新疆北部和哈密，甘肃河西走廊西段，以及内蒙古西部额济纳旗的弱水流域。主要栖息在中温带荒漠、荒漠草原、绿洲边缘，以及山麓冲积扇、河谷、耕地等水分条件和植被较好的环境中。主要以植物的绿色部分为食，也吃植物的幼芽、种子。不冬眠，入冬前在洞中储存大量食物，包括小麦、玉米、野燕麦和苜蓿等。

（3）长爪沙鼠（*Meriones unguiculatus*）　又名长爪砂土鼠，体型中等偏小。成体体长88～136mm，尾长70～109mm，后足长23～33mm，耳长10～17mm，颅全长27.3～34.8mm。尾明显短于体长。眼大，耳较明显。尾长短于体长，被密毛而不见尾鳞。后段毛逐渐加长，在端部形成长毛簇。后足长为耳长的2倍。后肢的跖部和掌均具毛，四肢的爪弯曲，强而尖锐，黑色，长达4mm以上。头和体背毛色灰棕，毛基灰色，毛尖黑色。腹毛污白色，具较短的浅灰色毛基。尾双色，背面暗灰棕色，腹面淡褐色。尾端具黑色长毛簇。后足掌无暗色毛斑。头骨前窄后宽，鼻吻部较长。顶间骨近似卵圆形。耳道前外侧没有小鼓室。听泡大，听泡前部与鳞骨几相接触。门齿唇面黄色，有一条纵沟。染色体核型 $2n=44$。

长爪沙鼠的地理分布属蒙古高原东部温旱型，蒙古高原东部草原的特有种。在我国广泛分布在内蒙古的中部和东部的荒漠草原和典型草原中，其分布东界在内蒙古东北部大兴安岭西麓草甸草原西界，而在其东南部则超越科尔沁沙地，分布到吉林和辽宁与之邻近的风沙草原，向南分布到河北的坝上地区，山西雁北地区，陕西、山西和甘肃三省的黄土高原，向西达狼山和贺兰山西麓、青海高原东部的黄湟谷地和甘肃东祁连山地的北麓。国外分布在蒙古国东部和俄罗斯外贝加尔地区。栖息在中温带半荒漠、草原地区中的河谷沿岸、固定沙丘、台地、沟谷、坡地，尤喜在沙质土壤地段挖洞栖居，但逃避流沙。有时也进入附近的农耕地。多以家族为单位群栖。昼行性，晨昏也活动。不冬眠，冬季暖日也出洞活动。食物包括植物的绿色部分和种子，也吃小灌木的果实。随季节和食物条件变化进行短距离迁移。在农区，播种期和幼苗出土后，荒地上的沙鼠迁移到田埂上散居。作物成熟和收割时盗食粮食，并拖粮进洞储藏。对农业的危害较重。此外，长爪沙鼠是蒙古高原荒漠草原地带鼠疫病原体的主要储存宿主。应做好监测和防治工作。

（4）子午沙鼠（*Meriones meridianus*）　又名子午砂土鼠，体型比长爪沙鼠略小。成体体长100～154mm，尾长84～120mm，后足长25～32mm，耳长10～19mm，颅全长30.6～36.0mm。耳较短小，其长约为后足长的1/2。尾长与体长相近，为体长的85%～110.9%。后足掌密覆污白色或灰白色毛，杂以土黄色调。跖部没有裸区，仅部分个体在足跟部有小块长形或圆形的皮肤裸露。爪尖白色或灰白色，基部浅褐色。体背面从头至尾基均沙棕色，毛基灰色，近端部沙棕色，毛尖黑色。体背毛尖杂有黑色长毛。腹毛纯白色。胸部有淡棕色狭窄条纹。体侧毛色较浅，呈沙黄色。臀部和体侧具棕色和白色长毛。耳壳前缘毛较长，为沙黄色，基部白色。耳背具沙黄色短毛。耳壳边缘污白色或沙黄色。耳基部后方具一块白色毛斑。尾背面沙棕色，杂有较长的黑褐色毛，腹面浅沙棕色。尾端毛束不发达，呈毛笔头状，黑色或棕黑色。不同地区的种群形态变异较大，山地种群一般被毛较长、厚密，毛色略深暗，尾略短。头骨脑颅部宽大，其宽度超过颅长的1/2。顶骨宽大，背部隆起明显，顶间骨后缘向后凸出较大。听泡很发达，其外听道口前方之管膨大，与鳞骨颧突角相接触。门齿孔狭长，后缘达臼齿前缘连线。第三上臼齿咀嚼面近似圆形。染色体核型2n=50。

子午沙鼠的地理分布属亚洲中、西部广布的温旱型。国外分布西从顿河下游、高加索北部、土耳其和伊朗东部，向东经中亚各国一直到我国北部和蒙古国。在我国广泛分布在新疆各地、甘肃、青海的北部和东南部山地、宁夏、陕西北部、山西、内蒙古西乌珠穆沁旗东部沙地以西、河北的小五台山以北的广大地区，此外，还见于河南伏牛山的北坡。栖息在中、暖温带荒漠、半荒漠地带中的固定或半固定的沙丘，沙碛低地，沙漠绿洲中的葡萄园、瓜果地，黄土高原或有黄土覆盖地区的水渠堤岸、土丘和坟地等有植被覆盖的地方。喜干旱，逃避潮湿。进入农区的耕地、果园、粮仓、库房，甚至房舍和帐篷，避开水利灌溉的耕地。以家族为单位的小群在植物根部挖洞穴居。夜间活动，但在冬季白天活动。不冬眠，有储存食物的行为。主要食物为植物种子，也吃植物的绿色部分和少量昆虫。也啃食沙拐枣、梭梭等荒漠灌木的韧皮。在农田中还啃食作物幼苗、盗食小麦等谷物和瓜果。在农耕区能造成粮食作物减产，对农田水利设施等也有破坏。此外，它还是鼠疫、利什曼皮肤病等自然疫源性疾病的宿主动物。应做好监测和防治工作。

Pavlinov（2003）怀疑郑氏沙鼠（*Meriones chengi*）为此种的同物异名。此种的分布仅局限在天山博格达山南坡中山区的山地草原中，其形态特征与子午沙鼠很相近。成体体长104～148mm，尾长100～130mm，后足长30～37mm，耳长13～17mm，颅全长33.8～37.8mm。但尾较短，被毛较长而蓬松，毛色与体背部不同，略深暗呈棕黄色。后足爪灰白色，部分个体后足掌底近跟部裸露。我国文献以及Silson等（2005）和Smith等（2009）均视其为独立种。但是，近年来新疆维吾尔自治区疾病预防控制中心进行了饲养与杂交试验，发现该鼠与子午沙鼠可自由配育，因而动摇了它独立种地位。此问题有待进一步调查研究。

（二）鼠亚科（Murinae）

本亚科内不同属种的体型变异幅度很大，属中型和大型种类。形态多种多样。体型较细瘦，具有不同程度适应在森林中生活的种类，但没有极端适应水中和地下生活的种类。多数种类身形较匀称，头、颈均正常。眼小。耳短小，略露出毛被外。四肢通常中等长度，前后肢的长度大致相等，或后肢比前肢略长。四肢的爪较强有力。身体被毛。北方种类被毛厚软，而热带种类被毛稀疏而粗硬。体背毛色从灰色到粉灰色或灰褐色。腹部毛色通常略浅。尾长，裸露无毛，有时覆以稀疏的毛。尾上覆有明显的环状鳞片。有些种类的尾覆以密毛，或在尾端具毛束。有些种类掌两侧的足趾有不同程度的退化。一些林树栖种类的前肢或后肢的拇趾能与其他趾对握，具有指的作用。后足掌裸露无毛。半水栖种类后肢的趾间具蹼。个别种类的口腔内具颊囊。雌鼠具 4～5 对乳头，少数有 6～9 对。

头骨较细长，额骨扁平。无骨嵴，颧弓较不发达，外扩不明显。后头宽小于枕骨大孔至硬腭骨后缘的距离。听泡多较小。头骨上的泪孔较大，咀嚼肌从中穿过。头骨上颌无前臼齿，每侧颊齿仅有 3 颗；齿式为 $\frac{1.0.0.3}{1.0.0.3}=16$。牙齿具齿根。上臼齿呈板条状或排列成 3 纵列小丘状。

此亚科有 100 余属 600 种左右，广布于全世界除高寒的极地和高山冰盖区外的各种生境。绝大多数种类栖息在亚洲东南部地区。在中国有 17 属。多数属种主要分布在秦岭－淮河以南省份，部分属种遍布全国各地。

中国鼠亚科（Murinae）动物分属检索

1 臼齿咀嚼面不具丘状齿突结构，而是被珐琅质分割为横列的板条状 ·· 2
  臼齿咀嚼面具 3 纵列丘状齿突 ·· 3
2 体型较大，后足长在 37mm 以上，头骨颅基长大于 46mm；唇面珐琅质橘黄色，具有细小的纵行皱纹。腭孔长不小于 7mm ·· 板齿鼠属（Bandicota）
  体型较小，后足长在 36mm 以下，头骨颅基长小于 46mm；门齿唇面珐琅质白色，无细小的纵纹；腭孔长小于 7mm ··· 地鼠属（Nesokia）
3 后足拇趾（内侧第一趾）无爪，具扁甲，能与其他足趾对握 ·· 4
  后足拇趾（内侧第一趾）具爪，不能与其他足趾对握 ··· 7
4 前足拇趾（内侧第一趾）无爪，具扁甲，能与其他足趾对握 ·· 5
  前足拇趾（内侧第一趾）具爪，不能与其他足趾对握 ··· 6
5 体型较小，成体体长小于 120mm，头骨颅全长小于 30mm；尾端无笔状长毛束；上门齿唇面具纵行浅齿沟········
   ··· 长尾攀鼠属（Vandeleuria）
  体型较大，成体体长大于 120mm，头骨颅全长大于 30mm；尾端具笔状长毛束；上门齿唇面无任何纵行齿沟······
   ··· 笔尾树鼠属（Chiropodomys）
6 体型较大，尾相对较长，成体尾长大于 200mm；耳基部的前后无束状的棕黄色毛束，体背有刺毛；尾端无稀疏长毛；眼周具黑眼圈；雌鼠在胸、腹部各具 2 对乳头 ······························· 费氏树鼠属（Chiromyscus）
  体型较小，尾相对较短，成体尾长小于 200mm；耳基部的前后有束状纤细的棕黄色毛束，体被毛柔软，无刺毛；尾端有稀疏长毛；眼周无黑眼圈；雌鼠仅在腹部具 2 对乳头 ································· 狨鼠属（Hapalomys）
7 前肢拇趾（内侧第一趾）短，爪被扁甲替代，能与其他足趾对握 ·· 攀鼠属（Vernaya）
  前肢拇趾（内侧第一趾）正常，具长爪，不能与其他足趾对握 ·· 8
8 上门齿从侧面观可见其内侧有一个直角形缺刻；第一上臼齿长等于或大于第二、三上臼齿长度之和，体型小于 100mm ·· 小鼠属（Mus）
  上门齿内侧无直角形缺刻；第一上臼齿明显小于或仅接近第二、三上臼齿长度之和，如大于第二、三上臼齿长度之和，则其体长小于 100mm ·· 9
9 臼齿甚大，第一上臼齿宽大于 3mm；上臼齿列长大于 11mm ······································· 大齿鼠属（Dacnomys）
  臼齿较小，第一上臼齿宽小于 3mm；上臼齿列长小于 11mm ·· 10
10 前、后肢的第五趾极短，仅达第二、三趾分离处；臼齿呈横嵴状，无丘状齿突；第二、三上臼齿咀嚼面等长 ···
   ··· 壮鼠属（Hadromys）
   前、后肢的第五趾略长，超过第二、三趾分离处；臼齿具齿突；第三上臼齿咀嚼面比第二上臼齿的短 ············ 11
11 体型较小，成体体长 70mm 左右或更小；耳壳短，前翻仅及耳眼距之半；尾能卷曲，具缠绕功能 ·····················
   ··· 巢鼠属（Micromys）

体型较大，成体体长超过 70mm；耳壳较长，前翻可达眼；尾不能卷曲，不具缠绕功能 ……………… 12

12　第一、二颗上白齿咀嚼面具发达的后内侧齿突 ………………………………… 姬鼠属（*Apodemus*）

　　第一、二颗上白齿咀嚼面后内侧无发达的齿突 ………………………………………………………… 13

13　同时具备：头骨腭长显著小于颅全长之半；腭孔长小于颅全长的 15%；听泡长小于颅全长的 15% …………
　　………………………………………………………………………………………………… 刺鼠属（*Maxomys*）

　　或头骨腭长大于颅全长之半；或腭孔长不小于颅全长的 16%；或听泡长大于颅全长的 15% ………… 14

14　或体型大，成体后足长超过 45mm，头骨颅全长大于 50mm；或门齿位置靠前，上齿隙长一般大于颅全长的 1/3
　　…………………………………………………………………………………………… 青毛鼠属（*Berylmys*）

　　体型小，成体后足长小于 45mm，头骨颅全长小于 50mm；门齿位置偏后，上齿隙长一般小于颅全长的 30% …
　　……… 15

15　同时具备：体型较大，后足长超过 45mm；成体头骨的颅全长大于 50mm；以及听泡小，其长小于颅全长的 12%
　　………………………………………………………………………………………… 小泡巨鼠属（*Leopoldamys*）

　　或体型较小，后足长小于 45mm；或成体头骨的颅全长小于 50mm；或听泡长大于颅全长的 12% ……… 16

16　听泡较小，其长不超过颅全长的 15%（如略有超过，则其腹毛染麦秆黄色调）………… 白腹鼠属（*Niviventer*）

　　听泡较大，其长超过颅全长的 15% ……………………………………………………… 家鼠属（*Rattus*）

1. 板齿鼠属（*Bandicota*）

　　热带和亚热带的大、中型鼠类。体长 160～360mm。尾长 90～250mm，占体长的 2/3～3/4。吻部短宽。尾被毛稀疏。前肢具大爪，适于挖掘。后足掌宽大，拇趾短，趾端具爪。不与其他趾对生。尾较粗，被毛稀疏。后足有 6 个掌垫。毛被高，软而密，或硬而稀疏。体背毛色从浅灰色到褐色或近黑色。腹部毛色污白。雌鼠具乳头 6～9 对。头骨较粗大，而脑颅部分较小。颧弓外扩。额—枕骨嵴及眶上嵴发达。鼻骨较短。腭骨较狭长，其后缘约与第三白齿后缘平齐。门齿孔长，向后达到臼齿前缘之后。听泡膨大。上门齿宽而坚硬，上白齿咀嚼面为平直的板状横嵴。下颌的冠状突较高。齿式为 $\frac{1.0.0.3}{1.0.0.3}=16$。本属只有板齿鼠（*B. indica*）和孟加拉板齿鼠（*B. bengalensis*）2 种。主要分布在印度、斯里兰卡、尼泊尔、中南半岛、印度尼西亚。我国只有板齿鼠（*B. indica*）一种，分布在我国南岭以南大陆和台湾、海南。

　　板齿鼠（*Bandicota. indica*）　又名印度板齿鼠，成体体长 200～305mm，尾长 176～245mm，后足长 36～47mm，耳长 12～19mm，颅全长 39～45mm。吻部短宽。尾较粗，黑褐色，被毛稀疏，具短而硬的刚毛。四肢足背暗棕色，爪淡棕色。前肢拇趾很短，趾端具爪，其他趾具强而直的爪，适于挖掘；后足掌宽大，拇趾短，趾端具爪，不与其他趾对生，足部有 6 个掌垫。毛被高，体背毛长而粗硬，黄褐色或黑褐色，背中央尤深，夹杂较多的黑褐色粗针毛；臀部多为黑色长毛覆盖；体侧至腹膜面的毛渐变为棕黄色或黄褐色；腹部毛色比背面浅淡，但无明显分界，呈暗棕灰色或污白色，毛基灰褐色，毛尖棕黄色。雌鼠具乳头 6 对。头骨较粗大，但脑颅部分较小；颧弓外扩，后部明显比前部宽；眶上嵴发达，两条颞嵴距离较近，几近平行；鼻骨较短，腭骨较狭长，其后缘约与第三白齿后缘平齐。门齿孔长，向后达到白齿前缘之后，上门齿坚硬，宽度大于 4mm，其唇面珐琅质橘黄色，具有细小的纵行皱纹；上白齿咀嚼面为平直板状横嵴，丘状齿突不明显。第一上白齿具 3 个横齿环，第二、三上白齿各具 2 个横齿环。听泡膨大。染色体核型 2n=44。

　　板齿鼠的地理分布属印度—中国南部热湿型，在国外主要分布在印度、斯里兰卡、尼泊尔、中南半岛各国及印度尼西亚。在我国分布于西藏东南、云南、贵州、四川西南部和广西等地，向东至福建和台湾，向南至海南岛。栖息环境为竹林、灌丛、沼泽草地、稀疏草丛、近水及土质疏松的地方，以及田埂、甘蔗地和人居场所等生境。全年都能繁殖。为农区主要害鼠，能传播钩端螺旋体病。应加强监测和防治。

　　2. 巢鼠属（*Micromys*）

　　啮齿动物中体型最小的种类之一，成体体长多在 70mm 左右或更小。尾细长，大致与体长相等。

尾能卷曲，尾梢上面裸出，具缠绕性能。头短圆，吻部较短钝，眼小，耳壳圆短，露出毛被外，前翻仅及耳眼距之半。其外耳孔能被位于耳后缘内侧基部的三角形瓣膜封闭。后足中间的 3 个足趾相当长，拇趾短而具长爪，至少能与第二趾相对生；雌鼠具乳头 4 对。头骨很小。与小家鼠相似，但鼻骨短宽，颧弓细弱。上门齿内侧面没有直角形缺刻。脑颅部呈椭圆形。成体鼻骨通常在中线有一段或全线愈合，鼻骨后端一般不达前颌骨后端水平。无眶上嵴。单型属，仅有巢鼠（*Micromys minutus*）1 种。广泛分布在亚欧大陆亚热带和温带森林区，南从中南半岛和印度东北部向北至俄罗斯，西从英国、西班牙向东到日本、朝鲜半岛和中国台湾岛。

巢鼠（*Micromys minutus*）　体型很小，成体体长一般不超过75mm，极少达88mm。尾长等于或略超过体长，多为54～79mm。后足长 13～17mm，耳长 8～12mm，颅全长 18～20mm。外形与小家鼠相近，但体小，鼻吻部略短钝。眼小。耳壳略短，前翻不到眼，有耳屏。耳多毛，后缘内侧基部有一特化的三角形瓣膜，能将外耳孔封闭。具有营半树栖生活的适应特征：四肢纤细，后足中间的 3 个足趾相当长，拇趾短而具长爪，至少能与第二趾相对峙；尾细长，有缠绕能力，尾端背面裸露无毛，能扒住植物枝干，向上攀爬，能沿禾本科农作物和野草的茎秆向上攀爬到顶部。体被毛厚软。体背面毛色变异很大，从淡灰褐、棕黄、棕褐、灰褐到锈赤褐色，毛基深灰色。臀部赤棕色调较浓重。腹面毛从纯白色、白色、污白色到土黄色。四肢足背一般呈浅土黄色到棕黄色。尾上下二色，背面浅褐到暗褐色，腹面浅土黄色。冬季毛比夏季的长。染色体核型 $2n=68$。头骨特征见属。

巢鼠的地理分布属欧亚大陆温湿型，国内分布较广，零散地分布在新疆伊犁地区和准噶尔阿拉套山，内蒙古大青山、大兴安岭及其山麓草原，东北三省，陕西南部和甘肃东南部，以及中国南方各省份，西藏东南部，以及台湾等湿润地区。栖息在温带－中亚热带的中低山地丘陵的森林、森林草原、海拔 2 200m 以上的草甸、灌丛、荒草丛，以及耕地中。冬、春季栖居在农田附近的灌木丛、荒草地及近水的芦苇丛中。春季和初夏多在荒草茂密的灌草丛中的地上做盘状的巢，夏秋季爬到农作物和草木上，用植物叶撕成的小条，在茎、叶间编制成圆球状的巢，冬季挖洞在地下球形窝越冬。洞道中常储存大量食物。夜行性，繁殖期白昼也活动。善攀缘和游泳。食物较杂，取食多种草本植物的种子、茎、叶和地下根，几乎所有农作物都喜食，也吃浆果和昆虫。多数地区中的数量少，无明显的经济意义。在其数量较高的少数地区对农业有一定的危害，能传播钩端螺旋体病和丹毒病。应予防范。

3. 小鼠属（*Mus*）

小型陆栖鼠类，体长多为 70～95mm，一些种可超过 100mm。尾长一般大于或等于体长，也有明显短的。吻较短。耳大而圆。尾覆以稀疏而细的短毛，不能卷缠。后足掌窄小，四肢所有足趾都具爪，不具扁甲，不能与其他足趾对握。两侧的趾都短，外侧趾比拇趾长。体被毛或软或硬，有时有刺。体色几乎单色。体背从淡黄、深黄、浅灰色到暗灰褐色或暗黄褐色。腹面通常必备色略浅淡。雌鼠具乳头 5～6 对。头骨小，椭圆形，鼻骨前端超出上门齿前缘。吻部短宽且高。头骨略扁。额、顶骨上无嵴或很不发达。门齿孔细长。听泡小而平。门齿较薄，弯向后方。上门齿从侧面观可见其舌面有一个直角形缺刻。颊齿齿冠高，咀嚼面上具 3 纵列丘状齿突。第一上白齿的咀嚼面还很宽大，其长度大于第二和第三上白齿咀嚼面长度之和。小鼠属为鼠科中种数最多的属之一，有 35～45 种。栖息于世界各地，除冰雪覆盖的极地、雪山和沙漠以外的各种生境。中国有 5 种，分布遍及全国。

多数分类学者认为中国有小家鼠（*M. musculus*）、锡金小鼠（*M. pahari*）、丛林小鼠（或缅甸小鼠）（*M. cookii*）和台湾小鼠（或卡氏小鼠）（*M. caroli*）等 4 种。王应祥（2003）认为有 6 种，除此 4 种外，增加了分布在云南的两种：仔鹿小鼠（或褐小鼠）（*Mus cervicolor*）和爪哇小鼠（*Mus vulcani*）。潘清华、王应祥等（2009）又改为 5 种（没包括仔鹿小鼠）。Wilson 等（2005）和 Smith 等（2009）都参考王应祥（2003）的意见认为我国有 5 种，但是有仔鹿小鼠，却没有了爪哇小鼠。值得一提的是，Smith 等（2009）在书中清楚交待，"（仔鹿小鼠）类似琉球小家鼠，常同域分布，区别在于（仔鹿小鼠）体型（比与卡氏小鼠）更小，尾更短。"但所提供的体长与尾长的具体数据（头体长

61～88mm，尾长 67～88mm）却不能完全支持其观点。总之，仔鹿小鼠（或褐小鼠）（*Mus cervicolor*）和爪哇小鼠（*Mus vulcani*）在我国有无分布尚有待调查研究核实。

中国小鼠属（*Mus*）动物分种检索

1 身体背部具硬刺毛；眶间宽平均大于 4mm ·· 锡金小鼠（*M. pahari*）
  身体背部无硬刺毛；眶间宽平均小于 4mm ·· 2
2 门齿孔较长，其后缘达到第一上臼齿的中部 ·································· 小家鼠（*M. musculus*）
  门齿孔较短，其后缘不超过第一上臼齿的前缘线水平 ··· 3
3 尾上下毛色相近，双色不明显；上门齿明显向后弯；门齿唇面珐琅质淡橘黄色 ·········· 丛林小鼠（*M. cookii*）
  尾上下呈明显双色；上门齿弧度较大，不斜向后方弯。几乎垂直。上门齿唇面珐琅质深橘黄色 ··· 卡氏小鼠（*M. caroli*）

  （1）小家鼠（*Mus musculus*）　体型小，成体体长 50～100mm，尾长 40～87mm，后足长 12～19mm，耳长 10～16mm，颅全长 18.1～23.0mm。眶间宽小于 4mm。尾长或略大于体长，或等于甚至短于体长。吻鼻部略短。耳大，圆形。尾辅以稀疏的短毛。四肢所有足趾具爪，不具扁甲，不能与其他足趾对握。体背无刺毛。体背毛灰褐色，至暗褐色。腹部棕黄、灰黄或灰白色。足背暗褐色或白色。尾上下同色，或下面略浅淡。雌鼠具乳头 5 对。染色体核型 $2n=40$。头骨小，较长，呈长椭圆形。鼻骨前缘超出上门齿前缘。门齿孔较狭长，其后缘达到第一上臼齿的中部。听泡小。门齿向后弯，从侧面观可见其唇侧有一个直角形缺刻。臼齿咀嚼面具 3 纵列丘状齿突。第一上臼齿长，等于或大于第二、三上臼齿长度之和。

  小家鼠的地理分布属人类伴生型，遍布全世界人类的生存环境中。在我国除各大沙漠、戈壁，以及昆仑山和喀喇昆仑山等高山区，以及藏北、阿里和羌塘高原，无人居住的海岛外，广布于全国各地。栖息环境非常广泛，凡有人类居住和活动的地方几乎均有栖息。常见于住宅内的杂物堆、厨房、墙角、长久不用的箱柜和抽屉中，以及农田、粮库、食品库、打谷场、粮草垛等处。在我国西北地区也生活在远离人类的荒野中。夜间活动为主，晨昏最活跃。杂食，以食种子为主，在农区啃食粮食作物青苗，也吃草籽；在瓜果产区吃瓜果和瓜子。有随作物生长情况进行短距离的季节迁移现象。它们对农业生产和人类生存有很大危害，还能把多种人畜共患的流行病原体传播给人类。为我国各地居民区和田区的主要害鼠。

  （2）卡氏小鼠（*Mus caroli*）　又名台湾小鼠或琉球小家鼠，成体体长 72～95mm，尾长 75～92mm，后足长 15～19mm，耳长 12～14mm，颅全长 19～20.5mm。背毛浅灰棕色，毛尖棕色。体腹面和前肢均为纯白色。其他部分毛基灰色，毛尖白色。背毛硬，但无刺毛。尾长等于或略短于体长。尾上下明显二色，上面灰棕色，下面淡黄色。后足背面浅灰白色。染色体核型 $2n=40$。上门齿唇面珐琅质，深橘黄色。头骨的鼻骨短，从背面可看到门齿。头骨较小家鼠的长。颅宽较小家鼠的窄。鼻骨前端不超出上门齿前缘。鼻骨后缘与眼眶前缘约在同一水平线上。间骨前后窄。上门齿弧度较大，不斜向后方。几乎垂直。门齿孔只达第一上臼齿基部前缘。后腭骨孔位于第三上臼齿中部腭桥后部。下颌骨较长。第一上臼齿比小家鼠的大。

  卡氏小鼠的地理分布属南洋－中国南部热湿型，从南洋群岛向北分布到马来半岛、中南半岛各国、印度半岛，并广泛分布在中国南方各地。在国内主要分布在南岭以南地区，见于云南南部、贵州西部、广西、广东、香港、海南、福建和台湾。栖息在热带和南亚热带的次生林、灌丛、草地和稻田中。多在稻田埂上挖洞筑巢。新挖的洞口周边可见到新挖出的土堆。以夜间活动为主。秋季作物成熟季节大量迁入田间，挖掘临时洞，秋收后立即转移。对水稻粮食作物等有明显危害。曾发现其体内携带钩端螺旋体，能传播钩端螺旋体病给人类。

  4. 姬鼠属（*Apodemus*）
  姬鼠属起源最古老的鼠科类群，是古北界温带阔叶林中常见的啮齿动物。该类动物具有极其广泛的分布，在欧亚大陆甚至非洲北部的亚热带、温带、寒温带乃至寒带、冻原苔地带都有它们的踪迹。其外形与小家鼠相似。体长一般几厘米到十几厘米，尾长或略长于，或略短于体长，抑或与体长相当。体重较小家鼠略大，为几十克到百余克，属于小型哺乳动物。体背部毛色多呈灰褐、灰黄、棕色或混有赭红色的黑毛；腹部毛色多呈灰白或灰黄色。我国姬鼠属的分类及其种属的划分一直存有异议。黄文几等在《中国啮齿类》中记录了小林姬鼠、黑线姬鼠、高山姬鼠、中华姬鼠、大耳姬鼠和大林姬鼠等 6 种；而王应祥在《中国哺乳动物种和亚种分类名录与分布大全》中记录了小林姬鼠、黑线姬鼠、高山姬鼠、中华姬鼠、大耳姬鼠、大林姬鼠、克什米尔姬鼠、长尾姬鼠和台湾姬鼠等 9 种。这些分类都是基于形态学特征，其有效性还需商榷。这里按解焱等著《中国兽类野外手册》，该属在我国分为小眼姬鼠、帕氏姬鼠、黑线姬鼠、高山姬鼠、大林姬鼠、大耳姬鼠、台湾姬鼠和中华姬鼠等 8 种。

中国姬鼠属（Apodemus）动物分种检索

1　第三上白齿咀嚼面内侧具 2 个突角，前面一个为孤立的圆形齿环 ··· 2

　　第三上白齿咀嚼面内侧具 3 个突角，且全部齿环连通 ··· 3

2　后足长小于 22mm，体背有 1 条明显或隐约可见的纵纹 ······················· 黑线姬鼠（A. agrarius）

　　后足长大于 22mm，体背无纵纹 ·· 高山姬鼠（A. chevrieri）

3　第二上白齿咀嚼面外侧前方无孤立小齿尖，第一上白齿咀嚼面内侧齿尖小 ························· 4

　　第二上白齿咀嚼面外侧前方有一孤立小齿尖，第一上白齿咀嚼面内侧具发达的齿尖 ········· 5

4　耳不比头和肩部周围暗许多，雌体 4 对乳头 ··· 朝鲜姬鼠（A. peninsulae）

　　耳暗棕色，比头和肩部周围暗许多；雌体 3 对乳头 ······························· 大耳姬鼠（A. latronum）

5　头骨有明显达到的眶上嵴 ·· 6

　　头骨无眶上嵴 ··· 7

6　分布于中国内地，不分布于台湾 ··· 中华姬鼠（A. draco）

　　局限分布于台湾高山地区 ·· 台湾姬鼠（A. semotus）

7　已知分布于新疆北部，颅全长小于 26mm ··· 小眼姬鼠（A. uralensis）

　　已知分布于新疆南部，颅全长大于 26mm ··· 帕氏姬鼠（A. pallipes）

（1）**黑线姬鼠**（Apodemus agrarius）　又名田姬鼠、长尾黑线鼠、黑线鼠、金耗儿。为中小型野鼠，成体体长 65～132mm。体较细瘦，头小、吻尖。耳较短，折向前方达不到眼部。尾长为 50～110mm，尾毛不发达，鳞片裸露呈黑线姬鼠的毛色，随亚种和栖息环境的不同而有一定的变化。体背自头顶至尾基部沿背中线有条黑色暗纹。此纹在北方较粗且黑，华北亚种较细淡，宁波亚种不明显。通常生活在林缘和灌丛地带的毛色多为灰褐色，带棕色调；栖息于水田和荒地者则棕色调浓重，多为沙褐色。颅骨吻部相当发达，有显著的眶上嵴。鼻骨长约为颅长的 36%，其前端超出前颌骨和上门齿，后端中间略尖或稍微向后突出，通常略为前颌骨后端超出或约在同一水平线上。门齿孔约达第一上白齿前缘基部。白齿咀嚼面有 3 纵列丘状齿突。第三上白齿内侧仅 2 个齿突。第二上白齿缺一个前外齿突。

黑线姬鼠属广生性种类。在我国从黑龙江、内蒙古、新疆起，向南一直分布到北纬 25.5°线，包括除青海、西藏、海南及南海诸岛以外全国大部分地区。国外分布范围也较广，从西欧、中欧、东欧至中亚、南西伯利亚、乌苏里至朝鲜均有踪迹。黑线姬鼠喜栖居于温暖、雨量充沛、种子食源丰富的地区，如河流两岸及海拔较低的农业区。杂食性，以植物为主，喜食稻麦种子、甘薯及低酚棉的棉仁，也食昆虫。在作物生长期，主要取食作物茎叶、杂草等，成熟期则盗食种子为主。

（2）**高山姬鼠**（Apodemus chevrieri）　又称齐氏姬鼠。高山姬鼠全身体毛柔软，呈青灰色，背中部毛色较深，但绝不形成黑色纹（黑线），此点可与黑线姬鼠区别，腹部毛色灰白，体侧毛色界线不明显；耳小，毛色似周围分布；尾二色，上面暗褐色，下面白色，但上下界线不清；后足背面均呈灰色。该鼠头骨第三上臼齿具有 2 个内叶，第二上臼齿的第二横列齿突仅有一内齿突而无外齿突和中齿突，第一上臼齿外侧有 4 个齿突。

高山姬鼠广泛分布于中国四川、云南、西藏、甘肃、湖北等省份，在贵州省主要分布在大方、黔西、威宁、赫章一带。在云南，高山姬鼠分布于昭通、昆明、丽江、大理、澜沧江和怒江流域以及云南东部地区。在四川，东起巫山、城口，北到大巴山南江、平武、安县，西至阿坝的若尔盖、黑水、汶川，沿横断山宝兴、雅安、灌县向南至木里、昭觉、布拖到西昌、会理、攀枝花都有高山姬鼠分布；除四川盆地南部山区外，在周缘地区高山姬鼠为广布种。在湖北的兴山、甘肃南部和陕西的秦岭南北也有分布。其一般在野外活动，在林缘农田以及西昌等地偶入室内，冬季有向院落附近草垛、柴堆等转移的趋势。

（3）**朝鲜姬鼠**（*Apodemus peninsulae*）　国内原称为大林姬鼠，曾长期被误定为 *Apodemus speciosus*，后经有关分类专家更正为 *Apodemus peninsulae*，中文名更改为朝鲜姬鼠。该鼠体型细长，长 70～120mm，与黑线姬鼠相仿，尾长几与体等长，尾季节性稀疏，尾鳞裸露，尾环清晰。耳较大，向前拉可达眼部。前后足各有 6 个足垫。雌鼠在胸腹各有 2 对乳头。毛色随季节而变化，夏毛背部一般较暗，呈黑赭色，无特别条纹，毛基深灰色，毛小黄棕或带黑色，并杂有较多全黑色的毛。冬毛灰黄色明显，腹部及四肢内侧毛比背毛色淡。尾上面褐棕色，下面白色。足背和下颌均为白色。整个头骨较宽大，吻部稍圆钝。颅全长 22～30mm。有眶上嵴，枕骨比较陡直，从顶面看时只见上枕骨的一小部分。这与黑线姬鼠相反。牙齿第一臼齿的长度等于第二、三臼齿的和，第一、二臼齿的咀嚼面具 3 条纵列丘状齿突，或被珐琅质分隔为横列的板条状，第三臼齿呈现 3 叶状。

朝鲜姬鼠分布在我国的东北、内蒙古、河北、山东、山西、天津、陕西、甘肃、青海、四川、湖北、安徽、宁夏、河南等省份。主要栖息于针阔混交林、阔叶疏林、杨桦林及农田中，特别是近年来在树林附近的玉米田中较为常见。一般做巢于地面枯枝落叶层下。冬季可以活动于雪被下，主要以夜晚活动为主。

（4）**中华姬鼠**（*Apodemus draco*）　又名龙姬鼠。背毛为沙褐色，毛基黑灰色，毛尖沙黄色，一些个体带褐色，一些个体黑色调较显著。背部杂有较多针毛，针毛的毛基灰白色，毛尖黑色。体侧部针毛较少，毛淡黄棕色。腹毛灰白色，毛基灰色，毛尖灰白色，体之背腹毛色界线不甚分明，有过渡的趋势，但在一些个体界线明显。尾双色，背面黑灰色，腹面色淡，尾尖部毛稍长。吻部较为尖细，门齿孔可达臼齿列前端的水平线，颅骨具明显的眶上嵴，脑颅较隆起，额骨与顶骨之间的交接缝呈圆弧形，部分标本额骨与顶骨交接缝成"人"字形，使额骨形成一个锐角伸入顶骨处，颧弓细弱，鼻骨细长。

国内分布于黑龙江、河北、山西、陕西、青海、甘肃、新疆、云南、湖北、湖南、江西、福建、台湾、西藏、宁夏等省份。中国以外分布于缅甸及印度东北部。栖于海拔 800～3 500m 的林区、山间耕地、灌丛。为林区优势鼠种，在常绿与落叶阔叶林内、山顶草地及灌丛中数量较多，在混交林及落叶阔叶林内有时栖居于岩石缝隙中，也有的将窝筑在树洞中，但多数在树根下或草丛中筑窝。以植物性食物为主，食茶籽、毛栗、草籽、嫩枝叶等，偶尔取食昆虫。

5. 白腹鼠属（*Niviventer*）

该属种是较为常见的森林鼠种，过去长期被归入大鼠属（*Rattus*）。Marshall（1977）根据此类群的腹部为白色这一特征，在 *Rattus* 属中新建了 *Niviventer* 亚属，Musser（1981）将白腹鼠属作为一个独立属，此后绝大多数学者同意这一划分。全世界有 17 种，中国有 10 种（大陆 8 种，台湾 2 种），包括安氏白腹鼠（*N. andersoni*）、川西白腹鼠（*N. excelsior*）、社鼠（*N. confucianus*）、针毛鼠（*N. fulvescens*）、灰腹鼠（*N. eha*）、南洋鼠（*N. langbianis*）、缅甸山鼠（*N. tenaster*）、梵鼠（*N. brahma*）、台湾社鼠（*N. culturatus*）和台湾白腹鼠（*N. coninga*）。

中国白腹鼠属（*Niviventer*）动物分种检索

（1）**针毛鼠**（*Niviventer fulvescens*） 又称山鼠、赤鼠、黄刺毛鼠、黄毛跳。体型中等，与社鼠非常相似，体长130～150mm，尾显著超过体长，长155～200mm。耳较社鼠小而圆。尾背面棕褐色调，无白色末梢。背毛棕色或棕黄色，背毛中有许多刺状针毛，针毛基部为白色，尖端为褐色，越靠近背部中央针毛越多，所以背部中央棕褐色调较深，背腹交界处针毛较少，呈鲜艳的棕黄色。由于夏毛中背部刺毛较冬季为多，所以冬季捕获的针毛鼠背部棕黄色较深。腹毛白色。前后足背面亦为白色。头骨与社鼠头骨十分相似，鼻骨细长，向前伸超过门齿，眶上嵴明显，向后延伸达顶骨后缘。听泡小而低平，颧弓较细。牙齿：上颌第一白齿较大，第三白齿退化，大小不及第一白齿之半。第一白齿第一横嵴的外侧齿突退化，中央齿突发达。第二横嵴内外齿突正常，第三横嵴内外侧齿突都较小，中央齿突发达。第三上白齿内侧齿突3个，外侧具一大齿突。第三白齿不发达，仅为第一白齿长的一半。上颌第一白齿的咀嚼面第一横嵴的外侧齿突退化；第二横嵴内、外侧的齿突正常；第三横嵴中间的齿突较发达，内、外侧齿突很小。第二白齿第一横嵴退化，只有内侧的齿突；第二横嵴呈三叶状；第三横嵴极小，中央的齿突很大，内、外侧齿突小。第三白齿咀嚼面的横嵴，第一和第三横嵴外侧的齿突退化，只有内侧3个齿突较发达。

在我国分布于陕西、甘肃、四川、重庆、贵州、云南、西藏、安徽、浙江、江西、湖南、湖北、广东、广西、海南、福建、台湾等地，国外分布于尼泊尔、印度和中南半岛。多栖居在山区田间的丘陵和坡麓灌草丛、山谷小溪旁、树根、岩石缝以及竹林。初春和冬季多穴居在靠近耕田区的山丘下的荆、芒、荻草丛或杉树、茶树等食源丰盛的灌木丛中。在炎热的盛夏也营地面生活，有时在树上筑巢，巢距地面3～5m。

（2）**社鼠**（*Niviventer confucianus*） 又名北社鼠、硫黄腹鼠、野老鼠、白尾鼠、田老鼠、山耗子。体型中等，与褐家鼠相似，但较小而细长。体重45～150mm。一般成体体长115～195mm。耳大而薄，前折可遮盖眼睛，长18～24.5mm。尾细长灵活可自如转动，大于或等于体长，为110～220mm。后足较小，为27～30mm。在体背的夏毛长有粗硬的针毛。乳头4对，胸部和腹部各2对。体背棕褐色，背中央毛色较深并杂有少量白色针毛。体背毛基灰色，体侧毛色较淡，为暗棕色或棕黄色。腹毛白色而带硫黄色，特别是喉胸部硫黄色显著。背腹毛界线分明，这是与褐家鼠的明显区别。尾部背面棕色，腹面及尾端为白色。足背面棕褐色，趾部白色。夏毛体色较深且多针毛，冬毛色浅而无针毛。

我国除新疆、黑龙江外其余各省份均有分布。长江以南各省数量较多。国外分布于印度、尼泊尔、中南半岛、马来半岛和印度尼西亚的苏门答腊、爪哇和加里曼丹。主要危害山地、丘陵的农作物和树木。常盗食稻、麦、豆类、谷子和直播的树种。当数量高时对山地农林生产有较大危害。

6. 家鼠属（*Rattus*）

该属是鼠亚科中种类最多的属，系源于旧大陆与人类共生的物种，广泛分布于亚洲及北非热带和亚热带地区，仅少数种类扩展到北温带。亚洲的种类最多。毛被柔软或粗糙，毛色多样。外形上，地面生活的种类后足均较细长，足 5 趾均具爪，尾比体短或约与体等长，耳较短。攀缘种类的尾明显比体长，耳较长。许多营部分树栖生活或在岩石堆生活的种类，足底肉垫都较发达。有些种类有刺状毛衣，刺毛的产生似与较温暖的气候有关。此外，有刺毛或粗硬的毛往往与生活在岩石堆也有关系。头骨嵴明显。杂食性。本属 66 种，我国已知有 7 种，常见的 5 种为褐家鼠（*Rattus norvegicus*）（主要在北方）、黄胸鼠（*Rattus flavipectus*）（主要在南方）、黄毛鼠（*Rattus losea*）（主要在南方）、屋顶鼠（*Rattus rattus*）（主要在南方）和大足鼠（*Rattus nitidus*）。

中国家鼠属（*Rattus*）动物分种检索

1 分布于南海的小岛屿，体型很小；体长小于 23mm，雌体 4 对乳头 ·········· 缅鼠（R. exulans）
  分布于大陆和台湾，体型较大；体长大于 23mm，雌体 5 对或 6 对乳头 ··············· 2
2 尾长短于体长，第一上臼齿齿尖 t3 缺失或退化 ·· 3
  尾长等于或长于体长很多，第一上臼齿具齿尖 t3 ·· 4
3 体型大，后足大于 40mm ·· 褐家鼠（R. norvegicus）
  体型不大，后足小于 40mm ··· 大足鼠（R. nitidus）
4 体型小，后足小于 32mm ··· 黄毛鼠（R. losea）
  体型较大，后足大于 32mm ·· 5
5 体型稍大，背部有显著的针毛，头骨吻突宽 ·························· 黑缘齿鼠（R. andamanensis）
  体型稍小，针毛一般限于臀部，头骨吻突窄 ·· 6
6 雌体 6 对乳头 ··· 拟家鼠（R. pyctoris）
  雌体 5 对乳头 ··· 黄胸鼠（R. flavipectus）

（1）**褐家鼠**（*Rattus norvegicus*）别名大家鼠、沟鼠、粪鼠、挪威鼠。体型大，体重 65～400g，成体体长 110～250mm；尾粗而长，稍短于体长，长 95～230mm；吻尖出，耳短而厚，长 12～25mm，向前折不能遮住眼部。四足强健，后足长 23～46mm。乳头 6 对。该鼠种在各地的毛色也有个体差异。体背棕褐至灰褐色，杂有黑色长毛。腹毛污白色，这是与社鼠和黄胸鼠的明显区别之一，社鼠的腹面喉胸部为硫黄色，黄胸鼠的腹毛灰黄色。尾上面灰褐色，下面灰白色。头骨粗大，颧弓粗健；眶上嵴发达，与颞嵴接连向后延伸至鳞骨，两颞嵴几乎平行。臼齿咀嚼面有 3 条横嵴，老体磨损后呈板齿状。

褐家鼠为世界性分布的鼠种，我国除西藏外各地均有分布。其栖息环境极广泛，各种建筑物、垃圾场、下水道和野外农田、菜地、果园、苗圃及荒坡、灌丛、林地均可发现其活动；甚至火车、轮船等交通工具也是它居住的场所。食性杂，喜食肉类和含水分多的食物。在野外以植物性食物为主，危害各种作物、果树的幼苗。常咬死鸡、鸭、小猪，盗食蛋类，甚至攻击牛。

（2）**黄胸鼠**（*Rattus tanezumi*）别名黄腹鼠、长尾吊、长尾鼠。黄胸鼠是鼠科中体型较大的鼠，体型与褐家鼠相似，体躯细长，尾比褐家鼠的细而长，超过体长。体长 130～210mm，体重 60～200g，尾长等于或大于体长。耳长而薄，向前拉能盖住眼部。后足细长，长于 30mm。按湖南洞庭湖区 1982—1998 年捕获的标本统计，黄胸鼠平均体重为 86.7g（16～251g），平均体长为 142.9mm（78～213mm），平均尾长为 157.6mm（80～222mm）。雌性乳头 5 对，胸部 2 对，腹部 3 对。体背棕褐色，并杂有黑色，毛基深灰色。前足背中央有一明显的暗灰褐色斑，是鉴别黄胸鼠，特别是在南方与黄毛鼠相区别的重要形态特征。尾部鳞片发达，呈环状，细毛较长。头骨比褐家鼠的较小，吻部较短，门齿孔较大，鼻骨较长，眶上嵴发达。第一上臼齿齿冠前缘有一条带状的隆起，臼齿咀嚼面有三横嵴，第二上臼齿和第三上臼齿咀嚼面第一列横嵴退化，仅余一个内侧齿突，第二和三横嵴在第二上臼齿沿明显，第三上臼齿则已愈合，呈 C 形。

在我国以前主要分布于长江流域及其以南地区，现已西到西藏，北扩至黄河流域达陕西—甘肃—宁夏—山西一线的广大地区。该鼠主要栖息在房屋内，临近村舍的田野中偶有发现。该鼠喜攀登，多隐匿于屋顶，常在屋顶、天花板、椽瓦间隙、门框上端营巢而居。在火车、轮船等交通工具上数量也较多，活动十分猖獗。该鼠昼夜活动，以夜间为主，晨昏时最为活跃。随作物的不同生育阶段，该鼠发生区在住房与农田间有短期季节迁移现象。

黄胸鼠为杂食性而偏素食性动物，食谱广，喜多水作物，与褐家鼠相似。在黄胸鼠危害现场，到处能看见被害后的植株残余，在经常出没的鼠道上，也可以找到残留的食物。

（3）大足鼠（*Rattus nitidus*）　又名灰腹鼠、喜马拉雅鼠、水老鼠、环腕鼠等。属中等大小的鼠类，外形与褐家鼠、黄毛鼠相似。成体体长 120～200mm。尾较细长，与体长相等或略短，长 140～206mm。尾环不如褐家鼠明显。耳大而薄，前折可达眼部，耳壳光裸无毛。而褐家鼠耳前折不达眼部。后足比黄毛鼠大，其长大于 32mm，最大为 35mm；乳头 6 对，背毛棕褐色，略带灰黄。背部杂有较多的硬毛。体侧毛色较浅。腹毛全为灰白色，而黄毛鼠带棕黄色。尾部背腹面与体背腹面的毛色相同。4 只足的背面均为白色，而黄胸鼠前足背为灰褐色。

大足鼠在我国主要分布于长江流域以南地区。陕西、甘肃、贵州、云南和海南也有分布。是我国南方山区的农田害鼠，在四川盆地及临近的亚热带山地危害尤为突出。主要危害水稻、小麦、玉米和薯类。从播种至作物成熟，除幼苗期危害稍轻外，其余时期危害严重。

（4）黄毛鼠（*Rattus losea*）　又名罗赛鼠、田鼠、园鼠、黄哥仔、黄毛仔。其体型中等，体躯较细长，成体体长为 140～170mm。尾长等于或略大于体长。耳小而薄，向前折不到眼部。后足短，小于 33mm，为该鼠区别于其他种类的主要特征之一。乳头 6 对，胸部及鼠鼷部各 3 对。体背毛黄褐色或棕褐色，腹毛灰白色，毛基灰色，毛尖白色。体侧毛色略浅于背毛，背和腹毛色无明显分界。尾部色泽与体背毛色相同，但其腹面略淡；尾环的基部有浓密的黑褐色短毛，因而尾环不甚清晰。上唇、颊部及前后足背面白色。

黄毛鼠是一种暖湿型鼠类，分布于我国热带及亚热带地区，在广东、广西、福建、云南、贵州、湖南、四川、江西、浙江、台湾、海南等省份均有分布。主要分布于我国长江以南各省份，越往南，数量也就增多。一般在我国北纬 30°以北地区，年平均温度低于 15℃，不适宜该鼠生存。其是华南农业区的主要害鼠，危害水稻、小麦、甘薯、甘蔗、香蕉、柑橘、蔬菜等作物，啃食果实和种子，咬毁植株，常造成严重损失。

（5）屋顶鼠（*Rattus rattus*）　又称家鼠、黑家鼠、安达曼鼠、斯氏家鼠、海南屋顶鼠、施氏屋顶鼠等。一种中小型啮齿动物，体型细长，有黑色型和棕褐色型两个类型。体长 150～216mm，尾长 160～258mm，尾长大于体长。耳大而薄，后足细而长，长度 30～40mm。有乳头 5～6 对，其中胸部 2～3 对，鼠鼷部 3 对。不同地区不同亚种的屋顶鼠个体在大小和毛色上差异较大，在某些形态指标上也存在一定的差异。滇西亚种的毛色与海南亚种相近，前、后脚背面皆为黄褐色，尾部鳞环明显，尾的上面和底面都是黑褐色。但前者的尾相对较短，尾长与体长的比例小于 114%，部分个体尾巴尖端白色，而海南亚种的尾长超过体长的 120%（115%～134%）。

屋顶鼠为家、野性鼠种，主要栖息在房舍内，野外也能发现。黑色型一般栖居在阁楼等高处，居住室内壁间或天花板上，活跃于高层、屋顶空隙、管道及槽沟；善攀爬，极少游泳或挖洞；经常在悬垂构建物如建筑物的顶楼、假天花、楼顶空间及横梁等处出没，常在住房或粮仓的地坪下、墙壁中或天花板、顶棚上打洞或做窝，野外和田间很少，是一种典型的家栖鼠类。棕褐色型主要生活在野外的灌木丛、茅草丛、经济作物坡地以及山洞石隙，稻田、甘蔗地、甘薯地、竹林、菜园以及接近灌木丛或山区的人房也可发现；以沟边石洞、树根空隙为栖居场所，或挖洞栖息，偶尔也在树上或竹林中做窝。

九、跳鼠科（Dipodidae）

本科动物为中、小型啮齿类，均为地栖种类，皆栖息于干旱的荒漠、荒漠草原及草原地区，其形态构造上有较多的特化适应特征，而且不同类群间的特征变异非常巨大，多样性很丰富。多数种类均头大，吻短而阔，耳壳长，耳基部两侧相连呈管状。眼大，明显向前和向上倾斜，身体被细软的长毛。须很长，远超过体长之半。后肢特别发达，善跳跃，后肢长为前肢长的4～5倍；后足长接近体长的1/2左右；后足二侧趾退化，或极短，其爪尖达不到其他三趾的中部，或完全消失而仅存3趾（个别物种具4趾）。尾长，多数种类的尾端有黑白两色长毛构成的尾穗。个别种类的尾基部1/3处，因脂肪聚积而特别粗胀。听泡多膨大，故脑壳部分宽阔，且向外拱出。颧弓结构复杂，一般均有垂直向上的分枝，个别种类在颧弓中部的下缘还有向斜后方伸出的刀状突起。二颧弓的距离前小、后大。多数种类，上颌除具3枚臼齿外，还有1枚小的前臼齿，而个别种类仅有3枚臼齿，无前臼齿。因此，本科动物的齿式为$\frac{1.0.0～1.3}{1.0.0.3}=16～18$。广泛栖息于古北界各种类型的荒漠、荒漠草原及草原中，为古北界特有的科。从北非、南欧向东一直到我国北部与蒙古国的广大地区均有分布。Wilson等（2005）和Smith等（2209）都把林跳鼠科合并到此科，然后划分为6亚科。但是Pavlinov（2003）划分1总科4科6亚科。本书暂不把林跳鼠科归入此科，统计结果全世界约有30种，我国计有4亚科7属12～13种，均分布在北方各省份的干旱和半干旱地区。

中国跳鼠科（Dipodidae）动物分亚科检索

1 耳极大，其长接近体长之半；头骨眶间最狭处在额骨中部 ……………………………………
………………… 长耳跳鼠亚科（Euchoreutinae），仅1属：长耳跳鼠属（*Euchoreutes*）
耳较大，其长仅比头略长，或更短；头骨眶间最狭处在额骨前部，靠近颧弓的垂直分支处 ……… 2
2 体型小，成体体长小于70mm，头骨颅全长多在25mm以下；耳短，前翻不到眼；头骨的后头宽超过颧宽；枕骨大孔开口在上颌骨的腹面，被听泡环绕 …………………… 心颅跳鼠亚科（Cardiocraniinae）
体型较大，体长远大于70mm；头骨颅全长多在25mm以上；耳长，前翻或遮眼或达鼻端，甚至超过之；头骨的后头宽不大于颧宽，枕骨大孔开口在上颌的后侧面，不被听泡环绕 …………………… 3
3 后肢具5趾，第一、五趾短小；上门齿向前倾斜，其唇面不向内弯或弯不到鼻骨先端；门齿唇面不具纵沟 ………
……………………………………………………………… 五趾跳鼠亚科（Allactaginae）
后肢仅具3趾，第一、五趾完全消失；上门齿与上颌骨腹面垂直，其唇面明显向内弯过鼻骨先端；门齿唇面具纵沟 …………………………………………………………………… 三趾跳鼠亚科（Dipodinae）

（一）五趾跳鼠亚科（Allactaginae）

本亚科是跳鼠科中体型最大的一类。体长远大于70mm；头骨颅全长不小于24mm，多远超过之。眼大。耳较长，多超过头长，前翻或遮眼或达鼻端。后肢很长，为前肢长的4倍左右。后肢5趾（非洲北部有一种具4趾的四趾跳鼠 *Scarturus tetradactylus*）。尾长，尾端具尾穗。头骨眶间最狭处在额骨前部，靠近颧弓的垂直分支处。听泡中等发达，致使股脑颅部分宽阔，向两侧略拱出，但是没有膨胀到头骨后头宽超过颧宽的程度。枕骨大孔开口在上颌的后侧面，不被听泡环绕。后肢具5趾，第一、五趾短小。门齿向前倾斜。上颌前臼齿很退化，多数种类仅存一颗，而且比臼齿小得多，个别种的前臼齿完全消失。齿式为 $\frac{1.0.1\,(0)\,.3}{1.0.0.3}=18\,(16)$。上门齿向前倾斜，其唇面不向内弯，或弯不到鼻骨先端。门齿唇面不具纵沟。全世界 3 属 16 种。我国有 2 属 4～5 种。Pavlinov（2003）将此亚科视为独立的五趾跳鼠科（Allactagidae），下设长耳跳鼠亚科（Euchoreutinae）和五趾跳鼠亚科（Allactaginae）两个亚科。计有 4 属，分布在欧洲、非洲和亚洲的干旱地区。我国有 2 属：五趾跳鼠属（*Allactaga*）和粗尾跳鼠属（*Pygeretmus*）。

中国五趾跳鼠亚科（Allactaginae）动物分属检索

耳较长，大于 30mm，前翻达鼻端或超过之；头骨上颌每侧有 4 颗颊齿 ·················· 五趾跳鼠属（*Allactaga*）

耳较短，不大于 30mm，前翻不达鼻端；头骨上颌每侧有 3 颗颊齿 ·················· 粗尾跳鼠属（*Pygeretmus*）

五趾跳鼠属（*Allactaga*）

五趾跳鼠属的体型大，多数种的成体体长达 125～170mm。颅全长达 33～47mm。个别种的体长在 125mm 以下，颅全长 30mm 以下。脸部较短，鼻似猪鼻样向前拱。眼大，耳长，其基部不呈管状。前肢的第一和后肢的侧趾短，后足和趾的底面通常裸露无毛。尾端部有明显的尾穗。尾部没有脂肪沉积。体躯背毛软而厚，中等长度。体背毛沙色或暗灰棕色到红褐或浅淡黑色。腹面毛白色。头骨的颜面部短，脑颅部很宽大。泪孔大，而听泡较小。上颌每侧有 1 颗前臼齿，齿式为 $\frac{1.0.1.3}{1.0.0.3}=18$。染色体核型 $2n=48$。栖息在非洲北部、欧洲东南部、亚洲西南部和中部广大干旱地区的草原、半荒漠和荒漠中。全世界有 12 种，我国有 4～5 种。

中国五趾跳鼠属（*Allactaga*）动物分种检索

1 体型较小，成体体长仅 110mm 左右，头骨颅全长小于 30mm ·················· 小五趾跳鼠（*A. elater*）

 体型较大，成体体长 120mm 左右，或更长，头骨全长大于 30mm ·················· 2

2 上门齿明显向前倾斜，不与上颌骨相垂直；听泡小，二听泡的前内端相距较远 ·················· 五趾跳鼠（*A. sibirica*）

 上门齿略向前倾斜，与上颌骨几近垂直；听泡大，二听泡的前内端几相接触 ·················· 3

3 体型略大，听泡长 10mm 左右；体背沙土黄色；尾穗黑色部分之前有一白色毛环；尾腹面有一条白色尾轴线 ·················· 巨泡跳鼠（*A. bullata*）

 体型略小，听泡长 9mm 左右；体背灰褐色，微带沙土黄色；尾穗黑色部分之前无白色毛环；尾腹面的尾轴线暗褐色 ·················· 巴里坤跳鼠（*A. balikunica*）

（1）**五趾跳鼠**（*Allactaga sibirica*） 又名蒙古五趾跳鼠。体型中等，成体体长一般为 130～180mm，尾长 180～230mm，后足长 67～76mm，耳很长，为 41～57mm；头骨颅全长 35.5～47mm。后肢特别发达，为前肢的 3 倍以上，善跳跃。后足也长，其长度为 65～75mm。后足具 5 趾，中间 3 趾长，外侧 2 趾短小。背部毛色变异较大，多为暗棕黄色，具灰褐色波纹，少数也呈沙土黄色。胸、腹、臀部及尾周毛色全白。四肢外侧毛色同背色，或略浅，为背面毛色呈赭石黄，尾端毛穗由灰白（或白）、黑（或暗褐）、白三段毛色组成，中间的黑色部分某些较宽，尾腹面毛呈白色，少数个体在尾穗的黑色部分的中央有一条很窄的白色线穿过，与尾端白毛相连。听泡小，其长多小于 8mm，仅为颅全长的 20% 左右；二听泡的前内端相距较远。从头骨背面观，上门齿明显向前倾斜，前臼齿的齿冠几乎与最后一颗臼齿等大。颧宽一般为 22.5～27.5mm。

 五趾跳鼠的地理分布属蒙新－哈萨克温旱型，分布较广，在国外从哈萨克斯坦的乌拉尔河下游，沿里海东岸，到土尔克明斯坦，向东到俄罗斯外贝加尔的赤塔地区和蒙古国的西部和南部。在中国分布在从新疆北部阿尔泰中山带以下至天山以北的广大地区，还见于新疆南部的天山南脉山地，向东经青海北部和甘肃，连续分布到内蒙古、宁夏、陕西北部、山西北部、河北北部、辽宁西部、吉林西部、黑龙江西南部地区。栖息于山地草原、荒漠草原，以及沙漠和盐漠以外的各种荒漠中。典型的地栖种类，单栖，洞穴居，主要在夜间和晨昏活动。阴天，特别在早春和初秋，偶尔于白天可见到。冬眠。喜食植物的地上绿色部分和草籽，也刨食地下茎和根，同时还吃较多蝗虫、甲虫等昆虫及其幼虫。其经济意义不突出，但当种群密度高时，常潜入农田啃咬刚出苗的豆类和瓜类，盗食刚播下的种子，啃食树苗。

赵中石等（1965）根据文献资料报道，推测在新疆塔城地区有大五趾跳鼠分布，但直至今日，经几十年的多次调查，全无发现。近年来，一些著作仍把此种列入我国啮齿动物名录。据 Smith 等（2009）认为，此种是跳鼠中体型最大者，其成体体长 180～263mm，尾长 230～308mm，后足长 80～98mm，耳长 50～64mm，颅全长 41～47mm。毛皮柔软如丝，背毛棕灰色，带有肉桂色到沙黄灰色调。体侧更浅、更黄，白色带延伸横过臀部。腹面从喉到胸和腹纯白色。尾有白色尾穗。头骨宽，吻粗壮，上门齿向前倾斜。我国有无此种分布有待进一步调查。

（2）巨泡五趾跳鼠（*Allactaga bullata*） 整体特征与五趾跳鼠很相似，体型略小。成体体长 120～145mm，尾长165～194mm，后足长 56～62mm，耳较短，为 31～38mm；颅全长 32～35mm。毛色近似五趾跳鼠。毛色浅淡，整个背毛和大腿外侧沙土黄色，腹部表面、前臂、后肢内侧和上唇直到毛根，纯白色。大腿后半部外侧有一条显著的浅红色细臀纹。尾端毛穗很发达，通常有灰白、黑和白三段毛色的长毛组成，毛穗基较窄，灰白色，中间为很宽的黑色部分，尾梢部分长约 20mm，纯白色。尾穗腹面的黑色部分中间有一条白色纵纹。听泡很大，长 10mm 左右。二听泡间的空隙很小，其前内端几相接触。上门齿不明显向前倾斜，与上颌骨几近垂直。

巨泡五趾跳鼠的地理分布属西蒙—东疆温旱型，是主要分布在内蒙古西部沙漠和戈壁中的蒙古高原特有种，在国外仅见于蒙古国西南部的外阿尔泰戈壁地区。在我国主要分布在甘肃马鬃山和河西走廊及其以东的内蒙古高原阿拉善、鄂尔多斯的荒漠中，也见于宁夏和陕西北部。其分布西界在新疆哈密县与甘肃交界的星星峡一带。再向西到新疆东部巴里坤和奇台将军戈壁一带则被巴里坤跳鼠（*A. balikunica*）取代。多生活在以藜科植物、麻黄、沙漠灌丛为特色的荒漠地区。栖息地区的地表多覆以粗沙和砾石。植被盖度很低，多见于锦鸡儿—优若藜—针茅或红沙—针茅—葱属等荒漠草原。生活习性与五趾跳鼠基本相似。在内蒙古乌兰察布北部荒漠草原向草原化荒漠过渡地区，巨泡五趾跳鼠对草场危害较严重，对农牧交错地区耕地中的农作物可能也有危害。

（二）三趾跳鼠亚科（Dipodinae）

三趾跳鼠亚科又称跳鼠亚科，中等体型，成体体长达 150mm 左右，尾长达 190mm 以上，后足长 52～67mm，耳长 16～26mm，颅全长 30～37mm。脸部略长，眼大。耳中等长度，基部呈管状，耳长多超过头长，前翻达眼角或略超过之。后足掌和趾下具短硬的毛刷。尾细长，远超过体长，尾端具发达的尾穗或尾毛排列成羽状，尾内无脂肪积聚。后肢仅 3 趾，第一和第五趾完全消失。头骨短阔。眶间很宽，颧弓不向两外侧阔张。听泡中度膨大，其前部内侧几乎挨在一起。但头骨的后头宽不大于颧宽，枕骨大孔开口在上颌的后侧面，不被听泡环绕。门齿不向前倾斜，大致与上颌相垂直，仅齿尖略向内弯。门齿唇面具纵沟。上颌前臼齿很退化，仅存的一颗前臼齿极小，呈细柱状。其齿冠比臼齿的小很多，羽尾跳鼠属种类的前臼齿则完全消失。齿式为 $\frac{1.0.0～1.3}{1.0.0.3}=16～18$。

全世界有 5 属 9 种。我国有三趾跳鼠属（*Dipus*）和羽尾跳鼠属（*Stylodipus*）2 属 3～4 种。

中国三趾跳鼠亚科（Dipodinae）动物分属检索

尾端具发达的由黑白两色毛构成的尾穗；后足掌下面两侧各有一列较长的硬毛刷；上门齿唇面珐琅质黄色，唇面有纵沟 ·· 三趾跳鼠属（*Dipus*）

尾端无上述尾穗，尾中部及端部皆被以暗色长毛，尾端毛排列成羽状；后足掌不具上述硬毛刷；上门齿唇面珐琅质白色 ·· 羽尾跳鼠属（*Stylodipus*）

三趾跳鼠属（*Dipus*）

体型中等。成体体长 101～155mm，尾长达 145～190mm 及以上。头和眼大。耳短，前翻不超过眼的前缘。前肢 5 趾，第一趾为短小的瘤突，无趾甲。其余 4 指均有坚硬的爪，末端略为弯曲。尾端毛穗由黑色或暗褐色的近端与白毛尖端两段组成。后足仅具中间三趾，两侧趾完全退化消失了。后足掌两侧具垂直向下生长的白色硬长毛，形似毛刷。听泡比较大，长 8.5～10.8mm。二听泡内前端几相接触。上颌有很退化的前臼齿，齿式 $\frac{1.0.1.3}{1.0.0.3}=18$。门齿唇面橘黄色，有一条纵沟。染色体核型 $2n=48$。广布在伏尔加河下游、伊朗和高加索北部向东一直分布到蒙古国和我国东北部干旱的荒漠、半荒漠和草原地区。单型属，仅有三趾跳鼠（*D. sagitta*）1 种。

三趾跳鼠（*Dipus sagitta*） 又名毛脚跳鼠，体型中等。成体体长 101～155mm，尾长达 145～190mm 及以上，后足长 52～67mm，耳长 13～24mm，颅全长 30～37mm。头和眼大。耳短，前翻不超过眼的前缘。口须长。前肢 5 趾，第一趾为短小的瘤突，无趾甲。其余 4 指均有坚硬的爪，末端略为弯曲。体背毛色从暗棕褐到沙棕或沙土黄色。体侧与股部外侧毛锈黄色。臀股部具明显的白斑。腹毛纯白，尾背面毛色与体背相近或略浅，腹面白色或灰白色，尾端毛穗由黑色或暗褐色的近端与白毛尖端两段组成。后足仅具中间 3 趾，成体体背沙灰色，具棕灰色调，有暗灰色波纹。后足仅具中间 3 趾，两侧趾退化，完全消失。后足掌两侧具长而垂直的白色硬毛，形似毛刷。听泡比较大，长 8.5～10.8mm。二听泡内前端几相接触。上颌有一颗退化呈细柱状的前臼齿，齿式为 $\frac{1.0.1.3}{1.0.0.3}=18$。门齿唇面橘黄色，有一条纵沟。染色体核型 $2n=48$。

三趾跳鼠的地理分布属亚洲中、西部广布的温旱型，从伏尔加河下游、伊朗和高加索北部向东，经中亚各国一直分布到蒙古国和我国东北部。在国内分布在内蒙古东乌珠穆沁旗—通榆一线以南和以西的广大地区，包括新疆、内蒙古、青海、甘肃、宁夏、陕西、山西、辽宁和吉林。典型的喜沙型动物，栖息于高原区荒漠和半荒漠中的流动沙丘、固定和半固定沙丘中，以及草原中的沙地。一般海拔高度为 1 000～1 300m，但在阿尔泰山上最高可达 3 000m。独居，昼伏夜出。冬眠。主要取食绿色植物的生长部分，如地下根、茎、花、果实、种子，也吃昆虫。在种群密度高的地区，危害固沙植物和农作物的幼苗。

第四节　我国农区常见鼩形目动物分类检索特征

鼩形目（Soricomorpha）是哺乳动物纲的一个分化支。历史上，鼩形目的动物都划归于食虫目。随着分子分类学技术的发展，人们认为食虫目下的物种是多系群，是由 2 个进化支 3 个目组成，即非洲鼩目（Afrosoricida）、猬形目（Erinaceomorpha）和鼩形目。Hutterer（2005）认为鼩形目有 4 个科组成：岛鼩科（Nesophontidae）、钩齿鼩科（Solenodontidae）、鼩鼱科（Soricidae）和鼹科（Talpidae），后 2 个科我国有分布。

鼩鼱（读音 qújīng）科动物，体型小，肢细长，状如鼠而吻尖长。覆毛细短而密，多数呈褐灰色；一些水栖种足下具毛栉或蹼；眼小，耳短但可见；有些种体侧有臭腺。头骨长而窄，大部分骨缝愈合，颧弓不完全，无听泡。上臼齿齿冠具 W 形外嵴。适于食虫。其和啮齿动物的最显著区别是它们的头和吻尖，头骨无听泡，牙齿结构特点为上门齿 3 个，第一门齿有一个向下钩状齿尖，后紧挨一延长的齿突，第二、三上门齿退化；下门齿 2 个，第一门齿直向前突出。第二门齿是单尖齿。难以用传统的齿式来表达。

鼩鼱科动物主要地栖，有些树栖，半水栖或半地下生活。其新陈代谢率高，白天和夜间均可活动，很少在野外被观察到或用常规的夹捕法捕获，自然史所知甚少。有3亚科，我国有2个亚科：麝鼩亚科（Crocidurinae），又名白齿鼩亚科，我国有2属13种；鼩鼱亚科（Soricinae），有12属148种，我国有9属39种。

中国鼩鼱科（Soricidae）动物分亚科检索

齿冠栗红色（短尾鼩属 *Anourosorex* 和水鼩属 *Chimarrogale* 除外），第四下前白齿有后舌凹；下颌骨髁关节在唇边结合形成一明显的舌凹 ·· 麝鼩亚科（Crocidurinae）

齿冠栗白色，第四下前白齿缺失舌凹；下颌骨髁关节在唇边结合形成一明显的唇凹 ······ 鼩鼱亚科（Soricinae）

（1）臭鼩（*Suncus murinus*）又名大臭鼩、粗尾鼩。体型较小，头狭长，吻部显著突出；眼小；耳裸，有明显皱褶；足及爪均细小，有泄殖腔（较原始的特征）；毛被短密呈绒状，通常灰色，略有浅棕色；尾基部粗大，尾长超过体长之半，其上散布有很多粗长毛；体侧面中央有1对腺体，分泌黄色具臭味的黏液。雄性睾丸不位于腹腔，无阴囊，位于尾基部的提睾囊内；雌兽具3对明显的乳头，分列于下腹两侧，最前一对生于后肢前基部；无盲肠。

头骨细长，具尖削的吻部，大部分骨缝愈合，颧弓缺失，无听泡，听骨退化为一细弱的骨环，不固着于头骨上；有明显的矢状嵴；人字嵴发达，显著突出于枕骨上缘，左右相交成直角。

牙齿构造最特殊的是上颌3对门齿，齿尖甚发达。上颌第一门齿的前突发达且朝下方弯曲，呈钩状，根部有一小而钝的后突；第二、三门齿退化，第三门齿最小，不及第二门齿一半；犬齿也退化，第一前白齿最小，隐于齿列线内方，但不显露于外侧；第二前白齿发达；第一、二白齿有 W 形外齿突；第三白齿小，约为第二白齿的 1/4。下门齿向前突出；犬齿和前白齿均退化，差别不明显；第一、二白齿咀嚼面中间凹陷，第三白齿小。

在我国分布于上海、浙江、江西、福建、台湾、广东、广西、海南、湖南、贵州、云南、四川、甘肃。栖息于农田、沼泽地及湖泊边的灌木竹林、草丛及小树林中，也栖居于城镇和农村室内。在田间以麦地、草地、黄麻地、甘蔗地、蔬菜地中活动较多，农家室内则以厨房、小屋的潮湿处为多。

（2）短尾鼩（*Anourosorex squamipes*）又名四川短尾鼩。外形：吻较钝而短，眼退化，仅见菜子样大小的小眼，耳亦退化，几无耳壳，前后足爪短而钝，但粗壮，较为发达，适于掘土。尾极短，微短于后足，光裸无毛，覆以鳞片但尖端有时微具毛。体毛厚而较长。足亦光裸。毛色：背部呈深鼠灰至黑棕色，两颊常具一棕赭色细斑，腹面淡灰，刷以淡黄。四足背呈灰黑色，趾爪均白。尾鳞片为棕黑色，故尾色也暗。头骨：呈坚实感，地下生活型，具一低而强的矢状嵴，枕嵴突出，后面观呈半月形，顶部适于肌肉附着，其头骨顶部最大宽度处，形成头骨两侧的突出钝角。上颌二单尖齿间具一长圆形孔。牙齿：齿式＝26。具二单尖齿，上前白齿特别发达，第一、二上白齿退化，第三上白齿更小，其尖端冠面约等于第二上白齿后尖的大小。下颌门齿切缘直。

在我国主要分布于云南、贵州、陕西、甘肃等省。生命力强，适应性广，自海拔 2 500m 的横断山脉北部，直至川东条状山区均有其踪迹，家居、野栖均颇适应。杂食性，取食范围广，既能捕捉地面活动的小动物，又可挖掘深藏地下的昆虫幼虫和蚯蚓等软体动物，兼食植物种子及部分绿色植物。捕食有益昆虫、蚯蚓及青蛙等，也捕食一些害虫，但权衡其益害，仍属害兽之一。此外破坏农作物，传播钩体病。

鼠害的发生会造成巨大的经济损失和生态退化，且治理难度大。多种农业害鼠的成灾具有一定的周期性，准确预测农田害鼠种群的动态虽然非常困难，但却是提高鼠害防治效率的可靠措施之一。建立以预警为主的鼠害监测系统，是实现科学、及时、有效防治的前提与关键。预测预报建立在监测的基础上。鼠害的监测，即在鼠害发生前，对鼠害发生的环境进行监测，监测出可能出现鼠害的环境。在鼠害发生过程中，及时监测出鼠害发生的空间范围以及进行危害损失评估，提供决策支持，根据灾情对鼠害的损失进行评估，并确定防治鼠害的措施，及需要投入的人力、物力和财力。我国的鼠情监测年限短，缺乏长期、系统的鼠类分布情况及生物学、生态学资料，对一些主要害鼠种类的预测预报工作还存在困难，对农业鼠害发生缺乏大尺度监测的技术手段与能力。目前仍以常规手段为主，靠传统的实地调查和经验分析进行预测预报。

第一节
害鼠监测技术

害鼠成灾实质上是害鼠种群数量的暴发。对目标动物种群长期监测数据的有效积累是准确预测目标种群动态的最重要基础。进行动物生态研究的监测技术有多种，哪一种技术更适合，与所研究的物种的栖息特点、研究目的密切相关。其中调查的目标最普遍的是特定的种群大小或群落的组成、密度、丰富度、多样性等指标。啮齿动物种类多，生活环境多样，极少能够被长期直接观察到。目前，掌握害鼠种群动态和相关生物学及生态学研究的传统常规手段有样方捕尽法、夹捕法、使用捕鼠笼进行的标记重捕法，以及近年来逐渐发展尝试的围栏陷阱技术（TBS）、无线电遥测技术、3S技术、物联网技术、电子标签技术及红外相机监测技术等。但没有一种捕获方法可以等概率地捕获到所有物种或不同性别和年龄段的个体。此外，因调查区域的环境特点、气候特点、个体所处的地位以及物种组成等的影响，捕获方法对不同动物种群（群落）的捕获效率差异显著。需根据实际环境特征及研究需要，选择合理的监测技术进行调查，进而才能准确预测预报害鼠种群动态。

农田鼠类数量调查方法多样，因当地啮齿动物的生态习性和栖息环境不同，当地社会经济发展水平以及鼠害监测的目的不同，其调查方法亦可不同。常用的主要监测方法和最新的技术进展研发的监测方法如下。

一、样方捕尽法

选取 1/2hm² 的样方，用置夹法或弓箭法（地下鼠），将样方内的鼠捕尽。一般上午（或下午）置夹（箭），下午（或次日凌晨）检查，至次日凌晨（或次日下午）复查。每次检查以相隔半日为宜，捕尽为止。捕获鼠总数除以调查样地的面积即为该地地上或地下活动鼠的绝对密度值，一般以只/hm²作为单位。这一方法所得结果准确，但费时费力，大面积使用困难。

二、夹捕法

夹捕法，又称为夹日法或夹夜法，是指使用鼠夹调查 1 昼夜时间内捕获鼠的数量，通常在傍晚置夹，次日清晨收夹。一般以 100 夹日作为统计单位，即 100 个夹子 1 昼夜所捕获的鼠数作为鼠类种群密度的相对指标。以夹捕率来表示。例如，100 夹日捕鼠 10 只，则夹捕率为 10％。其计算公式为

$$P（夹捕率）=\frac{n（捕鼠数）}{N（鼠夹数）\times h（捕鼠昼夜数）}\times100\%$$

夹捕法通常使用的鼠夹为中型鼠夹，灵敏度控制在 4～5g 为宜。诱饵以方便易得并为鼠类喜食为标准，多数情况可用花生作诱饵。布夹方式一般夹距 5m、行距不小于 50m，也称为直线性布夹法。由于受农田大小的限制，在实地调查中，也经常采用夹距 10m、行距 20m 的方式进行布夹，称为棋盘式布夹法。在采用夹捕法时，每一生境中至少应累计 500 个夹日才有代表意义。此法适用于小型啮齿动物的数量调查，特别是夜行性的鼠类。

夹捕调查法是国内外最普遍使用的害鼠监测调查技术，以夹捕率表示鼠密度，代表调查地区的相对鼠数量。20 世纪 80 年代以来，夹捕法是我国农区鼠情监测的主要方法，简便易行、适用于不同环境，可以比较不同时间、不同地点害鼠种群或群落的结构特点。其主要缺点在于对种群或群落的扰动，环境不均一性所造成的夹捕密度的准确性，而且鼠夹规格，不同鼠种及不同年龄段害鼠对鼠夹的灵敏度，对诱饵的喜好程度不同。此外，不同人员操作，不同布夹方法（夹距、布夹方式）调查的鼠密度存在较大差异。

2005 年，在北京顺义地区以南采镇为中心进行了夹捕调查。调查样地包括玉米地、大豆地、苜蓿地、苗圃和草坪 5 个生境类型。置夹方式采用对角线布夹法（在样地内沿对角线布夹，每条对角线置夹 50 个）、平行排列法（在样地内沿田垄平行布夹，每条夹线置夹 50 个）和边埂排列法（在样地的边埂放置鼠夹，每条夹线置夹 50 个）3 种方式（图 3-1）；3 种布夹方式的鼠夹排列间距分别有 3m、5m、10m 3 种间距。结果表明对角线布夹法的平均夹捕率比平行排列法和边埂排列法的平均夹捕获率均高；5m 的平均捕获率比 10m 和 3m 的均高（图 3-2）。实际工作中，放 5m 夹比 10m 夹所用的工时较少、不容易丢夹，因此，布放对角线 5m 的方式最佳。

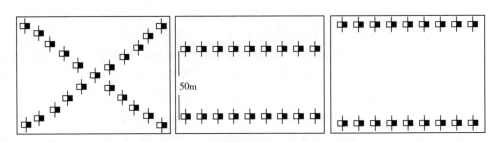

图 3-1 2005 年于北京顺义南采镇农田采用的 3 种置夹方式
（对角线布夹法、平行布夹法和边埂布夹法）

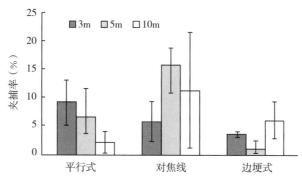

图 3-2 2005 年于北京顺义南采镇农田采用的 3 种置夹方式不同布夹间距的捕获结果

三、地 箭 法

地箭法是用于捕获监测地下生活鼠的一种手段。通常由一块较厚的木或石板、橡皮（或弹簧、竹弓）、横别棍等组成。捕鼠时，将下口对准鼠洞，箭向上拉，使箭尖退至下口上缘，小木棍拉到板的前面别好，鼠出洞踏动横别棍，小木棍弹起，箭射下即可穿入鼠体（图 3-3）。多年前我国用于地下鼠监测和防治的地箭常就地取材制作，现已有商品化的产品。

图 3-3 自制地箭和商品化地箭捕捉地下活动的鼠

四、标记重捕法

利用捕鼠笼在样地上随机捕获一部分个体进行标记后释放，经过一定期限后重捕。假设重捕样本中标记样本的占比等于重捕样本数与样地中动物总数的比值来估算样地中动物的总数的方法，其计算公式为

$$样地总数（N）= \frac{样地标记总数（M）\times 重捕个体数（n）}{重捕样本中的标记数（m）}$$

式中，啮齿动物常用的标记手段有耳标、切趾、染色等。这种监测方法结果比较准确，但费时费力，大面积使用困难。常用于科学研究领域。

活捕后通常采用切趾标记、染色标记、耳标标记等方式给捕获的鼠做上标记，下一次重捕时根据捕获标记鼠计算重捕率：

（1）切趾标记 切趾标记（toe-clipping）是啮齿动物标记重捕监测方法中最常用的标记形式。其主要通过对鼠类的指和趾按照一定的方式编号后，按标记序号切掉相应的指和趾。该方法无须额外提供材料并具有永久标识和操作简单的优点，为啮齿动物研究人员所普遍接纳和使用。切趾编号的方法可分为双趾编码系统、三趾编码系统和四趾编码系统，可分别标识 89、323 和 899 个个体（图 3-

4)。切趾标记调查取样中，应尽力减少切趾对动物行为和存活的影响。

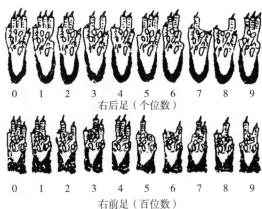

图 3-4　捕鼠笼活捕的鼠及切趾标记

（2）**染色标记**　染色标记是啮齿动物标记重捕监测方法中常用的一种方式，在重捕取样时，使用不易脱落的毛发染剂在捕获编号鼠的身体不同部位，如头、腰部、臀部，进行染色标记，以此可根据染色特征确定每只鼠的身份。定期目测检视即可观察个体行为或计算种群特征。

（3）**耳标标记**　耳标标记是国外啮齿动物标记重捕监测方法中最常用的一种方式，采用合金材料制作的耐腐蚀、不易生锈，并可高压灭菌的条状耳钉，上标数字序号，钉于鼠耳壳上，用于目标鼠的编号标记。由于我国用于耳标生产的材料不过关，其容易折断或从动物耳壳上脱落，在我国鼠类监测中不常使用。由于近年对动物福利的关注，相较于切趾法，该法较人道，近年在我国逐渐推广使用。

标记重捕法是科学研究调查中常用的鼠类种群或群落监测方法，其在 17～18 世纪已经被用于调查动物生态特征。该法最大的优点是对动物集群的扰动小，能够客观体现种群或群落的动态特征。调查数据较详细、准确、不误伤非靶标动物、保护动物福利、维护生态平衡，但调查操作繁琐、费工费时、对调查人员技术要求较高，另一难点在于如何准确地根据重捕数据估算种群的大小，目前国外相关的研究较多，标记重捕模型中 Jolly-Seber 随机模型使用最广泛，也被认为是调查开放种群较好的方法，该模型应用需要满足标记种群个体间具有等捕性、动物无"厌笼"和"喜笼"反应，且取样个体重捕率不能低于 50%，否则会增加估计误差、结果可靠性差。而我国大量的研究是利用标记重捕技术和已有的算法解决相关的科研问题，对于标记重捕方法学的研究报道几乎没有。

五、统计洞口法

统计一定面积上和一定路线上鼠洞洞口的数量来表示鼠类相对密度的一种常用方法。这种方法适用于植被稀疏而且低矮、鼠洞洞口比较集中明显的鼠种。统计洞口时，必须辨别不同鼠类的洞口。辨别的方法是对不同形态的洞口进行捕鼠，观察记录各种鼠洞洞口的特征，然后结合洞群形态（如长爪沙鼠等群居鼠类）、跑道、粪便和栖息环境等特征综合识别。同时，还应识别居住鼠洞和废弃鼠洞。居住鼠洞通常洞口光滑，有鼠的足迹或新鲜粪便，无蛛丝。根据不同的调查目的，选择有代表性的样方，每个样方面积可为 0.25～1hm² 不等。还可根据不同需要，分别采用方形、圆形和条带形样方进行统计。

（1）**方形样方**　常作为连续性生态调查样方使用。面积可为 1hm² 或 0.5hm²。样方四周加以标记，然后统计样方内各种鼠洞洞口数。统计时，可以数人列队前进，保持一定间隔距离（宽度视草丛密度而定，草丛稀可宽些，草丛密可窄些）。注意防止重复统计同一洞口，或漏数洞口。

（2）**圆形样方**　在已选好的样方中心插一根长 1m 左右的木桩，在木桩上拴一条可以随意转动的测绳，在绳上每隔一定距离（依人数而定）拴上一条红布条或树枝。一人扯着绳子缓慢地绕圈走，其他人在红布条之间边走边数洞口。最好是数过的洞口上用脚踩一下，作为记号，以免重数或漏数。如果只有两人合作，可用3条长短相同的绳子，绳子一端拴上铁环，另一端拴上铁钉（图3-5）。

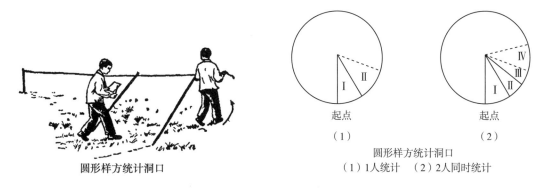

圆形样方统计洞口

起点
（1）

起点
（2）

圆形样方统计洞口
（1）1人统计　（2）2人同时统计

图3-5　圆形样方统计洞口

（引自宋凯，1987）

（3）条带形样方　多应用于生境变化较大的地段。其方法是选定一条调查路线，长1至数千米，要求能通过所要调查的各种生境。在路线上调查时，用计数器统计步数，再折算成长度（m），行进中按不同生境分别统计2.5m或5m宽度范围内的各种鼠洞洞口。

六、洞口（土丘）系数法

洞口（土丘）系数法是利用鼠数和洞口数的比例关系，来表示每一洞口所占有的鼠数。测得每种鼠不同时期的洞口系数（每种鼠在不同季节内的洞口系数不同，每次监测均需重新调查）。洞口系数的调查，必须另选与统计洞口样方相同生境的一块样方，面积为0.25～1hm^2。先在样方内堵塞所有洞口，经过24h后，统计被鼠打开的洞口数，即为有效洞口数。然后在有效洞口置夹捕鼠，直至捕尽为止（一般需要3d左右，但要注意迁出和迁入的鼠数）。统计捕到各种鼠的总数，此数与有效洞口数的比值即为洞口系数。公式为

$$I（洞口系数）=\frac{n（捕鼠数）}{b（洞口数或有效洞口数）}$$

群居性鼠类洞口系数调查法，在可以分出单独洞群的情况下，可以免去样方调查，直接选取5～10个单独的洞群，统计每一洞群的有效洞口数，然后捕鼠，计算洞口系数。根据单位面积洞口数及其洞口系数，即可求出单位面积中各种鼠的估计值。

对于地下生活的鼠类，具有堆土习惯，在进行鼠种相对密度的调查时。常常在样方内统计土丘群数（土丘群由数量不等的土丘或龟裂纹组成，或密集成片，或排列成行，在数量少的样方内，有时只有一个土丘或龟裂纹，为了计算方便，亦计作一个土丘群），按土丘群挖开洞道，凡有封洞现象发生的即用捕尽法统计绝对数量，按下列公式求出土丘群系数。

$$I（土丘系数）=\frac{n（捕鼠数）}{b（土丘数）}$$

根据上述方法即可进行大面积调查。统计样方内的土丘群数，乘以系数，则为其相对数量。这种方法所得结果与捕尽法所得结果相吻合，而且计算简单，便于掌握，适用于统计类似鼢鼠等有堆土习惯的鼠种。

七、掏洞堵洞法

掏洞堵洞法又称为开洞封洞法，适用于地面活动鼠数量监测。将样线或样方内的鼠洞用泥带封严，根据鼠种的活动规律，一段时间后，检查被打开的鼠洞，即有效洞口数。对于鼢鼠、鼹鼠等地下

活动的鼠类，其方法是：在样方内沿洞道每隔10m（视鼠洞土丘分布情况而定）探查洞道，并挖开洞口，经24h后，检查并统计封洞数，以单位面积内的封洞数来表示鼠密度的相对数量。该法较简单便捷，可用于大面积鼠种群的调查。

八、目测统计法

用肉眼或借助于望远镜直接观察统计鼠数的方法。适用于开阔地带统计白天活动的鼠种，如旱獭、黄鼠和鼠兔等。具体做法为：选一长方形的样方，宽度以目测者的视力能看清鼠类为度。在其四周标以明显的标志，目测者沿样方边线向前缓步行进，双眼观察并统计样方内的鼠数。目测统计时，只能计算在地面上活动的鼠数，留在洞内的鼠尚未计算在内。因此，要在鼠类活动比较频繁时连续目测数次，取其最高值。

如在地形复杂的山区统计旱獭时，可带望远镜，从远处观察活动的旱獭数，并在离开前有意识地站起来，或采用引起旱獭警觉的动作，以查出静观察中未发现的个别个体。这种方法即使在活动高峰期间去调查，还是有一些个体在洞中未被观察到。因此，要将调查结果进行适当调整。

九、印 迹 法

野外监测中，另一相对密度估算方法是印迹法，国外常用的印迹工具为食饵站，其简单易行，技术要求不高，能够大规模地使用。其明显缺点是得不到鼠个体信息，进而丢失种群或群落的特征信息。在科学研究中的作用不大，但对于生产部门而言简单易行，密度估算的相对准确度也较高。该法又称为盗食法，在调查区域内规定的时间内按一定的方式投放食饵，通过鼠类对食饵的盗食情况来估算鼠密度。使用统一材质、大小形状规格统一的食饵，傍晚投放，第二天清晨核查是否有鼠啃食过，啃食过的记录为阳性，更换食饵后继续观察至设定的天数。以盗食阳性率（%）＝（总阳性点数/总投放点数）×100%来表示监测地鼠密度。啃食法受食饵适口性、引诱力与鼠类环境食源差异、非靶标动物的盗食等因素影响，不同食饵、不同地区、不同时间之间的可比性差。

随着信息技术的发展，尤其是近年来，连续大规模自动监测环境特征变化或连续自动追踪动物个体活动成为可能，环境特征的变化与栖息于当地的动物集群大小密切相关。利用信息技术自动监测啮齿动物种群动态为许多国内外动物学家所关注。目前，相关的技术包括早期的无线电遥测、遥感技术及近年快速发展的物联网技术、电子标签技术和红外感应相机监测技术。

十、无线电遥测技术

无线电遥测是一种对动物进行远距离定位和测定有关参数的一种技术。无线电遥测仪主要由无线电发射器、接收机和天线系统3部分组成。安装在动物体上的无线电发射器发出固定频率信号，接收器通过天线系统把信号接收下来经放大转换为音频信号，当天线的主杆对准发射源时信号最强，若偏离发射源信号减弱，通过选择最强的信号，定出动物所处的方位。二台接收器在不同的地点测向，得出二条相交的直线，相交点即为动物所在的位置。无线电遥测技术的发展在电子监测技术中应用最早，用其对啮齿动物进行跟踪调查的难点是适用于小型动物的设备昂贵，难于大规模标记跟踪应用。

十一、遥感技术

遥感技术又称为3S技术（geographic information system，GIS；remote sensing，RS；global positional system，GPS），通过遥感得到图片中的植被绿度、指数等参数，推断灾害的发生情况。害鼠的种类及其种群数量的不同对植被的危害特征及程度不同，由此引起植被的群落组成及其覆盖度变化，这种变化可以敏感地反映在植被反射的光谱值上。通过分析遥感信息的光谱资料，便可以实现对害鼠种类、数量及危害程度实时准确地监测和监控，为防治提供支持。该技术在草原鼠害、森林鼠害的调查中有所尝试，其具有监测面积广、宏观信息丰富、实时监测等优点，但该技术的应用极大依赖于遥感识别技术的发展。卫星图片的获得周期长，分别率很难达到农业生产的要求，且价格昂贵。目前监测模拟的结果与实际鼠害发生面积存在一定差异，尤其对地下活动的鼢鼠，监测危害面积为实际调查面积的 20 多倍，差异较大。

何咏琪等（1998）将"3S"技术与地面实地调查数据相结合，考虑影响草原鼠害的主要因素，建立了基于"3S"技术的草原鼠害监测模型。结果显示，青海省实地调查鼠害面积约 971.67×10^4hm^2 草地发生鼠害，其中青南牧区是鼠害面积分布较大的区域，占危害总面积的 78.98%。研究构建的鼠害监测模型模拟的鼠害面积与实际调查鼠害发生范围具有很好的一致性，覆盖了实际调查范围的 99.95%。模拟结果显示，青南牧区鼠害范围占总危害面积的 69.92%，属于青海省鼠害重灾区，这与实际调查结果一致（图 3-6）。但是模拟总面积为 1 752.52×10^4hm^2，是调查面积的 1.80 倍。鼠兔模拟发生区比实际调查面积小，但危害区面积比调查面积大 1.45 倍，面积明显增大。鼢鼠模拟发生区与危害区是调查面积的 9.72 倍，其中鼢鼠危害区是地面调查面积的 20.68 倍，面积明显增大，整个青海省鼢鼠危害面积达到了 1 166.07×10^4hm^2，占整个鼠害面积的 6.5%。"3S"技术需要以鼠害区域实地调查数据为基础，同时需要大量的害鼠数量与环境因子，特别是植被特征之间关系的基础研究来支撑建模，要提高"3S"技术鼠害监测模型的精度，需要根据影响鼠害发生条件的环境因子有针对性地加强鼠害区域实地调查力度，提高实地调查准确度。同时加强鼠类数量动态和环境因子关系的建模能力，方可提高该技术监测的准确度。最近几年，随着无人遥感技术的发展，宽地域，高分辨率，可实时更新且价格合适的遥感图片的获得越来越容易，无人机遥感技术的应用可能是未来农业害鼠动态最有前途的自动化、高频率监测发展方向之一。

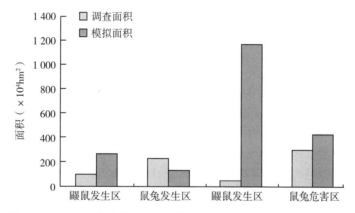

图 3-6 1998 年青海省鼠害监测模型模拟面积与实地调查面积比较

（引自何咏琪等，2013）

十二、电子标签技术

被动式电子标签（RFID）技术是 radio frequency identification 的简称，中文译为电子标签，又称为无线射频识别技术，是一种非接触式的自动识别技术。它通过射频信号自动识别目标对象并获取相关数据，识别工作无须人工干预，可工作于各种恶劣环境。

RFID 技术可识别高速运动物体并可同时识别多个电子标签，操作快捷方便。

目前常用的是被动式 RFID，其不需内部供电电源，工作原理为 RFID 阅读器发出电磁波，RFID 内部集成电路通过接收到的电磁波进行驱动。当标签接收到足够强度的讯号时，即可向阅读器发出数据。被动式标签无需电源、价格较低、体积小巧（图 3-7 至图 3-9）。

　　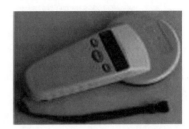

图3-7　玻璃芯片　　　　　　图3-8　芯片注射器　　　　图3-9　手持式电子标签阅读器

被动式电子标签既可以用作体外标记，也可以用作体内标记，在动物园、养殖业和动物贸易中被广泛应用。荷兰于20世纪80年代兴建的自动化奶牛养殖场，即应用无线射频识别技术自动记录奶牛在各种生产活动过程中所产生的数据如运动量、产奶量，进食量，根据这些数据，相应的饲料需要量通过计算机分析并给出，从而实现了精细养殖奶牛。英美等国在20世纪末也大量使用该技术于奶牛饲养领域。

随着该技术成本的降低，其在野生动物研究中的应用也越来越多。国外自1983年电子标签首次应用于测量鱼类活动距离以来，它的应用范围逐步扩大到无脊椎动物、两栖类、爬行类、鸟类及哺乳动物。目前，国内电子标签的应用还仅限于以水生动物为主的有限的几类物种的研究活动中。

十三、红外相机监测技术

近10年来，红外相机监测技术也正逐渐被尝试发展成兽类多样性和种群密度监测的方法。但对于地栖性小型兽类而言，红外相机技术常难以区分物种和个体。上述各技术都有自身的优缺点，但目前都难以对大群体多个体进行个体识别，进而实现对害鼠种群动态信息的精确、长期、自动跟踪监测功能。其用于害鼠种群动态监测的实践之路还有很多工作要做。

十四、围栏陷阱技术

围栏陷阱技术（简称TBS）起源于东南亚水稻种植区。由物理屏障和连续捕鼠笼组成，可连续长期捕鼠。其基本原理可能是利用鼠类有沿着物体边缘行走的习性，紧贴其途经的屏障边缘线设置陷阱，是捕获小型啮齿动物的一种方式。国内外相关报道称TBS与夹捕法、笼捕法捕获量存在一定的相关性，且TBS能够捕获一些稀有鼠种，如地下活动的鼢鼠。此外，与夹捕法相比，TBS捕获的害鼠较为完整、便于储存、持续捕获量大，弥补了夹捕法捕鼠难的缺陷，为鼠种群的形态、繁殖等生态特征的研究提供了丰富的材料。其在我国的新疆、内蒙古、辽宁、黑龙江、四川、贵州等20个省份40多个地区的农田开展了示范试验，各示范区TBS均能获了大量害鼠。TBS有着比传统夹捕法监测农田害鼠更贴合自然种群的优点，可以尝试替代夹捕。但监测调查中设置标准（设置地点、设置数量）及与夹捕调查相似的缺点，及所反映的种群密度算法等问题需要逐步解决。为了推进TBS的应用，许多学者进行了大量理论研究。为了克服矩形TBS给农业生产带来的不便，在我国东北，我国鼠害控制工作者优化传统的矩形TBS为线形开放式，其捕鼠效果无差异，便于田间操作，为该技术的推广奠定了基础。

十五、物联网智能监测

物联网智能鼠害监测技术是以物联网技术为基础，系统集成大数据技术、数字图像处理技术、无线传感传输技术、模式识别技术和数据可视化技术，硬件上结合基于深度学习的嵌入式技术，实现害鼠数据自动获取、分析挖掘、智能识别分类及数据可视化分析的一整套装置。其可为各鼠害防控管理体系提供实时、动态的精准数据，实现对各生态系统啮齿动物的科学监测、风险分析、危险度评价和风险管理，实现辖区内害鼠监测的统一管理。

（一）物联网技术是智能监测的承载基础

物联网是指在物理世界的实体中部署具有一定感知能力、计算能力和执行能力的各种信息传感设备，通过网络设施实现信息传输、协同和处理，从而实现广域或大范围的人与物、物与物之间信息交换需求的互联。根据信息的采集、传输、处理和应用的过程，可对应物联网的四层架构模型：感知识别层、网络传输层、数据管理层和综合应用层。物联网的感知层主要进行信息采集、捕获和物体识别，其通过传感器、摄像头、识别码、RFID和实时定位芯片等采集各类标识、物理量以及音视频数据，然后通过短距离传输、自组织组网等技术实现数据的初步处理，感知层是实现物联网全面感知的核心能力。物联网的网络层主要是将感知层采集的信息通过传感网、移动网和互联网进行信息的传输，由于物联网中采集的信息需通过各种网络的融合，将信息实时准确地传递出去。物联网应用层是对网络传输层的信息进行处理，实现智能化识别、定位、跟踪、监控和管理等实际应用，包括信息处理和提供应用服务两个方面。物联网的各种应用数据分布存储在云计算平台、大数据挖掘与分析平台以及业务支撑平台中进行计算和分析，通过可视化技术展示系统流程和结果。

物联网概念最早于1999年由美国麻省理工学院提出，物联网是新一代信息技术的高度集成和综合运用，"十二五"时期我国物联网发展取得了显著成效，与发达国家保持同步，成为全球物联网发展最为活跃的地区之一，物联网"十三五"发展规划着眼物联网生态布局大力发展物联网技术和应用。

野生动物调查的自动采集系统目前主要用于监测如东北虎、华南虎、大熊猫等体型较大动物，图像存于存储卡，通过工作人员把存储卡图像复制到计算机，使用物联网技术对鼠害发生发展进行智能监测是技术的融合创新应用（图3-10）。

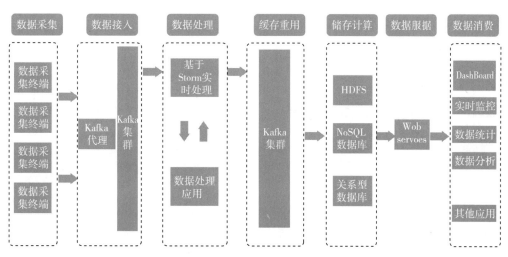

图3-10　物联网数据处理整体架构

（二）基于大数据的模式识别技术是智能监测的核心

1. 模式识别技术

模式识别是把一种研究对象，应用计算机图像处理技术提取其某些特征后进行识别并分类的过程。模式识别目的就是采用某种设备仪器，模拟人脑识别机理，应用计算机技术自动处理某些信息，从中挖掘内在联系，寻找内在规律，进行数据优化计算，代替人完成分类和辨识任务，快速准确地进行监督识别或非监督识别。应用模式识别方法首先要建立一个模式空间，该模式空间是一个对研究目标进行特征提取后得到多个有效特征变量构成的多维空间，其中每一个特征参数代表一个该模式的参量。

模式识别诞生于20世纪20年代，随40年代计算机出现，50年代人工智能兴起，模式识别在20世纪60年代迅速发展成为一门学科，它研究的理论和方法推动了人工智能系统的发展。目前，国内外图像识别技术应用主要集中在：光学信息处理、医疗仪器、自动化仪器、工业自动检测、军事、机器视觉等方面。在国内外，自动照相技术在野生动物研究中的应用已经有较长历史，而且大多只是直接将红外照相机用于拍摄野外大型动物，存于储存卡，再将图像下载到电脑，人工进行种类识别。基于内容的图像识别检索是国内外人工智能领域研究的一大热点，并且正被广泛地应用，但对于在野生动物智能识别分类尤其是对于鼠害智能分类识别在业内是首次尝试。

2. 基于视频的害鼠检测和预处理

通过害鼠影像中的行为分析可为害鼠的分类分析、生态学研究与鼠害的防治提供依据。利用时间序列分析方法对害鼠的行为序列进行分析、建模，并利用模型解析行为数据的统计规律，从而实现害鼠分类分析。

在视频图像序列中，运动目标检测是一种对视频序列中固定背景进行抑制，并把目标前景区域提取出来的过程。通过对摄像机采集的视频序列图像进行分析，利用粒子滤波器在每一帧图像中定位运动目标，然后将视频序列中连续帧间的同一对象，根据目标的相关特征关联起来，从而来得到运动目标完整运动轨迹，实现对目标的跟踪。通过计算视频场景中的二维速度分布，在目标与背景的速度不同时，将目标从背景中分割出来，再通过比较图像序列中相邻两帧或几帧图像的差别，来检测运动物体。通常运动物体在图像序列中、相邻两帧图像间有位移，而背景部分在视频序列的相邻两帧间的位置是相对不变的，如果对相邻两帧的图像对应的像素点相减，运动物体区域的差值就会很大，而背景部分的差值等于零或者接近于零，借助图像分割技术，来实现精确的运动目标检测。由于自然场景图像的复杂性及其所含噪声的多样性，害鼠影像在获取和传输过程中，会受到各种各样的噪声干扰，严重影响图像的细节和质量。形态学开闭重建滤波是一种基于数学形态学的非线性滤波方法，能够在去除细密纹理和部分噪声引起的伪局部极值的同时，较好地保留目标轮廓极值信息及一些其他的重要特征，避免目标轮廓的位置发生偏移。在对害鼠影像分割之前，进行形态学开闭重建运算，来消除害鼠影像中明暗细节及噪声、增强对比度、增大图像的能量差、实现平滑去噪。

3. 害鼠大数据分布式存储

通过不同方式采集的害鼠信息包含不同的数据形式，如数字、文本、图像等。针对多源异构的害鼠信息大数据，综合采用关系型数据库、NoSql 数据库、HDFS 分布式文件系统，实现害鼠大数据的高效存储，技术框架如图 3-11 所示。

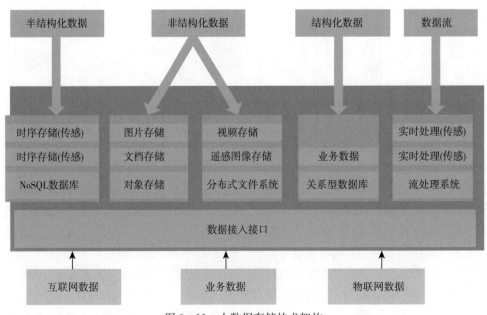

图 3-11 大数据存储技术架构

①结构化数据存储。各种环境参数监测及外置硬件端运行自检会产生大量的结构化数据，这些数据具有数据量小、数据格式清晰稳定、数据间联系度高和数据冗余率低的特点。对于具有上述特征的数据，最适于使用关系型数据库进行存储，如 SQL、Oracle 数据库等。

②半结构化数据存储。半结构化数据是害鼠监测系统数据的重要类型，各业务系统产生的日志文件、智能采集卡采集数据、GPS 定位数据、传感器收集数据等。这些数据与普通纯文本数据相比，具有一定的结构性，但是结构变化大，难以建立严格的理论模型。另外，这些半结构化数据往往数据量很大，以致传统的关系型数据库难以容纳。NoSQL 数据库具有灵活的数据模型，易扩展的架构和高度的可靠性，采用 NoSQL 数据库（如 HBase、MangoDB 等）来存储半结构化数据，基于 Hbase 存储的结构如图 3-12 所示。

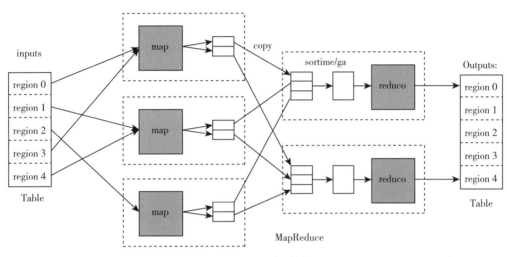

图 3-12 Hbase 结构

③非结构化数据存储。系统自动采集的害鼠影像等"非结构化大文件"，无论使用关系型数据库还是对象存储，都无法获得好的存储性能，需选择分布式文件系统进行存储，分布式文件系统对于中、大型文件存储效率高，且适合一次写入、多次读取的场景。

4. 视频大数据分析

以鼠为代表的啮齿类动物全球共 2 700 余种，种类繁多，常规的分类器很难实现高精度的分类模型，需要采用分层分类的方法，利用分布式聚类方法将特征相近的害鼠聚成一类，从而降低害鼠分类的数量。在此基础上，对每个聚类利用基于多层卷积神经网络的深度学习模型，对多分类的害鼠图像进行建模训练，从而实现高精度的害鼠识别分类。

①MapReduce 分布式计算模型。MapReduce 模型研究 MapReduce 最早由 Google 提出，随后得到 Apache 的 Hadoop 开源实现，已有多种 MapReduce 模型被提出，一般的 MapReduce 模型如图 3-13 所示，主要用于大规模数据的搜索，不涉及复杂的迭代运算。随着 MapReduce 技术应用范围越来越广，为使 MapReduce 能够分析更为复杂的计算，对 MapReduce 模式进行了改进，迭代 MapReduce 模型已被提出，如图 3-14 所示，具有代表性的迭代 MapReduce 模型为美国印第安纳大学开发的 Twister 软件，其软件模型架构如图 3-15 所示。

②基于分布式计算的聚类分析。聚类的目的是把特征相似的害鼠图片聚合到一起，组成一个新的类，从而降低分类的类别数，是一种无监督方法。基于信息瓶颈理论的聚类是基于信息熵理论的聚类方法，以信息损失量为测度度量变量之间的相关性，可以统计变量之间任意统计相关性，已被用于多个领域的聚类问题，取得理想的效果。基于信息瓶颈理论聚类方法的优点，采用基于 MapReduce 编程模式的并行聚类方法，实现害鼠影像分类的分层。

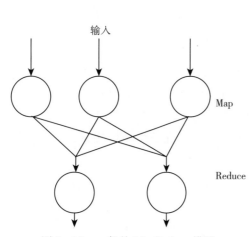

图 3-13 一般的 MapReduce 模型

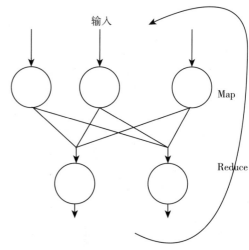

图 3-14 基于迭代的 MapReduce 模型

　　在给定一个目标集合，基于瓶颈原理的聚类方法是寻找在所有的聚类中使目标类与特征之间的信息损失达到最小。设在目标空间 X 和特征空间 Y 上的联合概率分布为 $p(x,y)$，信息瓶颈理论是找一个聚类 $\hat{X}$ 在给定聚类质量的约束条件下使信息损失 $I(X;Y)-I(\hat{X};Y)$ 达到最小。其中，$I(X;\hat{X})$ 是 X 和 $\hat{X}$ 之间的互信息。

$$I(X;\hat{X}) = \sum_{x,\hat{x}} p(x)p(\hat{x}\mid x)\log\frac{p(\hat{x}\mid x)}{p(\hat{x})}$$

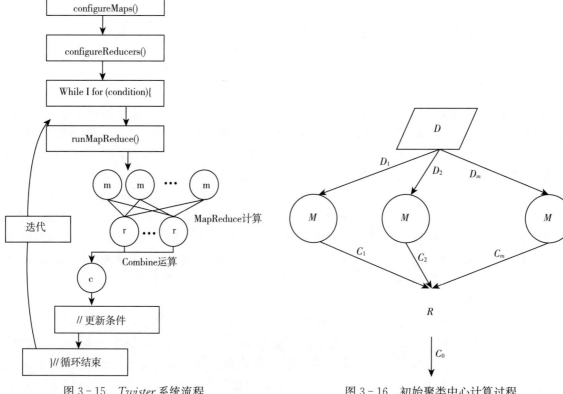

图 3-15 *Twister* 系统流程

图 3-16 初始聚类中心计算过程

基于 MapReduce 的并行聚类过程如下。首先将大规模数据集 D 划分成 m 份 D_1，D_2，$\cdots$，D_m，在每份数据上，计算任意两个样本合并产生的信息损失量，对损失量最小的两个样本进行合并生成一个新的聚类，重复上述过程直到事先指定的聚类准则满足为止，聚类结束，从而确定该子集的聚类中心 C^i，$\{C_1^i, C_2^i, \cdots, C_n^i\}$，$i=1$，$2$，$\cdots$，$m$，收集所有数据子集的分聚类中心，根据基于信息瓶颈理论的聚类方法生成全局聚类初始中心，基于 MapRedcue 计算过程如图 3-16 所示。

在获取初始聚类中心 C^0 后，将其分布到各个 Map 节点，以信息损失作为测度，计算各样本与初始聚类中心 C_i^0 之间的距离，当样本与 C_i^0 之间的信息损失最小时，将样本 x 放入到数据集 p^i 中。对数据子集的所有数据计算过后，根据新生成的数据集 p^1，p^2，$\cdots$，p^k，计算新的聚类子中心 C^1，C^2，$\cdots$，C^k。将所有的数据子集中心收集到一起，计算新的全局聚类中心。

通过计算新生成的聚类中心与原聚类中心的区别来判断聚类过程是否结束。如果达到预期目标，聚类结束，否则，重复上述过程，迭代过程如图 3-17 所示。

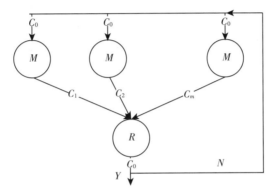

图 3-17　计算最终聚类中心的迭代过程

③基于多层卷积神经网络的深度学习模型。在聚类分析结果基础上，利用深度学习方法对害鼠图片进行建模分析，训练生成自动识别害鼠的分类器。深度学习是含多隐层的神经网络结构。深度学习通过组合低层特征形成更加抽象的高层表示属性类别或特征，以发现数据的分布式特征表示。深度神经网络模型如下。

多层神经网络是在输入层和输出层自己有多个隐含层，与浅层神经网络相似，深度神经网络可以对复杂的非线性关系进行建模，上一层网络能够构建下一层网络的特征，通过逐层抽取，形成输入数据的高级特征，便于分类和预测。深度神经网络的隐含层可通过有监督或无监督的方式进行训练。

深度神经网络有监督训练可通过标准的前馈算法予以实现，隐含层权重的调整可通过随机梯度下降法进行计算，即

$$\Delta w_{ij}(t+1) = \Delta w_{ij}(t) + \eta \frac{\partial}{\partial w_{ij}}$$

各层神经网络可选择不同激励函数，对于分类问题，输出层通常选择 softmax 函数、相对熵函数等，分别用于二值分类和多值分类。卷积神经网络是一种典型的有监督多层神经网络，其网络结构如图 3-18 所示。

图 3-18　多层神经网络模型

各层网络参数通过大量样本有监督的训练调整，得到目标网络结构。从上图看出，第五层是全连接层，其可作为原输入数据的特征表示，单独提取出来用于害鼠分类与鼠情趋势预测。

深度神经网络无监督训练可通过 autoencoder 模型实现，它利用反向传播算法，让目标值等于输入值。利用 autoencoder 来构建深度网络，先利用原始输入来训练网络的第一层，得到其参数 W^{11}、$b^{(1,1)}$、$W^{(1,2)}$、$b^{(1,2)}$；然后网络第一层将原始输入转化成为由隐藏单元激活值组成的向量 S，接着把 S 作为第二层的输入，继续训练得到第二层的参数 $W^{2,1}$、$b^{(2,2)}$、$W^{2,2}$、$b^{(2,2)}$；最后，对后面的各层同样采用的策略，即将前层的输出作为下一层输入的方式依次训练。输出层用 softmax 或相对熵函数实现二值分类或多值分类。

多层神经网络结构复杂，通常上百万甚至上亿的网络参数，深度神经网络训练的计算量非常大，如果用单个计算节点进行深度神经网络训练，对机器的性能要求特别高，而且训练时间会特别长。如何实现并行的深度神经网络模型，提高网络训练的效率也目前深度学习的重要研究内容之一。

（三）数据集成和数据可视化技术是物联网鼠害智能监测的必要环节

原始数据庞杂多样，有传感器、人员操作记录、网络日志等各种不同来源，有结构化数据、文本数据也有图像、视频等，这些数据存在着不一致、重复、含噪声等问题。在数据应用之前，需要通过数据清理、数据集成、数据变换、数据归纳等手段对这些问题进行处理，以达到可以用于数据分析的目的。

数据可视化技术是指运用计算机相关技术将数据以图形或图像的形式进行表达，并利用数据分析和开发工具发现其中未知信息的交互处理的理论、方法和技术。良好的数据可视化分析环境，是实现人机交互的基础。数据可视化将各种类型的数据，通过不同的呈现方式，包括结合地理信息系统、数据统计图表、三维建模、时空态势展示等丰富的展现形式，将数据直观地呈现给用户。将数据可视化，以图表或者其他更加直观的方式来帮助行业人士理解数据，从而辅助决策。对于数据处理人员而言，可视化的方式则能帮助他们更快地消化数据，化数据为知识。

上述调查害鼠种群动态和相关生物学及生态学研究的各技术手段都有自身的优缺点，传统的人工监测手段，技术成熟，历史数据积累时间很长，其准确性和操作人员的专业认知和熟练程度密切相关，且随着社会经济的发展，系统性、长时间、大规模的人工监测工作越来越难以实施。信息监测技术目前都难以对大群体多个体进行个体识别、进而实现对害鼠种群动态信息的精确，长期，自动跟踪监测功能。其用于害鼠种群动态监测的实践之路还有很多工作要做。

第二节　鼠害预测预报技术

害鼠成灾实质上是害鼠种群数量的暴发。从内因看，种群数量的暴发反映了害鼠种群出生率、死亡率、迁入与迁出的变化；从外因来看，种群数量的暴发受气候变化、栖息环境、食物资源、天敌、疾病、人类活动等多种因素的影响。掌握这些因子对种群的影响机制，进而对区域性鼠害发生进行中长期预测预报是鼠害研究领域的长远目标之一。由于各种环境因素变化的不确定性及复杂相互作用，鼠害的暴发通常也呈现了时空上的多变性，给预测预报带来很多困难。要对鼠害的发生做出比较准确的预报，非常依赖于对鼠害灾变规律和机制的深刻认识及区域性鼠害预警模型的建立。

害鼠种群的数量波动可以用许多方法做出预测，归纳起来有两大类。其一是采用概率统计学为基础的方法，就是统计模型类的预测方法，如建立回归方程（一元或多元回归、逐步回归）、马尔柯夫链分析、时间序列分析等；其二是采用生物数学模型，如生命表、Leslie 矩阵等。

统计模型中较通用的方法是回归分析和时间序列分析等，如姜运良等（1994）建立了种群数量与怀孕率、胎仔数及降水因子的最优回归方程；王勇等（1997）、汪笃栋等（1991）应用逐步回归法分别建立了洞庭湖稻区、江西安义黑线姬鼠数量预测模型。以上回归模型是以害鼠的数量波动与预测前数量存在稳定的线形关系为前提，且线性回归方程或非线性逐步回归方程需要对害鼠的生物学及生态学特性有十分全面的了解，并积累不少于5年以上有关种群动态消长的调查资料，而且不同鼠种需选择不同的生物学和生态学特征以及关键环境因子作为模型参数。时间序列分析需要假设预测对象与时间有关，通过反映外部因素综合作用来预测对象的变化过程，其根据是数据之间的相互依赖关系，从而简化了复杂的外部因素。所以时间序列分析具有其独特的优点和应用价值。应用时间序列分析，较好模拟了黑线姬鼠、板齿鼠种群的种群动态过程。

生物数学模型的主要方法有建立生命表和Leslie矩阵，这类模型较简便有效。生命表通过对不同年龄组存活率的研究，分析害鼠种群的敏感期及敏感因子，为种群预测提供可靠的理论依据。基于生命表的Leslie矩阵模型自提出以来，在种群生态学研究领域已得到广泛应用和发展，显示出强大的生命力。应用矩阵模型来分析与预测种群动态，是种群研究中常用的方法之一，它不仅可以估算任一时刻种群的密度，还可得出各年龄组个体在种群中所占的比例，其特点是简单、明确，便于在计算机上运算，且数据直接来自生命表。通过建立种群矩阵模型、作参数灵敏度分析，对种群变动趋势进行了很好的模拟和预测。

此外，鉴于种群大量的未知和非确知信息所表现的种群动态与环境之间信息比较模糊，为简化种群内在的生物学特性间的复杂关系，提出了灰色系统分析方法。它通过对系统的灰色性、变量的随机性模拟，可简便有效地模拟和预测种群动态。应用系统模型GM（1，1）对新疆小家鼠种群数量中长期变动趋势进行模拟，预测结果表明该方法是可行的。但应用灰色系统理论在鼠害测报方面的报道所见不多。

近年来，世界各国许多科学家在致力于发展以种群动态规律及其调控机理为基础的研究，探讨鼠害中、长期预测预报指标及参数。而上述数学模型在理论上有助于揭示害鼠种群的波动规律与调节机制，在实践中又为鼠害测报与防治提供了科学依据。但是，只有建立在系统掌握害鼠种群动态规律及其主要影响因素基础上的动态模型，才有可能准确预测种群发展趋势，及时采取有效措施，控制鼠害的发生和危害。

近年来，新观点、新方法被大量探索用于模拟鼠类种群长期动态研究，鼠类种群数量波动规律及调节机制研究进入了一个全新的发展期。学者们从不同层次和角度对鼠类种群调节理论进行了深入的探讨。一个最显著的发展趋势是应用复杂的数学统计方法、数值模拟技术及遥感信息技术，对区域性害鼠种群的长期监测数据进行深入分析，并结合外界因子，主要是温度、降水及微环境的变化等历史数据，模拟种群动态规律，揭示其变动机理。以期解析宏观气候因素及其影响下的食物、植被等因素对鼠类种群暴发的影响。Kenney等（2003）发展了定性模型和数值模型用于预测澳大利亚西南部小麦产区小家鼠的暴发。定性模型根据冬季和春季降雨预测小家鼠的暴发；数值模型则利用冬季、春季降雨和春季小家鼠密度成功地预测了小家鼠秋季的最大密度。将经典的种群生态学模型与快速发展的数学统计建模相结合，能够很好地模拟动物种群的历史动态并进行中长期预测是目前害鼠预测预报研究的焦点。如自回归时间序列模型（autoregressive model）被用来研究具有时滞的密度制约及外部因子对鼠类种群动态的影响，也可有效地对种群数量进行拟合与预测。GAP分析、小波分析、仿真模拟等模型分析方法的引入，在鼠类种群暴发的科学研究及灾害预测预报方面具有广阔的前景。

将环境因子如气候因子、植被因子等引入鼠害预测的参数中是近年来的本学科的重要进展之一。其中研究最多的是温度和降水因素。由于气候对鼠类种群的影响是多方面的，既有直接作用，也有间接作用。极端气候，如暴雨、寒冷等可以直接引起动物死亡，或阻止动物繁殖，这是直接作用。气候通过影响动物的食物、栖息环境来影响种群增长，可发挥间接调控作用。在全球气候变化的大背景下，我国学者提出厄尔尼诺-南方涛动（ENSO）可能是鼠类种群暴发的重要启动因子。并分析了典型草原区布氏田鼠的暴发与ENSO密切相关。全球性的气候变化对鼠类种群暴发可能存在多条途径，包括直接的和间接的。鼠类对极端或异常气候变动应具备生理上和进化上的适应对策，并影响鼠类种群的暴发过程。全球性的气候变化可在较大的空间尺度诱发鼠类危害发生，鼠类种群暴发有明显的空间尺度相关性。与 ENSO 关联的气候或食物是引起啮齿动物种群暴发的关键因子。降水量的增加可增加食物资源量，进而影响野外小家鼠种群的暴发。洞庭湖流域东方田鼠暴发与降水量密切相关，上一年的干旱对次年鼠害暴发是促进作用，而本年度的降水量对田鼠当年发生是个刺激作用。上述研究表明，将气候因子引入鼠害暴发的种群参数中，不仅可延长鼠害预测模型的时间尺度，同时可提升鼠害预测模型的预测精度。并能够明确鼠害暴发的机理，制定有针对性的预防措施。

已有研究表明外界因子对种群的影响是通过相关因子对种群繁殖调节介导产生，具明显的时间和空间特征。如一定纬度内的哺乳动物有固定的繁殖时期，这是自然栖息地食物和水的供给、温度和光周期等环境因子每年的季节性变化对繁殖周期和精子发生调节的结果。水稻成熟期和收获期明显影响南非乳鼠（*Mastomys natalensis*）繁殖启动和繁殖期长度，在此期间，雌鼠繁殖力迅速增强，种群数量在 2 个月内即达到高峰，随后繁殖力下降，种群数量迅速回落。若食物充足，褐家鼠（*Rattus norvegicus*）和小家鼠（*Mus musculus*）可长时间保持高繁殖力，进而可引起种群数量暴发。经、纬度的变化能显著影响许多动物的窝仔数，进而影响其种群动态，小尺度的海拔高度改变即能影响欧鼠（*Myodes glareolus*）的繁殖参数。我国各地生态环境及气候差异较大，可导致同种动物繁殖特征的地区差异。同一动物不同地区的繁殖生态学特征研究是全国乃至整个分布区范围内掌握其生态学特征的必要累积。同时，啮齿动物繁殖力强，受气候、食物等因素的影响变化迅速，可引起种群数量的大起大落。掌握不同环境条件下有害啮齿动物的繁殖特点是对其种群暴发短期乃至中长期预警及制定合理防治策略的必要条件。

由于害鼠动态预测预报模型涉及比较高深的数学知识，其专业性强，鉴于实用性考虑，我们不涉及种群数量调节理论、Leslie 转移矩阵法、灰色理论模型预测法、模糊聚类预测法部分的内容，仅介绍最基本的生命表法。

一、生 命 表

生命表是指种群生长的时间，或按种群的年龄（发育阶段）的程序编制的特定的表格，可以系统地记述种群的死亡或生存率和生殖率，并对影响种群数量变动的关键因子做出判断。最初，生命表仅作为种群死亡状况的记载表格，后来深入发展了生命表中各项目间关系的分析方法。目前，生命表的方法已成为研究种群数量变动机制和制定数量预测模型的一种重要方法。生命表技术的主要优点是可以系统性记述种群的世代从开始到结尾整个过程的生存或生殖情况；同时也可以综合记述影响种群数量消长的各因素的作用状况；并且还能够通过生命表作出关键因素分析，找到在一定条件下的综合因素中的主要因素和作用的主要阶段。现在，生命表的表现形式和数据处理方法已有很大发展，并逐渐定型。

（一）完整数据生命表

生命表的一般概念和常用参数及符号：

x：按年龄或一定时间划分的单位时间期限（如日、周月等）；

l_x：在 x 期开始时的存活鼠数；

d_x：在 x 期限内（i，$i+1$）的死亡数；

q_x：在 x 期限内的死亡率，常以 $100qx$ 或 $1\,000qx$ 表示；

e_x：在 x 期开始时的平均生命期望数；

L_x：在 $x-x+1$ 期间的平均存活数目；

T_x：自 x 期限后的平均存活数的累计数。

生命表中各栏都互有关系（表 3-1），只有 l_x 和 d_x 是实际观测值，其他各栏都是统计数值。在制表前首先要划分年龄期间（x），生活史长的种类则年龄段可以长些。

表 3-1 一个假设的生命表

（引自宛新荣等，2001）

x	l_x	d_x	q_x	T_x	e_x
1	1 000	300	850	2 180	2.18
2	700	200	600	1 330	1.90
3	500	200	400	730	1.46
4	300	200	200	330	1.10
5	100	50	75	130	1.30
6	50	30	35	55	1.10
7	20	10	15	20	1.00
8	10	10	5	5	0.50

各列的计算可从以下各公式得出：

$$l_{x+1} = l_x - d_x$$

如 $l_4 = l_3 - d_3 = 500 - 200 = 300$

$$q_x = \frac{d_x}{l_x}$$

如 $q_4 = d_4 / l_4 = 200/300 = 0.667$　$1\,000 q_4 = 1\,000 \times 0.667 = 667$

$$l_x = \frac{l_x + l_{x+1}}{2}$$

如 $l_4 = (l_4 + l_5) / 2 = (300 + 100) / 2 = 200$

$$T_x = \sum_x^\infty l_x$$

如 $T_4 = l_4 + l_5 + l_6 + l_7 + l_8 = 200 + 75 + 35 + 15 + 5 = 330$

$$e_x = \frac{T_x}{l_x}$$

如 $e_4 = T_4 / l_4 = 330/300 = 1.10$

生命表的基本形式是围绕种群的年龄特征，以死亡率为中心。而另一种基本形式则另外加入了繁殖力这一指标 m_x。表中仍有 x 及 l_x 项，但 l_x 项只代表雌性个体数。m_x 则表示在 x 期限内存活的平均每一雌个体所产生的雌性后代数。实际上常假设雌雄比例为 1∶1，因此 $m_x = n_x/2$，n_x 为雌性个体在 x 期限内的总出生数。再将 l_x 与 m_x 两项相乘，代表在每个 x 期限内所产生的雌性后代总数。

l_x 表示年龄为 x 时尚存活的生殖雌体的概率；$\sum m_x = 16.3$，称为总生殖率；$\sum l_x m_x = R_0 = 2.94$，称为每一世代的净生殖率（净增率），本例表明每一个雌体经历一个世代可产生 2.94 个雌性后代（表 3-2）。

表 3-2 一个假设的种群繁殖特征生命表

（引自宛新荣等，2001）

x（周）	l_x	m_x	$l_x m_x$	$l_x m_x x$
0	1.00	—		—
49	0.46	—	未成熟期	—
50	0.45	—		—

（续）

x（周）	l_x	m_x	$l_x m_x$	$l_x m_x x$
51	0.42	1.0	0.42	21.42
52	0.31	6.9	2.13	110.76
53	0.05	7.5	0.38	20.14
54	0.01	0.9	0.01	0.54
$\sum$		16.3	2.94	152.86

由于这一群体的最长生命为 54 周，因此作为一个世代的时间值，应当是其平均值的生命值 T 的计算方法为

$$T = \frac{\sum l_x m_x x}{\sum l_x m_x}$$

也就是一个世代雌体产生后代的加权平均生命。以此上表中 T 值为

$$T = 152.86/2.94 = 51.99 \text{（周）}$$

算出 T 后，便可根据下式计算种群增长的瞬时速率（r_m）或称为内禀增长能力，即

$$r_m = \frac{\ln R_0}{T}$$

根据上表所列各数据得出

$$r_m = \frac{\ln R_0}{T} = \frac{\ln 2.94}{51.99} = \frac{1.0784}{51.99} = 0.0207$$

因为 r_m 是代表每一雌鼠的瞬间增长率，可以用下列公式将瞬时增长率转化为周限增长率（λ），即

$$\lambda = e^{r_m}$$

如本例 $r_m = 0.0207$，则

$$\lambda = e^{0.0207} = 1.0209$$

该周限增长率是指每一雌体在实验条件下，经过单位时间（此例为周）后的增殖倍数为 1.0209 倍，也就是说理论上将逐周以 1.0209 倍的速度不断作几何级数增长。

（二）具有缺失数据的生命表

常见的生命数据有 4 种类型，即：

①完整的生命数据（complete data），已确切知道每个个体的确切寿命的数据。

②右删失数据（right-censored data），对某些个体知道其寿命大于某个值的数据。

③左删失数据（left-censored data），对某些个体知道其寿命小于某个值的数据。

④区间型数据（interval data），仅知其生命介于两个值之间的数据。在某种意义上说，区间型数据类型含义最广，它实际包括了上述 3 种生命数据类型。

这 4 类生命数据的共同的特征是个体的调查时间起点都在初始时刻（刚出生）。在对野生鼠类同生群（cohort）的生命数据跟踪调查过程中，经常会出现另外一种情形，某些个体的起始调查时间不是在出生时刻而是在经过某段时间之后才进入调查范围。例如，某些迁入的个体并且这些个体往往在不同的时刻进入种群，这种数据被称为左截断数据（left-truncated data）。

与 4 种常见的生命数据类型相对应，生命表的编制通常有 3 种非参数统计方法：生命表法、乘积限估计法和 Tumbull 估计法。生命表法（life table method）通常可处理寿终数据，右删失数据和区间型数据；乘积限估计法（product-limit estimation），这种方法能处理寿终数据和右删失数据，但其

估算精度要比生命表法准确；Turnbull 估计法（Turnbull estimation）可处理寿终数据，右删失数据和左删失数据。显然，左截断数据可兼为寿终数据、右删失数据、左删失数据或区间型数据中的任何一种，但又明显地与这些普通数据相区别，因而在数据分析过程中必须把它与普通数据区别对待。关于对截断数据类型的分析处理方法可以采用在乘积限估计法的基础上加以适当的改进，使其适用于左截断数据，同时计算过程也相对简单。为了使计算过程更为清晰明了，以布氏田鼠的生命数据为例介绍这一方法的使用。

假定在其出生到出窝这段时间内存活率与性比无关，可以近似用其出窝性比代替其出生性比，从而分别得到初生的两性仔鼠数目。为了得到出窝前的幼鼠死亡数据（这部分死亡数据通常无法观测），可根据各个性别组幼鼠的初生数目和出窝数目的差额推算其出窝前的死亡个体数目，并假定在出生到出窝这段时间内死亡率处处相等（总体死亡率等于出窝数目与初生数目之比），然后采用指数函数来近似确定每个死亡数据的数值。对于出窝后的布氏田鼠死亡数据则用中点值估计法确定：即假定在一系列连续调查取样中（包含重捕和观察），S_i 为已知个体 i 还活着的最后一次取样时间，S_{i+t} 为下一次取样时间，那么个体 i 的时间估计值为 $(S_i+S_{i+1})/2$。

右删失数据表现为该鼠为重捕操作中误伤即重捕丧失（losses on traps）的个体或者由于该鼠迁出样地而中断跟踪，它的数值是确定的。左截断数据则是另外一种类型，指示该个体进入调查的实际日龄。如果一个个体从出生时刻即进入调查则左截断日龄为零；如果个体在某个日龄后才进入调查范围，那么该日龄即为该个体的左截断日龄。显然，普通数据也可以看成是左截断时间为零的一类特殊的左截断数据（表3-3）。

表3-3　布氏田鼠的寿命数据以及针对左截断数据加以改进的乘积限估计法估算的生存函数

（引自宛新荣等，2001）

个体序号 i	寿命 t_i	右删失示性函数 R_i	左截断日龄 I_i	有效样本量 M_i	存活分数 $S(t_i)$
1	1	0	0	20	0.95
2	4	0	0	20	0.90
3	6	0	0	20	0.85
4	7	0	0	20	0.80
5	9	0	0	20	0.75
6	12	0	0	20	0.70
7	13	0	0	20	0.65
8	15	0	0	20	0.60
9	16	0	0	20	0.55
10	22	0	0	20	0.50
11	30	0	24	25	0.4667
12	55	0	0	28	0.4118
13	55	0	24	28	0.4118
14	72	0	58	34	0.3529
15	72	0	58	34	0.3529
16	72	0	58	34	0.3529
17	72	1	32	34	0.3529
18	80	0	0	41	0.3382
19	86	0	72	41	0.3088
20	86	0	72	41	0.3088

（续）

个体序号 i	寿命 t_i	右删失示性函数 R_i	左截断日龄 I_i	有效样本量 M_i	存活分数 $S(t_i)$
21	86	1	24	41	0.3088
22	90	0	0	41	0.2934
23	93	0	32	41	0.2625
24	93	0	58	41	0.2625
25	103	0	72	41	0.2471
26	109	0	0	41	0.2316
27	114	0	0	41	0.2162
28	122	0	0	41	0.1853
29	122	0	32	41	0.1853
30	126	0	72	41	0.1699
31	147	0	72	41	0.1544
32	151	0	0	41	0.1390
33	174	0	0	4l	0.1235
34	189	0	72	41	0.1081
35	220	0	0	41	0.0926
36	228	0	72	41	0.0772
37	252	0	24	41	0.0618
38	292	0	0	41	0.0463
39	317	0	58	41	0.0309
40	341	0	58	41	0.0154
41	435	0	24	41	0.0000

用改进的乘积限估计法估算鼠的种群个体生存函数。这里以布氏田鼠为例，第一步将所有的生命数据按由小到大排列，如果某些生命数据具有相同的数值，那么按寿终数据、右删失数据的次序排列，这样可以得到一个生命序列如：$t_1 \leqslant t_2 \leqslant \cdots \leqslant t_n$，其中 n 表示生命数据总数（包含普通数据和左截断数据）。然后，按下列步骤估计其生存函数。为更容易了解估计原理，下面先介绍乘积限估计的主要原理和步骤。

乘积限估计的生存函数 $S(t_i)$ 也可以称作存活分数函数，一般表示为

$$S(t_i) = 1 \quad \text{当} \ t \in [0, t_1] \ \text{时} \tag{1}$$

其生物学解析为：由于 t_1 为最小的生命节点，因此在区间 $[0, t_1]$ 内，存活分数为 1。

$$S(t_i) = S(t_{i-1}) \underset{t_i = t}{\Pi} \left(\frac{n-i}{n-i+1} \right)^{\delta(i)} \quad \text{当} \ t \in [t_i, t_{i+1}] \ \text{时} \tag{2}$$

生物学解析为：在区间 $[t_i, t_{i+1}]$ 内，存活分数保持在 $S(t_i)$ 这一水平，它在数值上等于在上一个区间的存活分数数值 $S(t_{i-1})$ 乘以在生命节点（死亡或右删失）t_i 的存活比例因子 $\underset{t_i=t}{\Pi} \left(\frac{n-i}{n-i+1} \right)^{\delta(i)}$。在只有一个死亡（或右删失）数据的情形下，其存活比例因子为 $[(n-i) / (n-i+1)]^{\delta(i)}$，其中，$n$ 为生命数据总数。因为 t_i 为第 i 个死亡或右删失个体，故在 t_{i+1} 时刻前种群尚有 $(n-i)$ 个个体，而其后种群尚存 $(n-i)$ 个个体。因此在节点 t_i 处的存活比例因子应为 $[(n-i) / (n-i+1)]^{\delta(i)}$。这里幂 $\delta(i)$ 的作用 $[\delta(i) = 1 - R_i]$。如果第 i 个体为死亡数据，有 $\delta(i)$ $1 - R_i = 1 - 0 = 1$，则存活比例因子 $[(n-i) / (n-i+1)]^{\delta(i)} = (n-i) / (n-i+1)$，即该比例因子有效；若第 i 个体为右删失数据，有 $\delta(i) = 1 - R_i = 1 - 1 = 0$，此时存活比例因子为

$$[(n-i)/(n-i+1)]^{\delta(i)}=[(n-i)/(n-i+1)]^0=1$$

该数据的删失不能等同为一般死亡，即该存活比例因子对群体存活率影响为无效。$\delta(i)$ 实际上起到了将右删失数据与死亡数据分开处理的作用。

其次，在节点 t_i 处同时有多个死亡或右删失数据的情况下，如同时存在 2 个死亡数据和 1 个右删失数据的情形，由于死亡数据排列在前，我们可以得到其存活比例因子

$$\left[\frac{n-i}{n-i+1}\right]^1\cdot\left[\frac{n-(i+1)}{n-(i+1)+1}\right]^1\cdot\left[\frac{n-(i+2)}{n-(i+2)+1}\right]^0=\frac{n-(i+1)}{n-i+1}$$ 而阶乘符号的底标 $t_i=t$ 的作用是可在同一节点。t_i 同时处理多个死亡和右删失数据。从上式可以看到，死亡数据与右删失数据的不同排列次序将导致存活比例因子出现不同的数值。为什么要将右删失数据置于死亡数据（寿终数据）之后呢？由于死亡事件可理解为瞬时事件，而右删失数据则表示其真实寿命大于删失年龄的个体，因此，至少在节点 t_i 时刻这一瞬间，右删失数据实际上并未死亡，它仍然可视为有效存活样本（但此后将不再视为有效样本），因而在排列次序上必须置于死亡数据之后。

最后，我们全面理解（2）式的解析意义：在区间 $[t_i,t_{i+1}]$ 内，由于无死亡或右删失事件出现，因此，种群存活分数保持在同一水平即 $S(t_i)$，直到下一个死亡或右删失节点 t_{i+1} 为止。而经历每一个区间的初始节点 t_i，种群的存活分数都要乘以该节点的存活比例因子 $\prod\limits_{t_i=t}\left(\frac{n-i}{n-i+1}\right)^{\delta(i)}$ 因而其种群存活分数不断下降，呈现出下降阶梯函数的特征。这就是为什么该法被称为乘积限估计（product-limitestimation）的主要原因。

$$S(t_i)=0 \quad 当\ t\in[t_n,\infty]\ 时 \tag{3}$$

（3）式的生物学解析为：在最后一个节点 t_n 后，所有个体均已死亡或删失，因此种群存活分数为零。一般认为，最后一个节点 t_n 时刻不能有右删失数据，否则（3）式将无任何意义。

乘积限估计的应用前提是所有动物个体开始进入调查的年龄都是在出生时刻，因此其寿命数据的有效样本量等价于寿命数据总数，即恒等于 n。

但是，在多数情况下（尤其是对处于自由生活状态的鼠类而言），这一前提未必符合真实情况。实际上，由于迁入个体的出现，或者由于种种原因，有些个体未能在出生时刻就开始追踪，而在某个年龄之后才为研究人员所追踪，这些个体均具有延滞介入（entry delay）的特征，其寿命数据即为左截断数据。具有左截断数据特征的动物个体不能等同为普通的寿命数据，因为它实际上含有一个条件概率：鼠类至少存活到截断时刻（年龄）才有可能成为左截断数据，低龄夭折个体不可能成为左截断数据。如果不消除这个条件概率的影响，那么将高估了动物种群的早期存活率（相对于截断年龄而言）从而导致对整个动物种群生存过程的产生估计偏差。针对这一实际情况，对乘积限估计的改进方法可使其同样适用于具有左截断数据。由于每个左截断个体的截断年龄不完全一致，即进入调查追踪的年龄不同。因此，对于每一个死亡（或右删失）节点 t_i 而言，其有效统计样本随着左截断数据的依次介入而不断增加，当所有截断数据加入后才达到最终的有效样本即寿命数据总数 n。这里引进变量 M_i 来解决其有效样本量的变动问题，M_i 指在节点 t_i 处的有效样本量，表示在节点 t_i 之前进入调查追踪的动物个体数量（即左截断时间小于时刻 t_i 的个体数），其简单表达式为

$$M_i=\sum_{j=1}^{n}k_j（当\ I_j\geqslant t_i\ 时\ k_j=0,当\ I_j<t_i\ 时\ k_j=1) \tag{4}$$

针对每一个节点 t_i 分别计算相应的有效样本量 M_i，在全体寿命数据 n 中，比较其左截断日龄（普通数据可视为左截断日龄为零的特殊左截断数据）与节点 t_i 大小。如果其左截断日龄 $I_j<t_i$，则第 j 个体计入有效统计样本，此时 $k_j=0$ 用于累计其有效统计样本量 M_i；若 $I_j\geqslant t_i$，则不计入有效统计样本。例如对表中 M_{16} 的估算方法，先从表 3-4 中的第 1 列找到"个体序号"$i=16$，在同行的第 2 列查出 $t_{16}=72$，在第 4 列左截断日龄 I_i 中找出 $I_j<72$ 的寿命数据总数，共计 34 个，因此 $M_{16}=34$。

由此得到针对具有左截断数据情形下的乘积限估计改进方法：

$S(t_i) = 1$ 当 $t \in [0, t_1)$ 时；

$$S(t_i) = S(t_{i-1}) \prod_{t_i = t} \left(\frac{M_i - i}{M_i - i + 1} \right)^{\delta(i)} \quad \text{当} \ t \in [t_i, t_{i+1}] \ \text{时}；$$

$S(t_i) = 0$，当 $t \in [t_n, \infty)$ 时；

从以上的计算过程可知，在没有左截断数据的情形下，$I_j \equiv 0$，由式（4）可知，$k_i \equiv 1$（因为 $t >$ $0 \equiv I_j$），由此有 $M_i \equiv n$ 成立。这样，缺失数据可以简化为乘积限估计法［式（1）（2）（3）］。

在得到一系列的时间节点值 t_i 和生存函数 $S(t_i)$ 的值后，可以按表 3-4 编制生命表。为了进一步比较乘积限估计与新的改进方法的差异，我们还将表 3-3 中的生命数据按传统的乘积限估计法估计其生存函数与编制生命表（排除其中的左截断数据），其结果列于表 3-5。

表 3-4　由生存函数 $S(t_i)$ 编制布氏田鼠生命表的实例

（引自宛新荣等，2001）

序号（i）	寿命（d）t_i	存活分数 $S(t_i)$	节间间隔 Δt_i	乘积项 $S(t_i)\Delta t_i$	累计项 T_i	生命期望（d）e_i
1	1	0.95	3	2.85	73.620 7	77.495 5
2	4	0.90	2	1.80	70.770 7	78.634 1
3	6	0.85	1	0.85	68.970 7	81.142 0
4	7	0.80	2	1.60	68.120 7	85.150 9
5	9	0.75	3	2.25	66.520 7	88.694 3
6	12	0.70	1	0.70	64.270 7	91.815 3
7	13	0.65	2	1.30	63.570 7	97.801 1
8	15	0.60	1	0.60	62.270 7	103.784 5
9	16	0.55	6	3.30	61.670 7	112.128 5
10	22	0.50	8	4.00	58.370 7	116.741 4
11	30	0.466 7	25	11.667 5	54.370 7	116.500 3
12	55	0.411 8	17	7.000 6	42.703 2	103.698 9
13	72	0.352 9	8	2.823 2	35.702 6	101.169 2
14	80	0.338 2	6	2.029 2	32.879 4	97.218 8
15	86	0.308 8	4	1.235 2	30.850 2	99.903 5
16	90	0.293 4	3	0.880 2	29.615 0	100.937 3
17	93	0.262 5	10	2.625 0	28.734 8	109.465 9
18	103	0.247 1	6	1.482 6	26.109 8	105.664 9
19	109	0.231 6	5	1.158 0	24.627 2	106.335 1
20	114	0.216 2	8	1.729 6	23.469 2	108.553 2
21	122	0.185 3	4	0.741 2	21.739 6	117.321 1
22	126	0.169 9	21	3.567 9	20.998 4	123.592 7
23	147	0.154 4	4	0.617 6	17.430 5	112.891 8
24	151	0.139 0	23	3.197 0	16.812 9	120.956 1
25	174	0.123 5	15	1.852 5	13.615 9	110.250 2
26	189	0.108 1	31	3.351 1	11.763 4	108.819 6
27	220	0.092 6	8	0.740 8	8.412 3	90.845 6
28	228	0.077 2	24	1.852 8	7.671 5	99.371 8

(续)

序号（i)	寿命（d) t_i	存活分数 $S(t_i)$	节间间隔 Δt_i	乘积项 $S(t_i)\Delta t_i$	累计项 T_i	生命期望（d) e_i
29	252	0.061 8	40	2.472 0	5.818 7	94.153 7
30	292	0.046 3	25	1.157 5	3.346 7	72.282 9
31	317	0.030 9	24	0.141 6	2.189 2	70.847 9
32	341	0.015 4	94	1.447 6	1.447 6	74.000 0
33	435	0.000 0				

表 3-5 乘积限估计法编制的布氏田鼠生命表

(引自宛新荣等，2001)

个体序号 i	寿命（d) t_i	存活分数 $S(t_i)$	节间间隔 Δt_i	乘积项 $S(t_i)\Delta t_i$	累计项 T_i	生命期望（d) e_i
1	0.05	3	2.85	76.60	80.632	
2	4	0	2	1.80	73.75	81.944
3	6	0.85	1	0.85	71.05	84.647
4	7	0.80	2	1.00	71.10	88.875
5	0	0.75	3	2.25	69.50	92.667
6	12	0.70	1	0.70	67.25	96.071
7	13	0.65	2	1.30	66.55	102.385
8	15	0.60	1	0.60	65.25	108.75
9	16	0.55	6	3.30	64.65	117.545
10	22	0.50	33	16.50	61.35	122.70
11	55	0.45	25	1.25	44.85	99.667
12	80	0.40	10	4.00	33.60	84.00
13	90	0.35	10	6.65	29.60	84.571
14	109	0.30	5	1.50	22.95	76.50
15	114	0.25	8	4.00	21.45	85.8
16	122	0.20	29	5.80	17.45	87.25
17	151	0.15	23	3.45	11.65	77.667
18	174	0.10	46	4.60	8.20	82.00
19	220	0.05	72	3.60	3.60	72.00
20	292	0	—	—		

　　由于静态生命表的生命数据通常来源于在特定时刻对种群结构的调查结果，静态生命表所涉及的一般只有寿终数据（或所有数据均按寿终数据处理），其估算过程也较简单；相反，动态生命表所涉及的生命数据类型复杂。在野外条件下，各种偶然事件导致出现各种生命数据类型，例如，删失型数据（左删失和右删失数据），使传统的生存函数估计及生命表编制方法（无删失机制的生命表法）面临困难。在实际分析过程中，必须妥善地处理好删失型数据，否则将影响估算结果的正确性。

　　在野外条件下，有时会出现特殊的生命数据类型，如迁入个体（或人为追加补充的个体）的生命数据。假定能够通过有效的年龄鉴定方法来确定这些个体的迁入年龄，例如，通过牙齿磨损状况或者通过经验生长曲线确定年龄，这些个体的生命数据即属于左截断数据。然而，与删失型数据有所不同，左截断型数据可以排除在分析之外而不影响估算的正确性。

二、物联网预测预报技术

近年来，联合使用卫星遥感和地面监测数据，通过大数据挖掘分析技术对小麦、水稻、玉米、棉花、大豆等主要作物的长势、土壤墒情和农业灾害进行实时分析、监测预警，已经逐步成型且开始应用于实际生产环境。随着物联网技术的发展，利用传感器获得感知数据，对于获得的数据流采用一定的算法在线进行数据的挖掘与分析，从而找出事物内在关联，发现问题的所在，进行相应的改进与完善。大数据最重要的价值就是基于过去和不断产生的数据，对未来趋势做出有价值的预测。

在大数据驱动智能分析时代，机器学习得到广泛应用。通过数据训练的学习算法的相关研究都属于机器学习，比如线性回归（linear regression）、K 均值（K-means，基于原型的目标函数聚类方法）、决策树（decision trees，运用概率分析的一种图解法）、随机森林（random forest，运用概率分析的一种图解法）、PCA（principal component analysis，主成分分析）、SVM（support vector machine，支持向量机）以及 ANN（artificial neural networks，人工神经网络）。人工神经网络则是深度学习的起源，多层结构的人工神经网络就是深度学习，它可以通过多层次学习提高分类和预测的准确性，通过不断加入数据，让模型不断的训练，机器学习通过"训练"使并且能够自动调整和改进算法。

机器学习是一种重要的大数据的处理方法，它是统计学科和计算机学科交叉产生的，利用经验改善系统自身，是一种为了适应海量数据而产生的方法。通过使用某些算法指导计算机，根据已知数据得出适当的模型，并利用此模型对新的情境给出判断和预警。根据处理数据种类的不同，机器学习可以分为有监督学习、非监督学习、半监督学习和强化学习等几种类型。其中，监督学习是通过建立一个学习过程，比如使用回归和分类等方法，比较预测结果与"训练数据"的实际结果，进而不断的调整预测模型，直到模型的预测结果达到一个预期的准确率，在回归中主要的算法是分类回归树，在分类模型中，包括 K 均值、决策树、支持向量机、朴素贝叶斯等算法。在非监督学习中，利用关联规则的学习以及聚类等方法，对不被特别标识的数据进行分析，推断出数据的一些内在结构。常见算法包括 Apriori 算法和 k-Means 算法。在半监督式学习，输入数据部分被标识或未被标识，模型需要学习数据的内在结构以便合理地组织数据来进行预测，主要算法包括图论推理算法或者拉普拉斯支持向量机等。在强化学习中，输入数据直接反馈到模型，模型必须对此立刻作出调整。

目前，人们最常用的是监督式学习和非监督式学习的模型，随着物联网智能鼠害监测点的扩增，数据收集显现出规模效应，这些机器学习的模型也可以逐步引入到鼠害预测预警中应用。结合历史数据的深度挖掘开发出适合不同区域不同鼠种的鼠情发生发展规律的数据模型，对于鼠害治理以及其他各项农作物有害生物防治都具有极其重要的参考意义。

第四章　鼠害为害损失评估与防治经济阈值

　　经济阈值是有害生物管理体系中的一个重要组成部分，是制定有害生物种群优化管理的基本决策依据。实践中有害生物防控效果的评估及防治效益（即防治措施能够挽回的经济损失和防治投入差）的估算，是经济阈值计算中不可或缺的步骤，精确的有害生物防治收益值的获得明显有助于该地有害生物防控频率和范围的确定。

　　防治收益值实际是有害生物对相关产业为害损失水平（economic injury level）值，如果从源头探讨，其是一个动态过程，有害生物对农业整个生产周期内的作物都能造成损失，不同阶段的为害对最终的收获产生的影响不一，故有害生物种群时间动态和作物生长动态进行关联的难度非常大。国内外目前常用的评估手段是经济评估计算程序或有害生物和作物系统动态仿真模拟或两者的联合使用。其多涉及有害生物种群动态过程及作物生长动态过程中的多个指标，精确及大范围调查的难度非常大，对于模型的合适度评价最终还得依赖实际产量调查。农业生产模拟系统（agricultural production systems simulator，APSIM）被广泛用于模拟农业生产的生物物理进程，能够检测到农业生产中各种因子变化，如农田管理、灌溉时间、肥料使用等导致的农业生产经济效益差异。Brown 等（2007）利用该系统模拟了鼠害对小麦产量的为害损失量，其中鼠密度的预测使用了 10 年的密度监测数据。构建的为害损失量和鼠密度之间的关系模型能够解释从播种至收获期间小麦产量损失的 97% 的变量，是最经典的鼠类动态和作物全周期损失关系研究报道。

　　从鼠害防治观点来看，生态治理可作为持续控制鼠害的长期目标和根本方法，而化学防治也不失为一种简单、快速、有效的防治方法。尤其在鼠害严重地区，化学防治作为应急措施或综合防治中的配套技术，仍为国内外广泛应用的主要手段。所以，有必要探讨鼠害防治的经济阈值问题。害鼠对作物造成的危害量的大小，与其种群密度直接相关。如果低于特定的密度，防治成本会低于灭鼠收益，灭鼠将得不偿失；反之，如果超过这个密度而未实施灭鼠，那么鼠害损失就会超过灭鼠成本。这个特定的密度，即单位面积的防治费用与该密度条件下害鼠所造成经济损失价值相等时的密度，就是鼠害防治的经济阈值。因此，建立防治经济阈值的两个关键因素为：单位面积防治成本与灭效、害鼠数量与为害损失量的关系。解决这两个问题，也就解决了鼠害防治的经济阈值问题。

第一节 鼠害的为害损失评估

一、草原区为害损失调查方法

（一）用"作图法"进行破坏量的调查

（1）**抽样** 首先在调查地区作粗放的选样调查，按景观特点选择代表性地段作为样地。样地面积最好不超过 2km×1km，景观复杂的地方可多选一些。将样地中各种生境类型加以分类，并利用大比例尺的地形图绘制整个地区的生境类型分布图。

在样地的各主要生境类型中随机抽样。可以在地图上画出方格，每一方格给一编号，用随机抽样法在图上作一个直角坐标，查随机数字表，每查两个数字为一组，分别为 X 轴和 Y 轴上的值，用以确定样方的位置。每一生境应设 3 个以上的样方。抽取样地面积为 1～2hm²。样方为长方形，大小随情况不同而略有伸缩，大型啮齿动物至少应包括一个家族的基本活动范围；群栖性小型啮齿动物应包括 3～4 个洞群。

（2）**填图** 自样方一侧开始，将测网放在地上，然后以将破坏情况按比例填入计算纸上，填完一条，测网向前移动一格，继续填图。填图的内容包括啮齿动物挖出的新旧土丘和土丘的面积、洞口、废弃和塌陷的洞道、明显的跑道及其活动造成的秃斑和植被、"镶嵌体"、跑道等。

（3）**记录和计算** 在填图的同时，每一样方填写一张记录卡，用数小方格法或用求积仪法测定土丘、洞口等所占的面积。这些面积（S_n）的总和可视作总破坏量（S），其破坏率为 q，设 A 为样方面积的总和。则 $q=S/A$。

在啮齿动物对草原破坏很严重的时候，各项破坏面积连成一片，植被十分稀疏，此时不必逐项细分，将整个地段圈出即可。啮齿动物啃食活动所引起的产草量，可分别在鼠群活动地段和非活动地段测量，再加以比较求出。测量的样方内，草应齐根剪下，称取鲜重或风干重。记入减少的草量。

（二）制作鼠害情况的估计和危害分布图

在获得破坏量的资料后，就可以作出对调查地区鼠害情况的总的估计。考虑鼠类分布的不均匀性，仅仅在样地上作破坏量的调查还不够，需要在面上作一些调查。但破坏量调查的样方作图法比较麻烦，花费的劳力很多，在面上应用有很大困难。"样线法"可以比较迅速地测出破坏率，从而得到危害情况及其区域变化的大量信息。用长 15～30m 的测绳，拉成直线放在地上，登记样线所接触到的土丘、洞口、秃斑、塌洞和镶嵌体等，记载每一个项目所截样线的长度（L），将数据记入样线记录表中。

分析上述破坏量、破坏程度及其分布的资料，可以划分出危害等级，作出危害分布图。分级界限可参照生境分布图域植被分布图勾画。因为鼠的种群密度和危害程度成正相关，在找到破坏量与种群密度等级的数量关系后，也可以直接用种群密度分布资料作出危害分布图。

二、农作区为害损失调查方法

鼠类对农作物的为害贯穿播种、生长、成熟乃至储存、加工等各阶段。其危害程度不仅受到鼠数量（密度）的影响而且与季节和管理水平密切相关。因此，应根据鼠类造成的为害损失，分类进行调查。

1. 播种出苗期损失调查

玉米、小麦、水稻、花生、大豆、瓜果蔬菜等播种后，主要调查缺苗断垄情况。受害面积、补种面积等。调查方法可用目测法估测或实测受害面积；也可按样条或对角线取样，每种作物田块取样 10 点，每点 50 丛（株），统计受害株数。根据受害面积和受害株数，计算某种作物受害面积、危害株的百分率。调查结果记入表内。

2. 作物生长期及孕穗期调查

在作物的生长旺季如分蘖期或孕穗期进行调查。按田间鼠害的轻重划分类型田，每类型田抽查2～3块田。采用随机抽样法，每块田抽查500～1 000丛（株），逐丛逐株检查鼠的危害状况。计算受害丛、株的比例。

3. 作物成熟期调查

根据作物类型与品种、成熟期早迟、鼠害程度划分类型田，每类型田调查2～3块田，可采取多种取样方式如平行式、棋盘式或Z形等方式取样。麦类作物受害后，往往穗头被咬断拖走，或在田间糟蹋，可以用株被害率计算产量损失。对玉米可根据果穗受害程度划分等级，根据各级严重度计算产量损失。

例如，玉米果穗严重度可分为4级：

0级：未受害，严重度为0；

1级：受害部分占果穗的1/4以下，严重度为0.25；

2级：受害部分占果穗的1/4～1/2，严重度为0.50；

3级：受害部分占果穗的1/2～3/4，严重度为0.75；

4级：受害部分占果穗的3/4以上，严重度为1.0。

有些作物果实部分被害，失去了经济价值，其受害率就是损失率，如瓜果类等。此外，也可在受害地和对照地（防治地）各选一定面积，单收单打，统计产量损失。

在对当地主要农作物的鼠害情况调查后，根据各类农作物的产量损失，计算平均产量损失率，统计某一季或全年农作物的产量损失和经济损失。

$$受害损失率 = \frac{对照样地产量（kg/hm^2）-受害样地产量（km/hm^2）}{对照样地产量（kg/hm^2）} \times 100\%$$

$$平均受害损失率 = \frac{\sum[各级损失率 \times 面积(hm^2)]}{总面积(hm^2)}$$

农田防治的目的，主要是保护农作物免遭鼠害，即将鼠害控制在经济允许水平以下，保全苗壮苗、增产增收。因此，防治效果的高低，在一定程度上看保苗、保产效果，故可用作物受害减轻率来考核防治效果。

在农田防治之后，应对防治区和对照区（不防治）的农作物危害损失进行1次或多次调查。如果春季防治的，应在作物播种、出苗、孕穗、成熟期各调查1次。计算保苗、保产效果和挽回粮食损失。

$$保苗率 = \frac{对照样地作物受害率-防治样地作物受害率}{对照样地作物受害率} \times 100\%$$

$$挽回损失率 = \frac{对照样地受害损失率-防治样地受害损失率}{对照样地受害损失率} \times 100\%$$

$$挽回粮食损失 = （对照样地受害损失率-防治后实际损失率） \times$$
$$产量（kg/hm^2） \times 总面积（hm^2）$$

三、储粮及其他鼠害损失调查方法

储粮鼠害的损失调查，可抽查几个有代表性的乡村，走访典型农户，统计每户受鼠盗食和糟蹋的粮食数量，然后推算出一个地区储藏期的鼠类危害损失。对家禽、家畜、食品加工业等鼠害损失可进行调查。需要注意的是，在调查中应坚持随机取样的原则，否则其结果将不能准确地反映实际损失。

四、农田鼠害防治指标

农田害鼠防治与作物病虫害防治一样，达到一定密度后需要开展药剂防治。因此，建立农田害鼠的防治指标，既是科学防治的关键，又是开展综合防治的基础，在生产实践中具有十分重要的意义。

（一）拟订的原则及其途径

制订农田害鼠防治指标必须从经济学、生态学、生物学、环境保护及卫生防疫等方面综合考虑。协调各种防治措施，有利于保持生态平衡、保护环境、提高防治效益等。根据目前我国农田鼠害发生和防治实际情况，在制订防治指标时，以鼠种、鼠密度、危害损失、作物种类与生育期、作物补偿能力、产量水平、经济允许损失、药剂防治、天敌等为依据制订防治指标，特别是害鼠密度与损失率，以及防治的经济允许水平为主要依据。

（二）经济允许水平

经济损害允许水平是指人们可以容许的作物产量、质量受害而引起经济损失水平。制订农田害鼠的防治指标时，首先涉及经济允许水平，一般以防治措施的期望效益（经济、生态、社会效益）与防治费用相等时的经济损失量或损失率作为经济损害允许水平。经济允许水平（L）随着产量水平（Y）、产值（P）、防治成本（C）。防治效果（E）的变化而波动。其公式为

$$L = \frac{C}{T \times P \times E} \times 100\%$$

实践证明，得失相当的防治，弊多利少；从经济、生态和社会效益考虑，应以收益大于防治费用为原则。设校正系数 F，则校正经济允许损失率为

$$L = \frac{C \times F}{Y \times P \times E} \times 100\%$$

由于我国幅员广阔，受害农作物多种多样，不同地区生产和经济水平也不相同，因此经济允许水平应有所区别。

（三）防治效果调查

考查防治效果，不仅可衡量防治工作的成效，还可以监测进行防治后鼠类种群及数量的变动趋势，为以后的鼠害防治工作提供科学依据。防治效果的好坏，主要反映为害鼠密度下降和农作物危害损失减轻及鼠传疾病下降的程度。因此，需做好害鼠数量减少率、农作物危害减轻率等的调查。

防治效果一般采用防治前后鼠的相对数量来计算，用灭鼠率来表示。防治率反映了害鼠在一定时间和空间内数量下降的程度。为使调查符合实际，在防治前后的各种条件应保持一致，如调查地点及时间、食饵种类、捕捉方法、气候条件等都要求一致。可采用鼠夹法或堵洞法进行调查。

鼠夹法：在防治前，确定两个样方，样方之间应以自然屏障隔开，如河流、湖塘、山坡、土丘等，或相隔一定距离，以免相互干扰。一个样方进行防治，另一个样方留作对照。灭前调查，在防治前 5～10d 进行；灭后调查，急性杀鼠剂在投药后 5～7d，慢性杀鼠剂在投药后 10～15d 进行调查。在防治区和对照区分别布放鼠夹，同期进行调查。农户调查时，根据房间面积大小布放鼠夹。

$$防治率 = \frac{防治前鼠密度 - 防治后鼠密度}{防治前鼠密度} \times 100\%$$

由于自然因素影响，应对防治效果进行校正。

$$校正率 = \frac{防治期后对照组鼠数量}{防治前对照组鼠数量} \times 100\%$$

防治效果需在灭前和灭后采用同样的方法各做 1 次鼠密度调查，以考核防治率。但作为杀鼠剂的药效试验，应设对照区，计算防治率和校正防治率。

对室内防治效果的测定也可用食饵消耗法。在防治前后于固定地点投放足够数量的无毒食饵，统计灭前、灭后的食饵消耗量，计算食饵消耗率和防治效果。

（四）为害损失及防治指标的制订

防治指标的拟订与应用，是实行科学用药的关键，是开展鼠害综合防治的重要组成部分。按照防治指标进行药治，体现了综合防治控制鼠害不造成严重为害的思想，包含了讲究 3 个效益的概念。随

着鼠害综合防治的开展，防治水平的提高，防治指标的研究与应用日益受到重视。

1. 防治指标的概念

研究防治指标所涉及的经济受害水平和经济阈值概念由 Stern（1959）首次提出，随着研究的进展，不少学者相继提出了修正补充意见。

2. 经济受害水平

通常使用的经济受害水平是指投入与收益平衡关系上的。Stern 认为，经济危害水平是指引起经济损失的有害生物最低密度。深谷昌次等（1973）认为，这一用语包含"受害"与"有害生物密度"两个概念，提出受害允许界限（水平）（tolerable injury level）和受害允许密度（tolerable pest density）等术语，其定义为：受害允许界限（水平）表示某种特定生物学受害（减产、品质降低等）水平，考虑对象作物的一般经济价值后加以决定。受害允许密度表示与受害允许水平相对应的有害生物密度，超过这个密度必须进行防治。由于受害作物存在耐害性和补偿能力，因而存在受害允许密度。常用允许密度是因作物有耐害性或补偿能力而得到弥补，可视为作物本身自然适应的生物学特性，不涉及经济因素。为了明确地描述有害生物、作物受害和防治经济 3 者之间的关系，使用受害允许密度、受害允许水平及经济受害允许密度、经济受害允许水平等术语更为确切。

这里所指的受害允许密度，是指作物所能忍受的有害生物密度，在此密度下，并不引起产量损失或品质下降，其大小决定于作物的耐害性及补偿能力。经济受害允许密度是当防治费用与收益相等时，其相对应的有害生物密度为经济受害允许密度，从环境生态学观点出发，防治费用应把防治措施引起的副作用考虑在内。经济受害允许水平是指经济受害允许密度下的作物受害水平（图 4 - 1）。

3. 经济阈值

Stern 等（1959）第一次明确提出有害生物防治经济阈值概念（economic threshold，ET），是指有害生物的某一密度，在此密度应采取控制措施，以防止有害生物密度达到经济危害水平（economic injury level，EIL）。这里所指的经济危害水平（即经济受害水平）是指引起经济损害的有害生物最低密度。Edwards 等（1964）把经济阈值定义"可引起与控制措施等价损失的有害生物种群大小"。实践表明，经济阈值即防治指标，是能获得较好效益的临界鼠害数量（或为害程度）指标。

防治指标与经济允许密度是两个不同的概念，但又密切相关。防治指标是防治适期的鼠害数量（或为害程度）临界值，经济允许密度（为害程度）是主害期的临界值，在防治适期按指标进行防治，就可控制在主害期不至于出现超过经济危害水平的损失，因此，防治适期必须在有害生物达到经济危害水平之前，故防治指标一般低于经济允许密度（为害程度），通常先确定有害生物经济允许密度，然后根据有害生物增长曲线（预测性的），求出防治适期的相对应密度，即为防治指标，多数增长性有害生物种群多属防治指标低于经济允许密度。但有些有害生物由于天敌等环境因子的作用，或种群增长不明显的，其防治指标相当于经济允许密度，甚至大于经济允许密度（图 4 - 2）。

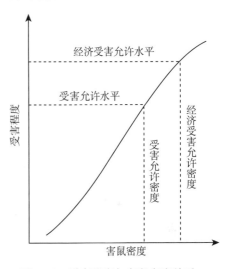

图 4 - 1 受害程度与害鼠密度关系

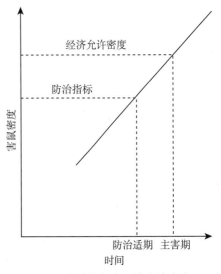

图 4 - 2 防治指标与经济允许密度

经济阈值概念比较复杂，只能力求反映许多复杂、互相联系的变量关系，随着经济阈值的深入研究，从简单的经济阈值向多因子经济阈值发展，进一步建立固定的、动态的经济阈值模型，或多因子的、复合的经济阈值等。但是，不管研究如何深入细致，在应用上，必须切合实际，简单易行。

4. 防治指标的制定依据

防治指标的拟订是一项复杂的工作，需要从经济学、生态学和环境保护学的观点出发，综合考虑影响其变动的因子很多，但最基本的原则是：鼠害发生为害与产量损失的关系、防治费用与效益的关系，包括经济效益、生态效益和社会效益。

（1）经济允许水平的确定　经济允许水平（EIL），是制订防治指标即经济阈值（ET）的主要依据之一，这包含着，允许一定损失的相对应的鼠量存在，未必对产量有影响，相反有利于生态平衡。

经济允许水平的确定按前述公式计算。

如根据当前水稻的一般生产水平，产量（Y）为 5 250kg/hm²，稻谷产品价格（P）1.00 元/kg，防治费用（K）为 60.00 元/hm²，防治效果为 90%，则经济允许损失为

$$L = \frac{60 \times 2}{5\,250 \times 1.00} \times 100\% = 2.53\%$$

因此，水稻鼠害防治的经济允许损失为 2%～3%，在具体应用时，可根据当地的上述参数，以及群众所能接受程度而波动；对造成危害损失，在鼠害发生时，应综合考虑经济允许损失。

（2）发生为害与产量损失　鼠害发生为害与产量损失关系，从已研究的有害生物来看，一般呈线性相关，可以用直线方程、抛物线方程、指数函数等方法来表示。用这种方法估算直接为害的鼠害相对较为容易，而用于只为害非收获部分，即间接地影响产量的鼠害，以及具有明显耐害或有补偿能力的作物则比较复杂。啮齿动物数量（或为害量）与产量关系的一般反应曲线。虽然这条曲线不能符合所有鼠类为害特性，但明确指出在一定鼠密度范围内，对作物产量形成是没有影响的，而超出这范围时，还可以有一定的补偿作用。

鼠害发生为害损失的影响因子复杂，并涉及作物的生物学特性（包括耐受和补偿能力）、受害生育期，鼠类的为害部位和为害方式等因素。主要有：

①发生量（为害程度）与产量损失。有害生物发生密度或病害发生程度是构成产量损失的最基本因子，在一定发生量或为害量范围内，直接或间接为害的鼠类密度与产量损失一般为直线正相关。但有些间接为害而导致产量损失的鼠害，以及耐受程度或有补偿作用的作物。在低密度或轻度为害时，作物不因鼠类为害而降低产量，有一个稳定的阶段，但发生密度或为害量增加到一定程度，则产量损失急速上升，而损失上升到一定程度，出现一个相对稳定的阶段，其发生（为害）量与产量损失呈 S 形曲线关系。

②为害特点与产量损失。鼠害的为害特点有直接为害和间接为害，直接为害如造成缺苗断垄，造成穗粒减少，均为收获部分遭受为害，其为害率即可表示损失程度。但不少鼠害是通过为害稻株的叶片、叶鞘或茎等营养器官，引起水稻生理功能损伤，间接影响产量，这种间接为害与损失的关系较为复杂，其损失不是受害株的全部，而仅仅是受害株的一部分。

③作物的补偿能力与产量损失的关系。作物受害后的反应，会因生育期不同而异，大体上可分为敏感型、耐害型和补偿型。敏感型多见于为害期较晚或直接损害产品形成的情况。补偿型包括耐害补偿和超补偿，耐害补偿是指一定的鼠害密度（或损害程度）以下，作物并不减产或减产不多，影响甚少，有一个造成损失的最低种群密度，称为作物的损失阈值。超补偿是指一定数量以内的啮齿动物为害，能加速作物自身调节进程，减少养分消耗，及早供应到收获部位。例如，一定数量啮齿动物的为害，造成疏花、疏果、间苗，从而改善通风、透光，有利于营养积累并充分发挥其作用。即当鼠害低于损失阈值时，反而有增产作用。

五、农田鼠害为害损失评估实例

近年来，各地农田灭鼠工作开展顺利，农田鼠害得到了有效控制，取得了明显的经济效益。但如何量化获得的经济效益一直是一个难题，有的地方按联合国粮农组织（FAO）每只老鼠每年盗食粮食 9kg 粮食来计算挽回的损失量，由于灭鼠后死鼠数量难以准确统计，计算出来的经济效益代表性不强。国内典型的对农田灭鼠经济效益的计算，是通过田间作物测产，以防治区和对照区（不防治）防治前、后鼠密度变化率和危害损失率的下降来估算农田灭鼠挽回的损失量。由于田间作物的非单一性，大规模测产难度较大，准确性也不高。为了更好地估算灭鼠后经济效益，2001 年，贵州省参照"农业科研成果经济效益计算方法"，提出了水稻、玉米和小麦等单个作物的鼠害损失测定公式，结果较为合理。由于我国种植模式多样，且多为单门独户式种植，单片作物统一种植的模式较少，大规模精确统计不同作物防治面积也十分困难。2008 年，贵州省按照上述不同作物鼠密度与鼠害损失率的关系，建立了一个统一的鼠害损失测定公式计算灭鼠经济效益，该方法简便，结果也相对准确，具有一定的适用性和可操作性。现将计算方法和计算过程介绍如下。

（一）鼠密度与鼠害损失率的关系

统计了水稻孕穗期、玉米播种期、玉米乳熟期、小麦乳熟期等时期内鼠密度与鼠害损失率之间的关系（表 4-1），不同作物鼠害损失测定计算公式如下：

表 4-1　不同作物鼠密度与鼠害损失率的关系

序号	作物	鼠密度（%）	损失率（%）	序号	作物	鼠密度（%）	损失率（%）
1	水稻孕穗期	2.50	0.93	18	小麦乳熟期	8.18	3.87
2	水稻孕穗期	2.50	1.20	19	玉米乳熟期	8.18	7.50
3	玉米乳熟期	2.71	2.08	20	水稻孕穗期	10.00	10.35
4	玉米乳熟期	3.33	2.75	21	水稻孕穗期	10.00	13.25
5	玉米播种期	3.33	2.28	22	玉米乳熟期	10.00	8.54
6	小麦乳熟期	3.64	0.89	23	小麦乳熟期	10.91	6.46
7	玉米乳熟期	4.55	4.76	24	玉米乳熟期	11.66	8.08
8	水稻孕穗期	5.00	4.90	25	小麦乳熟期	11.82	6.89
9	水稻孕穗期	5.00	5.10	26	水稻孕穗期	12.50	15.63
10	水稻孕穗期	5.00	5.40	27	水稻孕穗期	12.50	18.05
11	小麦乳熟期	5.45	2.13	28	玉米播种期	12.50	7.51
12	玉米乳熟期	5.83	5.21	29	玉米乳熟期	12.73	11.34
13	玉米乳熟期	5.83	4.82	30	玉米播种期	12.75	7.63
14	玉米播种期	6.25	4.71	31	玉米乳熟期	14.16	12.42
15	玉米播种期	6.90	4.90	32	玉米乳熟期	15.05	13.49
16	小麦乳熟期	7.27	4.74	33	玉米乳熟期	16.36	14.98
17	水稻孕穗期	7.50	5.93	34	玉米播种期	16.67	9.58

（1）**水稻孕穗期**　$Y = 1.1591X - 2.94$，$r = 0.97$，$n = 10$，$p < 0.01$，式中，X 为鼠密度（%），Y 为产量损失（%）。

（2）**玉米播种期**　$Y = 0.5186X + 1.0542$，$r = 0.9925$，$n = 6$，$p < 0.01$，式中，X 为鼠密度（%），Y 为产量损失率（%）。

（3）**玉米乳熟期**　$Y = 0.9185X - 0.54$，$r = 0.985$，$n = 12$，$p < 0.01$，式中，X 为鼠密度（%），

Y 为产量损失率（%）。

（4）**小麦乳熟期** $Y=0.7356X-1.63$，$r=0.974$，$n=6$，$p<0.01$，式中，X 为鼠密度（%），Y 为产量损失率（%）。

将表中的各作物鼠密度（X）与鼠害损失率（Y）进行相关分析，得出鼠害损失测定公式为

$$Y=0.8818X-0.48，r=0.835>r_{0.01}=0.418，df=32，P<0.01$$

这说明样地鼠密度与鼠害损失率之间的关系呈极显著直线性正相关，即随着田间鼠密度的增加，作物鼠害损失率也不断增加。在相同鼠密度下，鼠害损失率水稻＞玉米＞小麦。

（二）为害挽回量计算

通过在灭鼠示范区抽样调查，根据四川省农科院《农业科技工作的经济评价方法》和鼠害损失测定公式，计算经济效益公式如下：

（1）**有效规模** 有效规模（万 hm²）＝综合防治面积×保收系数（0.90）

（2）**推广成效（覆盖）率** 推广成效（覆盖）率＝［有效规模/应推广面积（发生面积）］×100%

（3）**防治效果** 防治效果＝［（防治前鼠密度－防治后鼠密度）/防治前鼠密度］×100%

（4）**鼠害损失率** 防治前鼠害损失率＝（0.8818×防治前鼠密度－0.48）×100%

防治后鼠害损失率＝（0.8818×防治后鼠密度－0.48）×100%

防治后鼠害减少损失率＝防治前鼠害损失率－防治后鼠害损失率

（5）**挽回粮食损失** 单位（每 667m²）挽回粮食损失（kg）＝（防治前鼠害损失率－防治后鼠害损失率）×当年作物平均每 667m² 产量（kg）

缩值后单位（每 667m²）挽回粮食损失（kg）＝单位（每 667m²）挽回粮食损失×缩值系数（0.70）

累计挽回粮食损失（万 kg）＝有效规模×缩值后单位（667m²）挽回粮食损失

累计挽回产值（万元）＝累计挽回粮食损失×平均粮食单价

（6）**防治成本** 单位（每 667m²）防治成本（元）＝毒饵费＋投药工资＋毒饵站费用及宣传培训、试验、示范推广费

累计防治成本（万元）＝单位（每 667m²）防治成本×有效规模

（7）**新增纯收益** 新增纯收益（万元）＝累计挽回产值－累计防治成本

（8）**投入产出比** 投入产出比＝累计防治成本：新增纯收益

（三）应用实例

以贵州省余庆县 2006 年农田鼠害综合防治情况为例，2006 年全县农田鼠害发生面积 0.80 万 hm²，计划实施农田鼠害综合防治面积 0.53 万 hm²，实际完成农田鼠害综合防治面积 0.57 万 hm²。防治区防治前鼠密度为 7.00%，防治后鼠密度下降为 1.00%。平均单位（每 667m²）投入防治成本 5.10 元，其中，毒饵费 1.50 元，投药工资 2.00 元，毒饵站费用及宣传培训、试验、示范推广费 1.60 元。

水稻、玉米、小麦作物当年加权平均单产和平均粮食单价计算：作物加权平均单产＝各种作物总产量/总种植面积＝kg/hm²（用 kg/hm²×15 折算成每 667m² kg 数）；作物平均单价＝各种作物单价总和/统计作物数量，由此求得水稻、玉米、小麦作物当年加权平均单产为 411.12kg，平均粮食单价 1.50 元/kg（表 4-2）。

表 4-2 余庆县 2006 年主要农作物平均单位产量统计

作物	种植面积（万 hm²）	总产量（万 kg）	每 667m² 单产（kg）	单价（元/kg）	资料来源
水稻	1.08	7 543.90	465.67	1.60	余庆县统计局、农业局
小麦	0.35	1 003.30	193.69	1.50	余庆县统计局、农业局
玉米	0.57	3 737.20	439.67	1.40	余庆县统计局、农业局

灭鼠经济效益计算如下：

(1) 有效规模　有效规模（万 hm²）＝0.57×0.90＝0.51

(2) 推广成效（覆盖）率　推广成效（覆盖）率＝（0.51/0.80）×100％＝63.75％

(3) 防治效果　防治效果＝［（7.00－1.00）/7.00］×100％＝85.71％

(4) 鼠害损失率　防治前鼠害损失率＝（0.8818×7.00－0.48）×100％＝5.69％

防治后鼠害损失率＝（0.8818×1.00－0.48）×100％＝0.40％

防治后鼠害减少损失率＝5.69％－0.40％＝5.29％

(5) 挽回粮食损失　单位（每667m²）挽回粮食损失（kg）＝（5.69％－0.40％）×411.12＝21.75

缩值后单位（每667m²）挽回粮食损失（kg）＝21.75×0.7＝15.23

累计挽回粮食损失（万 kg）＝（0.51×15）×15.23＝116.48（式中，×15 表示每公顷面积转化为每667m² 面积）

累计挽回产值（万元）＝116.48×1.50＝174.72

(6) 防治成本　单位（每667m²）防治成本（元）＝1.50＋2.00＋1.60＝5.10

累计防治成本（万元）＝5.10×（0.51×15）＝39.02（式中，×15 表示每公顷面积转化为每667m² 面积）

(7) 新增纯收益　新增纯收益（万元）＝174.72－39.02＝135.70

(8) 投入产出比　投入产出比＝43.35∶135.70＝1∶3.48

将以上计算结果列入表4－3。

表4－3　余庆县2006年农田灭鼠经济效益计算

序号	项目名称	计算结果
1	农田鼠害发生面积（万 hm²）	0.80
2	农田鼠害综合防治面积（万 hm²）	0.57
3	保收系数	0.90
4	有效规模（万 hm²）	0.51
5	推广成效（覆盖）率（％）	63.75
6	防治前鼠密度（％）	7.00
7	防治后鼠密度（％）	1.00
8	防治效果（％）	85.71
9	当年作物平均每667m² 单产（kg）	411.12
10	防治前鼠害损失率（％）	5.69
11	防治后鼠害损失率（％）	0.40
12	防治后减少鼠害损失率（％）	5.29
13	单位（每667m²）挽回粮食损失（kg）	21.75
14	缩值系数	0.70
15	缩值后单位（每667m²）挽回粮食损失（kg）	15.23
16	累计挽回粮食损失（万 kg）	116.48
17	平均粮食单价（元/kg）	1.50
18	累计挽回产值（万元）	174.72

（续）

序号	项目名称	计算结果
19	单位（每667m²）防治成本（元）	5.10
20	累计防治成本（万元）	39.02
21	新增纯收益（万元）	135.70
22	投入产出比	3.48

该损失测定公式是根据贵州省岑巩县、凯里市、余庆县的鼠害调查资料建立的，统计数据涉及水稻、玉米、小麦3种作物34组测定数据，结果相对准确，虽然也有一定的局限性，但可较简单合理地计算出当地灭鼠经济效益，适宜与贵州省类似的地区使用。该方法需要调查的数据主要有4个方面：一是灭鼠面积，即各种作物鼠害混合防治面积；二是春季（3～5月）灭鼠前、灭鼠后鼠密度；三是当地作物（主要是水稻、玉米、小麦）平均单产、单价；四是单位（每667m²）防治成本，主要包括毒饵费、投药工资、毒饵站费用以及宣传培训、试验、示范推广费等费用。其中，计算的核心数据为当地作物平均单产和单位（每667m²）挽回损失。

六、草原鼠害为害损失评估实例

不同鼠类，其生活习性与危害方式差异较大，估算害鼠的危害量也各自不同，但最终都以货币形式来体现。这里简要介绍黄兔尾鼠、高原鼠兔、高原鼢鼠、中华鼢鼠、长爪沙鼠和布氏田鼠的危害特征和测算其危害量的途径，重点介绍内蒙古典型草原区布氏田鼠危害量的估算方法。

（一）黄兔尾鼠

黄兔尾鼠（*Lagurus luteus*）是新疆地区荒漠草原上的重要害鼠。该鼠主要从挖掘洞穴，翻土压盖植被及啃食牧草，造成牧草严重减产，载畜量下降，影响畜牧业发展。由于黄兔尾鼠的种群密度难以统计，在实际应用过程中，一般通过调查研究，首先建立黄兔尾鼠洞口密度与牧草损失量的关系，进而建立数学关系模型，即

$$Y_1 = 0.040X_1 + 4.012 \quad （相关系数 r = 0.873）$$

式中，Y_1 表示牧草损失量（kg/hm²），X_1 表示黄兔尾鼠的洞口密度（个/hm²）。

（二）高原鼠兔

对于生活在青藏高原的高原鼠兔而言，由于其挖掘活动所带来牧草损失量，远远超过其对牧草啃食量的影响，因此估算高原鼠兔（*Ochotona curzoniae*）的危害量，就不能仅仅通过估算其日食量来确定，而由回归分析方法建立鼠兔与产草损失量之间的关系，由此估算高原鼠兔对牧草危害量，即

$$Y = -115.46 + 120.68 \times \log X$$

式中，Y 表示牧草损失量（kg），X 表示害鼠的密度（只/hm²）。

（三）高原鼢鼠

根据高原鼢鼠（*Myospalax baileyi*）的危害特征，陶燕峰（1990）通过调查鼢鼠取食洞道上方植被损失量、洞道系统上方覆盖造成植被损失的生物量、越冬期储食量、遗弃取食洞道上方土丘覆盖造成的植被损失量以及土丘上植被恢复情况等5个方面对其进行危害量估算。樊乃昌等（1988）建立高原鼢鼠种群密度与牧草产量损失之间的回归关系，由此估算出高原鼢鼠的危害量。

（四）中华鼢鼠

中华鼢鼠（*Myospalax fontanieri*）的危害方式与高原鼢鼠类似，主要以造成缺苗、缺株的直接性损失为主，但也有啃咬植物根部造成生长不良产量下降的因素，因而选择在作物成熟期进行损失量估计。一般将其危害程度分为5个等级，这样计算其危害损失量可用下列公式来推算，即

$$样地损失量（kg）＝对照区产量（kg/m^2）×危害区面积（m^2）$$
$$－\sum\left[各级危害程度的产量（kg/m^2）×各级危害面积（m^2）\right]$$

以样地损失量再计算出单位损失量、损失率等。

（五）长爪沙鼠

长爪沙鼠（*Meriones unguiculatus*）则是草地开垦或者过度放牧造成草场恶性退化、沙化之后出现的草地害鼠。该鼠的危害特点主要针对与作物：在内蒙古农牧交错区以危害春小麦为主，其次以莜麦、荞麦、胡麻、豌豆、马铃薯等。长爪沙鼠对小麦的危害有两个峰期：一是青苗拔节期，一是秋收期。在青苗拔节期，青苗受害率高达 9.38%，平均 2.93%，平均每个长爪沙鼠洞口对青苗期危害损失量为 0.205kg，而在秋收期，1 个月时间内，每个洞口平均损失量为 0.245kg。每洞群的最高损失量可达 15.5kg。张万荣和祁明义（1992）在荒漠草原区调查，发现每个仓库储存草籽亦达 5.3kg。对于长爪沙鼠危害量的估算，则主要根据其对作物危害量以及相应的作物价格来衡量。

（六）布氏田鼠危害量估计

布氏田鼠（*Microtus brandti*）为内蒙古典型草原的主要害鼠，群居植食性鼠类，其危害主要表现在以下 3 个方面：田鼠的挖掘活动对草场基质的破坏是其主要危害。由于布氏田鼠为群居性鼠类，数量增长时可达到很高的密度。在高密度区域，其洞口数量可达到每公顷 3 000～10 000 个，地面上洞口密布，跑道纵横。尤其秋季的挖仓活动，大量的土被抛在洞群区，在鼠害草场上形成点斑状分布的土层"镶嵌体"，不仅导致草场覆盖度和生物量下降，而且随后出现的"镶嵌体"植被以一年生植物为主，多年生优质牧草比例大大减少，这就加剧了草场的退化和沙化。

根据布氏田鼠在不同时期的危害特征，将其危害量分为两个部分：即植物生长补偿期危害量与非补偿期危害量两个部分。

1. 植物生长补偿期危害量测定

其中一部分可通过植物生理调节和洞群土丘上植被的次生演替得以补偿。8 月底以后的储草危害和摄食危害已不能补偿，故以 8 月底为期限，分划出两个不同的危害时期，分别采取不同的测定方法。其一，即自牧草返青（4 月中旬）至草群稳定期（8 月底）。在 8 月底同时测定样区内布氏田鼠密度（只/hm²）、明显洞群危害区所占面积的比率以及明显洞群危害区与无洞对照区的产草量差值（最终产草损失量），以此计算可补偿时期内的群体平均危害值，并从布氏田鼠的春秋密度对比得到相应年份种群增长率。样地内每个明显洞群的危害区范围及面积是由洞群洞口及其周围跑道密集的程度，土丘覆盖草被面积的相对比例以及"洞群镶嵌体"的植被外貌确定的。其二，在 10 月中旬，即当地首次降雪之后，此时的越冬群体已稳定，储草活动已结束，我们采取夹捕和人工挖掘方法分别获得 14 个洞群同居只数和储草量的完整资料。根据洞群的平均居鼠只数，平均储草量以及越冬群体的年龄组成比，结合当年秋季在实验室测定的不同年龄日食量数据，推算出 9 月初至 10 月中旬群体的平均日食量及储草危害量。

结果表明，洞群危害区的地上生物量比对照区低 1.87 倍，差值 223g/m²（相当于 2 230.9kg/hm²）；样区内洞群危害面积比率平均为 1.97%，由此得出洞群区产草损失量 42.61kg/hm²，另以同期的布氏田鼠密度求得可补偿时期的群体平均最终危害量为 0.3643kg/只（*A*）。

2. 植物生长非补偿期危害量测定

同年 10 月中旬 14 个洞群的挖掘资料表明，洞群平均居鼠（21.57±2.17）只、平均储草量（10.73±1.06）kg，由此求得非补偿期的群体平均储草危害量为 0.4974kg/只（*B*）。

从 9 月初至 10 月中旬，布氏田鼠除上述储草危害外，尚有地面取食的危害。对此期摄食危害量的估计，采用同年秋季实验室测定的日食量数据，由于不同年龄个体的日食量差异较大，估算群体平均日食量需考虑同期越冬群体年龄组成的比例，得到非补偿期的群体平均摄食危害量为 2.4723kg/只（*C*）。

3. 布氏田鼠群体平均危害量的估算

综上所述，群体平均危害量（β）可以从 A、B 和 C 相加得出，即 3.334kg（鲜重）/只。其中，可补偿时期的危害量为 0.3643kg/只；非补偿期的危害量为 2.9697kg/只，分别占总危害量的 10.93% 和 89.07%。

从随机样区内 1987 年秋季密度（116.95 只/hm²）计算，该年度每公顷鼠害损失的草量为 389.91kg，产草量损失率达 11.39%。

第二节 鼠害防治的经济阈值

根据前文的定义：经济阈值就是灭鼠费用与灭鼠收益相等的害鼠密度，据此，分别计算单位面积灭鼠成本与灭鼠收益，由此解出害鼠防治的经济阈值。下面依次以黄兔尾鼠、高原鼢鼠、中华鼢鼠、布氏田鼠为例介绍经济阈值的估算方法与步骤。

一、黄兔尾鼠防治经济阈值

对黄兔尾鼠的杀灭，实际工作中采用人工条带式间隔撒饵方法，以每平方米撒小麦毒饵 10 粒计算，每公顷需要毒饵 3.75kg，折合 1.50 元，另外，人工费每公顷 0.10 元，共计 1.60 元。此外条带状存在间隔，因此实际费用为每公顷 0.80 元。牧草按照每千克 0.08 元计算。根据新疆木垒地区的大面积灭鼠统计结果，实际上灭鼠效果可达到 75%～80%。此处以 70% 杀灭效果作为参数，求防治后的牧草损失量，即

$$Y_2 = 0.70Y_1$$

以防治费用等于防治收益时的洞口密度为经济阈值，将防治成本 0.80 元代入回归方程，得到黄兔尾鼠的防治经济阈值为每公顷 260 个洞口。超过该密度时，就应该进行相应的防治措施。

二、高原鼢鼠防治经济阈值

采用敌鼠钠盐灭杀高原鼢鼠，有效灭洞率为 74.4%，劳务费每公顷 3.105 元，当地牧草平均价格为 0.102 元，每防治一次的花费相当于该价格的牧草量按下式计算，即

$$y_1 = 3.105 \div 0.102 \div 0.744 = 40.92$$

y_1 的数值即为防治时允许的产量损失最大值。将上式代入高原鼢鼠牧草损失量与害鼠密度的回归方程（$y = 11.2x - 5.61$），得到高原鼠兔防治的经济阈值（害鼠密度）为

$$x = 4.18 \text{（只/hm}^2\text{）}$$

即在高寒草甸区，当高原鼢鼠的密度达到 4.18 只/hm² 的时候，就该采用防治措施。

三、中华鼢鼠防治经济阈值

按照中华鼢鼠的危害特点，建立中华鼢鼠的经济允许损失率（EIL）表达式为

$$EIL = \frac{C_c \times 100}{Y_m \times P \times E_c}$$

式中，C_c 表示防治费用；Y_m 表示无鼠害时单位面积产量；P 为作物价格；E_c 为灭鼠效果。将鼠害损失量与害鼠密度的回归方程（$EIL = a + b \times X$）代入上式得到

$$X = \frac{C_c \times 100}{b \times Y_m \times P \times E_c} - \frac{a}{b}$$

实际应用中，以灭效高而售价低的药物磷化铝来熏杀鼢鼠，计算防治费用如下：合计每公顷防治

费用为 6.50 元，灭效为 80%。将各参数数值代入上式中，计算出麦地鼢鼠的防治指标为：2.5 只/hm²，玉米地防治指标为 3.1 只/hm²。

四、布氏田鼠防治经济阈值

对防治布氏田鼠而言，广泛应用的最佳灭鼠时机（春季）为基础，通过春季灭鼠率、秋季种群增长或下降的预测值以及群体平均危害量等主要参数组建布氏田鼠防治的经济阈值模型，确定灭鼠成本与秋季最终可挽回损失相等时的春季密度，即春季采取防治时在经济上得失相当的允许密度。现将有关参数分述如下：

1. 可挽回的经济损失（Y）的估算参数

λ：春季至秋季布氏田鼠种群增长率或下降率，以 1987 年样区内实测数 85.63% 为例。

K：春季灭鼠效果，在 1 300hm² 应用 5% 杀鼠灵小麦毒饵的效果为 93.66%。

β：群体平均危害量（4 月中旬至 10 月中旬）3.334kg（鲜草）/只。

n：青干草重/鲜草重比率为 0.70。

m：青干草价格，依 1987 年秋季当地收购价 0.12 元/kg。

设 X 为春季（5 月初）密度，在春季种群（X）中因灭鼠减少的那部分个体数量有 $K \times X$，若在未实施灭鼠的条件下，$K \times X$ 应有原先种群的同样增长率（$+\lambda$）或下降率（$-\lambda$），那么，KX 至秋季则可能达到（$1+\lambda$）$\times K \times X$ 的数量水平。由此可以组建如下模型：

$$Y = (\beta \times n \times m) \times \left[(1+\lambda) \times K \times X \right]$$

代入上述参数，$Y = 0.4869X$

2. 估计灭鼠成本（C）的参数

P：投饵量 2.7kg/hm²。

S：当年成品毒饵价格 4.00 元/kg。

i：当年日工资 2.40 元。

r：日工投饵面积 5.33hm²。

3. 经济阈值估算

将上述参数代入 $C = P \times S + i/r = 11.25$ 元/hm²，当 $Y = C$ 时，可得 $X = 23.11$ 只/hm²。

根据 1987 年春季调查结果，样区布氏田鼠的洞口系数为 0.06。据此推算出相应的春季洞口的临界密度为 385.17 洞口/hm²，即在该年春季至秋季布氏田鼠种群数量增长 0.86 倍的情况下，当春季洞口密度每公顷低于 385.17 时可视为允许经济损失的密度水平。

在上述模型的参数中，S 和 i 可在当年春季确定，λ 和 m 尚需预测。λ 可采用当年春季对秋季种群数量变化趋势的预测预报；m 值则与当年夏秋降水量和载畜量有关，可以从当地气象站有关夏秋降雨预报及往年青干草收购价格的波动情况作出估计。

依据上述允许经济损失的临界密度水平，并综合考虑可能出现的各种影响因素，如大面积密度的估计误差，群众掌握灭鼠技术的难易以及天气变化可能影响灭鼠效果的程度等，可进一步拟订适于大面积应用的防治指标。

单一的化学防治可以在一定时间内降低害鼠的种群数量，减少危害，但是却不能改变其成灾条件（栖息地内适宜的草层高度和覆盖度以及资源条件）。只要这个条件存在，害鼠就能以其自身的高繁殖力和种群内部的负反馈调节机制，使其数量迅速恢复并造成新的危害。草原上多年来的灭鼠实践表明，单一的药物防治并不能达到长期而稳定地控制鼠害的目的。因此，草场的鼠害治理，应着眼于害鼠与环境因子的相互关系，并结合当地的生产实践，协同调控草一鼠群落的生态结构关系，才能达到持续控制鼠害的目的。

在生产实践中，最主要、最有效的控制啮齿动物种群的方法是使用化学药剂。然而，化学药剂的使用表现出种种弊端：控制只是暂时的，靶标动物很快就再次侵入；靶标动物可能对药物产生抗性；毒饵在其他熟悉的食物存在时可能不被取食；非靶标动物存在中毒的危险；对生态环境存在潜在危险。特别是环境污染、农药残留、抗药性以及鼠害再猖獗等问题向人们提出了严峻挑战。

1967 年，FAO 提出了有害生物综合治理（integrated pest management，IPM）的概念，即"综合治理是有害生物管理的系统方法，按照有害生物种群动态和与之相关的环境关系，尽可能协调地运用合适的技术和方法，使有害生物的种群保持在不足以引起经济危害的水平以下。"综合治理的基本观点主要是：生态学观点，治理措施不仅必须针对治理对象，而且要考虑生物和非生物环境之间的协调；经济观点，使防治费用与被保护对象的经济效益相适应；环境保护观点，综合各种防治措施，合理使用化学制剂，减少或避免对环境的污染。

啮齿动物作为生态系统的重要组成部分，对生态系统中物质循环和能量流动起着非常重要的作用。但从人类"趋利"原则的经济学角度来看，有害生物与人类共同竞争农林资源，因而被看作"有害生物"。鼠害防治的理想方式是协调地运用合适的技术和方法来控制鼠害，目前，持续有效控制鼠害可能仍然得依靠有毒化合物，特别是抗凝血剂类杀鼠剂。在农业部相关部门的领导下，我国在全国各省份建立了国家、省、市、县等不同层次的害鼠监测站（点），建立起了不同生态区防治农田害鼠的配套技术，在各地推广后普遍取得显著成绩。各级植保部门也积极贯彻实施，坚持长期监测鼠情，制订了相应的防治对策。大力推广科学使用抗凝血剂药物及有效的防治技术。目前溴敌隆、溴鼠灵、杀鼠灵、敌鼠钠盐等抗凝血杀鼠剂的灭杀效果可达到 90％以上。其使用量及环境副作用也被大大降低。同时越来越多的新型鼠害控制技术已经有了长足的发展，生物农药、生物控制、生态治理、不育控制等新的可持续控制技术不断涌现，一些已从实验室走出进行了一定规模的田间应用，并取得了一定的成效。即便传统的化学灭杀手段，在投药时机、投药方式、抗性监测等技术方面的研究应用和防治实施策略等方面也有极大的进步。其中代表性的有毒饵站技术、杀鼠剂抗性检测技术，以及防治中的"统一"策略。这些极大提高了化学杀鼠剂的效果，降低其副作用。

最新研究的控害技术如不育控制、围栏陷阱技术（TBS）、生态控制技术等也得到了一定的试验推广。

第一节　鼠害管理的指导思想

可持续发展是人类生产实践中各种行业都追求的一种理想发展模式，其目的在于在提高生产水平，满足人类的物质文化需要，不断提高生活质量的同时，又能保护人类及其他生物赖以生存的环境条件。对于为农业生产保驾护航的植保行业来说，可持续植保是可持续农业在新形势下对植保学科的一种发展要求。可持续植保的概念可从两个方面进行理解，即有害生物治理的可持续和人类生存环境的可持续。

一、有害生物可持续控制思想发展史

20世纪40年代DDT、六六六等杀虫剂出现以后，使人类对化学农药的信任和依赖程度达到了空前的高度。随着时间的推移，杀虫剂带来的"3R"问题，使人类对有机农药的使用产生了怀疑。1962年美国生物学家Rachel Carson发表《寂静的春天》，使人们受到了强烈的震撼，并开始寻找防治有害生物的新出路。

综合防治（IC）这个术语是由Michelbacher等人1952年在加利福尼亚州防治胡桃害虫时首次提出的，并将它作为正确选择杀虫剂的种类、施药时间和剂量、保护有益的节肢动物的有效方法加以利用。Bartlett（1956）引用了这一术语，采用生物和化学方法综合治理农作物有害生物。1959年，昆虫学家Stern等人将生态学的原理应用于对害虫的生物和化学防治中，至此才第一次接近综合防治的概念。随后，它被扩展到包含所有的防治方法和包括昆虫、植物病原体、线虫、杂草、脊椎动物等所有的有害生物。陆续诞生了多种可持续防控的概念和策略，如综合防治（integrated control，IC）)、有害生物综合管理（integrated pest management，IPM）、有害生物总体治理（total pest management，TPM）、有害生物区域治理（area pest management，APM）、有害生物合理治理（rational pest management，RPM）、有害生物生态管理（ecological pest management，EPM）、强化生物因子的综合治理（biologically - intensive IPM，bio IPM）、以生态学为基础的有害生物学治理（ecologically based pest management，EBPM）、有害生物可持续控制策略（sustainable pest management，SPM）、植物医学（phytomedicine）和森林健康（forest health）等。在这些防治策略中，有害生物综合管理（IPM）的影响最大，并随着社会的发展和经济、技术水平的提高不断发展和完善。

1961年，Geier等人提出对有害生物种群进行"管理"（management）这一想法后，人们不再仅仅单纯的考虑如何对有害生物进行"防治"（control），而是更关注于建立在生态学基础上的管理。Pickett等人（1965）认为，综合防治实际上是一个节肢动物的种群管理计划，它通过最大限度地增强环境的抵御能力并在危害超过经济阈值时辅以有选择性地施用杀虫剂，使有害生物种群密度保持在经济阈值以下。Smith等人（1967）也在《综合防治》一书中将综合防治描述为"是一种有害生物种群管理体系，利用所有适当的技术降低有害生物的种群密度使其保持在可造成经济损失的水平之下，或者控制种群数量防止其造成危害"。1967年，联合国粮食及农业组织（FAO）在罗马召开第一届有害生物综合防治专家小组会议，也将综合防治定义为"一个有害生物管理体系，它依据相关环境和有害生物种群动态，尽可能协调一致地采用所有适当的技术和方法，将有害生物的种群控制在可造成经济损失的水平之下"。随着对有害生物实施管理的思想的提出，人们开始强调"经济受害水平"（economic injury level，EIL）和"经济阈值"（economic threshold，ET）。在防治策略上，改变了彻底消灭有害生物的想法，更多的是考虑有害生物的生态学问题，只是在人类"不可容忍"的情况下，才协调的选用一些适当的技术和方法。IPM理论就是在这样一种特定的背景下产生的社会、环境及经济诸方面都可接受的涉及多学科的控制技术方法。1972 年，美国联邦政府机构环境质量委员会（CEQ）《有害生物综合治理》一书正式提出了 IPM 这一概念。自此，IPM 思想在植物保护界被广泛采用。20 世纪 80 年代以后，IPM 作为一种经济有效且保护环境的有害生物防治方法，广泛应用于农业、林业、公共卫生等领域。

IPM 是建立在生态学基础上的有害生物防治策略，它主要依赖自然致死因子如天敌等，并寻找尽可能不对这些因子产生破坏的防治方法。从理论上讲，一个 IPM 计划要考虑到所有可行的有害生物防治措施（包括不采取任何措施），综合评价各种防治技术、生境、气候、其他有害生物和要保护的作物之间的相互作用和影响。其要点是在将对人类健康、环境和非靶标生物的影响最小化的前提提下，长期预防与控制有害生物危害。首选的有害生物管理技术是提高自然界中存在的生物控制力，栽种抗病虫植物品种或品系，选用对人类或非靶标生物危害轻的低毒农药，采用修剪、施肥、灌溉等田间管理措施减轻有害生物危害，改造栖息地环境，使之不利于有害生物生长。

IPM 是一个选择和使用有害生物控制技术的决策支持系统。在一个治理过程中是使用单一的控制技术，还是统一协调地应用多种技术是建立在成本效益分析的基础上的，它充分考虑了生产者、社会和环境的利益及对他们的影响。有害生物综合治理的要素包括：①预防有害生物危害；②对有害生物及其危害实行监测；③确定有害生物种群密度和危害阈值；④在考虑人类健康、生态影响、可行性和成本效益等的前提下，应用生物、栽培、机械和化学等多种防治方法治理有害生物，使其种群的数量低于预设的危害阈值水平；⑤评估有害生物治理的绩效。

针对 IPM 的某些局限和不足，近年来有些学者相继提出了一些不同的策略和理论，从不同的角度丰富了 IPM 理论。如"有害生物生态管理"（ecological pest management，EPM）的概念，试图以此来取代 IPM。EPM 强调系统观点和生态学原则，运用任何适宜的措施调控有害生物种群，不断改善农业生态系统功能，达到环境安全、经济高效、生态协调、持续发展的目的。EPM 是 20 世纪 80 年代中期在 IPM 基础上发展起来的一种针对林业有害生物的控制策略，其内容与 IPM 基本类似，但它更强调与环境的关系，强调系统的健康和可持续发展，可以认为它是对 IPM 的进一步发展，它与美国的"新林业"思想和德国的"接近自然林业"理论有许多相似之处，都强调森林生态系统的管理和研究。

1987 年世界环境与发展委员会提出了"可持续发展"（sustainable development）的概念，这一思想很快为世界各国所接受。1992 年世界环境与发展大会明确了人类社会可持续发展的战略，我国也于 1994 年发布了《中国 21 世纪议程》，1995 年第 13 届国际植物保护大会将主题确定为"可持续的植物保护造福于全人类"。由此，有害生物的可持续控制策略（sustainable pests management，SPM）成为"热门话题"。SPM 策略所寻求的是既能满足当前社会对有害生物控制的需求，又不对满足以后社会对有害生物控制需求能力构成危害，是一种经济、社会、生态效益相互协调的有害生物控制策略。是以生态体系为基础的，通过对整个生态体系的维护与调控，增强体系的结构和功能的稳定性，发挥生态体系对有害生物的制衡作用。SPM 强调从生态系统的角度出发，而 IPM 强调从生态的角度出发，因此，SPM 是在 IPM 基础上的一次飞跃。随着可持续理论的不断深入，人们越来越深刻地认识到可持续农业将是未来农业的发展方向。一个理想的有害生物管理策略，应该具备以下特征：①目的：根据作物的不同栽培目的，达到最大限度满足当代和后代在经济、社会和生态等各方面的需求；②出发点：采取的任何措施和方法，都必须从生态系统的角度出发，追求系统结构和功能的合理与稳定；③措施和方法：一是通过对生态系统的调控和维护，达到系统健康稳定的状态，二是增强作物自身的健康和抗性，使其免遭有害生物的危害，三是在上述两项措施没有完全达到目的的情况下，通过采取适当有效的方法和措施，降低有害生物的种群密度，恢复系统的健康和稳定。

二、鼠害防控理念

随着可持续发展的需要，有害生物综合治理更强调以生态学为基础的有害生物生态调控。我国的鼠害防治已经取得很大的成绩，但使我国农业增加对大面积鼠害的暴发的可持续控制以及实现对鼠类引发的突发性灾害的高效监控，仍然需要长期的艰苦努力。

长期以来，农业鼠害防治主要依赖化学杀鼠剂。虽然可以局部、应急性控制鼠害，但灭杀效果难以巩固，甚至有些地方出现了"越灭越多"的现象。大量使用化学灭鼠剂，还引起鼠类对杀鼠剂的耐（抗）药性，增加了对环境的负面作用及对非靶标生物的威胁。因而迫切需要加强有关鼠害防治的基础研究，为鼠害控制提供理论支撑。鼠害防治的科学基础是从动物学、生态学、农药学及多种边缘技术学科逐步发展起来的。随着农业生产对自然环境的影响及生物多样性的变化。鼠类对农业的危害、对生态环境的负面影响增加使得鼠害防治成为农业植物保护领域中的重要方面。早在 20 世纪 80 年代我国即提出病虫草鼠综合治理的植保思想，这一思想应仍然作为植保科学的指导。从系统化、生态化及综合治理的角度整体考虑病虫草鼠的防控问题。

减轻鼠害的措施必须兼顾经济效益和环境效益。从鼠害的定义、分类、分级、评估理论与方法入手，着重灾害的表征、害情评估，鼠类危害模型、作物损失模型等方面的建设。得出基于资源评价、损失评估、资产评估等一系列的理论与方法的鼠害损失估算模型。提出不同环境损失量评估方法和理论基础。以此构建不同环境鼠害损失评估的鼠害防控指标体系，建立和探索鼠害损失评估的模型，设计鼠害防控的程序（流程）。近年来，应用系统工程方法来研究病虫鼠害发生与防治问题取得了很大进展。应用计算机技术，特别是地理信息系统，把各年度的资料信息、不同地域的资料信息，包括气象资料、农作物品种抗性、有害生物资料、生态变化等信息集合在一起进行分析处理，找出数学模型，对病虫害的发生做出预测，对将要采取的防治措施进行评价。作物病虫鼠害综合治理地理信息系统（CPPGIS）能够将气象因素、植保知识、科研成果、专家经验、GIS 等有机结合起来，对作物生长过程中出现的病虫鼠草害进行动态预测和诊断，进而达到综合治理的目的。

第二节　鼠害的物理治理

人类与鼠的斗争由来已久，《越人溺鼠·燕书》里有人们利用物理器械灭鼠的生动描述：老鼠喜欢在黑夜里偷吃粮食。有个越国人将粮食装入盎里，任其享用。老鼠奔走相告，纷纷跳进盎内，不饱餐一顿决不收兵。一日，越国人把粮食换成水，老鼠们依旧结伴跳入盎里，结果全部被淹死……与鼠类斗争的最原始方法是根据各种生产和生活中的经验，设计出一些工具来捕杀鼠类，这些即是物理灭鼠方法的雏形。随着社会的发展，其方法从简单的鼠夹、地箭到现代化的电子捕鼠器和超声波灭鼠仪等。其基本原理是把害鼠诱入关、夹、套、压、淹等器械中杀灭，原料易得、成本低廉、构造简单、经济安全、可就地取材、灵活应用，可供在不同季节、环境、场合、位置灭鼠使用。但这类方法一般比较费工，用于消灭残余鼠和零星发生的鼠比较合适。

鼠害物理治理的本质是利用物理器械杀死一定量的害鼠，使其达到人们能够忍受的数量范围。目前大规模使用的对象主要是化学杀鼠剂和其他方法难以治理的地下害鼠。大部分捕鼠器械是按照力学原理设计，支起时暂时处于不稳定的平衡状态，鼠在吃诱饵或通过时，触动击发点，借助器械复原的力量，恢复稳定的平衡，鼠即被捕获或杀死。目前见于规模化鼠害防控的主要是一些新型捕杀地下害鼠器械的发明创新，尤其是我国的一些厂家，机械式地箭、红外触发的地箭等不断问世。但物理治理的理论研究和实际的使用效果报道很少。下面就常见的鼠害物理治理器械和方法作简要的介绍。

一、鼠夹法

（一）踏板夹

踏板夹是最常见的一类鼠夹，其种类和型号很多，有铁板夹（图 5-1）、木板夹（图 5-2）等，其原理是利用弹簧的弹压作用，夹住触动踏板的害鼠。机制成型的铁板夹，弹性好，价格便宜，牢固耐用，可多次反复使用。踏板夹一般置于鼠洞口、鼠道或鼠经常活动的地方。踏板上端放置诱饵，根据不同的生境和害鼠的习性，一般可采用葵花子、瓜子或花生等。

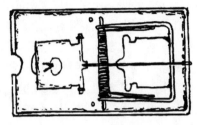

图 5-1　铁板夹

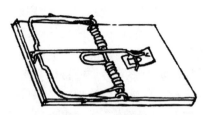

图 5-2　木板夹

（二）弓形夹

弓形夹又叫钢闸，是一种不放食饵的捕鼠夹，主要用于捕获野鼠或其他体形较大的动物，或者置于不好使用踏板夹的场所。根据材质分为铁皮弓形和铁丝弓形夹。

铁皮弓形夹以两个半圆形铁片环为夹，两端轴状，套于底部铁片两端的孔中，能转动（图 5-3）。另用 1~2 个两端挖有空心的弹性钢弓把两个铁片环套住。支时把钢弓压下，铁片环向两边张开，用支棍压住一环，支棍末端略微别在夹心踏板上，使其保持不稳定平衡。空夹布放于鼠洞口或鼠经常出没的地方，放置时，应使鼠夹与地面平，支好后在夹周围和板面上撒些土或碎草伪装。鼠通过触踏板时，支棍脱开，钢弓弹起，铁片环合拢，鼠被捕获。钢弓夹一般带有细铁链，以便固定于地面上，防止受伤的鼠类或食鼠动物将夹带走。

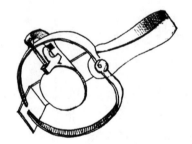

图 5-3　铁皮弓形夹

铁丝弓形夹的压弓由铁丝制成，用钢丝做弹簧，尾部拴细绳，细绳另一端拴支棍。使用时，掰开压弓，用支棍撬住引发部，使压弓处于不稳定的平衡状态。引发部上挂诱饵。为防止鼠入夹后吃去诱饵或小型鼠从夹弓内漏掉，有铁丝压弓被加上细铁丝网；为防大型鼠把夹带走或夹从高处掉下伤人，一般夹后系铁链，以便放夹时固定（图 5-4）。

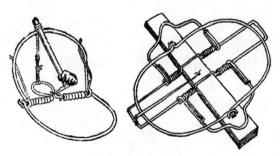

图 5-4　铁丝弓形夹

（三）环形夹

环形夹主体为两片对称的带孔铁片，孔与鼠洞洞口大小相近，在柄端部以穿钉相连，下片有一活动撬棍，上片下缘有一缺刻，借柄部弹簧之力使两环张开（图5-5）。使用时，将两环合拢，将下环上的别棍卡在上环的缺刻上，使别棍挡住夹孔。将其挂于墙上，使夹孔正对鼠洞洞口，当鼠出洞时触动别棍，别棍脱开，两铁环左右分开，夹捕住害鼠。

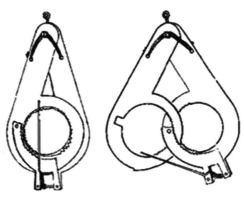

图5-5 环形夹

二、鼠笼法

鼠笼也有多种形式，分关门式鼠笼、踏板式鼠笼、倒须式鼠笼和活门连续捕鼠箱等；需用诱饵，可用来捕捉活鼠。其多用铁丝、木板、铁皮、竹筒等原料制造。放置鼠笼时，笼口应朝向鼠洞或正对鼠路。

（一）捕鼠笼

捕鼠笼是最常用的活捕工具。由笼体、活门和机关三部分组成（图5-6）。捕鼠笼上的机关用弹簧连在活门上，鼠盗食诱饵时拉动机关，活门立即关闭，即可捕住害鼠。

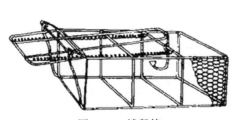

图5-6 捕鼠笼

图5-7 倒须式捕鼠笼

（二）倒须式捕鼠笼

也称印度式捕鼠笼，用铁丝编成，有圆形和方形两种。鼠笼上有1～3个钢丝编成的喇叭式入口，口内有倒须，故称倒须式捕鼠笼（图5-7）。笼中放诱饵，由于倒须的作用，鼠钻入盗食时，只能进不能出，可达到连续捕鼠的目的。

（三）踏板式连续捕鼠笼

这种捕鼠笼用铁丝或铁皮制成，入口用铁皮安装成活门，当鼠踩动踏板一端，因其体重下压而打开活门，鼠翻入笼中，踏板因受到重力拉力的作用而下落，活门关闭。捕捉第一只鼠后，后续鼠仍可进入。由于只能进不能出，故可以连续捕鼠（图5-8）。

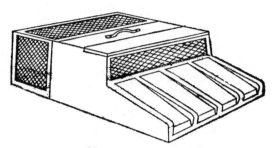

图 5-8 踏板式连续捕鼠笼

三、弓 箭 法

（一）竹弓

竹弓又称竹剪（图 5-9），以竹为材料制成。使用时插放于鼠道上，鼠穿过竹弓孔时，触动消息签，竹剪的上股即弹落，夹捕住鼠。竹弓的造价低廉，轻便易带，捕获率高，常年都可使用。

（二）暗箭

暗箭也是就地取材制作，野外、室内均可使用。通常是用一块较厚的木板，下方开一口，板的背面用橡皮（弹簧、竹弓）弦住一根铁丝制作的箭（图 5-10）。箭的上端绳系一小木棍；木板正面下口的下缘装一根能活动的横别棍，并在下口的左上方钉一铁钉。捕鼠时，将下口对准鼠洞，箭向上拉，使箭尖退至下口上缘，将小木棍拉到板的前面别好，鼠出洞时踏动横别棍，小木棍弹起，箭射下即可穿入鼠体。

图 5-9 竹弓

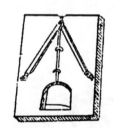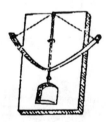

图 5-10 暗箭

（三）"丁"字形弓箭

常用于灭杀地下害鼠。置弓时，离洞口 6～8cm 处，将箭头插在洞中央（箭头试插带下的表土掏尽），用土将弓背固定好，然后将钢钎箭提起，用撬杠固定，用手掌搓成的土块，连同塞洞线一起封洞，土块中间厚，四周薄，湿度适中，以免封得过死，土块贴洞口的一面要求人手未接触过（图 5-11）。

（四）三脚架踏板地箭

也是灭杀地下害鼠的常用器械。支架前，切开地下害鼠的鼠洞，用一长约 80cm 的直木棍探明鼠的直洞。将洞口铲齐，用长约 1m 的三根木棍做成三脚架，约 40cm 的细棍作为杠杆，杠杆的一端系一长约 50cm 的细绳，在杠杆约 1/10 处绑一短而较粗的绳子悬于三脚架下作为支点（图 5-12）。用绳将 10kg 左右的石板吊起悬于杠杆上。将洞上表土铲平，于支架下鼠洞正中上方设箭三支，第一支距洞口 10cm，箭间距 6～7cm，箭尖以刚达洞壁表面为准。然后用杠杆将石板吊起，牵线一端缠一小石块，塞进洞口。鼢鼠等地下害鼠推土封洞时，将洞口的石块推出，杠杆失去平衡，石板迅速下落，压箭入洞，即可捕鼠。

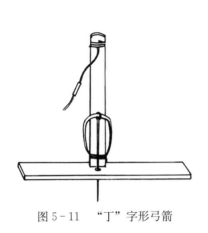

图 5-11　"丁"字形弓箭

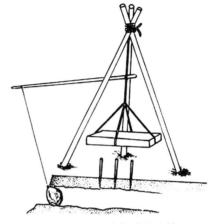

图 5-12　三脚架踏板地箭

四、板 压 法

板压法是一种就地取材的便利灭鼠方法。形式多种多样，通常是将绳子一端绑在树或木柱上，另一端系一小木棍。取一石板（或砖、厚木板等），斜立于地面，在其中部绑一细绳并系上诱饵；将小木棍插入细绳中套住。当鼠偷食诱饵时，拉动细绳，小木棍脱落，石板落下，将鼠压死（图 5-13）。

五、圈 套 法

（一）枝条法

使用有弹力的枝条（如柳条），其粗头端固定于鼠洞附近，细头端弯曲成弓形，用石头等轻挡细头端；枝条上悬挂一根，打成活圈套的马尾，套眼对准鼠洞，如图 5-14。鼠出入洞时触动马尾，柳条弹起，鼠即被套起吊在空中。使用时应勤检查，防止鼠咬断圈套逃走。

图 5-13　板压法

图 5-14　枝条法

（二）绳套法

主要用于捕捉旱獭。通常使用 18～22 号铁丝 4～6 股拧成长约 1.5m 的铁丝绳，一端做成直径约 1cm 的圈，另一端穿过圈，成一直径 15～25cm 的活套。绳的另一端固定在木桩上，钉于洞口旁。使用时，活套置于旱獭洞的内洞口，用草棍将活套固定于洞壁上。活套放置时间应在旱獭出洞或入洞前，使用过程中勤检查，及时处理被捕的猎物。捕捉野兔时，可直接用 1 股 18～22 号铁丝制作，将其垂直固定于地形坡度较大的野兔采食道地段（图 5-15）。

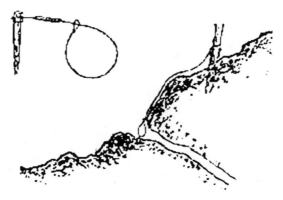

图 5-15 绳套法

六、剪具法

该法有 10 多种类型，根据使用工具的形状分为铡或剪。通常使用 6～7 根铁、木或竹条固定成三角形或四角形剪架，其中一边能够活动，一端用竹弓、弹簧或胶皮等弹力部连接，另一端用铁、木、竹棍或细绳支于剪架上或鼠洞口侧小钉上。使用时，将其牢靠放置于鼠洞口，鼠触动踏板或绊绳使支棍与小钉脱离，弹力部复原，活动边向剪架合拢，鼠即被捕获（图 5-16）。为增强效果，有的活动边上装有锯齿。

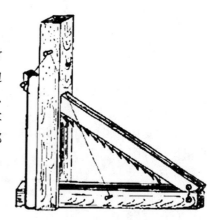

图 5-16 剪具类捕杀法

七、钓钩法

器械主要部分为用两端带钩的弹性钢丝，成夹剪状。两边腰部各绕带有拧成小圈的细铁丝。剪状钩的后部系以铁链绳，链绳另一端拴有别棍针。使用时，挂起嘴钩，使其下部离地面 6～7cm，别棍针穿过后部钢圈，微微别住中部两个小铁圈，使嘴钩合拢，挂上诱饵。鼠跳起吃诱饵时，触动别针，其和中部的铁圈脱离，钢钩向两边弹开，鼠嘴被钩住（图 5-17）。

八、设障埋缸法

该法在洞庭湖流域的东方田鼠暴发期间使用非常有效。主要是利用堤坝的特有地形，在堤坡埋设纤维板屏障，板高 1m，另埋入土下 30mm；在屏外每隔 50m 埋一个大水缸，田鼠被板阻于堤外，人工驱赶鼠入缸内捕杀。在室内，也可利用水缸或小口大肚的坛子、玻璃瓶等，放置诱饵引诱害鼠进入后捕杀。

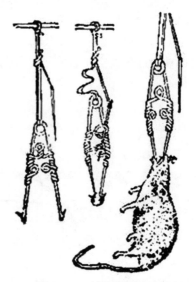

图 5-17 钓钩类捕杀法

九、电子灭鼠器

电子灭鼠器俗称"电猫"，是一种特制的高压杀鼠工具，其原理是使用变压器把低流量交流电升至 1 600～2 000V 的高压，连接于离地的裸露电缆，当鼠体触动电缆时，电缆—鼠体—大地形成回路，电流通过鼠体将鼠击昏或击死，捕鼠器同时发出声、光讯号，人可及时将鼠取下。这种装置适用于防治粮食仓库或商品库房鼠害，但必须注意安全。

合格的电子捕鼠器应具有下列性能：①高压回路限流功能，其短路电流应小于 60mA；②延时自动切断电源的功能；③高压输出采用与市电电网绝缘的悬浮输出；④机壳与机内带电部位绝缘良好，机壳附有接地接线柱。

现在的电子捕鼠器具有体积小（DZ-4C 型体积为 9cm×8.5cm×7.5cm）、重量轻（1kg）、效率高（命中率大于 95％）、威力大（10d 能把布放地点的鼠捕绝）、耗电量小、无毒无害、经久耐用、投带方便等优点。适用于食品厂、食物库、种子库、大厨房、住宅等场所。在触电时间短的情况下，捕获的绝大多数是活鼠，可供科研、医药、皮毛利用以及貂饲料。

十、超声波驱鼠器

超声波（在物理学上指频率大于 15kHz 的声波）能引起鼠大脑和视觉神经紊乱，产生恐惧和瘙痒，出现食欲不振，眼红发炎，疼痛抽筋，乱闯乱蹦，自相践踏等现象。长时间作用能致使鼠肾激素下降，破坏生殖器官，直至死亡。正在哺乳的母鼠受超声波干扰后，乳汁枯竭，影响幼鼠的成活。

对褐家鼠的试验表明，超声波对其行为、进食、体重有一定的影响，但影响时间短暂，随超声波刺激时间的延长，褐家鼠能够逐渐适应。这与 Meeham（1976）和汪诚信（1990）的观点基本一致。在试验开始 1～2d 内，鼠行为明显异常；第 3d 起异常反应越来越不明显；3d 后，其行为基本恢复正常。

故超声被驱鼠功能尚有争议。

十一、粘鼠胶板法

粘鼠胶板法是利用黏性物质粘灭鼠的一种方法。一般使用松香和植物油（桐油、蓖麻油）等熬制成胶，涂于纸板上，置于害鼠经常出没的室内场所，粘捕害鼠。其特点是无味无臭，简便易行，安全卫生。使用时不受气候影响，可重复使用。

根据粘鼠板的大小和涂胶重量，可分为 A、B、C、D 等 4 种型号，按照折叠层次，又可分为一折型和多折型 2 种。粘胶根据成分的不同分为以下几种：

（一）松香类粘鼠胶

用松香和机油，按一定比例混合，加热熬制而成的一种粘鼠胶，松香含量高时黏度大，是较早使用的一种粘鼠胶。春季、秋季温度适宜的情况下有效期仅 10 余天，黏力也有限。

（二）四合一粘鼠胶

"四合一"粘鼠胶的成分为聚甲基丙烯酸 500g，松香 500g，20 号机油 500g，麦芽糖 150g。制作时，先将前 3 种原料一并放入容器中，用文火加热，待全部溶解后，加麦芽糖 150g 拌匀，至沸并发出糖香味时即可。使用时，取黏合剂涂在硬纸上，中间放置诱饵。

（三）101-粘鼠胶

101-粘鼠胶是一种高性能粘鼠胶，主要成分为改性的聚酸醋乙烯的丙酮溶液。常温下为黏稠的树脂状液体，溶剂挥发后，呈无色透明膏状体，固体含量 65％，在 5～40℃时有很强的黏性，当温度升到 50℃时，会产生很小的流动性，但不会产生溢流现象。无毒，化学性质稳定，遇强碱稍有反应。使用时，将鼠胶瓶浸于沸水中化成糊状，于约 16cm² 的木板、铁片或硬纸上涂粘鼠胶 50g，中间放置诱饵。涂胶的厚度视鼠的大小而定，一般以 1～2mm 为宜。放置于鼠经常出没的室内。

十二、爆破灭鼠法

（一）烟炮灭鼠

灭鼠烟炮具有熏蒸剂的特点，对人畜无害；制作容易，可就地取材。目前使用的大多数烟炮，对杀灭洞内鼠起主要作用是一氧化碳。其无色、无味，可与温血动物血红素结合，使其失去交换氧气的能力窒息而死。

烟炮的主要成分是燃料和助燃剂。常用燃料有木屑、煤粉、碳粉和干畜粪末等。常用的助燃剂有硝酸钾、硝酸钠、硝酸铵，也可用氯酸钾或黑火药。硝酸钾、硝酸钠助燃性能好，不易潮解，但硝酸钾价格高；硝酸铵助燃性能较好，价格低廉，容易获得，但易潮湿，用量较大。助燃剂的用量以能使燃料在短时间内燃尽，而不产生火焰为宜。其能迅速增加有毒气体的浓度和压力。但制作或使用不慎时，可引起火灾。

（二）LB 型灭鼠雷管

LB 型灭鼠雷管是专门炸灭各种地下鼠类的新型工具。LB-3、4 型是鼢鼠的克星。LB-3 型管长 2.6cm，脚线长度 35～40cm，装药种类为 DDNP，装药 0.4g。LB-4 型灭鼠管长 3.0cm，脚线长度 35～45cm，装药种类为 DDNP，装药量 0.45g。LB 型灭鼠管不引爆炸药，威力小，仅能炸死各种地下鼠，不致对社会造成危害。

十三、围栏陷阱技术（TBS）

针对地面活动的鼠，使用传统的物理方法大规模防治的措施现在基本绝迹。但一种新型的物理防治方法近年迅速崛起，围栏陷阱技术（trap barrier system，简称 TBS），起源于东南亚水稻种植区，广泛应用于东南亚国家水稻田害鼠的生态防控实践中。由物理屏障和连续捕鼠笼组成的围栏陷阱系统，可连续长期捕鼠。其基本原理是利用鼠类有沿着物体边缘行走的习性，紧贴其途径的屏障边缘线设置陷阱，捕获小型啮齿动物的一种方式。我国于 2006 年开始推广示范 TBS 控鼠技术，并根据我国农区的特点，对 TBS 的材料进行了相应的改进，障碍物使用金属网围栏代替塑料布围栏，用捕鼠桶替代捕鼠笼作为捕鼠陷阱，改进后的 TBS 材料循环利用率更高，适用区域更广，经济效益良好。2013 年起，我国鼠害防治工作者针对我国 TBS 的使用实际效果，将封闭式 TBS 优化为直线形 TBS，以便于田间生产和管理。截至目前，其在我国新疆、内蒙古、辽宁、黑龙江、四川、贵州等 20 个省份 40 多个地区的农田开展了示范试验，各示范区控鼠效果较好，作物增产明显。该技术正逐渐被基层植保工作者及农户接受认可。为了推进 TBS 的应用，其原理、控害面积等理论研究也被不少学者所关注。国外研究推测 TBS+诱饵作物模式的捕鼠效果优于单独的 TBS，诱饵作物在 TBS 防治稻田害鼠中的作用明显。我国学者在我国东北地区玉米地的实验揭示诱饵作物对捕获总量无显著影响，玉米地 TBS 内设置诱饵作物与否，均能捕获到一定量的鼠，年捕鼠量的高低与有无诱饵作物无显著相关性，而可能与当年的鼠害发生程度及气候条件（如降雨）有关。并依此验证了线形 TBS（L-TBS）的效果较矩形 TBS 捕鼠效率高，其方便农事操作，更具推广应用的潜力。根据距 TBS 不同距离水稻的损失量和收获量，及利用无线遥测结果，Brown 提出单个 TBS 的保护辐射半径约为 200m。我国学者根据捕鼠量和玉米产量测算结果，提议在东北玉米种植区使用长 60m、捕鼠桶间隔 5m 设置的 L-TBS 进行鼠害防控，即可获得显著经济效果，其辐射保护距离大于 100m。TBS 的具体内容将在另一章中介绍。

十四、其他控制方法

（一）灌水法

灌水法主要适用于离水源较近、土壤致密等环境中灭鼠。在靠近水源的地方，挖开鼠洞用水灌，使鼠溺亡或被迫逃出洞外，便于人工捕杀。

选择有鼠的鼠洞，把洞口挖成漏斗状，将水灌入，灌满后稍停，观察水面有无小气泡出现，如有气泡连续冒出，不必再灌，说明鼠已溺水。若鼠没淹死，稍后就会出洞。做好人工捕杀准备，待其出洞即扑杀。灌水后要将鼠洞封闭堵实，以防未死鼠复苏后逃出。如遇沙质土壤，在水中加些黏土，效果较好。雨后引积水灌洞，可取得事半功倍的效果。

（二）挖洞法

挖洞法主要用于野外洞穴比较简单的鼠种。判断洞中是否有鼠是本法取得成功的重要前提。挖洞前应先堵住周围的其他洞口，从一个洞口用树枝、铁丝等探明洞道走向（不宜用手探洞，以防被鼠洞内的虫、蛇等咬伤），向前挖进。挖洞时应仔细分辨被鼠临时堵塞的洞道。一旦发现有鼠，用铁锹等工具捕捉。

该法虽费工，但效果明显，不需要特殊工具，在消灭残鼠、调查鼠类密度和研究鼠类生态时常被采用。

（三）烟熏法

即挖开洞道，在洞口点火，使烟吹进洞内，鼠被烟熏后致死逃出洞外，人工捕杀。烟熏时，于燃料中加入一些干辣椒或硫黄粉，效果会更好。

（四）洞外守候法

常用于捕杀地下害鼠，通常是用铁锹铲除土丘，露出洞口，迅速退至2～3m处静观，不要发出任何响动，待其将洞口堵住，再铲除堵土，露出洞口，如此反复2～3次，基本可明确洞道的去向。最后将确定有鼠的洞口切开，把洞道上面的土铲薄，在洞口守候，待其堵洞时，迅速捕捉。捕杀方法有两种：一是当鼠再次堵洞时，在洞口后面10～15cm处，观察鼠正在洞道口刨土的地面涌动，迅速对准涌动处，用铁锹下铡，可将田鼠铡死或翻上地面拍死；另一方法是在洞口后方30～40cm处，用铁锹下扎，堵住鼠退路，然后继续挖开洞口，田鼠再堵洞口，重复几次，直至田鼠无处逃避时，将其翻到地面杀死。

（五）灯光捕捉法

对于许多夜间活动的啮齿动物，可以利用灯光捕捉。慢慢行走，同时用灯光照射沙堆、灌木丛、沟渠、道旁的各个角落。鼠被灯光照射后行动迟缓，可乘机用长柄扫网捕捉或长竿横扫，捕杀。利用草兔趋光习性，可使用机动车辆追赶捕捉，一般1～10km内，可将其活捉。

（六）跌洞法

该法防治棕色田鼠效果很好。寻找田间新排出的沙土丘，挖去松土找到洞口后，用手指（戴手套）将洞口泥土轻轻掏净。由此洞口垂直向下挖一光滑圆形直径约20cm、深约60cm的深坑，坑底压实。跌洞上口盖上草皮。每隔15min左右检查一次，发现田鼠跌于坑内即行捕捉。坑可连续使用几次（图5-18）。

图5-18 跌洞法

（七）竹笪围捕法

竹笪围捕法是南方地区捕杀农田褐家鼠、小家鼠、黄毛鼠和板齿鼠等的一种有效方法。该法用50cm高的竹笪，长几十米至数百米，黎明前或黄昏前围在田边，每隔30m开一出口，出口外埋口水缸，缸口与地齐平，缸内装七成水，水中滴些煤油并覆盖上谷壳。鼠通过笪门时，就会跌入缸内溺死。其可看作最早的围栏陷阱技术。

（八）人工捕打法

当庄稼收割、堆放、拉运和堆垛时，隐蔽于其中的害鼠暴露于外，用枝条抽打捕杀。根据我国东北地区的经验，水稻收割时，用此法捕打东方田鼠，效率可达73%～75%；大豆收割拉运时，捕打效率达76%～90%。

（九）盆扣法

用木棍轻支盆边，在木棍的下端扎一根短线绳或细铁丝，上缚诱饵，当鼠偷食时，撞动了木棍就会被扣在盆内。该法主要适用于室内、粮仓及厨房内的害鼠捕捉。

（十）陷鼠法

放置一大的水缸，装水半缸，上浮糠皮，鼠入吃糠即被淹死。

（十一）吊桶法

将内部光滑的桶或玻璃瓶横放于地面，口部拴绳，穿过高处滑轮或管道，牵至隐蔽处。鼠进入容器吃饵时，立即拉绳，容器竖立，鼠无法逃脱而被捕。

（十二）翻柴草堆灭鼠法

该法通常为入秋后，野鼠向草堆、秸秆堆集中，在其中筑巢越冬。定期翻开柴草堆，人工捕杀。鼠多居于离地 1m 左右的草堆下层。翻完捕杀后，若堆底有鼠洞，可采用挖洞法或灌水法全歼洞中之鼠。

第三节　鼠害的化学治理

使用化学物质通过经口、熏蒸灭杀个体，增加种群的死亡率，或涂抹于防护物表面，使鼠类不愿啮咬取食，或使雌雄个体不育以降低种群的出生率等方式将鼠密度降低至经济阈值之下的一类防控方法，称为鼠害的化学防控。从鼠害控制技术的发展趋势看，生态治理可作为持续控制鼠害的长期目标和根本方法。但化学防控作为一种简单、快速、有效的防治方法，在鼠害严重地区，仍然是应急措施或综合防治中的主要技术，仍为国内外广泛应用。杀鼠剂按照作用途径可分为经口毒物（胃肠道毒物或胃毒）、熏蒸毒物（呼吸道毒物或毒气）和接触毒物 3 类，通常所指的杀鼠剂是指经口毒物（胃毒剂）。从 20 世纪 30 年代起到现在，化学杀鼠剂有着快速的发展。虽然目前其还存在着这样或那样的问题，但从长远发展上来看，化学治理在整个鼠害防治工作中仍处于不可或缺的地位。

一、杀鼠剂发展历史

用于杀灭鼠类的单质和化合物，称作杀鼠剂。当前，国内外杀鼠剂有数十种，但目前常用的不到 10 种。从整个杀鼠剂的发展历史看，其可以归纳为从天然物质到人工合成，从无机化合物到有机化合物的发展趋势。

早期的杀鼠剂来自有毒无机矿物或天然植物，如公元前 350 年，《天工开物》中已有人们用砒霜（AS_2O_3）配制毒饵灭鼠的记载。在 20 世纪 30 年代以前，国际上使用的化学杀鼠剂主要有两类：一类是化学结构简单的无机化合物，如亚砷酸、黄磷、碳酸钡（$BaCO_3$）、硫酸铊（Tl_2SO_4）、氧化砷（AS_2O_3）、磷化锌（Zn_3P_2）等；另一类是来源于天然的植物质，如马钱子碱（毒鼠碱）和红海葱（海葱素）等。红海葱在 16 世纪就被记录在地中海沿岸用于灭鼠。1740 年，Marggral 合成了磷化锌，1911—1912 年磷化锌在意大利首次被用于防治野鼠，1930 年被用于防治家鼠。我国在 20 世纪 50 年代开始大量使用磷化锌，目前在有的国家和地区其仍是主要杀鼠剂之一。30 年代之后，各种各样的有机化合物先后进入化学杀鼠剂市场，杀鼠剂进入了一个大发展时期。与无机物相比，有机毒物毒性更高，作用更快，其应用是化学杀鼠剂发展史上的第一个里程碑。其实有机毒物的应用历史更久远，前面提到的来源于植物质的杀鼠剂，均属于有机化合物。红海葱是地中海沿岸的一种植物，含有毒物海葱糖苷。马钱子中含有毒物士的宁（番木鳖碱），有苦味，鼠接受性差。山营兰、海芒果、天南星、狼毒、博落回、山朴子等野生植物均可提取有毒物，用作杀鼠剂。但天然有机毒物受来源限制，且毒力随提取方法的不同而不同，灭鼠效果较差，目前已很少使用。下面所提有机杀鼠剂多指人工合成的有机化合物。1933 年，1,3-二氟丙醇-2 和 1-氯-3-氟丙醇-2 的混合物甘氟被开发出来，其对鼠类具有极强的胃毒作用，主要用于在野外防治鼠害，特别是在草原上防治鼠害。1938 年德国研制成功鼠立死（crimidine），1940 年德国拜耳公司开始推广。1940 年美国研制成功氟乙酸钠（sodium fluoroacetate）（又名三步倒），50 年代又开发了氟乙酰胺（fluoroacetamide），两者的作用机理相同，但由于对人和其他动物毒性太强、药力发作快，我国已明令禁止生产和使用。安妥（antu）是一种 1945 年开发的硫脲类杀鼠剂，用于防治褐家鼠和黄毛鼠的效果较好，也适于防治板齿鼠、黑线姬鼠和屋顶鼠。其对非靶标类生物毒性低，不易引起二次中毒。但由于制造安妥的原料 α-萘胺有致癌作用，因此安妥也被禁用。毒鼠强（tetramine）在 1949 年由拜耳公司合成，其属中枢神经兴奋剂，作用速度极快，因剧毒而被禁用。鼠特灵（norbormide）于 1964 年推出，其作用速度快，对非靶标动物安全，但易产生耐药性和拒食性，不宜连续使用。1965 年，拜耳公司研制成功毒鼠磷（gophacide），其是一种有机磷杀鼠剂，可用于防治各种鼠类，作用缓慢，在一定程度上可防止发生亚致死量中毒。1970 年，美国开发了一种有机硅杀鼠剂毒鼠硅（silatrane），但其适口性差，鼠类易拒食，灭效一般，且其毒性发作迅速，对人和禽畜剧毒，目前属禁用杀鼠剂。1972 年美国 Rohm & Hass 公司开发了氨基甲酸酯类杀鼠剂灭鼠安（pyridyl phenylcarbamate），该药物的毒力对作用动物具有一定的选择性，其对多种鼠类毒力强，对禽畜和人毒力较弱。

上述杀鼠剂都属于急性杀鼠剂，鼠类摄食一次剂量即能迅速死亡，从摄食到死亡的时间通常只有几个小时到几天。急性杀鼠剂的使用可以在一定时间和范围内快速降低鼠密度，特别适用于紧急情况下，如疫区和鼠害大暴发时。但长期使用急性杀鼠剂易导致鼠类产生拒食性、耐药性和适应性，还有环境污染，对人类、鼠类天敌和畜禽造成二次中毒等弊端。

故尽管上述一些急性杀鼠剂有很长的使用历史，但由于效果和安全等原因，除磷化锌在一些国家和地区继续使用外，其余均已逐渐被淘汰。磷化锌是具有大蒜气味的黑灰色粉末，毒力强，鼠进食后，它能与胃液中的酸作用产生磷化氢致鼠死亡。磷化锌曾一直是国内外常用的杀鼠剂，在发展中国家其应用尤为普遍。截至 1983 年，美国有 12 家生产厂家。目前我国山东济宁化工实验厂仍在生产，其生产技术比较成熟，但该化合物在潮湿、酸性环境中很不稳定，保质期短，目前主要用于熏蒸处理。曾在我国被广泛使用的氟乙酰胺（fluoroacetamide）、氟乙酸钠（sodium fluoroacetate）、甘氟（gliftor）、毒鼠强（tetramine）和毒鼠硅（silatrane）这 5 种急性杀鼠剂，因其毒性大，且无特效解毒剂，对人畜的危险性极大，在我国已被禁止使用。

上述急性杀鼠剂，虽然灭鼠效果非常好，但由于使用过程中的不安全，如多数存在严重的二次毒性问题，无特效解毒剂等，导致其慢慢退出市场。从防治效果和使用安全性方面综合考虑，目前在鼠害防治中更常用的是慢性杀鼠剂。现有的慢性杀鼠剂主要为抗凝血类化合物，即抗凝血杀鼠剂。

目前广泛使用的抗凝血杀鼠剂（anticoagulant rodenticides），按化学结构分为 4-羟基香豆素类（4-hydroxycoumarins）和 1,3-茚满二酮类（1,3-indandiones）两类。1921 年，加拿大兽医病理学家 Frank Schofield 发现牧场的牛在食用发霉腐败的野苜蓿后，会发生凝血功能障碍，造成内出血死亡。1940 年，美国化学家 Karl Paul Link 从发霉腐败的野苜蓿中分离出具有抗凝血作用的物质，并确定了其结构，证实这是一种双香豆素类（dicoumarin）物质。双香豆素是存在于苜蓿体内的香豆素，在苜蓿变质过程中经氧化及与甲醛的缩合作用形成。双香豆素具有抗凝血和损伤微血管的作用，导致出血不止。1942 年双香豆素类作为杀鼠剂在美国获得登记。1948 年 O'Conner 发现双香豆素以低剂量的方式多次投药，其杀鼠效果优于一次高剂量的投药方式。Krieger（1949）认为香豆素类衍生物中的 42 号化合物可作为杀鼠剂。1950 年，Crabtree 首次报道该化合物被用于防治鼠害。42 号化合物由美国威斯康星州立大学校友研究基金会专利推广，以该机构的缩写加香豆素后缀命名为 warfarin，中文名为杀鼠灵。20 世纪 30 年代后期到 40 年代初期，茚满二酮类化合物是作为杀虫剂进行研究开发的。1944 年 Kabat 等报道，以 1mg/kg 剂量的鼠完（pindone）饲喂动物，观察到抗凝血现象。在这一偶然发现的基础上，鼠完（pindone）被开发为杀鼠剂。其后，以其为先导化合物进行了诸多研究。当时许多茚满二酮类化合物如杀鼠酮（valone）、氯鼠酮（chlorophacinone）、敌鼠（dihacinone）等已经合成，所以这类化合物被用作杀鼠剂的发展非常迅速。

抗凝血杀鼠剂属于缓效杀鼠剂，是一类累积性毒物，在实验室条件下，鼠类摄食这些药物后，一般3～10d死亡；而在野外，一般1～2周见效。慢性杀鼠剂比急性杀鼠剂的优越之处表现为：①使用浓度低（不仅绝对浓度低，相对浓度也低），急性毒力低，误食一次性危险小，对非靶标动物相对安全。②中毒症状产生缓慢，当鼠感到不适时已取食至致死剂量，故鼠拒食性小。③有特效解毒药维生素K_1。

20世纪60年代前产生的抗凝血杀鼠剂称为第一代抗凝血杀鼠剂，包括第一代香豆素类抗凝血杀鼠剂杀鼠灵（warfarin）、杀鼠醚（coumatetralyl）、氯杀鼠灵（coumachlor）和克灭鼠（coumafuryl）；茚满二酮类抗凝血杀鼠剂包括敌鼠及其钠盐（diphacinone）、氯鼠酮（又名氯敌鼠，chlorophacinone）、鼠完（pidone）、杀鼠酮（valone）和杀鼠新。随着第一代抗凝血灭鼠剂（主要是杀鼠灵）的大量连续使用，1958年，在英国第一次发现了对这类药物具有明显抗性的褐家鼠种群，它们的分布区，以每年4～5km的速度向外扩展。随后，在西欧、北美洲、南美洲和大洋洲也相继发现了抗性种群。消灭这些具有抗药性的所谓超级老鼠，成为新的课题，这客观上加速了人们对于新型杀鼠剂的探索。70年代，英国Sorex公司成功研制出鼠得克（difenaeoum）；法国LIPHA公司研制出了溴敌隆（bromadiolone）。这两种新的抗凝血杀鼠剂不仅可以消灭超级老鼠，且还保留着第一代抗凝血剂的特点，且具有更多的优越性，它们被视为第二代抗凝血杀鼠剂。其后大隆（brodifacoum）、杀它仗（flocoumafen）和硫敌隆（difethialone）等第二代抗凝血剂相继出现。这些至今被广泛使用，成为化学杀鼠剂的中流砥柱。

由于化学结构的改变，第二代抗凝血剂在毒力和抗凝血作用方面，都和第一代药物有显著不同。杀鼠灵等第一代药物的显著特点之一是急性毒力低，慢性毒力高，即只吃一次毒性不大，连吃多次毒性则大增。因此，鼠吃一次毒饵后，并无不适，常常继续取食多日，直到死亡。这一特点，一方面可免除布放前饵的步骤，另一方面，又决定了这些药物必须连续投饵，灭鼠效果方能保证。从安全角度看，对于非靶标动物，急性毒力低无疑是个有利因素，因为连续误食的可能性远小于偶尔误食，但从使用的角度看，连续投饵费工、费时又费毒饵，这是第一代抗凝血杀鼠剂的主要弱点。第二代抗凝血杀鼠剂的毒力，虽然也有急、慢性之分，但毒力都比较强，单从急性毒力看，已超过了多数急性杀鼠剂，尤其是大隆。因此，适当提高使用浓度，投饵一次，即可收到较好的效果，该特点方便野外大规模使用，连续投饵消灭家鼠时，只需很低的浓度即可取得良好效果。该特点减轻了药物对毒饵适口性的不良影响，同时有利于减小对家禽、家畜等非靶标动物的误伤。这类药物初步解决了第一代抗凝血杀鼠剂出现的抗药性问题，且急慢性毒力都较强，杀鼠广谱，灭杀效果好，被称为第二代抗凝血杀鼠剂。但近年来，随着人们对环境投入物标准的进一步提高和研究的不断深入，人们发现第二代抗凝血杀鼠剂在动物组织中残留性更强，并且在肝脏组织中与结合部位的结合更为有效，积累性和持久性更强，产生二次中毒的风险比第一代大。

总体上，化学杀鼠剂的历史悠久，特别是近代有机化学工业的发展，使其也得到了极大地丰富，但相对于其他有害生物治理的化学药剂，化学杀鼠剂的种类也显得非常少，这里我们列出曾经使用过的，具有一定影响的化学杀鼠剂的一些基本信息，供读者参考。

（一）近代常见杀鼠剂

1. 鼠特灵

别名：鼠克星，灭鼠宁

英文名：norbormide

化学名称：5-（α-羟基-2-吡啶苄基）-7-（α-2-吡啶亚苄基）-5-降冰片二烯-2，3-二甲酰亚胺

化学分子式：$C_{33}H_{25}N_3O_3$

CAS号：991-42-4；目前未在我国登记为杀鼠剂

结构式：

理化性质： 鼠特灵是无色透明至浅褐色黏稠液体，熔点 25℃，沸点 275℃，相对密度 1.129（20℃），蒸气压 19.2mPa（25℃），水中溶解度 1.1g/L（25℃），可与丙酮、乙腈、氯仿、环己酮、二氯甲烷、甲醇、甲苯等相混。常温下储存至少 2 年，50℃可保存 3 个月。鼠类食后 15min 后会出现活跃、动作失调，进而乏力、呼吸困难的症状，之后死亡。大鼠急性口服 LD_{50} 5.3～52mg/kg。作用方式为使生命中枢缺氧而死。

使用情况： 鼠特灵在 1964 年作为种属特异性杀鼠剂被 Roszkowski 等人意外发现，其作用速度快，鼠类有时有拒食现象，野外灭鼠效果不好。在美国南部野外实验中，33 个防治褐家鼠的试点实验中有 12 个取得了良好的效果，18 个防治屋顶鼠的试点实验中只有 3 个取得了良好的效果。20 世纪 70 年代随着抗凝血杀鼠剂的兴起，鼠特灵未能成功在市场推广，逐渐退出了市场。但是，研究者对鼠特灵的改进从未间断。在过去的 30 年间，微胶囊技术取得了不同程度的成功，但是鼠特灵症状的快速发作和适口性仍然没有得到明显的改善。近年来新西兰专家对其加以改造，改善鼠特灵快速作用时间和适口性问题，一系列鼠特灵衍生物被合成。

2. 氟乙酸钠

别名： 1080

英文名： sodium fluoroacetate

化学名称： 氟乙酸钠

化学分子式： $C_2H_2FNaO_2$

CAS 号： 62 - 74 - 8；国内禁用

理化性质： 有机氟化合物。白色粉末。无气味。有吸湿性。不挥发。溶于水，不溶于多数有机溶剂。熔点 200℃（分解）。剧毒，对大多数哺乳动物和鸟类的致死剂量通常都在 10mg/kg 以下，本品对大鼠的急性口服 LD_{50} 为 0.22mg/kg，小家鼠 8.0mg/kg，小鸡 5mg/kg，蜘蛛 15mg/kg。

使用情况： 氟乙酸钠于 1896 年在比利时首次合成，但直到 20 世纪 40 年代，二战期间毒鼠碱和海葱素的短缺刺激其他有害物质的发展时，作为农药被大量合成。氟乙酸钠在有毒植物自然状态中以致死浓度出现，通过阻断三羧酸循环起作用，导致柠檬酸积聚进而导致惊厥，呼吸或循环衰竭死亡。在美国主要用于保护绵羊免受土狼的捕食，在新西兰和澳大利亚由专业的人员用来防控负鼠等鼠类，新西兰是世界上使用氟乙酸钠量最大的国家。

3. 氟乙酰胺

别名： 灭蚜胺，1081

英文名： fluoroacetamide

化学名称： 氟乙酰胺

化学分子式： C_2H_4FNO

CAS 号： 640 - 19 - 7；国内禁用

理化性质： 有机氟化合物。熔点 106～109℃，沸点 259℃，密度 1.136g/cm³，白色针状结晶，无臭，易溶于丙酮。对大鼠急性口服 LD_{50} 为 16mg/kg，小鼠 33.12mg/kg，豚鼠 1.033mg/kg，对动物的毒性高于氟乙酸钠，氟乙酰胺对消化道黏膜有一定刺激作用。口服中毒除出现消化道症状外，主要表现为中枢神经系统的过度兴奋，烦躁不安，肌肉震颤，反复发作的全身阵发性和强直性抽搐，部分患者出现精神障碍，该药易损害心肌。氟乙酰胺属高毒农药，具有内吸和触杀作用。人类口服半致死量为 2～10mg/kg。进入人体后脱胺形成氟乙酸，干扰正常的三羧酸循环，导致三磷酸腺苷合成障碍及氟柠檬酸直接刺激中枢神经系统，引起神经及精神症状。

使用情况：氟乙酰胺用于防治棉花、大豆、高粱、小麦、苹果等蚜虫，柑橘介壳虫及森林螨类等效果很好，尤其对棉花抗性蚜虫特别有效。1955 年由查普曼和菲利普斯提出用作杀鼠剂，后因对哺乳动物剧毒被禁用。我国早在 1976 年就已明令停止生产，1982 年，农牧渔业部、卫生部颁发的《农药安全使用规定》中明文规定：不许把氟乙酰胺作为灭鼠药销售和使用。从 1982 年 6 月 5 日起禁止使用含氟乙酰胺的农药和杀鼠剂，并停止其登记。

4. 灭鼠优

别名：扑鼠脲

英文名：pyriminil

化学名称：N-（4-硝基苯基）-N-（3′-吡啶基甲基）脲

化学分子式：$C_{13}H_{12}N_4O_3$

CAS 号：53558-25-1；国内禁用

结构式：

理化性质：原粉为淡黄色粉末，无臭、无味、不溶于水，溶于乙二醇、乙醇、丙酮等有机溶剂。原粉熔点一级品为 217～220℃，二级品为 215～217℃，纯品熔点 223～225℃。常温下储存有效成分含量变化不大。鼠类的急性口服 LD_{50} 大鼠（雄）12.3mg/kg（致死剂量为 12mg/kg），屋顶鼠（雄）为 18.0mg/kg，棉鼠为 20～60mg/kg，小鼠（雄）为 84mg/kg，白足鼠属（雄）为 98mg/kg；豚鼠（雄）为 30～100mg/kg，田鼠为 205mg/kg，对家鼠和禽类的急性经口 LD_{50}：兔（雄）约为 300mg/kg，狗为 500mg/kg，猫为 62mg/kg，猪为 500mg/kg，羊为 300mg/kg，猴为 2～4g/kg。无二次中毒危险。灭鼠优尿素类急性杀鼠剂，干扰烟酰胺的代谢。

使用情况：1975 年推出，并发展为急性灭鼠剂。被用来控制挪威大鼠、屋顶鼠和家鼠，其对抗凝血杀鼠剂有抗性的啮齿动物特别有效。因在美国发生多次中毒事件，1979 年，美国厂商将该药退市。目前我国已禁用。

5. 安妥

别名：萘硫脲

英文名：antu

化学名称：α-萘基硫脲

化学分子式：$C_{11}H_{10}N_2S$

CAS 号：86-88-4；国内禁用

结构式：

理化性质：纯品为白色结晶，工业品为灰白色结晶粉或蓝色粉末，有效成分含量在95％以上。熔点187℃，沸点377.6℃，密度1.33g/cm³。无臭，味苦，不溶于水，微溶于乙醚和极性溶剂。室温下，在水中的溶解度为0.6g/L，在三甘醇中为8.6g/L，在丙酮中为24.3g/L。化学性质稳定，不易变质，受潮结块后研碎仍不失效。安妥对大鼠、小鼠的LD_{50}分别为6mg/kg和5mg/kg。

使用情况：安妥在1945年作为杀鼠剂被发现，是一种硫脲类急性杀鼠剂，选择性较强，对人、畜毒性较低，主要用于防治褐家鼠及黄毛鼠，该药有强胃毒作用，也可损害鼠类呼吸系统。但由于存在致癌因子，包括我国在内的一些国家已经禁止使用。

6. 磷化锌

别名：亚磷酸锌，耗鼠尽

英文名：zinc phosphide

化学名称：磷化锌

化学分子式：Zn_3P_2

CAS号：1314-84-7；目前未在我国登记为杀鼠剂

理化性质：急性无机光谱杀鼠剂，作用于神经中枢。其化学纯品为海绵状灰色金属态块，或为深灰色粉末，熔点420℃，沸点1100℃，密度4.55g/cm³，有近似大蒜的气味，不能大量燃烧。遇酸则放出剧毒的磷化氢气体，毒力发挥较快，死鼠多发生在24h以内。对小家鼠的LD_{50}为32.3～53.3mg/kg，对褐家鼠的LD_{50}为27.0～40.5mg/kg，对屋顶鼠的LD_{50}为21mg/kg，对猪、狗、猫、鸡、鸭的LD_{50}为20～40mg/kg。

使用情况：为现代仍在使用的唯一无机化合物灭鼠药。1911年意大利首次将磷化锌用作灭鼠剂。磷化锌是一种有效的急性药，在20世纪40年代和50年代抗凝血杀鼠剂流行之前，是世界范围内使用最广泛的杀鼠剂。目前在欧盟注册，但与抗凝血剂相比使用范围有限。仍然在美国、澳大利亚、亚太地区被用作杀鼠剂。尽管磷化锌使用比较广泛，但是关于磷化锌野外防治效果的报道却很少。Rennison在英国用2.5％磷化锌毒饵防治褐家鼠，灭杀率为84％，取得了很好的效果。Lam在马来西亚的水稻田里也取到了很好的灭鼠效果，但是West等人在菲律宾使用相同的磷化锌不能够证明任何灭鼠效果。在某些情况下，它仍然是现场使用的首选杀鼠剂，例如澳大利亚利用地面撒播机和飞机投放来防治小家鼠。磷化锌二次中毒风险低，但鸟对磷化锌尤为敏感，应特别控制使用范围，其意外中毒的治疗困难。2011年8月，美国环境保护局（EPA）批准磷化锌糊剂作为新西兰的负鼠控制剂使用。

7. 胆钙化醇

别名：维生素D_3

英文名：cholecalciferol

化学名称：（3β，5Z，7E）-9，10-开环胆甾-5，7，10（19）-三烯-3beta-醇

化学分子式：$C_{27}H_{44}O$

CAS号：67-97-0；目前在我国登记为杀鼠剂

结构式：

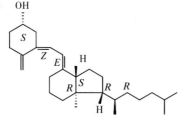

理化性质：纯品晶体状，密度0.96g/cm³，熔点83～86℃，沸点496.4℃，闪点214.2℃，折射率1.507（15℃）。常温常压下稳定，常储存于2～8℃。鼠类食用致死剂量后，其血钙浓度快速升高

引发循环系统障碍，3～5d 内心肾器官功能衰竭而死亡。对人畜、家禽及鸟类毒性小（大剂量服用的毒性比抗凝血剂低 98.8%）。对褐家鼠和小家鼠的 LD$_{50}$ 都约为 40mg/kg，对其他物种的毒力有种属差异，负鼠最为敏感。该药的毒力特点是对非靶标动物毒性低，误食致死和二次中毒的风险远低于现有杀鼠剂，降钙素可作为其解毒剂。

使用情况：20 世纪 80 年代胆钙化醇以商品名 Quintox 在美国进入杀鼠剂市场，其登记浓度为 0.1%。20 世纪 90 年代新西兰首次以 0.4% 和 0.8% 浓度的毒饵注册，主要防治对象为负鼠和当地啮齿动物。目前正在美国、澳大利亚、新西兰市场上极力推广。在欧洲，2006 年，由于当地制造商拒绝提交监管档案供欧盟相关机构进行的《关于生物杀灭剂产品投放市场的指令》审查，当年，欧盟撤销了市场上基于钙化醇的产品。最近有企业已向欧洲委员会提交了胆钙化醇的注册申请，该类产品可能会在未来几年回到欧洲市场。2012 年浙江花园生物高科股份有限公司在我国登记了胆钙化醇杀鼠剂原药和 0.75% 颗粒剂，是我国有机食品和有机产品国家标准唯一允许有机食品加工企业使用的杀鼠剂。

8. 钙化醇

别名：维生素 D$_2$，麦角钙化醇

英文名：ergocalciferol

化学名称：9，10 -开环麦角甾 -5，7，10 (19)，22 -四烯 -3β -醇

化学分子式：C$_{28}$H$_{44}$O

CAS 号：50 - 14 - 6；目前未在我国登记为杀鼠剂

结构式：

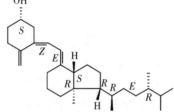

理化性质：白色针状结晶或结晶性粉末，无臭，无味。熔点 115～118℃（分解）。比旋光度 ［α］20D +102.5°（乙醇）。本品乙醇液在 265nm 波长处有最大吸收。易溶于乙醇（1：2）、乙醚（1：2）、丙酮（1：10）和氯仿（1：0.7），不溶于水。遇氧或光照活性降低。大鼠急性经口 LD$_{50}$ 为 56mg/kg，小鼠 23.7mg/kg，豚鼠经口 LD$_{50}$ 40mg/kg。对家畜相对稳定。

使用情况：钙化醇在英国被商业推出，被广泛用来控制鼠害，其和杀鼠灵一起用于控制小家鼠，取得了很好的效果，该化合物混合杀鼠灵的毒性试验表明，两种化合物之间可能存在加强作用。钙化醇的一个有趣的优点是它对抗杀鼠灵的啮齿类动物效果好。它可以在 1 周内迅速杀死害鼠，而抗凝血杀鼠剂经常需要 1～3 周。目前一些证据显示亚致死剂量可能会导致害鼠厌恶感和拒食性。

9. 毒鼠碱

别名：二甲双胍，双甲胍，马钱子碱，士得宁

英文名：strychnine

化学名称：二甲双胍

化学分子式：C$_{21}$H$_{22}$N$_2$O$_2$

CAS 号：57 - 24 - 9；目前未在我国登记为杀鼠剂

结构式：

理化性质：白色结晶粉末，熔点为270～280℃（分解）。在室温下，水中的溶解度为143mg/L，苯中5.6g/L，乙醇中6.7g/L，氯仿中200g/L。不溶于乙醚、乙醚。毒鼠碱盐酸盐是无色的棱柱，含有1.5～2mol的结晶水，此结晶水在110℃以上消失，其盐酸盐是水溶性的。毒鼠碱硫酸盐为白色结晶，含5mol的结晶水（在110℃以上消失），熔点199℃以上，15℃时在水中的溶解度是30g/L，溶于乙醇，但不溶于乙醚。毒鼠碱是一种中枢神经刺激剂，中毒症状表现为惊厥性痉挛和肌肉抽搐，对哺乳动物有剧毒，对人的致死剂量为30～60mg/kg，大鼠为1～30mg/kg。大鼠急性经口半致死量为16mg/kg。

使用情况：是从植物种子中提取的一种生物碱，自19世纪中期以来一直在世界范围内用于灭鼠。19世纪80年代首次在澳大利亚用于控制小家鼠。1986年，美国环境保护局（EPA）暂停了毒鼠碱的所有地上灭鼠注册，只允许灭杀地下鼠使用。因为没有提交档案给欧盟相关部门进行审查，毒鼠碱产品在欧盟市场被禁用，由于其不人性化的作用方式，在新西兰也逐渐被淘汰。

10. α-氯醛糖

别名：氯醛葡糖，糖缩氯醛

英文名：alpha-chloralose

化学名称：1，2-O-2，2，2-三氯亚乙基-α-D-呋喃糖

化学分子式：$C_8H_{11}Cl_3O_6$

CAS号：15879-93-3；目前未在我国登记为杀鼠剂

结构式：

理化性质：白色结晶粉状物，无臭，有苦味；熔点176～182℃，沸点504.4℃，密度1.773g/cm³；溶于热水、乙醚，微溶于冷水、乙醇、氯仿，其水溶液无还原作用，性质稳定。α-氯醛糖对小鼠的急性口服LD_{50}为200mg/kg，对大鼠、小鼠LD_{50}为300～400mg/kg，对猫和狗LD_{50}为400～600mg/kg，对禽鸟LD_{50}为200～500mg/kg，对鱼类LD_{50}为11～100mg/kg。该药是一种麻醉剂，具有快速的致死作用，能减缓许多重要的代谢过程，包括大脑活动、心跳和呼吸，诱导体温过低而死亡。

使用情况：在英国，最常将含有2‰～4‰α-氯醛糖的毒饵用于小家鼠控制。由于对鸟类的毒性，在一些国家还用于防治一些鸟类。近年，欧盟引入了一些含4‰α-氯醛糖的即用型制剂，包括含有活性物质包封形式的诱饵。

11. 硫酸铊

别名：硫酸亚铊

英文名：thallous sulfate

化学名称：硫酸铊

化学分子式：Tl_2SO_4

CAS号：7446-18-6；目前未在我国登记为杀鼠剂

理化性质：白色棱镜状或白色粉末，熔点632℃，水中的溶解度为48.7g/L（20℃），密度6.77g/cm³。剧毒物质，吸入、口服或经皮吸收均可引起急性中毒。铊离子进入细胞后，会破坏钾、钠离子的运输。20世纪初，被用作灭鼠剂。现在主要作为实验室中Tl^+的来源。急性口服LD_{50}大白鼠10.6mg/kg、小白鼠29.0mg/kg、鸟35mg/kg。大白鼠皮下注射致死最低量13mg/kg。大鼠皮肤接触致死LD_{50}>1000mg/kg（4h）、500mg/kg（7d）。

使用情况：硫酸铊作为杀鼠剂曾经使用范围较大，其适口性较好，对所有啮齿动物种毒性都很

高。在丹麦的实验室测试表明，0.8%硫酸铊对褐家鼠的毒杀效果最高，英国的野外现场试验显示0.3%该药和2.5%磷化锌效果一样。和许多其他急性毒性物质一样，它具有对非靶标动物高毒的缺点，并且无任何解毒剂。现已不再作为杀鼠剂被广泛使用，主要作为实验室中 Tl^+ 的来源，在澳大利亚等国家被禁用。

12. 溴鼠胺

别名： 溴甲灵，鼠灭杀灵

英文名： bromethalin

化学名称： α，α，α-三氟-N-甲基-4，6-二硝基-N-（2，4，6-三溴-苯基）-甲苯胺

化学分子式： $C_{14}H_7Br_3F_3N_3O_4$

CAS 号： 63333-35-7；目前未在我国登记为杀鼠剂

结构式：

理化性质： 剧毒急性杀鼠剂。产品为淡黄色结晶。熔点 150～151℃。难溶于水，微溶于水饱和烃，溶于氯仿、丙酮，易溶于芳香烃类溶剂。常态下稳定。口服急性 LD_{50} 小家鼠为 5.25～8.13mg/kg，褐家鼠为 2.01～2.46mg/kg，狗为 4.70mg/kg，猴为 5.0mg/kg，鹌鹑为 4.6mg/kg，蓝鳃鱼 LC_{50} 为 0.12mg/L。对鼠适口性好，鼠食致死量后即停止取食，18h 内先表现为震颤，1～2 次阵发性痉挛后出现衰竭死亡。溴鼠胺是一种神经毒物，其机制为抑制中枢神经系统线粒体内氧化磷酸化过程，减少 ATP 的产生，降低 Na^+/K^+-ATP 酶的作用。同时降低神经冲动的传导，使动物、人瘫痪致死。

使用情况： 溴鼠胺是 20 世纪 70 年代发展的杀鼠剂，在美国注册用来防治建筑物周围的鼠类。0.005% 或 0.01% 溴鼠胺对家栖鼠灭效甚高，能有效灭杀对抗凝血杀鼠剂有抗性的鼠。目前在美国和一些地方仍然在使用（商标名称为 Vengeance，Fastrac 和 Tomcat），但在欧盟已不再被授权使用。曾在新西兰使用，但被认为不人道，没有注册。对鸟类有毒。

13. PAPP

别名： 对氨基苯丙酮

英文名： para-aminopropiophenone

化学分子式： $C_9H_{14}NO$

CAS 号： 70-69-9；目前未在我国登记为杀鼠剂

结构式：

理化性质： 黄色结晶，熔点 137～143℃，密度 1.067g/cm³，沸点 305.8℃，闪点 138.7℃，蒸气压 25℃时 0.1Pa，溶于水、乙醇。作用机制是形成高铁血红蛋白，降低红细胞的携氧能力。中毒症状发作清晰可辨，接受致死剂量的动物通常在 30～45min 内无意识，2h 内死亡。急性毒性 LD_{50}：大鼠经口 59mg/kg，大鼠经腹腔 39mg/kg；小鼠经口 50mg/kg，小鼠经腹腔 200mg/kg，小鼠经静脉 56mg/kg；兔子经皮肤接触 210mg/kg，兔子经腹腔 35 100μg/kg；豚鼠经口 50mg/kg，豚鼠经腹腔 55 900μg/kg。

使用情况： 20 世纪 40 年代，PAPP 最初作为氰化物和放射性物质中毒治疗被研究。它对肉食性动物有毒，对鸟类和人类不十分敏感。在野外现场进行过对白鼬和野猫的控制试验后，于 2011 年在新西兰注

册，2016 年 PAPP 在澳大利亚注册用于控制狐狸和野猫。目前，PAPP 被认为作为杀鼠剂仍需要改进。

14. 白磷

别名：黄磷

英文名：phosphorus

化学名称：白磷

化学分子式：P_4

CAS 号：12185 - 10 - 3；目前未在我国登记为杀鼠剂

理化性质：熔点 44.1℃，沸点 280.5℃，密度 $1.82g/cm^3$，不溶于水，微溶于苯、氯仿，易溶于二硫化碳。白色至黄色蜡状固体，有蒜臭味，在暗处发淡绿色磷光。在暗处暴露于空气中会产生绿色磷光和白烟。在湿空气中着火点约 40℃，在干燥空气中稍高。剧毒物质，中毒方式有吸入、食入和经皮吸收。急性中毒时会出现腹痛、腹泻，吐出物有大蒜味，对大鼠、小鼠口服 LD_{50} 分别为 3.03mg/kg 和 4.82mg/kg。

使用情况：白磷是一种易自燃的物质，其着火点为 40℃，因摩擦或缓慢氧化而产生的热量有可能使局部温度达到 40℃ 而燃烧。由于难以保存，已淘汰。

15. 碳酸钡

别名：沉淀碳酸钡，毒重石

英文名：barium carbonate

化学名称：碳酸钡

化学分子式：$BaCO_3$

CAS 号：513 - 77 - 9；目前未在我国登记为杀鼠剂

理化性质：熔点 811℃，沸点 1 450℃，密度 $4.43g/cm^3$。白色粉末，难溶于水，水中溶解度 2mg/L（20℃），易溶于强酸。对大鼠、小鼠的口服 LD_{50} 分别为 418mg/kg 和 200mg/kg。钡离子损害心脏跳动，使靶标死于瘫痪。

使用情况：辽宁微科生物工程股份有限公司正申请登记作为杀鼠剂。

16. 歼鼠肼

英文名：bisthiosemi

化学名称：N'，N'-甲叉二（氨基硫脲）

化学分子式：$C_3H_{10}N_6S_2$

CAS 号：39603 - 48 - 0；目前未在我国登记为杀鼠剂

结构式：

$$
\underset{NH_2}{\overset{S}{\|}}{-}NH{-}NH{-}CH_2{-}NH{-}NH{-}\underset{NH_2}{\overset{S}{\|}}
$$

理化性质：熔点 171～174℃，白色结晶，不溶于水和有机溶剂，可溶于二甲亚砜。在水中逐渐分解。在酸和碱介质中，分解加速。是一种速效杀鼠剂，杀鼠作用很快。中毒的鼠肺水肿和出血。歼鼠肼对雄小白鼠、雌小白鼠、雄豚鼠、雌豚鼠的口服 LD_{50} 分别为 30.4mg/kg、36mg/kg、32mg/kg、36mg/kg。为速效杀鼠剂。

17. 亚砷酸钙

别名：亚砒酸钙

英文名：calcium arsenite

化学名称：亚砷酸钙

化学分子式：$Ca_3(AsO_3)_2$

CAS 号：27152 - 57 - 4；目前未在我国登记为杀鼠剂

理化性质：熔点1455℃，密度3.62g/cm³。白色粉末，无味，微溶于水，遇酸产生剧毒的三氧化二砷。可由吸入、食入、经皮吸收。剧毒物质，可用作杀虫剂、杀菌剂、杀软体动物剂。砷及其化合物对体内酶蛋白的巯基有特殊亲和力。亚砷酸钙对大鼠、小鼠、兔和狗口服LD$_{50}$分别为812mg/kg、794mg/kg、50mg/kg和30mg/kg。也有报道对大鼠口服LD$_{50}$为20mg/kg。

使用情况：砷及其化合物对体内酶蛋白的巯基有特殊亲和力。大量吸入砷化合物可致咳嗽、胸痛、呼吸困难、头痛、眩晕、全身衰弱、烦躁、痉挛和昏迷；可有消化道症状；重者可致死。摄入致急性胃肠炎、休克、周围神经病、贫血及中毒性肝病、心肌炎等。也可因呼吸中枢麻痹而死亡。长期接触较高浓度砷化合物粉尘，可发生慢性中毒。主要表现为神经衰弱综合征、皮肤损害、多发性神经病、肝损害。可致鼻炎、鼻中隔穿孔、支气管炎。无机砷化合物已被国际癌症研究中心（IARC）确认为肺和皮肤的致癌物。

18. 鼠立死

别名：甲基鼠灭定，杀鼠嘧啶

英文名：crimidine

化学名称：2-氯-4-二甲氨基-6-甲基嘧啶

化学分子式：C$_7$H$_{10}$ClN$_3$

CAS号：535-89-7；目前未在我国登记为杀鼠剂

结构式：

理化性质：棕色蜡状固体，熔点87℃，沸点140～147℃，能溶于乙醚、乙醇、丙酮、氯仿、苯类等大多数有机溶剂，不溶于水，可溶于稀酸。剧毒，受热分解为有毒氧化氮、氯化物气体。鼠立死是一种高效、剧毒、急性杀鼠剂，为维生素B$_6$的拮抗剂，破坏了谷氨酸脱羧代谢，严重损伤中枢神经，导致痉挛，症状表现为坐立不安、恐惧、肌肉僵硬、怕光、怕噪声、出冷汗。对大鼠的急性口服LD$_{50}$为1.25mg/kg，对兔为5mg/kg，对小鼠为1.2mg/kg，对牛、羊为200mg/kg（12d），对家禽为22.5mg/kg。在动物体内能迅速被代谢，不产生累积中毒。中毒后的死鼠很少引起二次毒性。

使用情况：该药是德国拜耳公司20世纪40年代末开发和推广应用的中枢神经刺激杀鼠剂，对家栖鼠和野栖鼠均有良好灭效，具有灭鼠谱广、使用浓度低的特点。鼠立死的突出优点是蓄积毒性微弱，不易发生二次中毒，有高效解毒剂，低浓度毒饵易被鼠接受的特点。杀鼠效果与被禁用的氟乙酰胺相当，是一种理想的急性杀鼠剂，阿米妥钠或维生素B$_6$都是本品的有效解毒剂。该药毒性较强，现已停止使用。

19. 亚砷酸铜

英文名：cupric arsenite

化学名称：亚砷酸铜

化学分子式：CuHAsO$_3$

CAS号：10290-12-7；目前未在我国登记为杀鼠剂

理化性质：呼吸中枢麻痹剂，相对密度>1.1（20℃），淡绿色粉末，不溶于水、醇，溶于酸、氨水。受高热分解，放出高毒的烟气。可用作农业杀虫剂，也可用作除草剂、抗真菌剂和灭鼠剂。可引起呼吸道及神经系统症状，也可因呼吸中枢麻痹而死亡，在皮肤接触后，应立即用大量流动清水冲洗，马上就医。

使用情况：已禁止使用。

20. 灭鼠脲

别名：普罗米特，灭鼠丹，扑灭鼠

英文名：promurit

化学名称：1-（3，4-二氯苯）-氨基硫脲

化学分子式：$C_7H_6Cl_2N_4S$

CAS 号：5836-73-7

结构式：

理化性质：黄色结晶，熔点为129℃。毒性很大，大鼠口服 LD_{50} 0.5～1.0mg/kg，狗为1～2mg/kg。硫脲类急性杀鼠剂，作用机制是干扰葡萄糖合成。

使用情况：第二次世界大战期间，德国科研人员研究发现其具有杀鼠作用，对鼠的毒力是安妥的20～30倍，由于易水解破坏，不适于室外使用，制造过程复杂，毒性大，易引起人畜中毒。

21. 毒鼠磷

英文名：phosacetim

化学名称：O，O-双（P-氯代苯基）-N-亚氨乙酰基硫代磷酰胺酯

化学分子式：$C_{14}H_{11}Cl_2N_2O_4PS$

CAS 号：4104-14-7；目前未在我国登记为杀鼠剂

结构式：

理化性质：毒鼠磷纯品为白色粉末或结晶。难溶于水，易溶于二氯甲烷，微溶于乙醇、苯；熔点105～109℃。在室温下稳定，不吸潮。工业品为浅粉色或浅黄色粉末，纯度80%以上。是一种急性杀鼠剂，误食后一般在4～6h出现中毒症状，24h内死亡。本品是急性有机磷类杀鼠剂，抑制胆碱酯酶的作用。大鼠经口 LD_{50} 为3.5～7.5mg/kg。

使用情况：贝尔公司20世纪60年代研制出该产品，是一种高效、高毒、广谱性有机磷杀鼠剂。曾用于杀灭黄鼠、大沙鼠、布氏田鼠、高原鼠兔、黑线姬鼠和田鼠，对家鼠灭效不稳定。

22. 蓖麻毒素

别名：蓖麻毒蛋白

英文名：ricin

化学名称：异源二聚体糖蛋白

化学分子式：蛋白质类

CAS 号：无；目前未在我国登记为杀鼠剂

理化性质：是从蓖麻籽中提取的植物糖蛋白，相对分子质量 64 000。具有强烈的细胞毒性，属于蛋白合成抑制剂或核糖体失活剂，诱导细胞因子损伤及细胞凋亡。症状表现为肝、肾等器官出血、变性、坏死，并能凝集和溶解红细胞，抑制麻痹心血管和中枢神经。中毒后立即用高锰酸钾或碳粉混悬液洗胃，然后口服盐类泻药及高位灌肠；口服鸡蛋清及阿拉伯胶，以保护胃黏膜。对小鼠注射 LD_{50} 为 2.7 μg/kg，腹腔注射为 7～10μg/kg。

使用情况：蓖麻毒素是从大戟科、蓖麻属植物蓖麻籽中提取分离的一种强效细胞毒蛋白，通过口服、肌注以及吸入均能造成中毒死亡，属剧毒类。至今尚无蓖麻毒素特效抗毒剂。

23. 海葱素

别名：红海葱

英文名：red squill

化学名称：（3β，6β）－6－（乙酰氧代）－3－（β-D-吡喃葡萄糖基氧代）－8，14-二羟基-蟾-4，20，22-三烯内酯

化学分子式：$C_{32}H_{44}O_{12}$

CAS 号：507－60－8；目前未在我国登记为杀鼠剂

结构式：

（化学结构式图）

理化性质：亮黄色结晶，易溶于乙醇、甘醇、冰醋酸，略溶于丙酮，几乎不溶于水、氯仿；168～170℃时易分解。急性杀鼠剂，误服可按照治疗心脏病患者的方法，服用过量糖苷进行治疗。雄性大鼠的急性口服 LD_{50} 为 0.7mg/kg，雌性大鼠为 0.43mg/kg；猪和猫的存活剂量为 16mg/kg，鸡为 400mg/kg；对鸟类基本无毒。其中毒症状包括胃肠炎和痉挛。海葱素是一种较好的专用杀鼠剂，毒饵中有效成分含量一般为 0.015%。在规定剂量下，只杀鼠，对其他温血动物无害。

使用情况：从海葱的球根可萃取出红海葱和白海葱，两者都含有强心苷，但只有红海葱可用作杀鼠剂。新鲜的白海葱虽然对鼠类也有毒，但干燥后就失去毒性。由于海葱素是一种强有力的催吐剂，当人和家畜误食后会立即呕吐，故不会发生中毒；但被鼠吞食后不会致呕吐而致死亡，故是一种较为安全的杀鼠剂。在英国，海葱素被禁用。该化合物对褐家鼠有效，但其对屋顶鼠和小家鼠的毒杀效果还有待于进一步研究。

24. 灭鼠硅

别名：毒鼠硅，氯硅宁，硅灭鼠

英文名：silatrane

化学名称：1－（4－氯苯基）－2，8，9－三氧代－5－氮－1－硅双环（3，3，3）十一烷

化学分子式：$C_{12}H_{16}ClNO_3Si$

CAS 号：29025－67－0；目前未在我国登记为杀鼠剂

结构式：

（化学结构式图）

理化性质：本品为白色粉末或结晶，味苦，难溶于水，易溶于苯、氯仿等有机溶剂。熔点230～235℃，对热比较稳定。水溶液中不稳定，能分解成无毒产物对氯苯硅氧烷和三乙醇胺。主要作用于运动神经。中毒鼠兴奋、狂躁，常在痉挛后几分钟内死亡。对几种鼠的LD_{50}分别为：褐家鼠1～4（mg/kg），小家鼠0.9～2（mg/kg），黑线姬鼠、长爪沙鼠4（mg/kg）。主要用于毒杀黄鼠、沙鼠。

使用情况：灭鼠硅为有机硅农药，毒性强，作用快，鼠取食后10～30min死亡，中毒后无解毒剂。1970年用于灭鼠，现我国禁用。

25. 砷酸氢二钠

别名：砷酸钠（一氢），砷酸二钠

英文名：sodium dihydrogen arsenate

化学名称：砷酸氢二钠

化学分子式：Na_2HAsO_4

CAS号：7778-43-0；目前未在我国登记为杀鼠剂

理化性质：无色斜方晶体。曾用作杀虫剂、防腐剂。该物质是人类致癌物，水中溶解度15℃时为610g/L，密度为1.87g/cm³。动物实验表明，该物质可能造成人类生殖或发育毒性。毒性主要作用于靶器官肝和肾。

26. 亚砷酸钠

别名：偏亚砷酸钠，亚砒酸钠

英文名：sodium arsenite

化学名称：亚砷酸钠

化学分子式：$NaAsO_2$

CAS号：7784-46-5；目前未在我国登记为杀鼠剂

理化性质：白色或灰色粉末状，熔点550℃，密度1.87g/cm³，易溶于水而吸潮，溶解度1 560g/L，稍溶于醇，在空气中吸收二氧化碳生产亚砷酸氢钠。亚砷酸钠有剧毒，其对小鼠经口LD_{50}约41mg/kg，腹腔注射LD_{50}约1.17mg/kg。

27. 氰化钠

别名：山奈，山奈钠，山奈奶

英文名：sodium cyanide

化学名称：氰化钠

化学分子式：NaCN

CAS号：143-33-9；目前未在我国登记为杀鼠剂

理化性质：立方晶体，白色结晶颗粒或粉末，熔点563.7℃，沸点1 496℃。能溶于水、氨、乙醇和甲醇，水中溶解度637g/L，易潮解，有微弱的苦杏仁气味。主要用作化学试剂，用于提炼黄金，作掩蔽剂、络合剂，进行化学合成，电镀等。剧毒物质，吸入、口服或经皮吸收均可引起急性中毒，其作用主要是抑制呼吸酶，造成细胞内窒息。对大鼠、山羊的口服LD_{50}分别为6.44mg/kg和4mg/kg。

28. 氰化钙

英文名：calcium cyanide

化学名称：氰化钙

化学分子式：$Ca(CN)_2$

CAS号：592-01-8；目前未在我国登记为杀鼠剂

理化性质：无色结晶或白色粉末，熔点350℃，沸点25.7℃，可溶于水。剧毒物质，用于提炼金、银等贵重金属。在农业上被用作杀鼠剂、谷仓熏蒸杀虫剂。吸入、口服或经皮吸收均可引起急性中毒。其抑制呼吸酶，造成细胞内窒息。氰化钙对大鼠口服 LD_{50} 为 39mg/kg。

使用情况：在美国，氰化物主要用于控制郊区的野狼，1997 年在新西兰注册登记后，被用于负鼠和鼬的防治，澳大利亚室内测试可以杀死狐狸。

29. 氯化苦

别名：硝基三氯甲烷

英文名：nitrochloroform

化学名称：三氯硝基甲烷

化学分子式：CCl_3NO_2

CAS 号：76 - 06 - 2；目前未在我国登记为杀鼠剂

结构式：

理化性质：纯品为无色液体，相对密度 1.656，沸点 112.4℃，溶点 -64℃，蒸气压 2.44kPa（20℃）、3.2kPa（25℃）、10.77kPa（30℃）。水中溶解度 2.27g/L（0℃）、1.62g/L（25℃），可溶于丙酮、苯、乙醚、四氯化碳、乙醇和石油。在空气中能挥发成气体，气体相对密度为 4.67。但挥发速度较慢，扩散深度为 0.75~1.0m，无爆炸和燃烧性。对大鼠（雌）急性口服 LD_{50} 为 126mg/kg，小鼠（雄）为 271mg/kg。用含氯化苦 22.1mg/kg 的饲料喂养大鼠 5 个月无明显影响。室内空气中最高允许浓度 1mg/m³。对臭氧层有破坏作用。

使用情况：主要用于熏蒸粮仓防治储粮害虫，对常见的储粮害虫如米象、米蛾、拟谷盗、豆象等有良好杀伤力，对储粮微生物也有一定抑制作用。但只能用于熏原粮，不能用来熏加工粮。也可用于土壤熏蒸防治土壤病虫害和线虫，用于鼠洞内熏杀鼠类。作为高毒熏蒸剂现已禁用。

30. 虫鼠肼

别名：法尼林

英文名：fanyline

化学名称：氟乙酸-2-苯酰肼

化学分子式：$C_8H_9FN_2O$

CAS 号：2343 - 36 - 4；目前未在我国登记为杀鼠剂

结构式：

理化性质：金黄色结晶或粉末，气味微臭，味极苦，化学性质不稳定，分解之后着色变深。难溶于水，微溶于乙醇，易溶于丙二醇。其主要损害毛细血管，产生肺水肿、肺出血，同时也可引起肝、肾的变性和坏死，还会破坏胰腺的 B 细胞，进而影响到糖代谢，引发糖尿病。对大鼠的口服 LD_{50} 为 0.5~1mg/kg。

31. 磺胺喹噁啉

别名：球菌胺，磺胺喹沙啉

英文名：sulfaquinoxaline

化学名称：N-2-喹噁啉基-4-氨基苯硫酰胺

化学分子式：$C_{14}H_{12}N_4O_2S$

CAS 号：59 - 40 - 5；目前未在我国登记为杀鼠剂

结构式：

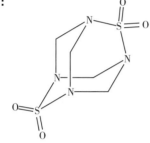

理化性质：淡黄色或黄色粉末，无臭；熔点 247.5℃，几乎不溶于水或乙醚，极易溶于乙醇，易溶于氢氧化钠试液。为动物专用的广谱抗菌剂，兽用抑球虫剂，能够影响细菌核蛋白合成，从而抑制细菌和球虫的生长繁殖。

32. 毒鼠强

别名：没鼠命，四二四，三步倒，闻到死

英文名：tetramine

化学名称：四亚甲基二砜四胺

化学分子式：$C_4H_8N_4O_4S_2$

CAS 号：80-12-6；目前未在我国登记为杀鼠剂

结构式：

理化性质：白色粉状物，无味，无臭。是烷基化剂、抗肿瘤药、杀虫剂、化学消毒剂。熔点 250～254℃，微溶于水或和丙酮，水中溶解度 250mg/L，不溶于甲醇和乙醇，易溶于苯、乙酸乙酯。是一种磺胺衍生物，剧毒，主要用途是杀鼠剂。毒鼠强属惊厥性毒剂，毒力大于毒鼠碱。可经消化道及呼吸道吸收，不易经完整的皮肤吸收。适口性良好，作用非常快，在大剂量时，中毒动物在 3min 内即死亡。中毒症状主要是阵发性抽搐。哺乳动物口服 LD_{50} 为 0.10mg/kg，大鼠经口致死剂量为 0.1～0.3mg/kg。

使用情况：1949 年由德国拜耳公司合成，1953 年有人提出其可以作为杀鼠剂，其后在美国和许多其他国家被广泛用于灭鼠。由于毒鼠强对各类动物及人的毒性都极高，经常发生投毒和误食致死等事件，又由于性质稳定，不易分解，容易造成二次中毒。1991 年起，我国明令禁止生产、使用。

33. 醋酸铊

别名：乙酸亚铊

英文名：thallium acetate

化学名称：醋酸铊

化学分子式：$TlCOOCH_3$

CAS 号：563-68-8；目前未在我国登记为杀鼠剂

理化性质：白色结晶，熔点 124～128℃，密度 3.77g/cm³，易溶于水后变成亚铊盐。剧毒，摄入方式有吸入、食入和经皮吸收。损害中枢神经系统、周围神经、胃肠道和肾脏。对大鼠、小鼠口服 LD_{50} 分别为 41.3mg/kg 和 35mg/kg。该物质对环境可能有危害，特别是对水体。

使用情况：醋酸铊作为神经毒剂杀鼠剂，国内禁用。现主要用于比重液的配制。

34. 硝酸铊

别名：硝酸亚铊

英文名：thallium nitrate

化学名称：硝酸铊

化学分子式：$TlNO_3$

CAS 号：10102 - 45 - 1；目前未在我国登记为杀鼠剂

理化性质：白色结晶，熔点 206℃，沸点 433℃，水中溶解度 95.5g/L（20℃），密度 5.55g/cm³。剧毒物质，吸入、口服或经皮吸收均可引起急性中毒，表现为胃肠炎、上行性神经麻痹、肢体疼痛等症状，严重者可出现中毒性脑病。现主要用作分析试剂及光导纤维。曾用作杀鼠剂，由于毒性强且易二次污染，已被禁用。对小鼠的口服 LD_{50} 为 15mg/kg，对大鼠的皮下注射半致死剂量为 26mg/kg。

使用情况：神经毒剂，国内禁用。

35. 杀鼠脲

别名：灭鼠特

英文名：thiosemicarbazide

化学名称：氨基硫脲

化学分子式：CH_5N_3S

CAS 号：79 - 19 - 6；目前未在我国登记为杀鼠剂

结构式：

理化性质：白色结晶粉末，熔点 180～181℃，沸点 208.6℃，密度 1.376g/cm³；可溶于水和乙醇，溶于冷水溶解度 1‰～2‰，温水约 10‰。可从水中得到针状结晶。易与醛和酮发生反应，生成特定的晶体产物；也易与羧酸发生反应。剧毒，现主要用作农药原料，生产非选择性除草剂、杀虫剂和灭鼠剂等。鼠类服食后，血管的透过性增大，淋巴液渗入肺内，引起浮肿和痉挛，1～2h 内残废，尸体干缩。对大鼠、小鼠口服 LD_{50} 分别为 19mg/kg 和 14.8mg/kg。20 世纪 50 年代初开发的硫脲类急性杀鼠剂，作用机理是干扰葡萄糖的合成。

36. 杀鼠灵

别名：灭鼠灵，华法令，华法林

英文名：warfarin

化学名称：3 -（1 -丙酮基苄基）- 4 -羟基香豆素

化学分子式：$C_{19}H_{16}O_4$

CAS 号：81 - 81 - 2

结构式：

理化性质：外消旋体为无色、无臭、无味结晶。熔点 161℃。易溶于丙酮，能溶于醇，不溶于苯和水。烯醇式呈酸性，与金属形成盐，其钠盐溶于水，不溶于有机溶剂。杀鼠灵对大鼠、猫、狗的口服 LD_{50} 分别为 1.6mg/kg、3mg/kg 和 3mg/kg。对家禽如鸡、鸭、牛、羊毒力较小。

使用情况：杀鼠灵作为第一代抗凝血性杀鼠剂于 1950 年进入市场，褐家鼠是对杀鼠灵最为敏感的鼠种，其防治褐家鼠效果良好。杀鼠灵在澳大利亚曾用于防治野猪，但是很快被淘汰。1958 年抗杀鼠灵的抗性鼠种在英国被发现，随后抗性种群在世界各地被发现。虽然目前它的受欢迎程度被广泛产生的抗性所影响，但是杀鼠灵仍然在世界范围内广泛使用。

37. 杀鼠醚

别名：克鼠立，立克命，杀鼠萘，鼠毒死

英文名：coumatetralyl

化学名称：4－羟基－3－（1，2，3，4－四氢－1－萘基）香豆素

化学分子式：$C_{19}H_{16}O_3$

CAS 号：5836－29－3

结构式：

理化性质：纯品为淡黄色结晶粉末，无臭，无味，不溶于水。其作用毒力与杀鼠灵相当，适口性优于杀鼠灵，配置后可使毒饵带有香蕉味，对鼠类有较强的引诱性。环己酮中溶解度 10～50g/L，甲苯中溶解度＜10g/L，水中溶解度 10mg/L，对热稳定，日光下易分解。其毒理与敌鼠钠盐、杀鼠灵等第一代抗凝血剂基本相同，中毒潜伏期 7～12d，二次中毒的危险很小。杀鼠醚对褐家鼠口服 LD_{50} 为 16.5～30mg/kg。毒力强于杀鼠灵和杀鼠酮，毒性作用时间比大隆要短，但是比敌鼠作用时间要长。

使用情况：杀鼠醚在 1957 年首次进入市场，现在仍然是使用最广泛的第一代抗凝血杀鼠剂，防治家鼠的毒饵浓度为 0.0375%。尽管其毒性低，但由于适口性较好，其对褐家鼠的防治效果稍强于杀鼠灵。杀鼠醚是在检测到杀鼠灵耐药的大鼠群体后引入的，并且多年来控制害鼠取得了相当大的成功，但后来英国和丹麦相继报道了杀鼠醚抗性鼠种。

38. 氯杀鼠灵

别名：比猫灵，氯灭鼠灵，氯华法林

英文名：coumachlor

化学名称：3－（1－（4－氯苯基）－3－氧代丁基）－4－羟基香豆素

化学分子式：$C_{19}H_{15}ClO_4$

CAS 号：81－82－3；目前未在我国登记为杀鼠剂

结构式：

理化性质：白色结晶，熔点 169～171℃，沸点 543.108℃，密度 1.384g/cm³，工业品为淡黄色粉末，不溶于水，微溶于乙醚、苯，可溶于醇类、丙酮和氯仿。可经皮肤吸入，维生素 K_1 为其特效解毒剂。对大鼠、小鼠的口服 LD_{50} 分别为 187mg/kg 和 900mg/kg，对狗和猪高毒。

使用情况：氯杀鼠灵是随着杀鼠灵的成功在 20 世纪 50 年代初发展的第一代抗凝血杀鼠剂。氯杀鼠灵加工成含 0.005%～0.025%有效成分的毒饵可灭杀多种鼠类，其残效较长，但因急性毒力不是很大，需多次投放毒饵，方能较好地控制鼠害。本品对鼠无拒食作用，但多次使用可以产生抗性。在欧洲已不再使用。

39. 克灭鼠

别名：克鼠灵，呋杀鼠灵，薰草呋，克杀鼠

英文名：coumafuryl

化学名称：3－（α－乙酰甲基糠基）－4－羟基香豆素

化学分子式：$C_{17}H_{14}O_5$

CAS 号：117－52－2；目前在未在我国登记为杀鼠剂

结构式：

理化性质： 纯品呈白色或乳白色粉末。熔点 121～123℃，沸点 430.6℃，不溶于水，能溶于甲醇和乙醇等有机溶剂。可由 4-羟基香豆素和 1，1-亚糠基丙酮反应而制成，可燃，加热分解释放刺激性烟雾。克灭鼠为第一代抗凝血杀鼠剂，维生素 K_1 为其特效解毒剂。对大鼠、小鼠的口服 LD_{50} 分别为 25mg/kg 和 14.7mg/kg。

使用情况： 是 1952 年德国推出的抗凝血杀鼠剂。常用含有效成分 0.025%～0.05% 的毒饵，有效成分 0.005%～0.006% 的毒水灭鼠，灭鼠时需连续投毒 3～5 次。本品使家畜间接中毒的危险性小。主要用来防治褐家鼠、小家鼠、屋顶鼠及大仓鼠、黑线仓鼠、黑线姬鼠等。维生素 K_1 为其特效解毒剂。

40. 敌鼠

别名： 敌鼠钠（盐），野鼠净，双苯东鼠酮，二苯茚酮，得伐鼠，鼠敌

英文名： diphacinone

化学名称： 2-（二苯基乙酰基）-1，3-茚满二酮；2-（2，2-二苯基乙酰基）-1，3-茚满二酮

化学分子式： $C_{23}H_{16}O_3$

CAS 号： 82-66-6

结构式：

理化性质： 黄色结晶粉末，无嗅无味。熔点为 145～147℃。相对密度为 1.281（25℃）。蒸气压为 13.7×10^{-9} Pa（25℃）。易溶于甲苯，溶于丙酮、乙醇，不溶于水，无腐蚀性，化学性质稳定。工业品稍有一点气味。没有明显熔点，加热至 207～208℃，由黄色变红，325℃ 分解。本品稳定性良好，可长期储存。大鼠经口 LD_{50} 约 3mg/kg，狗为 3～7.5mg/kg，猫为 14.7mg/kg，猪为 150mg/kg。鱼 LC_{50} 10mg/L，鸟 LD_{50} >270mg/kg。

使用情况： 敌鼠是 1952 年被发现的一种抗凝血高效杀鼠剂。在我国实践中最常使用的是其与碱液生成的水溶性敌鼠钠盐。敌鼠除了在美国注册用于大鼠和果园中田鼠的控制外，在新西兰被用于防治白鼬，在我国也曾广泛用于害鼠的灭杀。

41. 氯鼠酮

别名： 鼠顿停，氯敌鼠

英文名： chlorophacinone

化学名称： 2-［（4-氯苯基）苯乙酰基］-1H-茚-1，3（2H）-二酮

化学分子式： $C_{23}H_{15}ClO_3$

CAS 号： 3691-35-8

结构式：

理化性质：原药为黄色无臭结晶，有效成分含量98%，熔点为140℃。20℃时蒸气压实际为零；不溶于水，溶于丙酮、乙醇、乙酸乙酯。稳定性不受温度影响，在酸性条件下不稳定。母液为红色清亮油状体，有效成分含量为0.25%，相对密度0.84～0.88（20℃），黏度25～35CP（20℃），闪点160℃（闭式），在−10℃条件下储存数月无沉淀。制成母液是为了使有效成分能均匀分散至饵剂里。其毒理机制与敌鼠钠盐、杀鼠醚相似。剧毒，对大鼠、小鼠的口服LD_{50}分别为2.1mg/kg和1.06mg/kg。

使用情况：氯鼠酮1961年被引入市场，现在欧洲、美国及世界各地广泛使用。市售的氯鼠酮有两种剂型，均可用于配制毒饵使用。油剂配制毒饵比较方便，可选用当地鼠类喜食的谷物做饵料。毒饵中有效成分含量一般为0.005%。广谱杀鼠剂，可杀灭家鼠和野鼠。氯鼠酮被列为抗凝血杀鼠剂是有异议的，因为它也被认为是氧化磷酸化的解耦联剂。

42. 杀鼠酮

别名：鼠完，品酮

英文名：pindone

化学名称：2-叔戊酰-1，3-茚满二酮

化学分子式：$C_{14}H_{14}O_3$

CAS号：83-26-1；目前未在我国登记为杀鼠剂

结构式：

理化性质：黄色粉末，熔点110℃，水溶性0.002%（25℃），易溶于苯、甲苯、丙酮等，能溶于乙醇，难溶于水。剧毒物质，可由吸入、食入方式进入体内，其能引起凝血酶原失效和毛细血管变脆，进而导致出血。杀鼠酮对大鼠、狗、兔的口服LD_{50}分别为280mg/kg、75mg/kg和150mg/kg。

使用情况：该药于1937年合成，并在20世纪40年代初作为杀虫剂使用，后来被认为具有杀鼠剂的性质，在新西兰曾用于控制负鼠，在澳大利亚和新西兰用于防治欧洲野兔的效果更好。

43. 异杀鼠酮

别名：杀鼠酮钠盐

英文名：valone

化学名称：22-异戊酰基-1，3-茚满二酮

化学分子式：$C_{14}H_{14}O_3$

CAS号：83-28-3；目前未在我国登记为杀鼠剂

结构式：

理化性质：黄色结晶固体，熔点67～68℃，沸点392.6℃，密度1.195g/cm³。不溶于水，但溶于大多数有机溶剂。剧毒，对鼠的毒力比杀鼠酮稍差。家畜间接中毒的危险性小。作用方式和杀鼠酮类似，同属茚满二酮类抗凝血杀鼠剂，对哺乳动物的毒力机制同其他抗凝血剂。对大鼠口服LD_{50}为100mg/kg。

44. 鼠得克

别名：联苯杀鼠萘

英文名：difenacoum

化学名称：3－（3－联苯基-1，2，3，4-四氢萘基-1-基）－4-羟基－2H-1-苯并吡喃-2-酮

化学分子式：$C_{31}H_{24}O_3$

CAS 号：56073－07－5；目前未在我国登记为杀鼠剂

结构式：

理化性质：白色粉末，熔点215～219℃，蒸气压为160μPa。在水中溶解度＜100mg/L、丙酮或氯仿中＞50g/L、苯中为600mg/L。为第二代抗凝血类灭鼠剂，对大鼠、小鼠和长爪沙鼠的口服LD_{50}分别为0.96～1.70mg/kg、0.8mg/kg 和0.05mg/kg，对非靶标生物毒性比啮齿动物小得多，对猪、狗、猫和鸡的口服LD_{50}分别为＞50mg/kg、50mg/kg、100mg/kg 和50mg/kg。

使用情况：1975 年被合成并于1976 年推出进入市场，用于防治对第一代抗凝血剂有抗性的害鼠。鼠得克现在广泛用于啮齿类动物的控制，特别是在欧洲和南美洲，最近已被引入美国。虽然英国曾检测到害鼠对鼠得克产生了抗性，但该化合物仍然对害鼠有很好的防治效果并且是最常用的抗凝血剂之一。

45. 大隆

别名：溴鼠灵

英文名：brodifacoum

化学名称：3－[3－（4-溴联苯基-4）-1，2，3，4-四氢萘-1-基]－4-羟基香豆素

化学分子式：$C_{31}H_{23}BrO_3$

CAS 号：56073－10－0

结构式：

理化性质：大隆的靶谱广，是各种抗凝血剂中毒力最强的一种，兼有急性灭鼠剂和慢性灭鼠剂的优点。纯品为黄白色结晶粉末，不溶于水，可溶于氯仿。毒理与其他抗凝血剂相同，但作用速度快得多。对各种鼠类的急性口服LD_{50}均小于1mg/kg。潜伏期1～20d，对非靶标动物较危险，二次中毒的危险比第一代抗凝血剂大。

使用情况：大隆是目前第二代抗凝剂中最有效的。20 世纪70 年代早期，大隆作为杀鼠剂的性质第一次被描述，英国实验室内和野外试验证明了该化合物在控制抗性大鼠和小鼠上的有效性。大隆于1979 年进入市场。在新西兰成功地用于防治负鼠和啮齿动物以保护濒危灭绝的鸟类。第二代抗凝血杀鼠剂在防治对第一代抗凝血剂具有抗性的鼠类时起着重要的作用，但在新西兰关于大隆的野外使用

存在着很多争议，因它会对当地包括土著鸟类在内的野生动物产生毒性，为此美国环境保护局对大隆的使用做出了规定，必须由专业的人员来使用。在世界范围内，大隆仍然是鼠害防治中最重要的杀鼠剂产品。

46. 溴敌隆

别名：乐万通，溴特隆，灭鼠酮，溴敌鼠

英文名：bromadiolone

化学名称：3-［3-［4-溴-（1，1-联苯基）-4-基］-3-羟基-1-苯基丙基］-4-羟基-2H-1-苯并吡喃-2-酮

化学分子式：$C_{30}H_{23}BrO_4$

CAS 号：28772-56-7

结构式：

理化性质：纯品为白色结晶粉末，工业品呈黄白色，几乎不溶于水。性质稳定，在 40～60℃的高温下不变质。毒力强，能杀死对杀鼠灵等抗凝血杀鼠剂有抗性鼠类种群，且适口性好，二次中毒危险小。毒力同其他抗凝血剂。对多种鼠类有强毒杀力，对小家鼠的灭杀效果尤佳。一般使用浓度 0.005%。溴敌隆毒力强，作用时间快，需谨慎使用。在配制、储藏、运输、分发的各环节需专人负责。人员接触后要及时洗涤，注意安全。溴敌隆对大鼠、小鼠的口服 LD_{50} 分别为 1.125mg/kg 和 1.75mg/kg。毒理同其他抗凝血剂。

使用情况：溴敌隆于 1968 年获得专利，并于 1976 年作为灭鼠剂推向市场。溴敌隆对对第一代抗凝血剂产生抗性的鼠类有效。被广泛用于防治家栖鼠和野栖鼠类。含有溴敌隆活性成分的粉末浓缩物不再允许在欧盟销售。

47. 杀它仗

别名：氟鼠灵，氟鼠酮，伏灭鼠，氟羟香豆素

英文名：flocoumafen

化学名称：4-羟基-3-［1，2，3，4-四氢-3-［4-［［4-（三氟甲基）苯基］甲氧基］苯基］-1-萘基］-2H-1-苯并吡喃-2-酮

化学分子式：$C_{33}H_{25}F_3O_4$

CAS 号：90035-08-8

结构式：

理化性质： 原药为淡黄色或近白色粉末，有效成分含量 90%，相对密度为 1.23，熔点 161～162℃，闪点 200℃，25℃时蒸气压为 2.67～6Pa。在常温下（22℃）微溶于水，溶解度为 1.1mg/L，溶于大多数有机溶剂。纯品为白灰色结晶粉末，难溶于水，可溶于丙酮；胺盐稍溶于水。其化学结构与生物活性都与大隆类似。具有适口性好、毒力强、使用安全、灭鼠效果好的特点。对啮齿动物的毒力也与大隆相似，并对对第一代抗凝血剂产生抗性的鼠类有同等的效力。杀它仗对非靶标动物较安全，但狗对其很敏感。毒饵使用浓度通常为 0.005%，适于灭杀农田及室内鼠类。对非靶标动物的急性毒力较低。原药对大鼠急性经口 LD_{50} 为 0.46mg/kg，急性经皮 LD_{50} 为 0.54mg/kg。对皮肤和眼睛无刺激作用。在实验剂量内对动物无致突变作用。繁殖试验无毒性作用剂量为 0.01mg/kg，在动物体内主要蓄积在心脏。该药对鱼类高毒，虹鳟鱼 LC_{50} 为 0.009mg/L，对鸟类毒性也很高，5d 饲养试验中野鸭 LC_{50} 为 1.7mg/L。

使用情况： 杀它仗在 1984 年被引入市场，是第二代抗凝血化合物中最有效的化合物之一。对对第一代抗凝血剂产生抗性的鼠非常有效，广泛用于城市、农村和工业灭鼠。由于急性毒力强，鼠类只需摄食其日食量 10% 的毒饵就可以致死，宜一次投毒防治各种害鼠。

48. 噻鼠灵

别名： 噻鼠酮

英文名： difethialone

化学名称： ［（1RS，3RS，1RS，3SR）-溴 4-联苯基-4］3-四氢基 1，2，3，4-萘基 3-3-羟基-4-1-苯并噻-2-酮

化学分子式： $C_{31}H_{23}BrO_2S$

CAS 号： 104653-34-1

结构式：

理化性质： 密度 1.442g/cm³，熔点 233～236℃，沸点 659.6℃，闪点 352.7℃，折射率为 1.707。噻鼠灵对褐家鼠和小家鼠的急性 LD_{50} 分别为 0.42～0.56mg/kg 和 0.43～0.52mg/kg。

使用情况： 噻鼠灵于 1986 年作为第二代抗凝血灭鼠剂引入我国，用于控制家栖鼠，包括对第一代抗凝剂产生抗性的家栖鼠。含有 0.002 5% 的噻鼠灵毒饵在灭杀田鼠时也具有良好的控制效果。

（二）用于啮齿动物防控的其他化学药剂

近代化学科学的发展，推动了包括防控啮齿动物化学药剂在内的农药的快速发展。除目前占主导地位的化学杀鼠剂外，熏蒸剂、驱避剂、不育剂、引诱剂大多属于化学药剂，即使一些生物代谢或提取物类药物，其本质上也是一种化合物或多种化合物的混合物。这里介绍一些没有大规模使用的用于鼠类控制的化学物质。

1. 具有选择性毒力的急性杀鼠剂

具有选择性毒力的杀鼠剂能够克服化学杀鼠剂的许多劣势。这一类杀鼠剂从毒力特性上看是理想的杀鼠剂，对鼠类的毒性大，对家禽、家畜及人的毒性小，灭鼠后二次中毒风险小，是理想杀鼠剂。以鼠克星、灭鼠优以及灭鼠安为代表的氨基甲酸酯类杀鼠剂属于这一类杀鼠剂。灭鼠安是 70 年代由美国 Rohm&Hass 公司在筛选家禽抗寄生虫药物过程中发现的。这类化合物具有以下特点：对各种

鼠类都有急效毒力，一次性摄入毒饵后 8h 内即死亡；对兽类、家禽低毒，其毒力剂量高出对鼠类的很多倍；二次中毒风险小。

但最终，鼠种特异性杀鼠剂都没有大规模使用，原因应该是急效杀鼠剂的共有缺点：毒力发作快，鼠类适口性问题及无特效解毒剂。

2. 熏蒸剂

利用有毒气体使鼠吸入致死的灭鼠方法称为熏蒸灭鼠。有些药剂在常温下易气化为有毒气体或通过化学反应产生有毒气体，这类药剂通称熏蒸剂。熏蒸剂的优点是：①具有强制性，不必考虑鼠的食性；②不使用粮食和其他食品；③效果一般较好；④兼有杀虫作用；⑤对禽、畜较安全。缺点是：①只能在可密闭的场所使用；②毒性大，作用快，使用不慎时容易中毒；③用量较大，有的费用较高；④熏杀洞内鼠时，需找洞、堵洞，工效较低。适用于船舶、舰艇、火车、仓库及其他密闭场所灭鼠，还可用以杀灭洞内鼠。

常用的熏蒸剂有磷化氢、氰化氢、氯化苦、溴甲烷*等（表 5-1）。

表 5-1　仓库、船舶、火车等常用熏蒸剂的使用

种类	常用剂型	用法用量	温度要求	对人致死浓度	空气中最高容许浓度	空气中余毒侦测
磷化氢	磷化铝：灰绿色圆片，每片 3g	$6\sim12g/m^3$，分散布放，密闭熏蒸 3d 以上	不严	$556\sim1\,390mg/m^3$ 时，$30\sim60min$ 死亡；大于 $1\,390mg/m^3$ 会立即致死	$0.3mg/m^3$	1. 大蒜或电石气味；2. 硝酸银试纸试验
	磷化钙：棕褐色块状或粉末	磷化铝的 4 倍量，用法同上				
	磷化锌	磷化锌与小苏打 1∶1 混匀装于布袋，投入 2∶12 的硫酸稀释液中				
氰化氢	氢氰酸盘剂：用圆形纸板吸附氢氰酸液体装于铁罐	$2g/m^3$，密闭熏蒸 2h	$12\sim25℃$	$240\sim360mg/m^3$ 时，$5\sim10min$ 死亡；大于 $420mg/m^3$ 会立即致死	$0.3mg/m^3$	1. 醋酸铜联苯胺试纸试验；2. 实验动物中毒试验
溴甲烷	原液装于钢瓶中	从仓库较高处用管道通至仓内，每 $1\,000m^3$ $3.5\sim18kg$，密闭熏蒸 $6\sim12h$	$>5℃$	$7\,766mg/m^3$ 时，$30\sim60min$ 死亡	$1mg/m^3$	1. 溴灯检查；2. 实验动物中毒试验

（1）**磷化氢**（hydrogen phosphide，PH_3）　常温下为无色气体，有电石气气味。沸点为 $-87.5℃$，相对密度 1.18。空气中浓度达 26mg/L 时，易燃烧爆炸。可用其压缩气体，也可用磷化锌加酸产生，磷化铝或磷化钙加水，或吸收空气水分亦可分解产生磷化氢。磷化氢主要作用于中枢神经系统与肝、肾等器官。小白鼠 LC_{50} 为 $85mg/m^3$。磷化铝片剂为灰绿色，含 70% 磷化铝、30% 碳酸铵，每片重 3g，在 25℃、相对湿度 75%～80% 条件下，可于 12～15h 内全部分解。一般鼠洞灭鼠只需 1 片，粮库灭鼠用量为 $6\sim12g/m^3$。磷化钙为棕色粉末，相对湿度为 70% 时，半量分解时间约为 3h，24h 可分解 95%。磷化钙用量为磷化铝的 4 倍。

（2）**氰化氢**（hydrogen cyanide，HCN）　无色略带苦杏仁味的易挥发性液体，沸点 25.6℃，气

---

* 溴甲烷目前已在农业上禁用。

体相对密度 0.93。空气中含量低于 2%，不燃烧；超过 5%，有燃烧爆炸危险。氰化物可抑制细胞呼吸机能，引起组织内窒息。由于中枢神经对缺氧特别敏感，中毒动物多死于呼吸麻痹。使用剂量为 1.5g/m³ 作用 4h，或 2.0g/m³ 作用 2h。船舶、仓库灭鼠可用压缩气体或罐装吸附有本药的纸片。野外处理鼠洞，可用氰化钙粉末。用特制筒将粉末吹入，后用泥土将洞口堵塞。氰化钙吸收空气和土壤中的水分即产生氰化氢。

（3）**氯化苦**（chloropicrine，CCl_3NO_2） 纯品为无色油状液体，工业品呈黄绿色。有强烈刺激性，催泪毒剂，气体相对密度 5.66，沸点 112.4℃，使用浓度为 10～30g/m³，野外黄鼠每洞 5～10g，沙鼠每洞 5g，旱獭 50～100g。

（4）**溴甲烷**（methyl bromide，CH_3Br） 常温为无色无味气体，沸点 3.6℃，气体相对密度 3.27。空气含量大于 13%～15%时，有燃烧爆炸危险，使用浓度 10～50g/m³。其对人剧毒，无味，最大安全浓度为 17mg/L，中毒潜伏期可长达数日或数周，较难救治。橡胶制品易吸收溴甲烷，刺激灼伤皮肤。

（5）**硫酰氟**（sulfuryl fluoride，SO_2F_2） 含氟类熏蒸剂。无色、无味、无腐蚀性，易扩散渗透的低沸点气体。能引起小白鼠惊厥而死亡，适用于烟草、药材、百货、粮仓灭鼠，其用量为 5～50g/m³。

3. 驱避剂

化学驱鼠剂是一类对鼠有驱避作用的化合物，不能杀灭鼠类，仅起到防止它们啃咬取食的作用。可使用于许多不适于灭鼠的场合，如涂抹防止电缆、通讯线路、包装种子等被鼠啃咬取食。最早用作化学驱鼠剂的是 1932 年美国渔业和野生动物研究所研制的 96A（一种硫黄和铜盐的混合物），用来驱避野兔保护林木。50 年代开始对驱鼠剂进行系统性的研究，先后对 6 500 种化合物进行了筛选和现场试验，发现胺类、氮化物、二硫化物以及其他含有氮、硫或卤素根的化合物对褐家鼠都有驱避作用。随着对驱鼠化合物的筛选以及作用机理的研究逐步深入，又相继发现了一些新的驱鼠化合物，如肉桂酰胺类、辣椒素、福美双等。

异狄氏剂（endrin）是一种剧毒的有机氯农药，能有效阻止吃种子的鸟、哺乳动物，在美国曾被登记作为一种在林业上的啮齿动物驱避剂。美国西部曾用 0.5%的异狄氏剂来减少兽类对树种子的危害。由于异狄氏剂持久性有机污染物产生的环境问题，2001 年 5 月联合国环境组织禁止生产和使用。

福美双（thiram）通常作为一种杀菌剂，相当安全且易于使用。福美双能发出一种类似硫黄味的气味，当它被摄入时能诱导产生厌食。它能驱避小型食草动物（如鼹鼠）和食肉动物。Campbell 证明福美双有效地阻止多种吃种子的鸟、哺乳动物往南方地区的迁徙。现在福美双广泛用于保护农作物种子、果实和林木。

肉桂酰胺（cinnamamide）是一种有效的广谱性驱鼠剂。小家鼠对用它处理的食物能产生强烈的、持久稳固的回避。当浓度达到 0.1%时就能明显减少取食量。在使用致死性控制方法控制啮齿动物危害时（例如食物储藏），肉桂酰胺有非常大的潜力。它是通过条件反射对药物形成的长期的驱避效应，现在是驱避剂研究的一个热点。

辣椒素（capsaicin）是一种很有潜力的刺激性驱避剂，它在很低的浓度下就能达到驱避效果，在驱避剂中广泛使用。日本专利报告了一种含辣椒素化合物的涂料。这种涂料含有辣椒素类微胶囊，鼠一旦啃咬这种涂料，从微胶囊中释放出的辣味会驱避鼠类。国内已有厂商利用辣椒素开发出环保型驱鼠剂，用于电缆防鼠材料中。辣椒素和福美双的混合物也是一种很好的保护松树种子的驱避剂。

此外，还有一些化合物用于驱鼠。R55（N，N-二甲基亚硫酰二硫代氨基甲酸酯）是一种良好的保护电缆和电线的驱鼠剂，掺在电缆的绝缘材料中或处理土壤，可阻止鼠类咬破电缆和电线。放线菌酮（actidione，环己亚胺），是一种很有效的驱鼠剂。用 0.05%的放线菌酮喷洒包装器材，能防鼠达数月之久，但毒性大，价格昂贵，应用较少。还有八甲磷（schradan，OMPA）可用于保护松树和种子，马拉硫磷（malathion）可用作货物包装的驱鼠。

还有一些公司开发了一些用于驱鼠的母料（masterbatch）。AmpShield 53 是美国 Ampacet 公司生产的母料，用来驱避啮齿类和其他动物对电缆、光纤、管道、户外设施之类的塑料制品的啃咬。这种非毒性的母料有一种难吃的味道，而且是惰性的、没有气味的。可用来驱避野兔、松鼠、鹿等。印度一家公司生产了一种对动物无害的驱避啮齿动物的母料。母料中的化学物质咀嚼起来有恶臭的味道，模仿食肉动物尿的味道，但被动物或人摄入后并无毒性。这种材料可用来保护电缆、塑料制品、铁路组件和箱柜免受动物危害。

美国研究者利用野生姜（wild ginger）、毛地黄（foxglove）驱避食草动物取得了较好的效果。他们研究还发现，食肉兽的各种气味如粪便对食草动物也有驱避作用，将腐臭的鸡蛋制成粉末或水状物涂抹在树苗上也可防止鹿、野牛等动物啃咬达 2～3 个月之久。我国新疆伊犁地区使用牛粪加石灰涂抹树干的方法防鼠，效果十分显著。民间利用中草药驱鼠的历史也由来已久。如白头翁、苦参、苍耳、狼毒、曼陀罗、天南星、蓖麻、马钱子等，可就地取材、成本低、配制和使用方便、不污染环境、人畜安全。

真正商品化的驱鼠剂需具有性质稳定，持效长，价格合适，对人、畜安全等特点。目前能符合这些使用要求的品种尚少。

4. 其他化学药剂

除上述化学药物用于啮齿动物的防控以外，还有一些其他作用方式的化学药物用于鼠害治理。如化学不育剂，是以阻止或降低鼠类种群繁殖率的方式控制鼠害，目前使用不广，品种也不多。如炔雌醚、左炔诺孕酮、呋喃妥因、卡麦角林、氯代醇、米非司酮和 1，4 - 甲磺酸丁二酯等。

还有一些地面喷布的毒剂、引诱剂等可用来防控害鼠，但目前没有见到现场应用的报道。

近年来使用的生物毒素类杀鼠剂是一种新型灭鼠剂。如草原上曾大规模使用的 C 型肉毒梭菌毒素就属于这类杀鼠剂。我国对 C 型肉毒素灭鼠的研究在理论和实践上都取得了较大进展，但还有许多问题需要解决。

化学杀鼠剂从 20 世纪 30 年代起到现在，有很大的发展。特别是抗凝血杀鼠剂的发展，可以称为杀鼠剂发展史上的革命。化学杀鼠剂使用过程中仍然存在着一系列问题，但从目前看，其仍然是鼠害防控的最主要手段。

二、杀鼠剂作用机理

从杀鼠剂的发展历史看，早期出现的杀鼠剂都是急性杀鼠剂。最早出现的有机杀鼠剂甘氟、氟乙酸钠、氟乙酰胺属于有机氟化物，属于呼吸性毒剂，其作用机理都是阻断三羧酸循环，还会导致柠檬酸的堆积和丙酮酸代谢受阻。鼠立死、毒鼠强、鼠特灵属于神经性毒剂。灭鼠优和灭鼠安能抑制烟酰胺的代谢，使鼠类出现严重的维生素 B 缺乏症，后腿瘫痪，行动困难，呼吸衰竭，终致死亡。这些急性杀鼠剂后来逐渐被抗凝血类杀鼠剂所替代。同时杀鼠剂发展过程中还有一些直接损伤靶标动物器官的药物。总体来说杀鼠剂的作用机理可以归纳为四大类，分述如下。

1. 呼吸抑制剂类

这类毒剂通常是通过抑制呼吸酶、氧化磷酸化和三羧酸循环等内呼吸过程来影响代谢过程，抑制能量产生，造成器官衰竭，从而致死。这类毒剂又可以分为几类：

①呼吸酶抑制剂，如氰化氢（HCN）、一氧化碳（CO）。这类毒剂主要抑制细胞色素 c 氧化酶，阻止能量循环过程中氧气的使用，破坏能量代谢，在正常血红蛋白氧合的情况下引起细胞毒性缺氧。当达到有效剂量时，细胞毒性缺氧抑制中枢神经系统，导致快速呼吸停止和死亡。

②氧化磷酸化抑制剂，如亚砷酸、二苯胺类（溴杀灵、敌溴灵）。溴杀灵和敌溴灵的作用机制相同，主要是阻止中枢神经系统线粒体的氧化磷酸化作用，抑制三磷酸腺苷的产生，降低 Na^+/K^+ 三磷酸腺苷酶的活性，引起细胞液体充盈，器官水肿，神经传导阻滞，最终死于呼吸衰竭。溴杀灵要转

变为敌溴灵才有毒。

③三羧酸循环抑制剂，如氟乙酰胺、氟乙酸钠、甘氟等。这类化合物进入动物体后即脱胺（钠）形成氟乙酸，氟乙酸可以与三磷酸腺苷和辅酶 A 作用，形成氟乙酰辅酶 A，再与草酰乙酸作用生成氟柠檬酸，其在化学结构上与柠檬酸相似，但不能被乌头酸酶作用，反而会产生抑制乌头酸酶的作用，使柠檬酸不能代谢为乌头酸，导致三羧酸循环中断，能量生成受阻。此外，该过程还会导致柠檬酸的堆积和丙酮酸代谢受阻，终致生命器官（如心肌、脑、肝、肾等）的细胞产生难以逆转的病理改变。病理组织学形态变化主要为心肌、肝、肾近曲小管细胞的变性、坏死，并常有明显的脑水肿、肺水肿出现。该类药物致死的动物可引起二次中毒。

除上述几种呼吸抑制作用外，一些呼吸毒剂类杀鼠剂还可以破坏红细胞功能，如 PAPP 通过形成高铁血红蛋白降低红细胞的携氧能力，导致大脑和其他重要器官缺氧，进而呼吸衰竭死亡。亚硝酸类毒剂是一种高铁血红蛋白血症诱导剂，对红细胞的作用方式类似于 PAPP。

2. 神经毒剂类

这类毒剂包括有机磷灭鼠剂、毒鼠强、毒鼠碱、C 型肉毒素和部分氨基甲酸酯类灭鼠剂。其主要通过对乙酰胆碱酯酶的抑制作用，造成乙酰胆碱的积累，过量的乙酰胆碱不断的激活乙酰胆碱受体，使神经纤维长时间处于兴奋状态，同时正常的神经冲动传导受阻塞，因而产生一系列的中毒症状，鼠中毒后死于呼吸道充血和心血管麻痹，最终因呼吸困难和窒息死亡。

毒鼠强摄入体内后，可以迅速阻断体内 γ-氨基丁酸（GABA）受体，其是强而广泛的中枢神经系统抑制物质，一旦该受体被阻断，中枢神经系统的抑制作用将减弱，呈现过度兴奋状态，甚至出现惊厥。口服一般在几分钟到半小时内出现中毒症状，可因持续性强直抽搐而引起呼吸肌麻痹，导致急性呼吸衰竭而死亡。肉毒素中毒是其抑制神经传导介质乙酰胆碱囊泡的释放，影响外周胆碱能神经，包括神经肌肉接头及副交感神经的突触间传递障碍，引起呼吸肌、眼肌等瘫痪，最终导致中枢性呼吸衰竭而危害生命。磷化锌与胃液（盐酸）作用后，产生磷化氢气体。释放出的磷化氢对胃黏膜产生腐蚀作用，被消化系统吸收后，其破坏新陈代谢，损害神经系统，抑制胆碱酯酶分解乙酰胆碱的作用，使乙酰胆碱聚集。

3. 抗凝血杀鼠剂

血液凝固是一系列凝血因子相继酶解激活的过程，最终生成凝血酶，形成纤维蛋白凝块（图 5-19）。整个凝血过程分为三个阶段：第一阶段为血液凝血活酶（thromboplastin）形成；第二阶段为凝血酶（thrombin）形成；第三阶段为纤维蛋白形成。第一阶段中参与凝血的凝血因子共有 12 种。其中因子Ⅱ、Ⅶ、Ⅸ、Ⅹ在肝脏中合成需维生素 K 的参与，故缺乏维生素 K 将影响血凝功能。

维生素 K_1 是凝血因子Ⅱ（凝血酶原），Ⅶ（转变加速因子前体），Ⅸ（血友病因子）和Ⅹ（自体凝血酶原 C）活化（通过维生素 K 依赖性羧化酶）的主要因子，它们使维生素 K 维持活性形式。通过维生素 K 依赖性羧化酶，活性维生素 K 转化为无活性的环氧化物，然后通过维生素 K 环氧化物还原酶再转化为维生素 K（维生素 K 醌）。在下一步中，维生素 K 还原酶将维生素 K 醌转化为维生素 K_1 对苯二酚，再次与凝血因子Ⅱ、Ⅶ、Ⅸ和Ⅹ的羧化循环结合。然后，维生素 K 还原酶将维生素 K 醌转化成维生素 K_1 对苯二酚，再次进入凝血因子Ⅱ、Ⅶ、Ⅸ和Ⅹ的羧化循环（图 5-20）。

羟基香豆素和茚满二酮在结构上与维生素 K 类似，当其进入体内时，竞争性抑制维生素 K 环氧化物还原酶，导致活性维生素 K 缺乏。该机制使凝血因子（Ⅱ、Ⅶ、Ⅸ和Ⅹ）未被羧化而不起作用，影响了其合成与释放，逐渐使它们在血浆中的浓度降低，进而破坏凝血机制，降低血液凝固能力，产生抗凝血效果，同时还损害毛细血管，使管壁渗透力增加。中毒鼠不断出血，最终死于大出血。

自 40 年代后期慢性杀鼠剂杀鼠灵出现，到目前已有数十个品种，都属于抗凝血杀鼠剂类。这些抗凝血杀鼠剂都是 4-羟基香豆素（溴敌隆、大隆、杀鼠醚、杀鼠灵、杀它仗等）或 1，3-茚满二酮（敌鼠、氯鼠酮等）的衍生物。研究表明，4-羟基香豆素和 1，3-茚满二酮本身都没有抗凝血作用，

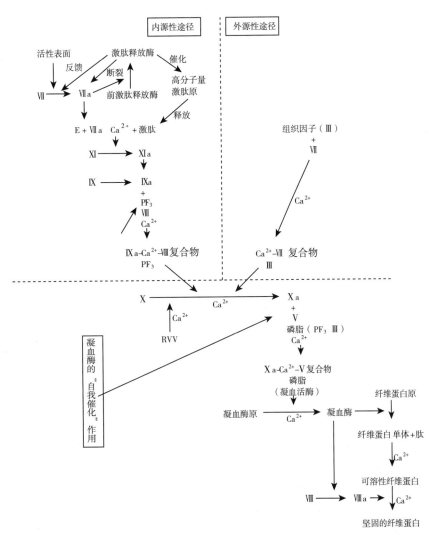

图 5-19　血液凝固机理

（参考辛晓敏，关秀茹，2005）

它们只有在适当的位置上，和适当的基团连接之后，才有此作用。而连接基团本身，也缺乏抗凝血活性。对于 4-羟基香豆素，必须在 3 位上连接基团，1，3-茚满二酮则只能在 2 位上连接。这个连接规则迄今为止仍无例外。该类药物在医药上可以作为口服抗凝剂，用于体内抗凝及预防血栓病。在体外无抗凝血作用。在产生作用前，有 12～24h 的潜伏期。

4. 直接作用靶标器官类毒剂

一些杀鼠剂的毒理机制是直接损害心脏、肝和肾等靶标器官，造成器官衰竭，以达到致死效果。

如胆钙化醇与钙化醇被摄入体内后，肝脏和旁甲状腺激素会往胆钙化醇基团上添加两个羟基，此物质可以动员小肠及骨头等部位向血液中释放大量的钙，钙含量升的过高过快，正常的激素调节不能驾驭，最终阻塞循环系统，且使心脏钙化，进而致死。同样，氯化苦也可以直接破坏靶标器官。其蒸气通过刺激呼吸道黏膜，被肺部吸收，损伤毛细血管和上皮细胞，使毛细血管渗透性增加、血浆渗出，形成肺水肿。最终由于肺部换气不良，造成缺氧、心脏负担加重，而死于呼吸衰竭。与氯化苦作用方式相似，安妥也会损害肺部毛细血管，引起肺组织生理功能的破坏，使经毛细血管渗出的大量液体充积在肺泡中，形成严重的肺水肿及胸腔积水，以致呼吸困难、窒息而死亡。同时可引起肝、肾脏细胞变性和坏死。

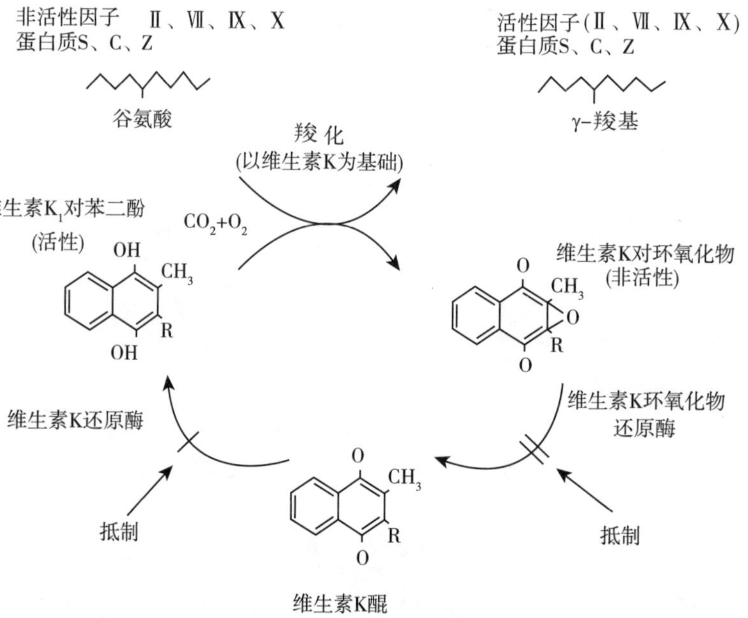

图 5-20　维生素 K 氧化还原示意

三、杀鼠剂的利与弊

鼠害防控发展历史中，杀鼠剂因周期短、见效快、效率高、适合大面积灭鼠和经济效益高等优点，被广泛使用。特别是抗凝血杀鼠剂的问世，无论在理论上还是在实践上，都具有重要的意义，其被看成是鼠害控制史上的里程碑事件。由于效果好，对非靶标动物相对安全，在短短的几年之内，就成为很多国家消灭家鼠的主要药物，迅速降低了鼠害水平。在国内外防控鼠害的实践中，都表现出优异的效果和很高的产出投入比。

例如在我国，王华弟等人在浙江省桐庐县三台乡的农田和农舍对氯敌鼠钠盐、溴敌隆、溴鼠灵等六种杀鼠剂进行了灭鼠的测试，实验结果显示农田灭鼠率均≥82.6％，农舍灭鼠率均≥83.1％，可见六种杀鼠剂均有较好的灭鼠效果；农田观察结果表明，六种杀鼠剂灭杀的害鼠死亡高峰基本维持在2～7d，各种杀鼠剂毒杀害鼠短期内效果显著；投入产出比为：氯敌鼠钠盐1：45.1，溴鼠灵1：40.9，溴敌隆1：32.8，杀鼠醚1：27.3，敌鼠钠盐1：27.3。据美国调查材料，1953年，按照基层单位1 386份灭鼠报告统计，杀鼠灵的平均效果高达98.4％。敌鼠的效果也很好，在禽畜场使用，有85％的处理点甚至达到无鼠。这样好的效果，以致一度有人盲目乐观，认为从此解决了家鼠为害的问题。然而这种局面并未维持太久。长期的使用抗凝血杀鼠剂也带来了诸多问题，如害鼠产生抗药性、直接或间接（二次中毒）威胁非靶标生物（特别是天敌）的安全和药物残留容易造成环境污染。

（一）抗药性问题

由于一种（类）杀鼠剂的长期使用，会出现鼠类对该类杀鼠剂敏感性降低，使得原使用剂量不能达到灭杀害鼠的现象，我们称之为抗药性或耐药性。主要表现为个体或者种群的敏感性降低，并且这些鼠类还可能将抗药性基因遗传给下一代。目前我国很多地区的鼠类，尤其是家栖鼠类，都出现了抗凝血杀鼠剂的抗性种群。根据报道，1999年湛江地区黄胸鼠对杀鼠灵的抗性率达17.7％，2000年长沙市黄胸鼠对杀鼠灵的抗性率为72.72％；广东省各个市、区2003—2004年间小家鼠对杀鼠灵的抗性率为20.0％～60.0％；2005年，对北京市顺义地区黑线姬鼠对杀鼠灵的抗药性进行了调查，结果发现其抗性发生率为36.4％。这些抗性鼠群的产生导致抗凝血杀鼠剂的防治效果大幅下降，同时抗药性的产生降低了抗凝血杀鼠剂的使用效率，给鼠害治理工作带来了巨大的挑战。

（二）非靶标生物中毒问题

杀鼠剂会直接或间接（二次中毒）威胁非靶标生物（特别是天敌）的安全。目前市场上使用的抗凝血杀鼠剂大多数系广谱性杀鼠剂，且毒饵的载体多采用粮食和其他可食用产品，加之管理问题，误食、蓄意投毒引起的人畜伤亡事件屡见不鲜。贵州省2004—2013年间共发生杀鼠剂中毒事件20多起，涉及209人，30多人死亡，其中杀鼠剂中毒较为严重的事件约为这10年间所有的杀鼠剂中毒事件的80%。

投放到野外的毒饵常常会导致鸟类和其他野生动物特别是天敌的大量死亡。汪笃栋和叶正襄（2004）调查显示，农田和草原上大范围使用剧毒的氟乙酰胺毒饵消灭害鼠，在$2.5 \times 10^6 \mathrm{m}^2$面积上发现死亡的鸟有748只（死鼠177只），被毒杀的鸟类和其他非靶标生物非常多。《自然》杂志就抗凝血杀鼠剂对鸟类的影响在2011年和2012年报道大面积灭鼠后引发的鸟类中毒死亡事件。与急性杀鼠剂相比，虽然抗凝血杀鼠剂是相对安全的药物，但对环境也有负面影响，特别是第二代抗凝血杀鼠剂的二次中毒现象比第一代更加普遍。

杀鼠剂进入非靶标生物体内的途径包括直接取食毒饵和间接取食中毒鼠类的粪便、尸体，污染土壤中的生物（如蚯蚓）。在英国，调查的120只欧洲刺猬（*Erinaceus europaeus*）中，57.5%的体内检测到第二代抗凝血灭鼠剂，66.7%的刺猬体内有第一、二代抗凝血灭鼠剂。在新西兰的一种食虫雀形目鸟的未离巢幼体内也检测到杀鼠剂。由于幼鸟是靠父母喂食无脊椎动物，这说明一些无脊椎动物也可能成为杀鼠剂在环境中扩散的潜在载体。世界范围广泛的野生动物物种调查中，已经发现大量动物有杀鼠剂残留，包括很多非捕食性兽类和鸟类。在西班牙，分析有可能是抗凝血中毒的401只野生动物和家畜的肝脏中，均发现有抗凝血杀鼠剂，包括2种爬行动物（$n=2$），42种鸟类（$n=271$）和18种哺乳动物（$n=128$）。在大隆鼠害控制区，中毒害鼠被黄鼠狼、老鹰、蛇类等天敌吞食后导致二次中毒死亡的现象早已司空见惯。若捕食者大量减少，啮齿动物失去天敌的制约数量短期内迅速增加，对生态环境的危害会加剧。

（三）药物残留问题

药物残留容易造成环境污染。有些药物如磷化锌、甘氟具有挥发性，能迅速弥漫到人类赖以生存的空气中；农区野外投饵残留的大量毒饵经过雨水的冲刷会造成土壤和水体污染。目前国内对于杀虫剂、杀菌剂和除草剂的环境行为研究较多，但杀鼠剂关注较少。随着人们生活水平的提高，杀鼠剂的在环境中的残留、渗透和降解过程越来越受到人们的关注。

杀鼠剂由于使用方式的特殊性，进入环境的途径主要有两种：一是通过死鼠进入食物链或环境；二是残余毒饵大量进入环境。

1. 杀鼠剂在靶标生物体内的行为

鼠类取食毒饵后，有可能在体内代谢分解、通过排泄物排泄至环境中或在体内集聚存在。目前急性杀鼠剂已基本被禁用，抗凝血灭鼠剂是被推荐使用的比较安全的一类杀鼠剂。但第二代抗凝血灭鼠剂比第一代在鼠体内更容易残留蓄积。对8种抗凝血杀鼠剂在鼠体血液和肝脏中的代谢途径进行分析，发现第一代抗凝血剂在血液中的半衰期较短，如杀鼠醚在血液中的半衰期为0.52d；第二代抗凝血剂半衰期要长得多，如大隆为91.7d。与血液中相比，在肝脏中残留时间要长很多，其半衰期从15.8d到307.4d不等，也是第二代抗凝血剂持续时间较长，如大隆为307.4d。由于野生鼠类的寿命一般只有1～2年，可以说部分杀鼠剂会终生残留在鼠体内，特别是肝脏内。在法国，溴敌隆灭鼠后，捕获的99.6%的水䶄和41%的普通田鼠体内均被检出有杀鼠剂残留，最长的保留时间可达135d。抗凝血杀鼠剂在抗性鼠体内残留的时间可能更长，对非靶标动物的危害也可能更大。

2. 杀鼠剂的环境行为

杀鼠剂被使用后，一部分以残留的方式进入环境，另一部分随中毒害鼠的排泄物和尸体进入环境。如褐家鼠取食溴敌隆毒饵后，大约有10%的杀鼠剂会随大便按未分解的形式排出体外，分散到环境中去。最终将在水、土壤和大气中分配，也可能再次进入生物体内。其在环境中的行为主要有大气、土壤和水污染及对其他生物的污染等行为。

（1）杀鼠剂在大气中的行为　熏蒸剂在使用过程中大部分会残留在大气中；还有一类如磷化锌等杀鼠剂（国内已禁止使用），本身起作用的成分是磷化氢，如果保存或使用不当也可能以磷化氢等形式进入空气中，部分随蒸腾气流逸向大气；一些具较高蒸气压的杀鼠剂可能部分在使用过程中挥发或蒸发到大气中；一些粉剂（如追踪粉）在施用的过程中，会随大风扬起，形成大气颗粒物，飘浮在空中。

飘浮在大气中的杀鼠剂可随风长距离的迁移，由农村到城市，由农业区到非农业区，甚至到无人区。或者通过呼吸影响人体或生物的健康；或通过干湿沉降，落于地面，污染非使用区，影响生态系统。这可以解释一些无人区某些生物体内也有农药残留。

（2）杀鼠剂在土壤中的行为　杀鼠剂在土壤中的行为首先是土壤吸附。土壤胶体一般带有负电荷，本身具有较大的表面积，吸附能力强，带正电荷的杀鼠剂很容易被土壤粒子吸附。目前大面积使用的抗凝血剂属于脂溶性杀鼠剂，其疏水性强，特别容易被土壤有机物牢固吸附。

杀鼠剂进入土壤后，还会在土壤中进行扩散和质体移动。扩散是分子等微粒的热运动而产生的迁移现象，可以在气体、液体或固体的同一相内或不同相间进行。土壤是一个由三相物质组成的系统，杀鼠剂在土壤中的扩散也遵循一般的扩散规律。主要是由于浓度差或温度差所引起，一般从浓度高的区域向浓度较低的区域扩散，直到相内各部分的浓度达到均匀为止。不同相间，微粒从吉布斯自由能较大的地方向较小的地方扩散，直到两相间的浓度达到平衡为止。杀鼠剂在土壤中的扩散受土壤含水量、空隙度、紧实度、温度、吸附作用等土壤特性和杀鼠剂的理化性质，如溶解度、蒸气压密度及扩散系数等的影响。降水、灌溉和农田耕作等农事活动都可能使农药在土壤中产生大面积的转移。这些作用常常比上述杀鼠剂在土壤中的扩散要强烈得多。杀鼠剂施用时，除鼠类或其他动物取食外，大部分残留在土壤表层，或集中在食药动物生活区域，通过土壤翻耕，可使杀鼠剂在土壤耕作层中扩散开，随作业次数的增加，分布的均匀度也增加，这就大大增加了杀鼠剂与土壤颗粒的接触机会，有利于土壤的吸附。降水和农田灌溉产生的地表径流，可以使杀鼠剂扩散到未施用药物的地方。

存在于土壤中的杀鼠剂，最终会通过非生物和生物两条途径被降解。土壤环境中的非生物降解主要包括化学水解、光化学分解以及氧化还原反应等。生物降解主要是经微生物作用，进行迁移转化直到其最终归于生态系统的物质循环路径。土壤中分解化学品的微生物种类很多，通过它们产生出可以降解各种有机化合物的酶系统。影响这个过程的因素包括土壤类型（如黏土含量，pH和水含量等），化学品本身的物理化学特性（如降解速度，土壤中气、固、液和吸附物间的分布等），以及一些其他因素。生物降解是一个复杂的过程，即使一种简单的植物物种，其吸收方式也是多种多样的，如植物根系可以吸收土壤水溶液中的化学品，土壤中固体颗粒也能吸附土壤水溶液中的化学品，二者之间存在着竞争。还有些化学品易蒸发，植物的叶可以吸收空气中的化学品蒸气，而根又能吸收土壤中的化学品，再从叶面上蒸发。

（3）杀鼠剂在水体中的行为　杀鼠剂一般不会直接施于水体，但在城市、村庄、农田、森林、草原等各种环境中施用后，总有一部分经降水或水流进入水体。同时，进入土壤的杀鼠剂也可能被水冲刷而流入江河湖海。理论上讲，生产和生活中施用的杀鼠剂，经生物圈的物质循环，相当大的一部分都要汇集到水体中。虽然目前大面积使用的抗凝血杀鼠剂水溶解度不高，但其可吸附于水体中的微粒上，随地表径流进入水体。

杀鼠剂进入水体后，有些容易水解，生成高毒或低毒的物质，如氟乙酰胺等水解为剧毒的氟乙酸，磷化锌水解就可能生成剧毒的磷化氢等。毒鼠磷可能被水解而毒性降低。在水溶液中也可能发生光化学分解。杀鼠剂进入水体，还会对水生生物产生影响。

（4）杀鼠剂在非靶标生物体内的行为 杀鼠剂在施用后，有相当一部分可能通过各种途径进入动植物体内，因杀鼠剂与生物的种类的不同，会发生各种不同的变化，有的比较复杂，有的较简单，有的变化迅速，有的则较缓慢。一般来说，变化的形式大致有：衍生、异构化、光化、裂解、轭合等，结果是产生多种分解产物和氧化、还原、转位等衍生物，使毒性增强或减弱。

杀鼠剂根据药剂性质、使用剂型和途径的不同，可能通过多种途径进入动物体内，如通过消化系统、呼吸系统、皮肤等。进入动物体内的药剂可通过血液运送至各组织中，并可在肠、肾脏、肺、肝脏等器官中，经各种酶的作用进行代谢。杀鼠剂在野外环境施用时，有可能被植物吸收，然后在植物体内发生氧化、还原、水解、轭合等一系列的变化。如氟乙酰胺及其同类产品在植物体内就具有明显内吸性。

第四节 鼠害的生物治理

20世纪发展起来的化学农药产业，助力农业生产，为农业做出了巨大贡献。然而，由于人类长期大量使用化学农药，导致有害类动物（如鼠及昆虫）产生了很强的抗药性，鼠药的使用量越来越大；同时，化学农药造成了日趋严重的环境污染问题，如污染水体、大气和土壤，并通过食物链进入人体，危害人体健康，而二次中毒的现象又使许多有害类动物的天敌被误杀。有关研究表明，即使是较安全的抗凝血灭鼠剂，也难以避免天敌动物的二次中毒，而天敌动物的减少，又为害鼠的发生提供了有利条件。随着有害生物综合治理（IPM）思想的发展，鼠害的综合治理逐渐成为研究的主要方向。鼠害综合治理最基本的内涵就是协调利用鼠害的各种限制性因素来控制害鼠种群数量，生物控鼠（或称天敌控鼠）即是鼠害综合治理的重要方面。

一、鼠害生物治理历史

有害生物的生物防控指利用生态系统物种间的相互关系，以一种或一类生物控制另一种或另一类生物，从而达到控制有害生物的目的。广义的生物防治包含利用生物有机体及其代谢产物去控制有害生物的理论与实践活动。

利用生物防治有害动物，在中国有悠久的历史。晋代嵇含著《南方草木状》和唐代刘恂著《岭表录异》都记载了利用一种蚁防治柑橘害虫的事例。19世纪以来，生物防治有了迅速发展。最早的案例是在1887年，美国加利福尼亚州首次发现介壳虫已危害全州柑橘业，1888年，从介壳虫原产地澳洲引进双翅目寄生昆虫和捕食性昆虫作为介壳虫的天敌，仅用两年的时间就控制了介壳虫对柑橘的危害。但在鼠害防治中，生物防治技术的应用相对虫害较晚，研究也相对滞后。

在各种灭鼠方法中，天敌可能是利用最早的一种。古埃及的壁画描述了猫在公元前6世纪就已经和人类生活在一起。Zeuiner（1963）认为应用天敌灭鼠几乎是随着人类开始耕种就产生了。在我国，早在公元前300年的《礼记·郊特性》中就有"腊八之祭……迎猫，为其食田鼠也。"的记载。近几十年来，人们对于害鼠综合管理领域内的生物防控技术越来越重视。可以说，充分利用鼠类的各类捕食性天敌，以及利用对人、畜无害而对鼠类有致病力的病原微生物或体内寄生虫来控制鼠类的种群数量在理论与实践上均有重要的意义。

早期的鼠害天敌防治实践是将一些食肉兽引入岛屿等较孤立的环境中。1870年，一种印度獴被引入加勒比海的一些岛屿，1883年又引入夏威夷等地。在引进的头10～15年，鼠害防治效果十分可喜，其有效地压低了害鼠的密度，但獴却是狂犬病毒的携带者，另外其防治效果也不显著，虽然獴捕食了大量的鼠类，但是（后来）鼠类仍然是当地甘蔗损失的主要原因。20世纪60年代后期，日本应用黄鼬作为鼠害生物防治的手段。1967—1968年间，总数为6 843只的黄鼬被释放到17个总面积为

97 754hm² 的岛屿上，总费用达 136 969 美元，但此举是否有益仍无定论。

50 年代 Elton 进行了利用家猫控制家鼠的实验。他在英格兰的五个农场先施用杀鼠剂灭鼠，然后在其中四个农场引入猫，第五个作对照。结果表明，家猫对家鼠的控制十分明显，当第五个农场鼠害盛行时，其他四个则几乎没有老鼠。Christian 利用逐步减少人工食品的方法，进行家猫的野化。他认为至少 16％的标记老鼠被这些猫捕食。

Sullivan 等（1988）利用白鼬和花鼬腺体混合物来驱避北方囊鼠，以防害鼠危害果园。用两种腺体的提取混合物放置在鼠洞之中。与对照地区相比，虽不能减少鼠类的数量，但却急剧地改变了鼠类的分布。在所有参加实验果园的周边地区，都较施药前捕到更多的鼠，而果园内鼠的数量却减少。应用此法可重点保护某一地区不受鼠害的干扰。蛇的气味也有类似的作用。Weldon（1987）在实验室内观察家鼠对天敌气味的反应发现，雄性家鼠不能分辨蛇的气味，雌鼠可以准确地分辨出以蚯蚓为食的蛇类和鼠蛇（*Elaphe obsoleta*）（以鼠为食），并迅速地回避后者的气味。

在草原区设立栖木招引猛禽防治鼠害的方法由来已久，近年仍有这方面的工作在开展。Howard 在田间设立栖木，发现猛禽能很快地利用这些栖木，但与对照区相比，并不能明显地降低鼠类的数量。

二、天敌和猎物的相互作用

鼠类是许多哺乳动物、鸟类和爬行动物的食物来源，其种群数量是决定捕食者数量变化的重要因素，鼠类密度与天敌动物数量之间往往存在一定的数值关系，为了定量分析捕食者和猎物的相互作用，将天敌对猎物的捕食作用分为功能反应和数值反应两大类。功能反应指每个捕食者的捕食率随猎物密度变化的一种反应，即捕食者对猎物的捕食效应。对这种效应，Holling（1959）提出了三种基本的曲线，即Ⅰ型、Ⅱ型和Ⅲ型反应曲线，后来 Fujii（1986）又补充了第Ⅳ型反应。其中Ⅰ型曲线特征是初期阶段猎物被捕获数量（通常跟天敌数量呈正比，下同）随猎物密度直线上升，后期进入直线平台期；Ⅱ型曲线表现为上渐近线，或者是负加速曲线，这个类型事实上包含了逆密度制约的关系，多为无脊椎动物的功能反应曲线；Ⅲ型曲线是一种 S 形曲线，多为脊椎动物的反应曲线，捕食者的捕食量随猎物密度增加呈 S 形变化。捕食率开始时有正加速期，接着是负加速期，而后达到饱和水平。其负加速期的出现同于无脊椎动物型。早期出现正加速期，是因为系统中多了一个学习成分。在猎物密度极低时，捕食者与猎物接触太少，它们不能建立条件反射以很快地发现和识别猎物。随密度上升，频繁的接触使捕食者反应变快。捕食者的捕食量随猎物密度增加而上升，直到饱和水平。捕食率的负加速出现是由于在高猎物密度下饥饿程度降低了，搜索成功的比率降低了，用于搜索的时间（"消化间歇"，digestive pause）增大所致。Ⅳ型曲线呈钟形，表示捕食过程中猎物对捕食者发生抑制或消灭作用（图 5-21）。

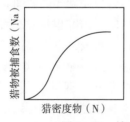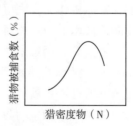

图 5-21　捕食作用Ⅲ型功能反应
（引自 Holling，1959）

Stendell 研究了白尾鸢（*Elanus leucurus*）和加州田鼠数量动态关系，发现两者之间的数量关系符合非线性的 S 形曲线特征，这个结果支持了 Holling 所提出的观点，即脊椎动物捕食者和猎物之间属于Ⅲ型反应的观点。

数值反应（numerical response）是指捕食者摄食猎物后，对自身种群数量影响的动态关系。以横坐标为猎物的种群密度，纵坐标为捕食者的种群密度，捕食者的数值反应也有三种不同的类型，反应捕食者的数量随猎物数量变动的特征。

Ⅰ型为正密度反应：捕食者的数量随猎物的数量增加而增加。

Ⅱ型为无密度反应：捕食者的数量随猎物的数量增加而不变。

Ⅲ型为负密度反应：捕食者的数量随猎物的数量增加而减少。

捕食者和猎物之间功能反应与数值反应相结合即为捕食作用的总反应。捕食者的功能反应与数值反应间不一定有直接关系。但当捕食者在搜索猎物时互不干扰，两者的联合作用可以用两种作用的乘积来表达总反应。

如一种蛔螨在捕食叶蜂（*Neodiprion sender*）茧时，在猎物密度为 1.65×10^6 茧/hm² 时，每头捕食 100 个茧，此为功能反应（图 5-22B）。在此猎物密度下，捕食者增加到 45 头/hm²，即为数值反应（图 5-22A）。由于叶蜂茧要在土壤中生活 100d 后才羽化成叶蜂，在此期间，蛔螨总共要捕食叶蜂的茧数为 4.5×10^5 茧/hm²。

叶蜂茧被蛔螨捕食率为 30%，这就是总反应（图 5-22C）。即捕食者蛔螨对叶蜂茧的捕食率为 30%。

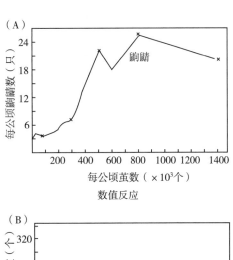

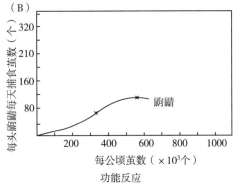

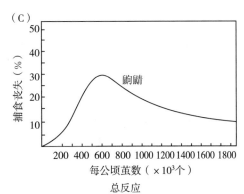

图 5-22　蛔螨捕食叶蜂茧的总反应（仿 Krebs）

在图 5-22 中可以看到，总的反应有上升阶段和下降阶段。在上升阶段，当猎物密度上升时，被捕食的百分比也增加了。此时，捕食作用可以减缓甚至停止猎物种群的增长。在下降阶段，猎物密度越高，捕食者造成的损失率越小。说明当猎物达到这个密度以后，它们就逃出了捕食者可能予以控制的范围。这对于捕食者—猎物系统的生物防治有指导意义。

宋文韬等 2005 年 7 月在内蒙古锡林郭勒盟阿巴嘎旗白音图嘎苏木调查分析了鼠类和鹰隼类的密度的数量关系。

实验选取了 15 个样地，当地的优势鼠种为布氏田鼠，以鼠类为食的鹰隼类主要有：大鵟 (*Buteo hemilasius*)、红隼 (*Falco tinnunculus*)、白腹鹞 (*Circus spilonotus*)、黑耳鸢 (*Milvus migrans*) 等。

实验最终共捕获鼠类 2 675 只，观察到鹰隼类活动 450 只次。各样地捕获的鼠类密度及观察记录的鹰隼类平均活动数量如表 5-2。

表 5-2　各实验样地啮齿动物捕获数量与鹰隼类活动数量

样地编号	样地名称	经度（东经）	纬度（北纬）	每 7.5hm² 鼠类密度（只）	鹰隼类平均 活动数量（只）
1	四方山南	114.764357°	44.511825°	90	6.67
2	四方山	114.751243°	44.598569°	142	11.00
3	旱獭洞	114.743876°	44.747767°	512	24.00
4	边墙	114.724631°	44.814158°	209	13.67
5	草库伦	114.691297°	44.880828°	326	18.33
6	信号塔	114.603194°	44.940917°	392	20.00
7	旱獭坡地	114.528453°	44.983810°	240	17.33
8	边防公路	114.435020°	45.033854°	408	22.33
9	哨卡	114.392831°	45.076129°	52	3.00
10	边界围栏	114.342889°	45.096337°	25	0.67
11	蒙古包泉	114.801486°	44.413651°	65	2.67
12	泉南	114.840416°	44.345768°	41	1.00
13	塔拉北	114.879779°	44.304327°	32	0.67
14	塔拉	114.918610°	44.258361°	16	0.33
15	四方山北	114.745265°	44.666988°	125	8.33

鼠类密度与鹰隼类活动的线性回归和非线性回归曲线如下：

(1) **线性回归模型**：$W=0.05201t+0.72469$，$r^2=0.94526$

(2) **Gompertz 拟合模型**：$W=22.76472\times e^{-3.735325\times e^{-0.01035922t}}$，$r^2=0.98388$

从结果看，Gompertz 方程显然具有更好的拟合优度，这表明鹰隼类密度与鼠类密度变化的数值反应更吻合 Gompertz 模型，根据所得 Gompertz 拟合模型作出两者之间的拟合曲线（图 5-23）及鹰隼类密度增长率曲线（图 5-24）。

从图 5-23 和图 5-24 中可以看出，草场中的鼠类密度显著地影响鹰隼类密度和增长速率。鹰隼类密度对鼠类密度的变化响应呈现出 S 形曲线，并大致可分为三个阶段：

(1) **平缓期**　当鼠类捕获密度小于 40 只（单位面积是 7.5hm²，下同）时，鹰隼类密度很低（不足 1 只），且增长速率较缓慢；

(2) **快速反应期**　当鼠类捕获数量介于 40～250 只之间时，鹰隼类密度随鼠类的密度增长迅速增

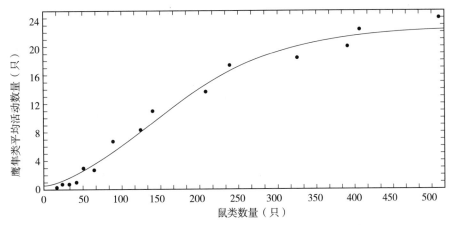

图 5-23 鼠类密度和鹰隼类密度的 Gompertz 方程拟合图

(引自宋文韬等，2017)

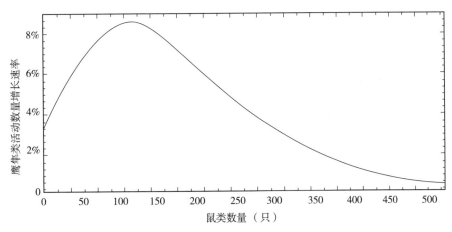

图 5-24 鹰隼类密度增长率随鼠类密度增加的变化曲线

加，当鼠类捕获数量达到 Gompertz 方程的拐点值 127 只（$\dfrac{\ln b}{k} = \dfrac{\ln 3.735325}{0.010359} = 127$，b 为常数，k 为鹰隼类密度的增加速率）时，鹰隼类密度增长速度达到最大值；

（3）**稳定平台期** 当鼠类捕获密度超过 250 只时，鹰隼类密度增加速率逐渐变慢并趋于平缓，最后达到平衡值（模型参数 $f = 22.76$）。

已有研究表明，捕食者会根据猎物的密度做出反应，优先选择捕食个体大、密度大的猎物以提高捕食效率，进而抑制和调节猎物种群，强化猎物生存竞争能力。贾举杰等（2015）对大鵟的研究表明，猛禽主动选择在猎物密度高的地区捕食，以获取最佳的捕食效益。对于捕食性天敌对鼠类密度的响应曲线，已经有一些野外研究报道，但总体上案例不是很多。杨生妹等（2007）分析了天敌与鼠类的密度关系，发现两者之间呈现出显著的正相关性。

在内蒙古典型草原区，鹰隼类密度与鼠类密度之间的数值响应关系呈现出明显的S形曲线。实验结果证实了 Holling（1959）所总结的对于脊椎动物类群来说，捕食者对被捕食者数量的反应类型属于S形的结论。

然而，鹰隼类密度为什么与鼠类密度之间呈现出S形曲线？从该研究所在区域的天敌和鼠类关系看，当鼠类密度较低时，鹰隼类的捕食效率势必会降低，此阶段鹰隼类的捕食难以维系其正常的食物需要，因此，在这个阶段，无论鼠类密度如何增加，鹰隼类出现概率都非常低，因此鹰隼类的密度基本维持不变，变化非常平缓，出现的鹰隼类个体可以解释为路过的个体，该研究这个阶段鼠类密度数值大约是 40 只以下。当样地中的鼠类密度持续增加，达到能够维持鹰隼类捕食的密度阈值（40 只），鹰隼类的捕获效率正好能达到维持其日常食物需求水平，所以鹰隼类能够持续地出现在该样地，此时，随着鼠类密度的增加，鹰隼类捕食效率将显著提高，在这个阶段，鹰隼类的密度将随鼠类密度呈快速增长趋势。鼠类密度增长到最后阶段，鹰隼类密度也逐步上升。一些鸟类为了获取食物和繁殖空间等会占领一定领域，包括繁殖领域和非繁殖领域（如食物领域、种间领域等），而且会通过巡行、驱赶等行为保卫其领域。7 月大鵟等仍处于繁殖期，为获取足够的空间和食物，种内种间竞争比较强烈，这些领域行为可能引发鹰隼类捕食者相互干扰而降低其捕食效率，当达到一定的密度时，鹰隼类的密度不再增加，最终出现一个稳定平台期。总体上推测鹰隼类个体之间的相互干扰和竞争以及鹰隼类的最低捕食需求最终让鹰隼类与鼠类密度之间呈现出典型的 S 形曲线。

三、啮齿动物的天敌

Lauri（1987）曾指出："捕食（寄生）和竞争相互作用，不但是改变种群的重要力量，也是整个群落变化的基本过程"。从概念上说，凡能影响鼠类繁殖、生存的生物均可视为鼠类天敌。在自然界，鼠类的天敌很多。鼠类的天敌中猛禽、猛兽的捕食作用对控制鼠害最为明显。习惯上天敌指的是捕食鼠类的兽、禽以及爬行动物等。猛禽类、小型猫科动物和鼬科动物是最主要的天敌类群，它们有的以食鼠为主，有的兼食鼠类。例如，一只个体较小的长耳鸮一个冬季可捕鼠 360～540 只。而体重仅700g 左右的艾虎全年可捕鼠兔 1 543 只、鼢鼠 470 只。而且这些动物在觅食时，四周的鼠类受到惊吓，长时间躲入洞中停止进食，或紧张地挖掘逃跑洞道。有时甚至影响到其繁殖和内分泌系统的正常代谢。而出现异常迁移、流产或弃仔等行为。此外，有些并非天敌的小动物如刺猬、乌鸦也少量的捕食鼠类。

现代的生物防治观念已发生了很大变化，其防治技术发展迅速。根据生物间互相制约互相依存的关系，用于控制鼠害的各种生物防治已向一个新的阶段发展。目前，生物防治的途径主要有利用天敌捕杀和通过病原微生物使其致病两种形式。有人亦将利用生物毒素和土壤毒素方法灭鼠也归属于此。

（一）捕食性天敌

在草原生态系统中，鼠类的天敌资源丰富，包括隼形目的大鵟、红隼、苍鹰、金雕、草原雕、胡兀鹫，鸮形目的长耳猫头鹰、雕鸮以及雀形目的渡鸦、乌鸦。此外，鼬科、猫科、灵猫科及犬科中的食肉兽等，以及一些爬行类，如蛇均为鼠类主要天敌。

鼠类的捕食性天敌种类繁多，按其生活习性、捕食特点等均可将其分成不同的类型。比如按天敌的机动程度可以划分成居留型和游牧型两类。居留型的天敌不因季节的变化和食物的减少而迁徙，当食物稀少时，则努力地捕食或者转换捕食对象，如鼬属和小鸮属于此类；游牧型天敌随季节的变化和鼠类数量的增减四处游牧，大部分鸟类属于此类。按照天敌取食的专一性程度可以划分为专一型和非专一型两类，前者专门以鼠为食，即使鼠类很少时也是如此，如鼬类和鸮类；后者在鼠类数量稀少时，取食其他种类的食物，如狐、狼和蛇等。根据天敌的捕食策略和方式，可分为追踪型和扫荡型，追踪型天敌采取守候、追捕等方式猎取食物，而扫荡型天敌在一定范围内巡逻捕食。不同类型的天敌对鼠类的捕食偏好，与其本身的活动特点有关，比如大型犬科动物追捕猎物，活动范围大，偏向于捕食老年和行动迟缓的个体；小型的猫科动物多采取守候、偷袭的方式，出击有随机性；猛禽类活动范围大，随机性也高。非专一性天敌起着稳定鼠类种群的作用，鼠多时捕食多，鼠少时捕食也少，促进鼠类数量趋于稳定；留居的专一型天敌可较大幅度减少鼠类数量，但时滞较长，较易增大鼠类种群的震荡幅度；游牧的专一型天敌机动性大，追随鼠类的高密度种群，具有减少鼠类种群震荡幅度的作用。

·捕食性鸟类

隼类　隼形目（Ciconniiformes）鸟类共 5 个科 290 多种，我国有鹰科和隼科 2 科计 23 属 59 种，包括了我们常说的鹰、隼、鸢、雕、鹫、鸢等。隼形目鸟类的共性是嘴、爪强大而弯曲，蜡膜裸出，两眼侧置，除鹗外外趾均不能反转，尾脂腺被羽；体形矫健，翅强健，飞行迅捷；腹面的颜色比背面的颜色浅，有利于猎捕中隐蔽；通常3趾向前，1趾向后，呈不等趾型，屈趾肌腱发达，趾端钩爪锐利，加强了钩爪的抓握力，利于撕裂和刺穿。隼形目鸟类体形差别也很大，如我国猛禽中最大的兀鹫，翅长达75.5～83.9 cm，双翅展开长达200 cm以上，体重达8 000～12 000 g；小型的小隼仅比麻雀稍大，翅长10.6～11.7 cm，体重仅50～62 g。

隼形目鸟类栖息环境多样多变，在高山、平原、山麓、丘陵、草原、海岸峭壁、江河湖泊或沼泽草地等处均可见到，多为白昼单独活动。依据体形的不同，其食物从哺乳动物到昆虫各有差异，但多数以动物性食物为主，因季节而有差异；食物中不消化的残余，如骨、羽、毛等，常形成小团块吐出，可以以此判断其行踪。需要说明的是所有隼形目鸟类都已被列入《世界自然保护联盟》（IUCN）ver 3.1：2009年鸟类红色名录。

以下介绍几种常见的食鼠猛禽。

1. 隼科（Falconidae）

隼科的特征是翅稍长而狭尖，飞行快速，善于在飞行中追捕猎物；嘴先端两侧具单齿突，捕猎技术高超，常被人们饲养用于狩猎。我国有12种。常见的以鼠类为食或兼食鼠类的有。

（1）红隼（*Falco tinnunculus* Linnaeus）　红隼别名茶隼、红鹰、黄鹰、红鹞子等。

外形识别特征：体长31～37 cm。虹膜暗褐色；嘴蓝灰色，先端黑色，嘴基部和蜡膜黄色；跗蹠（音chan）和趾深黄色，爪黑色。体色有两性差异：雄鸟头顶、后颈、颈侧呈蓝灰色，具黑褐色羽干纹；背、肩羽毛呈砖红色，并有三角形黑褐色横纹，腰和尾上羽毛蓝灰色，尾羽具黑褐色横斑及宽阔的黑褐色次端斑；下体呈皮黄色，上胸和两肋有褐色三角形斑纹及纵纹，腿上羽毛和尾下羽毛呈黄白色或银灰色。雌鸟上体深棕色，杂以黑褐色纵斑，翅膀上的羽毛呈黑褐色，边缘呈白色，下体皮黄色，斑纹较多；其他部分与雄鸟相同。

分布与栖息特征：国内主要分布在北京、河北、山西、内蒙古、辽宁、吉林、黑龙江、上海、浙江、安徽、福建、江西、山东、河南、湖北、广东、广西、海南、四川、贵州、云南、西藏、陕西、甘肃、青海、宁夏、新疆、台湾、香港等地区。常栖息于山区植物稀疏的混合林、开垦耕地及旷野灌丛草地，单独或成对活动，飞的较高，叫声刺耳。在多树木的地方，大都侵占喜鹊、乌鸦以至松鼠的旧巢；在无树的地方，常营巢于河岸及岩壁的洞穴中，有的住在树洞中。红隼以猎食时有翱翔习性而著名，白天经常扇动两翅在空中作短暂停留，观察猎物，一旦锁定目标，则收拢双翅俯冲而下直扑，然后再从地面上突然飞起迅速升上高空；有时也站在悬崖、岩石、树顶和电线杆等高处等候，等猎物出现时猛扑捕食。主要以老鼠、雀形目鸟类、蛙、蜥蜴、松鼠、蛇等小型脊椎动物为食，也吃蝗虫、蚱蜢、蟋蟀等昆虫。

（2）红脚隼（*Falco vespertinus*）　红脚隼别名青鹰、青燕子、黑花鹞、红腿鹞子等。

外形识别特征：体长26～30 cm，体重124～190 g；虹膜暗褐色，嘴黄色，但先端呈石板灰色；跗和趾橙黄色，爪淡黄白色。雄鸟、雌鸟及幼鸟在体色上都有差异，雄鸟上体多为石板黑色，颏、喉、颈侧、胸、腹部为淡石板灰色，胸部具较细的黑褐色羽干纹，肛周、尾下覆羽，覆腿羽棕红色。雌鸟上体大致为石板灰色，具黑褐色羽干纹，下背、肩具黑褐色横斑，颏、喉、颈侧乳白色，其余下体淡黄白色或棕白色，胸部具黑褐色纵纹，腹中部具点状或矢状斑，腹两侧和两胁具黑色横斑。幼鸟和雌鸟相似，但上体较显褐色，具显著的黑褐色横斑；初级和三级飞羽黑褐色，具带棕色的白色边缘，下体棕白色，胸和腹纵纹明显；肛周、尾下覆羽，覆腿羽淡皮黄色。

分布与栖息特征：红脚隼几乎遍及我国各地。主要栖息于低山疏林、林缘、山脚平原以及丘陵地区的沼泽、草地、河流、山谷和农田耕地等开阔地区，尤其喜欢有稀疏树木的平原、低山和丘陵地区。飞翔时两翅快速扇动，间或进行一阵滑翔，也能通过两翅的快速扇动在空中作短暂的停留。主要以蝗虫等昆虫为食，有时也捕食小型鸟类、鼠类、蜥蜴、石龙子、蛙等小型脊椎动物。

（3）猛隼（*Falco severus*）

外形识别特征：大小与燕隼差不多，体长 25～30 cm，体重 180～490 g；虹膜为黑褐色，嘴淡蓝灰色，先端黑色，跗跖与趾为黄色，爪黑色；头部和飞羽为黑色，其余上体均为石板灰色，颊部、喉部和颈部的侧面等均为棕白色或黄白色，下体包括翅膀下面均为暗栗色，没有斑纹，与燕隼明显不同；颊部全为黑色，也没有髭纹。

分布与栖息特征：国内分布于广西、海南、云南以及新疆等地。常栖息于有稀疏林木或者小块丛林的低山丘陵和山脚平原地带，茂密的森林中比较少见；常单独或成对活动，在清晨和黄昏最为活跃；常在空中一边飞行，一边追捕猎物，捕到后直接带到树上去啄食；主要以鞘翅目昆虫、小鸟和蝙蝠为食，也吃老鼠和蜥蜴等。

（4）游隼（*Falco peregrinus*） 游隼别名花梨鹰、鸭虎等。

外形识别特征：体长 38～50 cm，翼展 95～115 cm，体重 647～825 g，寿命 16 年左右；虹膜暗褐色，眼睑和蜡膜黄色，嘴铅蓝灰色，嘴基部黄色，嘴尖黑色，脚和趾橙黄色，爪黄色。头顶和后颈暗蓝灰色到黑色，有的缀有棕色；背、肩蓝灰色，具黑褐色羽干纹和横斑，腰和尾上覆羽亦为蓝灰色，但稍浅，横斑也较窄；尾暗蓝灰色，具黑褐色横斑和淡色尖端；翅上覆羽淡蓝灰色，具黑褐色羽干纹和横斑；飞羽黑褐色，具污白色端斑和微缀棕色斑纹，内翈具灰白色横斑。幼鸟上体暗褐色或灰褐色，具黄色或棕色羽缘；下体淡黄褐色或黄白色，具黑褐色纵纹；尾蓝灰色，具肉桂色或棕色横斑。

分布与栖息特征：游隼一部分为留鸟，一部分为候鸟，也有的在繁殖期后四处游荡，共分化为 19 个亚种，我国仅有 4 个亚种，但数量都不多，分布于黑龙江、吉林、辽宁、北京、河北、内蒙古、山西、上海、浙江、台湾、广东、广西、新疆、青海、宁夏、贵州、云南、浙江等地。一般栖息于山地、丘陵、荒漠、半荒漠、海岸、旷野、草原、河流、沼泽与湖泊沿岸地带，也到开阔的农田、耕地和村屯附近活动。飞行迅速，性情凶猛，叫声尖锐；通常在快速鼓翼飞翔时伴随着一阵滑翔；多数时候都在空中飞翔巡猎，发现猎物时首先快速升上高空，然后将双翅折起使翅膀上的飞羽和身体的纵轴平行，头收缩到肩部向猎物猛扑下来，据测量它的俯冲速度最快可达 350 km/h，被称为动物界的"空中子弹"。主要捕食野鸭等中小型鸟类，也捕食鼠类和野兔等小型哺乳动物。

（5）猎隼（*Falco cherrug*） 猎隼别名猎鹰、兔鹰、鹘子等，可驯养用于狩猎。

外形识别特征：体长 27.8～77.9 cm，体重 510～1 200 g；头顶浅褐色，虹膜褐色，眼下方有不明显的黑色线条，眉纹白色，嘴灰色，蜡膜浅黄色，脚浅黄色；颈背偏白色，上体多为褐色并略具横斑，与翼尖的深褐色形成对比；尾上有狭窄的白色羽端；下体偏白色，翼尖深色，翼下大覆羽上有黑色细纹；翼形比游隼钝而色浅。幼鸟上体褐色较成体深，下体布满黑色纵纹。与游隼的区别为尾下覆羽白色，叫声似游隼但较沙哑。

分布与栖息特征：分布于新疆阿尔泰山及喀什地区、西藏、青海、四川北部、甘肃、内蒙古等地；一般栖息于低山丘陵和山脚平原地区，在无林或仅有少许树木的旷野和多岩石的山丘地带活动。当发现地面上的猎物时，先飞行到猎物的上方，然后收拢双翅，使翅膀上的飞羽和身体的纵轴平行，头则收缩到肩部，以 75～100 m/s 的速度向猎物猛冲过去，在靠近猎物的瞬间，稍稍张开双翅，用后趾和爪打击或抓住猎物。主要以中小型鸟类、野兔、鼠类等动物为食。

除上述几种隼外，我国还有几种隼科鸟类也兼食鼠类，但数量都较少，控鼠作用不明显。包括白隼（*Falco gyrfalco*，别名巨隼，分布于黑龙江、辽宁瓦房店和新疆喀什等地，栖息于岩石海岸、开阔的岩石山地、沿海岛屿、临近海岸的河谷和森林苔原地带）、小隼（*Microhierax melanoleucos*，分布于江苏、浙江、安徽、江西、贵州、云南、广东、广西、福建等地，栖息于森林、河谷的开阔地带，常立于无遮掩的树枝上）、矛隼（*Falco rusticolus*，别名海东青、巨隼，分布于青海、新疆、黑龙江、辽宁等地，栖息于开阔的岩石山地、沿海岛屿、临近海岸的河谷和森林苔原地带）、黄爪隼（*Falco naumanni*，分布于内蒙古、吉林、辽宁、河北、北京、山东、河南、四川、云南等地，栖息于旷野、荒漠草地、河谷疏林及准规带）等，在此不一一赘述。

2. 鹰科（Accipitridae）

鹰科成员非常复杂，我们所熟悉的猛禽如鹰、雕、鹞、鸢和旧大陆兀鹫都是鹰科的成员，一般都统称为"鹰"；有时也将体型较大的称为"雕"，体型较小的称为"鹞子"。鹰科鸟类嘴切缘具弧状垂突，适于撕裂猎物吞食；嘴基部通常被蜡膜或须状羽；翅宽圆而钝，善于在高空持久盘旋翱翔。鹰科可进一步划分为9个亚科，我国有鸢亚科、鹰亚科、雕亚科、鹞亚科和秃鹫亚科，共20属46种，多数被列为国家一级或二级保护动物。

下面介绍几种常见的以鼠为主要食物构成的鹰科成员。

（1）短趾雕（*Circaetus gallicus*）

外形识别特征：体长65～80 cm，虹膜黄色，嘴黑色，蜡膜灰色，脚偏绿。上体灰褐色，下体白而具深色纵纹，喉及胸单一褐色，腹部有不明显的横斑，尾部有不明显的宽阔横斑。亚成体鸟较成鸟色浅。飞行时覆羽及飞羽上长而宽的纵纹极具特色；盘旋及滑翔时两翼平直，常停在空中振羽。冬季通常无声，偶作哀怨的叫声。

分布与栖息特征：国内主要分布于新疆维吾尔自治区境内。常栖息于空旷的原野、森林和农田地带，用枯树枝在树顶部枝杈筑巢，一般距离地面的高度为2～15 m；偶尔也在悬崖上营巢；食物主要为蛇类、蜥蜴类、蛙类、小型鸟类以及小型啮齿动物如野兔、野鼠等，也吃腐肉。

（2）鹰雕（*Spizaetus nipalensis*）

外形识别特征：鹰雕属大型猛禽，身长66～84 cm，翼展134～175 cm，雌鸟体重可达3 500 g，雄鸟可达2 500 g。最明显的特征是头后有长的黑色羽冠，常常垂直地竖立于头上；虹膜金黄色，嘴黑色，蜡膜黑灰色，脚和趾为黄色，爪为黑色；上体为褐色，有时缀有紫铜色；腰部和尾上的覆羽有淡白色的横斑，尾羽上有宽阔的黑色和灰白色交错排列的横带；头侧和颈侧有黑色和皮黄色的条纹，喉部和胸部为白色，喉部还有显著的黑色中央纵纹，胸部有黑褐色的纵纹；腹部密被淡褐色和白色交错排列的横斑，跗跖上被有羽毛，同覆腿羽一样，都具有淡褐色和白色交错排列的横斑。飞翔时翅膀呈V形，显得十分宽阔，翅膀下面和尾羽下面有黑色和白色交错的横斑，极为醒目。幼体与亚成体鹰雕的头通常为白色。

分布与栖息特征：鹰雕共分化为5个亚种，我国分布有4个亚种，已知的分布地有内蒙古、辽宁、黑龙江、浙江、安徽、福建、湖北、广东、广西、台湾、四川、云南、西藏、海南等地。一般生活于山中阔叶林和混交林、浓密的针叶林等常绿森林中，其中繁殖季节大多栖息于不同海拔高度的山地森林地带，最高可达海拔4 000 m以上；冬季多下到低山丘陵和山脚平原地区的阔叶林和林缘地带活动。经常单独活动，飞翔时两个翅膀平伸，扇动较慢，有时也在高空盘旋；常站立在密林中枯死的乔木上。主要以野兔、野鸡和鼠类等为食，也捕食小鸟和大的昆虫，偶尔还捕食鱼类。

（3）草原雕（*Aquila rapax*）

外形识别特征：体形比金雕、白肩雕略小，体长为71～82 cm，体重2 015～2 900 g；虹膜黄褐色或暗褐色，嘴灰色，蜡膜黄色；脚黄色。不同年龄以及个体之间的体色变化较大，从淡灰褐色、褐色、棕褐色、土褐色到暗褐色都有；尾上覆羽为棕白色，尾羽为黑褐色，具有不明显的淡色横斑和淡色端斑；两翼具深色后缘。幼鸟体色为咖啡奶色，翼下具白色横纹，尾黑，尾端的白色及翼后缘的白色带与黑色飞羽成对比。翼上具两道皮黄色横纹，尾上覆羽具V形皮黄色斑；尾有时呈楔形。容貌凶狠，尾形平，飞行时两翼平直，滑翔时两翼略弯曲。

分布与栖息特征：草原雕共分化为5个亚种，我国仅有东亚亚种，分布于我国大部分地区，其中在黑龙江、新疆、青海为夏候鸟，在吉林、辽宁、北京、河北、山西、宁夏、甘肃为旅鸟，在浙江、海南、贵州、四川为冬候鸟。主要栖息于开阔的平原、草地、荒漠和低山丘陵地带的荒原草地。一般营巢在岩壁上，有时在小丘顶的岩石中，或在树上和灌丛中，甚至在旱獭的洞穴中；巢主要以树枝、芦苇和其他类似的材料筑成。白天活动，或长时间地栖息于电线杆、孤立的树上和地面上，或翱翔于草原和荒地上空，有时守候在鼠洞口。觅食方式主要是守在地上或等待在旱獭等鼠类的洞口，等猎物出现时突然扑向猎物，有时也在空中飞翔寻找猎物。猎食的时间和啮齿类活动的规律基本一致，大多在早上 7~10 时和傍晚，主要食物有兔、黄鼠、鼠兔、跳鼠、田鼠，此外还有貂类；在沙漠地带主要以大沙地鼠为食；有时也吃动物尸体和腐肉。

（4）**林雕**（*Ictinaetus malayensis*）　林雕又名树鹰。

外形识别特征：中型猛禽，体长 68~76 cm，体重 1 125 g 左右；鼻孔宽阔，呈半月形，斜状，虹膜暗褐色，嘴较小，铅色，尖端黑色，蜡膜和嘴裂黄色，趾黄色，爪黑色；外趾及爪均短小，内爪比后爪长；两翼后缘近身体处明显内凹，因而使翼基部明显较窄，使翼后缘突出，飞翔时极明显；通体为黑褐色，但下体色较上体稍淡，胸、腹有粗的暗褐色纵纹。跗跖被羽，尾羽较长而窄，呈方形。飞翔时从下面看两翅宽长，翅基较窄，后缘略微突出，尾羽上具有多条淡色横斑和宽阔的黑色端斑。

分布与栖息特征：林雕共分化为 2 个亚种，我国仅有指名亚种，分布于福建、海南、台湾等地，其中在台湾为留鸟，在海南东南部为旅鸟。一般栖息于山地森林中，是一种完全以森林为其栖息环境的猛禽，尤常见于中低山地区的阔叶林和混交林地区，有时也沿着林缘地带飞翔巡猎。飞行时两翅扇动缓慢，在森林上空盘旋和滑翔，也能在浓密的森林中高速飞行和追捕猎物，飞行技巧相当高超；不善鸣叫。主要以鼠类、蛇类、雉鸡、蛙、蜥蜴、小鸟和鸟卵以及大的昆虫等为食。

（5）**白尾海雕**（*Haliaeetus albicilla*）　白尾海雕又名白尾雕、芝麻雕、黄嘴雕等。

外形识别特征：尾羽呈楔形，但均为纯白色，并因此得名；大型猛禽，体长 82~91 cm，体重 2 800~4 600 g；虹膜黄色，嘴和蜡膜为黄色，脚和趾为黄色，爪黑色；头顶、头后、耳羽、后颈呈淡黄褐色，具暗褐色羽轴纹和斑纹；颏、喉部淡黄褐色，胸部淡褐色，具暗褐色羽轴纹和淡色羽缘，其余下体褐色；飞羽黑褐色，翅上覆羽褐色，具淡黄褐色羽缘；尾下覆羽淡棕色，具褐色斑；翅下覆羽和腋羽暗褐色。

分布与栖息特征：白尾海雕共分化为 2 个亚种，我国仅有指名亚种，已知的分布地有北京、河北、山西、内蒙古、辽宁、吉林、黑龙江、上海、江苏、浙江、安徽、江西、山东、湖北、广东、四川、西藏、甘肃、青海、宁夏、新疆等。主要栖息于沿海、河口、江河附近的广大沼泽地区以及某些岛屿。繁殖期喜欢在有高大树林的水域地带活动。白天活动，休息时停栖在岩石和地面上，有时也长时间停立在乔木枝头，常单独或成对在大的湖面和海面上空飞翔，冬季有时也有 3~5 只的小群在高空翱翔。飞翔时两翅平直，常轻轻地扇动一阵后接着又是短暂的滑翔，有时也能快速地扇动两翅飞翔，高空翱翔时两翼弯曲略向上。主要以鱼类为食，也捕食各种鸟类以及鼠类等中小型哺乳动物，有时也吃腐肉和动物尸体；在冬季食物缺乏时，偶尔攻击家禽和家畜。

（6）**乌雕**（*Aquila clanga*）　乌雕别名花雕、大斑雕，小花皂雕。

外形识别特征：体型比草原雕小，全长 61（雄）~74（雌）cm；尾短，虹膜褐色，嘴灰色，蜡膜及脚黄色；体羽随年龄及不同亚种而有变化；一般通体为暗褐色，背部略微缀有紫色光泽，颏部、喉部和胸部为黑褐色，其余下体稍淡；尾羽短而圆，基部有一个 V 形白斑和白色的端斑。幼鸟翼上及背部具明显的白色点斑及横纹。飞行时从上方可见羽衣及尾上覆羽均具白色的 U 形斑；飞行时两翅宽长而平直，两翅不上举。与其他雕类鼻孔均为椭圆形明显不同，它的鼻孔为圆形。

分布与栖息特征：繁殖于中国北方，越冬或迁徙经中国南方，在东北、华北、华东、中南及新疆均可见；常栖于近湖泊的开阔沼泽地区、草原及湿地附近的林地，迁徙时栖于开阔地区。白天活动，性情孤独，常长时间地站立于树梢上，有时在林缘和森林上空盘旋；在高山岩石或乔木上筑巢。一般在林间沼泽和河谷、湖泊地区上空盘旋或长时间地守候在树梢等高处觅食，主要以鱼、蛙、鼠类、野兔、野鸭等动物为生，偶尔也捕食金龟子、蝗虫。

（7）白肩雕（*Aquila heliaca*）　白肩雕又名御雕，藏名音译"恰拉查嘎"。

外形识别特征：体长53～78 cm，重2 000～2 500 g。虹膜浅褐；嘴灰色，蜡膜黄色；脚黄色。全身显黑褐色，肩有长的白羽，所以得名。头、颈棕褐色，前额和头顶前面黑色；与其余的深褐色体羽成对比；上背部及尾上羽具有光泽，尾具有6～8条不规则的黑色细横斑。飞行时以身体及翼下覆羽全黑色为特征。幼鸟皮黄色，体羽及覆羽具深色纵纹，飞行时从上边看覆羽有两道浅色横纹，翼上有狭窄的白色后缘；尾、飞羽均色深，仅初级飞羽楔形尖端色浅；下背及腰具大片乳白色斑。滑翔时两个翅膀平直，滑翔和翱翔时两翅也不像金雕那样上举成 V 形，同时尾羽收得很紧，不散开，因而显得较为窄长。

分布与栖息特征：白肩雕共分化为2个亚种，我国仅有指名亚种，分布于新疆、甘肃、青海、陕西、辽宁、福建、广东等地。常栖息于高海拔的山地阔叶林、混交林以及草原和丘陵地区的开阔原野、河流、湖泊的沙岸等地，冬季也常到森林平原、小块丛林和林缘地带活动。常单独活动，或翱翔于空中，或长时间地停息于空旷地区的孤立树上、岩石和地面上，显得沉重懒散，在树桩上或柱子上一呆数小时，待猎物出现时突袭，也常在低空和高空飞翔巡猎。主要以啮齿类动物以及鸽、鹳、雁、鸭等鸟类为食，有时也食动物尸体和捕食家禽。

鸮类　鸮类均属鸮形目（Strigiformes），共性是都具有面盘。面盘是鸮类面部一圈特殊的羽毛，非常紧密地排布在一起成一个平面，形成貌似猫脸的结构。一般嘴短而粗壮，前端成钩状，嘴基蜡膜为硬须掩盖。有趣的是，鸮类的两个耳孔不仅形状大小不同，连高度也各不相同，这对产生立体听觉，并依靠这种听力定位、捕食有非常重要的作用；耳孔周缘具耳羽，有助于夜间分辨声响与夜间定位，相对于头部硕大的双目均向前是鸮类共有且区别于其他鸟类的特征；腿强健有力，爪强锐内弯，部分种类如雕鸮，整个足部均被羽，第四趾能向后反转，以利攀缘。爪大而锐；尾脂腺裸出。鸮类绝大多数是夜行性动物，昼伏夜出生活，其全身羽毛柔软轻松，羽色大多为哑暗的棕褐灰色，柔软的羽毛有消音的作用，使鸮类飞行起来迅速而安静，加上哑暗的羽色，非常适合夜间活动。

鸮形目分3科：原鸮科、草鸮科和鸱鸮科。原鸮科已灭绝；草鸮科共10种，中国有3种；鸱鸮科共126种，中国有24种，如雕鸮、鹰鸮、长耳鸮等。中国鸮形目的所有种，均为国家二级保护动物。

1. 草鸮科（Tytonidae）

外形识别特征：包括常见草鸮和仓鸮等，头骨狭长，宽不及长的2/3，面盘心形似猴，腿较长，常被称为"猴面鹰"。中型猛禽，全长30.5～53.4 cm；虹膜褐色；嘴米黄色，脚略白，爪黑褐色。上体暗褐色，具棕黄色斑纹，近羽端处有白色小斑点；面盘灰棕色，有暗栗色边缘；飞羽黄褐色，有暗褐色横斑；尾羽浅黄栗色，有四道暗褐色横斑；下体淡棕白色，具褐色斑点；叫声响亮刺耳。

分布与栖息特征：我国有草鸮科2属3种，分布于河北南部、山东至长江以南各省（自治区、直辖市），其中草鸮在南方农田地区分布较广也最常见，对控制鼠害有积极作用。常栖息于山麓草灌丛中，在隐蔽的草丛间筑巢，以鼠类、蛙、蛇、鸟卵等为食。

2. 鸱鸮科（Strigidae）

鸱鸮科头骨宽大，腿较短，面盘圆形似猫，常被称为"猫头鹰"；从北极到热带都有分布，种类较多，体型大小不一，习性也较多样化。约28属133种，我国有11属23种。

下面介绍几种常见的食鼠鸱鸮。

（1）雕鸮（*Bubo bubo*）　雕鸮别名恨狐、大猫头鹰、希日—芍布、老兔、夜猫子、大猫王等。

外形识别特征：雕鸮是中国鸮类中体形最大的，体长55～90 cm，体重1 400～3 950 g。虹膜金黄色或橙色；脚和趾均密被羽，为铅灰黑色。面盘显著，为淡棕黄色，杂以褐色的细斑；眼先密被白色的刚毛状羽，各羽均具黑色端斑；眼的上方有一个大形黑斑；皱领为黑褐色；头顶为黑褐色，羽缘为棕白色，并杂以黑色波状细斑；耳羽特别发达，显著突出于头顶两侧，外侧呈黑色，内侧为棕色。

通体的羽毛大都为黄褐色，而具有黑色的斑点和纵纹；喉部为白色，胸部具有浅黑色的纵纹，腹部具有细小的黑色横斑。

分布与栖息特征： 我国的雕鸮有7个亚种，分布于新疆、内蒙古、西藏、甘肃、四川、青海、云南、宁夏、陕西、甘肃、河南、山东等地。常栖息于山地森林、平原、荒野、林缘灌丛、疏林以及裸露的高山和峭壁等各类环境中，通常活动在人迹罕至的偏僻之地，性情凶猛，除繁殖期外一般单独活动。筑巢于树洞中、悬崖峭壁下面的凹处，或者直接产卵在地面上的凹处；巢内无铺垫物，或仅有稀疏的绒羽。白天多躲藏在密林中栖息，常缩颈闭目栖于树上，一动不动，但它的听觉甚为敏锐，稍有声响，立即伸颈睁眼，转动身体观察四周动静，如有危险就立即飞走。飞行时缓慢而无声，通常贴着地面飞行。主要以各种鼠类为食，但食性很广，几乎包括所有能够捕到的动物，其中兽类大约占55%，鸟类占33%，鱼类占11%，两栖类和爬行类占1%。

（2）长尾林鸮（*Strix uralensis*） 长尾林鸮中文俗名猫头鹰、夜猫子、乌尔塔—苏乌勒图等。

外形识别特征： 中型猛禽，体长45～54 cm，体重452～842 g；虹膜暗褐色，嘴黄色，爪角褐色。头部较圆，没有耳簇羽；面盘显著，为灰白色，具细的黑褐色羽干纹；体羽大多为浅灰色或灰褐色，有暗褐色条纹；下体的条纹特别延长，而且只有纵纹，没有横斑；尾羽较长，稍呈圆形，具显著的横斑和白色端斑。

分布与栖息特征： 国内分布于黑龙江、内蒙古、北京、辽宁、吉林、河南、四川、青海和新疆等地。常栖息于山地针叶林、针阔叶混交林和阔叶林中，特别是阔叶林和针阔叶混交林较多见，偶尔也出现于林缘次生林和疏林地带。除繁殖期成对活动外，通常单独活动。白天大多栖息在密林深处，直立地站在靠近树干的水平粗枝上，很难被发现；有时白天也活动和捕食。寒冷的冬天常在树洞中躲避风雪。多活动于树林的中下层，只有在进行远距离飞行时才越过树冠之上。飞行时两翅扇动幅度较大，飞行轻快而无声响；多呈波浪式飞行。主要以田鼠、棕背鼠、黑线姬鼠等为食，也吃昆虫、蛙、鸟、兔以及松鸡科的一些大型鸟类。

（3）灰林鸮（*Strix aluco*）

外形识别特征： 体长37.0～48.6 cm，翼展可达81～96 cm，体重322～909 g，两性异形，雌鸟比雄鸟长约5%，重约25%；头大而且圆，没有耳羽，围绕双眼的面盘较为扁平。上身呈红褐色或灰褐色，也有介乎于两者的。下身都呈淡色，有深色的条斑纹。

分布与栖息特征： 灰林鸮一般栖息在落叶疏林，有时会在针叶林中，较喜欢近水源的地方，一般红褐色的灰林鸮较多在密林出没，较浅色的灰林鸮会在较冷的地方出没；在城市里则栖息在墓地、花园及公园；一般会在树洞中筑巢，不迁徙，具有高度区域性；主要猎食啮齿类动物。

（4）长耳鸮（*Asio otus*） 长耳鸮又名长耳木兔、有耳麦猫王、虎鸹、彪木兔、夜猫子、长耳猫头鹰、肖尔腾—伊巴拉格等。

外形识别特征： 中等体形的鸮类，体长35～40 cm。棕黄色的面盘非常明显，一对眼睛极大，虹膜有浅黄色或橘黄色的绚烂光彩。喙角质灰色；脚粉黄色；体色以棕褐色为基色，具黑色棕斑，颏部白色，下体以黄褐色或棕白色为基色，颜色较浅，具有较粗且明著的黑褐色羽干纹；双足被棕黄色的羽毛，直至足趾；外侧的脚趾可以随时转到后方，使脚趾变成两前两后，便于抓牢树干，称为"转趾型"。长耳鸮的辨识特征主要集中在面部，耳孔很大，位于头部两侧隐藏在耳羽之下；双眼之间的羽毛白色，形成一个大大的白色X形；头的上方有两簇很长、黑黄相间、能活动的耳状羽，需要说明的是这对耳羽簇并没有听觉的作用，而只是一个传递信号的器官，可以起报警和伪装的作用；在栖止状态时，身体竖立，基本与地面垂直，这是区别短耳鸮的一个重要特征（短耳鸮几乎是以平行于地面的姿态扒在树干上的）。

分布与栖息特征： 长耳鸮在我国全境可见，除了在青海西宁、新疆喀什和天山等少数地区为留鸟外，在其他大部分地区均为候鸟；喜欢栖息于针叶林、针阔混交林和阔叶林等各种类型的森林中，也出现于林缘疏林、农田防护林和城市公园的林地中；一般白天多躲藏在树林中，常垂直地栖息在树干近旁侧枝上或林中空地上草丛中，栖息地往往非常精确地固定，甚至固定到某一树枝，以至于在它们的固定居所的垂直下方遍布的排泄物，成为搜寻它们的线索；黄昏和夜晚才开始单独或成对活动，迁徙期间和冬季则常结成10～20只，有时甚至多达100只以上的大群。主要以各种鼠类为食物，也捕食一些小型鸟类，或有食腐行为。

（5）短耳鸮（*Asio flammeus*） 短耳鸮俗称仓鸮，又因为耳羽短于长耳鸮，又名小耳木兔、短耳猫、短耳猫头鹰，藏名音译"集瓦乌巴无巴纳同"。

外形识别特征： 体形与长耳鸮相似，体长35～38 cm，体重326～450 g；虹膜金黄色，嘴和爪黑色。耳羽簇退化不明显，黑褐色，具棕色羽缘；面盘显著，眼周黑色，眼线及内侧眉斑白色，面盘余部棕黄色而杂以黑色羽干纹；皱领白色。上体为棕黄色或褐色，有黑色和皮黄色的斑点及条纹，下体为棕黄色，具黑色的胸纹，但羽干纹不分支形成横斑。跗跖和趾被羽为棕黄色。

分布与栖息特征： 在我国繁殖于内蒙古东部、黑龙江和辽宁，越冬时几乎见于全国各地。不喜欢上树，主要栖息在山林的灌木丛和草丛中，低山、丘陵、苔原、荒漠、平原、沼泽、湖岸和草地等各类生境中均可见，尤以开阔平原草地、沼泽和湖岸地带较多见。爱结成小群集居；多在黄昏和晚上活动和猎食，整夜不息，但也常在白天活动。飞行时不慌不忙，不高飞，多贴地面滑翔，常在一阵鼓翼飞翔后又伴随着一阵滑翔，二者常常交替进行，繁殖期间常一边飞翔一边鸣叫。主要以鼠类为食，也吃小鸟、蜥蜴、昆虫等，偶尔也吃植物果实和种子。

除上述鸮类外，常见的食鼠鸮类还有：

小鸮（*Athente noctua*），又名小猫头鹰，体型较小，体长约20 cm，羽毛呈淡褐色。主要筑巢于野外，也在农村的树洞、墙洞或岩洞中栖息；夜间活动，嗅觉灵敏，捕鼠本领甚高。据调查，一只小鸮一年吃鼠488只；此外，还吃昆虫，但不危害家禽。

鸺鹠（*Glaucidium cuculoides*），是中国南方普遍分布的一种小型鸮类，体长约16 cm，翅长约9 cm；面盘和翎羽不显著，缺耳羽；体羽大都褐色，背羽具横斑，腹部具纵纹；尾较短，约为翅长的2/3；整个上体以黑、棕褐色为主，密布有狭细的棕白色横斑；翅及尾羽黑褐色，在尾羽上有6条鲜明的白色横带，头部不具耳羽；昼夜活动，因而白天在林中也很容易遇到它，入夜更为活跃。为我国南方留鸟，鸣声凄厉。我国甘肃南部、陕西南部、河南、江苏南部及以南各地均有分布。主要以昆虫为食，也吃鼠类及青蛙等。

雪鸮（*Bubo scandiacus*），又名白鸮、查干一乌盖勒、雪猫头鹰、白夜猫子，是一种白色或褐白相间具横斑的猛禽，体长55～63 cm，体重1 000～1 950 g；虹膜金黄色，嘴铅灰色或褐色，爪基灰色，末端黑色。通体为雪白色，雌鸟和年轻的鸟下腹部具窄的褐色横斑；头圆而小，头顶杂有少数黑褐色斑点；面盘不显著；翅宽；头圆形，不具耳羽束；全身羽毛白色，可能具褐斑；嘴的基部长满了刚毛一样的须状羽，几乎把嘴全部遮住。在我国分布于黑龙江北部、新疆西部，营巢于开阔的地面上。根据统计，全世界目前只剩下几千只雪鸮。以鼠类等小型哺乳动物和鸟类为食。

- **捕食性兽类**

在我国，害鼠的捕食性兽类主要包括哺乳纲的鼬科、犬科、灵猫科和猫科的一些种类。

1. 鼬科（Mustelidae）

鼬科动物均为中小型肉食兽，一般体型细长，四肢和尾较长，前、后肢均具5趾，趾端具爪，营夜行性或半夜行性生活；有的种类在肛门附近有臭腺；多数种类陆栖，亦有半水生生活的种类。我国有鼬科动物9属20种。

（1）黄鼬（*Mustela sibirica*） 黄鼬俗名黄鼠狼、黄狼、黄皮子等。

外形识别特征： 体长25～39 cm（雌性比雄性体小），尾长将近15 cm，体细长，四肢较短，犬牙锐利，颈长、头小，尾毛蓬松。全身棕黄色或橙黄色，吻端和颜面部深褐色，腹面颜色较淡；夏毛颜色较深，冬毛毛色浅淡而带光泽。

分布与栖息特征： 我国大部分地区均有分布。一般生活在野外或居民点周围，偶尔藏身于城市；经常在石洞、树穴或田埂、墙基、废砖堆或房屋废墟里栖息；夜间活动，一般独居；活动灵巧，视觉与听觉敏锐，善于游泳，遇敌时可由臭腺放出臭气作为自卫武器。夏、秋季多在野外寻食，冬季缺食时常常进村袭击家禽；主要以鼠类为食，也吃蛙、蛇或其他小动物。在一般情况下，一只黄鼬每年可吃鼠数百只，不过，随着环境的不同，它的食物构成也有差别。

（2）青鼬（*Mustela flavigula*）　青鼬又名黄喉貂、黄腰狐狸、蜜狗，是国家二级保护动物。

外形识别特征： 体形大小如家猫，身体细长如圆筒形，长 40～60 cm，体重 1 600～3 000 g；头部为三角形，鼻端裸露，耳小而圆；四肢短健，足具 5 趾，爪小、曲而锐利；尾长超过体长 1/2，圆柱状；全身棕褐色或黄褐色，头部及颜面黑褐色，喉、胸部橙黄色，腹部灰褐或沙黄色，尾黑色；四肢下段黑褐色。

分布与栖息特征： 国内主要分布于河北、山西、黑龙江、吉林、安徽、福建、河南、湖北、湖南、广东、广西、陕西、云南、甘肃、西藏等地区；多栖息于山地森林或丘陵地带，穴居在树洞及岩洞中；善于攀缘树木陡岩，行动敏捷；黄昏与夜间活动频繁，多数成对活动，很少成群。主要以啮齿动物、鸟、鸟卵、昆虫及野果为食，酷爱食蜂蜜，故称"蜜狗"。

（3）黄腹鼬（*Mustela kathiah*）　黄腹鼬又名香菇狼、松狼、小黄狼。

外形识别特征： 体形比黄鼬小，但更细长；体长 26～34 cm，尾长超过体长的 1/2，体重 200～300 g；体毛短，背腹毛色分界线明显；体背面从吻端经眼下、耳下、颈背到背部及体侧、尾和四肢外侧均呈棕褐色；体腹面从喉、颈下腹部及四肢内侧呈沙黄色；四肢内侧金黄色，下部浅褐色，在前足掌部内侧有一小块白色毛区；嘴角、颏及下唇为淡黄色。

分布与栖息特征： 国内主要分布在浙江、安徽、福建、江西、湖北、广东、广西、海南、四川、贵州、云南、陕西等地。栖息于山地和盆地边缘，喜出没于河谷石堆、灌丛、林缘，栖居高度可达海拔 4 000 m 左右；清晨和夜间活动，肛门两侧的臭腺大小为 9 mm×6 mm，危急时也能放出臭气。以鼠类和昆虫为主要食物，也捕食蛙和小鸟等，有时窜入村落盗食家禽。

（4）艾虎（*Mustela putorius*）　艾虎又名两头乌、地狗等。

外形识别特征： 外形与黄鼬相近，但更粗壮，体重可达 2 kg，体长 40～45 cm，尾长 12～16 cm，颈部较长且粗，尾不及体长的 1/2；颈与前背混杂稀疏的黑尖毛，后背及腰部毛尖转为黑色；背部及尾基暗褐至浅棕色，茸毛米黄色，腰背部及臀部的毛尖均为黑褐色，鼻周、下唇、面颊及下颌白色；鼻的上部、两眼间和耳基前缘棕褐色或棕黑色，耳尖则为白色；喉、胸部向后沿腹中线到鼠蹊部均为黑褐色，腹中线两侧乳黄色；四肢、尾部为黑色。

分布与栖息特征： 国内分布于吉林、辽宁、内蒙古、河北、山西、陕西、青海、新疆、四川、西藏、江苏等地。栖息在野外，行动敏捷，能上树，善游泳，性情凶猛，白天活动。食性和黄鼬相近，但不进入居民区。

（5）鼬獾（*Melogale moschata*）　鼬獾又名猸子、山獾、白猸。

外形识别特征： 体形粗短，平均体长为 33～43 cm，尾长 15～23 cm，一般不及体长的 1/2；头大，猪鼻，鼻端尖而裸出，并斜向下方，鼻垫与上唇间有白毛；头顶有明显的大白点；耳小而圆；四肢短，爪侧扁而利，前爪长度约为后爪的两倍；头、颈、背及四肢外侧为浅灰褐色，毛基灰白色，针毛具有白毛尖；喉、胸、腹及四肢内侧为乳白色，额部、眼后、颊部以及颈侧具有不定形的白色或污白色斑；从头项向后至背脊前段有长短不等的断续白色纵纹；尾与体毛同色，尾下则为白色。肛门有腺体，受到威胁时就会释放臭气。

分布与栖息特征： 国内主要分布在江苏、安徽、江西、福建、台湾、湖北、湖南、广东、广西、陕西、四川、贵州、云南等地；一般栖息于海拔 1 000 m 以下的丘陵山地，在 500 m 以下的混交林的林缘、灌木、河谷中较为常见，在平原农田及林网地区也有活动，喜群居；营穴居生活，夜行性，黄昏和晚上为活动高峰，白天也偶尔出洞，活动范围小而固定；爬树本领高超。主要以小型啮齿动物为食，也吃水果、昆虫、蠕虫等。

（6）狗獾（*Meles meles*） 狗獾又名獾、獾八狗子、猹。

外形识别特征：体形肥胖，体重可达 10～12 kg，体长 45～55 cm。头扁、鼻尖、耳短、颈短粗、尾巴较短，四肢短而粗壮，前、后足均具棕黑色爪，足底裸露，前爪强大，长度约为后爪的 2 倍，适于掘土；背毛硬而密，基部为白色，近末端的一段为黑褐色，毛尖白色，体侧白色毛较多；头部有 3 条白色纵纹，其中面颊两侧各 1 条，中央 1 条由鼻尖到头顶；耳缘除中间一小段为黑色外全为纯白色，耳内黑色；下颌、喉部和腹部以及四肢都呈棕黑色；尾毛黑棕色毛段短，白色毛段长，但个体毛色变异大。

分布与栖息特征：国内除台湾和海南外其他各地均有分布；多栖息在丛山密林、坟墓荒山、溪流湖泊以及山坡丘陵的灌木丛中，单独或结小群生活，善挖洞；营穴居，常有数个洞口，洞穴较大，离地面 2～3 m，洞的直径约 1.5 m，洞道全长可达 15 m，有几个进出口，"卧室"有干草、树叶等铺垫；夜间活动，拂晓回洞。食性杂，喜食植物的根茎，以玉米、花生、蔬菜、瓜类、豆类、昆虫、蚯蚓、青蛙、鼠类和其他小型哺乳及爬行动物为食。

鼬科动物中艾虎和黄鼬的数量较多，灭鼠作用较大，比如 1 只艾虎每年可食鼠类 300～500 只。其他如伶鼬（*M. nivalis*）体小但喝鼠血，据报道 1 只伶鼬每年可消灭的鼠类更多，甚至超过两千只。另外白鼬（*Mustela erminea*）、香鼬（*Mustela altaica*）、虎鼬（*Vormela peregusna*）等鼬类广泛分布在我国各地，它们也吃小型啮齿类动物，但由于他们的数量太少，难以发挥应有的灭鼠作用。

2. 犬科（Canidae）

犬科动物多为中等体型的食肉动物，全部为陆栖，均能游泳，极少数种类偶尔会爬树，体形矫健，四肢细长而善跑，面部长，吻端突出。前足 5 指，后足 4 趾；爪钝不能伸缩，趾行性。嗅、听、视觉灵敏。全球共有 12 属 34 种，我国有 4 属 6 种。

（1）红狐（*Vulpes vulpes*） 红狐又名狐狸、草狐、赤狐等。

外形识别特征：体形细长，50～90 cm，重 4～10 kg；面部狭窄，耳大，吻尖；腿短，尾毛松，长度超过体长一半。背部红棕色，颈肩和身体两侧毛色略浅，夹杂黄色，并杂以少许黑棕色毛。头部灰棕色，部分毛尖为白色，耳下和颈两侧色略浅，耳背黑色或黑棕色，耳缘为灰棕色。唇、颊部、下颏至胸为灰白色，腹部浅灰棕色。四肢外侧与背部相同，为棕黑色和红棕色，内侧浅黄棕色，前肢外侧有 1 条黑色纵纹，由上臂一直延伸到脚背面；尾背面红棕色，部分毛尖黑色，形成明显横纹，尾末端毛白色。

分布与栖息特征：红狐适应性强，分布较广，在我国大部分省（自治区、直辖市）都有分布；常栖息在丘陵、海拔 1 500 m 左右的山区和城镇周围的森林、灌丛、草甸中。穴居，夜行性，听觉、嗅觉发达，性狡猾，行动敏捷。主要以小型啮齿类动物为食，也取食野禽、蛇、蛙、昆虫等，有时也偷袭家禽。

（2）沙狐（*Vulpes corsac*） 沙狐又名东沙狐。

外形识别特征：体形和红狐相似，但比红狐小，体长 50～60 cm，尾长 25～35 cm，体重 2～3 kg,是中国狐属中最小的。四肢相对较短，耳廓大而薄，毛细血管发达。四掌有肉垫。嗅觉和视力好。毛色呈浅沙褐色到暗棕色，头上颊部较暗，耳壳背面和四肢外侧灰棕色，鼻周、腹下和四肢内侧为白色，尾基部半段毛色与背部相似，末端半段呈灰黑色，夏季毛色近于淡红色。

分布与栖息特征：国内分布于新疆、青海、甘肃、宁夏、内蒙古、西藏等地。一般栖息在荒原及半沙漠地区，没有固定住所，经常栖居在旱獭的废弃洞中。昼伏夜出，行动快而敏捷；狐臭不明显。食物包括各种鼠类、鼠兔、野兔和小型鸟类等，也吃昆虫和野果，耐饥力强。

（3）貉（*Nyctereutes procyonoides*） 貉别名狸、貉子等。

外形识别特征：外形似狐但较小而肥胖，体长 50～65 cm，尾长 25 cm 左右，体重 4～6 kg；吻短而尖，耳短而圆，面颊生有长毛；四肢和尾较短，尾毛长而蓬松；体背和体侧毛均为浅黄褐色或棕黄色，背毛尖端黑色，从头顶到尾部形成 1 条黑色纵纹；吻部棕灰色，两颊和眼周的毛为黑褐色，从正面看为"八"字形黑褐斑纹，腹毛浅棕色，四肢浅黑色，尾末端近黑色；尾毛腹面浅灰色。毛色因地区和季节不同而有差异。

分布与栖息特征：在我国广泛分布于河北、山西、黑龙江、辽宁、江苏、安徽、江西、福建、河南、湖北、湖南、广东、广西、浙江、陕西、四川、贵州、云南等地。生境较广，在平原、丘陵、河谷、溪流附近均有栖息，一般利用其他动物的废弃洞穴或营巢于树根际和石隙间，有时也与獾同穴，有"一丘之貉"之说。白天在洞内睡眠，傍晚开始 2～3 只小群外出觅食，活动范围常在半径 6km 的范围内进行活动，至次日凌晨入洞，行动缓慢，易于捕捉、驯养。主要以鱼、虾、蛇、蟹、鼠类、鸟类及鸟卵等为食，也吃植物性食物，如浆果、谷物等，还吃真菌。

3. 灵猫科（Viverridae）

灵猫科动物一般体形细长，四肢短，善攀缘，但以地面生活为主；足具 4 趾，第一趾较其他趾短，足掌除足垫部分裸露外其余均被以短毛；皮毛多斑纹和腺体发育也是这类动物最常见的特征。我国有 4 属 9 种。

（1）椰子狸（*Paradoxurus hermaphroditus*） 椰子狸又名棕榈猫、花果狸、糯米狸、椰子猫、香瑶。

外形识别特征：大小似小灵猫，体长 48～55 cm，尾长约等于或超过体长，体重 2～3 kg；吻较短，足部掌垫与糠垫相连，爪有伸缩性，具肛门腺。头部黑色并具白斑，从鼻端到后头有 1 条白色纵纹。背部棕黄色，体背有 5 条显著的黑色纵条纹；体侧有纵列的黑褐色斑点；胸部污黄，腹部暗黄或棕灰色；四肢和尾灰色。

分布与栖息特征：国内仅分布于海南、广东、广西、云南和四川。一般栖于热带雨林、季雨林及亚热带常绿阔叶林，营树栖生活，昼伏夜出，常成对在树上活动和觅食；食性杂，食物有鼠类、小鸟、蛇、蜥蜴、昆虫等，也吃野桃、荔枝、龙眼、野枇杷及野蕉。

（2）斑灵狸（*Prionodon pardicolor*） 斑灵狸又名斑林狸、虎狸。

外形识别特征：体长约 40 cm，体重约 500 g；全身黄褐色，体背散生暗色圆斑或卵圆斑；颈背有两道黑色颈纹，尾长，上有 9～11 个黑色环；颜面部狭长而吻鼻向前突出，面部无斑纹；趾行性，掌垫与碾垫分成 4 个小叶，并作弧形排列；会阴短，没有香腺。

分布与栖息特征：斑灵狸是国家二级保护动物，国内仅见于广东、广西、贵州、四川、云南。生活于海拔 2 000 m 左右的山地阔叶林林缘灌丛、亚热带稀树灌丛或高草丛附近；营地面生活，也可上树；独居，夜行性。以鼠类、蛙类、小鸟和昆虫等小动物为食，有时也到村边寨旁盗食家禽，在人口稀少的山寨，甚至会潜入房内捕鼠。

4. 猫科（Felidae）

全世界现存猫科动物约有 38 种，我国有 4 属 13 种。本节介绍的几种属于鼠类天敌的猫科动物均属于猫亚科（Felinae）。猫亚科包括现存猫科的绝大多数种类，分布广泛，统称为小型猫类，与大型猫类的区别是不发出吼叫声。猫亚科成员无论体型大小，均擅长爬树。除家猫外，我国目前生活在野外的猫亚科动物数量均很少，虽然多数都是捕鼠能手，但是由于数量少限制了其控鼠作用。

（1）兔狲（*Felis manul*） 兔狲又名羊猞狸、玛瑙。

外形识别特征：体形粗壮而短，大小似猫，体长 47～65 cm，体重 2～3 kg；额部较宽，吻部很短，颜面由于直立而近似猿猴脸型；瞳孔为淡绿色，收缩时呈圆形，但上、下方有小的裂隙，呈圆纺锤形；耳朵短而圆，两耳相距较远，耳背红灰色；头顶灰色，具有少数黑色的斑点；颊部有两条细横纹；全身毛被密而柔软，腹毛长于背毛；体背为浅红棕色、棕黄色或银灰色，背部中线处色泽较深，后部还有数条隐暗的黑色细横纹；尾巴粗圆，长度为 20～30 cm，上面有 6～8 条黑色的细纹，尾端黑色；四肢具 2～3 条黑横纹。

分布与栖息特征：兔狲是国家二级保护动物，分布于西藏、四川、青海、甘肃、新疆、内蒙古、河北、北京及黑龙江等地。视觉、听觉较为敏锐，避敌时行动迅速；叫声与家猫相似，但较粗野。耐寒冷，栖息于草原、稀树林、荒漠或戈壁地区等，常单独活动，居于石缝、石块下或以旱獭洞为窝。食物以啮齿类动物为主，偶尔盗食家禽。

（2）**丛林猫**（*Felis chaus*）　丛林猫又名狸猫、麻狸。

外形识别特征：体形比家猫大，体长 60～75 cm，尾长 25～35 cm，重 3～5 kg。全身的毛色较为一致，缺乏明显的斑纹；眼睛的周围有黄白色的纹，耳朵的背面为粉红棕色，耳尖为褐色，上面有一簇稀疏的短毛，但没有猞猁那样长而显著；背部呈棕灰色或沙黄色，背中线处为深棕色，腹面为淡沙黄色；四肢较背部的毛色浅，后肢和臀部具有 2～4 条模糊的横纹；尾巴的末端为棕黑色，有 3～4 条不显著的黑色半环。

分布与栖息特征：丛林猫是国家二级保护动物，分布于四川、云南、新疆和西藏。既能生活在近海平面的低地，又可生活在海拔 3 000 m 左右的山地，一般栖息于河崖和湖边草丛或灌木丛，也栖于海岸森林或长有高草的树林以及田野和村庄附近；昼行性。食物主要为鼠类和蛙类，也捕食鹧鸪、雉类和孔雀等鸟禽，有时也吃腐肉和植物果实。

（3）**豹猫**（*Felis bengalensis* Kerr）　豹猫又名狸猫、山猫、野猫。

外形识别特征：大小似家猫，体长 54～65 cm，重 2～3 kg；脸颊宽阔，使得头看起来相当圆润；两耳间距较近，耳根宽阔，耳阔深；眼睛大而明亮，呈圆杏核状，黄色、金色至绿色，通常有眼线；四肢及尾部长短适中，健壮有力，肌肉感强；整体感觉强健、平衡感佳。额部有 4 条黑纹而内侧 2 条延至尾基，眼外侧后下方有两条黑纹，黑纹之间夹有白色宽带；耳背中部具一白色块斑；喉后部有 3～4 列棕黑色地带；鼻砖红色，有鼻线；背部、腹面和四肢具纵列斑点，腰及臀部斑点较小；体背毛呈土黄色；腹毛近污白色。

分布与栖息特征：国内广见于除新疆干旱地区外的各省（自治区、直辖市），国家二级保护动物。善于奔跑和偷袭，能攀缘上树，常在黄昏、夜间单独活动于林区，也见于灌木丛中，胆大、凶猛，夜间出来活动。食物以鸟类为主，也常以伏击的方式捕食鼠、兔、鸟、蛙等。

（4）**荒漠猫**（*Felis bieti*）

外形识别特征：体形较家猫大，体长 60～80 cm，尾长 29～40 cm，肩高约 25 cm，体重 5.5～9 kg。吻部短宽，四肢略长；身上毛长而密，茸毛丰厚。头部棕灰或沙黄色，额部有 3 条暗棕色纹，上唇黄白色，胡须白色，鼻孔周围和鼻梁棕红色；两个眼内角各有 1 条白纹；耳尖生有 1 撮棕色短毛，耳内侧毛长而密，呈棕灰色。眼后颊部有 1 条横贯的棕褐色条纹。体背部与头部颜色一致，背部中央红棕色，背中线不明显；四肢内侧和胸、腹面淡沙黄色。全身无明显条纹，仅臀部和前肢内侧有数条细而不明显的暗纹，四肢外侧各有 4～5 条暗棕色横纹；尾末梢部有 5 个黑色半环，尖部黑色。

分布与栖息特征：荒漠猫是国家二级保护动物，分布于四川、青海、甘肃、宁夏和陕西等地。主要栖息于多灌木的稀树林，海拔 3 000 m 左右的高海拔地区以及荒漠地带偶尔也可见到。单独活动，居于岩石缝或石块下，听觉、嗅觉发达；晨、昏活动。食物以鼠类为主，也捕食小鸟、雉鸡、蜥蜴、蛙类等。

• 爬行类捕食天敌

鼠类的爬行类捕食天敌主要指的是蛇类。蛇类是无足的爬虫类冷血动物的总称，身体细长，四肢退化，无足、无可活动的眼睑，无耳孔，无四肢，无前肢带，身体表面覆盖有鳞。目前世界上的蛇目（Serpentiformes）11 科约 400 属 2 700 余种，其中毒蛇有 600 多种，分布于北纬 67°至南纬 40°范围。

我国有蛇类 8 科 55 属 194 种，其中陆地常见的主要毒蛇约 48 种，海生毒蛇 10 余种，大部分蛇种集中于长江以南、西南各省（自治区、直辖市）。

常见的捕食鼠类的蛇有以下几种。

1. 无毒蛇类

（1）赤练蛇（*Dinodon rufozonatum*）　游蛇科（Colubridae）游蛇亚科（Colubrinae）链蛇属（*Dinodon*）蛇类，也叫火赤链、红四十八节、红长虫、红斑蛇、红花子、燥地火链、红百节蛇、血三更、链子蛇。

外形识别特征：体长可达 100～180 cm；头较宽扁，呈明显三角形，黑色，鳞缘红色；体背均匀布满红黑相间的规则横纹，体两侧为散状黑斑纹，腹部鳞片灰黄色，腹鳞外侧有黑褐色斑，尾较短细；性格凶猛，体色鲜艳，属于后毒牙类毒蛇，毒液含以血循毒为主的混合毒素（毒液对冷血动物作用较强），对人毒性很小，到目前为止还没有人员伤亡的具体报道，故常归为无毒蛇类。

分布与栖息特征：国内除宁夏、甘肃、青海、新疆、西藏外，其他各省（自治区、直辖市）均有分布。大多生活于田地、丘陵及平原的近水地带，也常出现于住宅周围，以树洞、坟洞、地洞或石堆、瓦片下为窝；为夜行性蛇类，多在傍晚出没，22 时以后活动频繁；杂食性，主要以老鼠、蟾蜍、青蛙、蜥蜴、鱼类、蛇、鸟及动物尸体为食。

（2）双斑锦蛇（*Elaphe bimaculata*）　游蛇科（Colubridae）锦蛇属（*Elaphe*）蛇类。

外形识别特征：体长 70～120 cm；头背灰褐色，眼后有一黑带达口角；在颈背形成两条平行的镶黑边的带状斑，体背中央有褐色哑铃状或成对的横斑纹，体侧的斑纹与背部的斑纹交错排列；腹面有半圆形或三角形小黑斑。

分布与栖息特征：为我国特有蛇种，分布于河北、江苏、浙江、安徽、江西、山东、河南、湖北、重庆、四川、陕西、甘肃等地。性情温顺，常见于平原或丘陵旷野以及村边、草丛、坟堆等地，捕食鼠、蜥蜴和壁虎。

（3）王锦蛇（*Elaphe carinata*）　俗名臭王蛇、黄颔蛇、王蛇（四川）、锦蛇、黄蟒蛇、王蟒蛇、油菜花、臭黄蟒、棱锦蛇（黑龙江）、棱鳞锦蛇（福建）、菜花蛇（江苏）、王字头（贵州）、松花蛇（贵州、湖北、四川）、臭青松（台湾）、菜花蛇（浙江）、臭黄颔等，属游蛇科（Colubridae）锦蛇属（*Elaphe*）。

外形识别特征：体长可达 150～200 cm；幼体与成体色斑差别较大，幼体背面茶色，枕部有两条短的黑纵纹，体背前、中段具有不规则的细小黑斜纹，往后逐渐消失成小黑点，至尾端形成两条纵向的细黑线，腹面粉红色或黄白色。幼体体长达 80 cm 左右时变成成体，成体头、背鳞缝黑色，中央黄色，显"王"字形斑纹，瞳孔圆形；体背鳞片四周黑色，中央黄色；体前部具有黄色横斜纹，形似油菜花瓣，体后部的横纹消失；腹面黄色，具黑色斑。

分布与栖息特征：国内分布于河南、陕西、四川、云南、贵州、湖北、安徽、江苏、浙江、江西、湖南、福建、台湾、广东、广西等地。栖息在山地，平原及丘陵地带，活动于河边、水塘边、库区及其他近水域的地方；善爬树，食性杂，以蛙类、鸟类、鼠类及各种鸟蛋为食。

（4）玉斑锦蛇（*Elaphe mandarinus*）　俗名高砂蛇（台湾）、神皮花蛇（浙江）、玉带蛇（福建）、杏树根子、桑根蛇、美女蛇等，属游蛇科（Colubridae）锦蛇属（*Elaphe*）。

外形识别特征：全长可达 100 cm 左右；头、背黄色，有 3 条黑斑；体背灰色或紫灰色，背中央有 1 行 30～40 个黑色斑组成的菱形斑，菱形斑中央及边缘黄色；体侧具有紫红色小斑点；腹面灰白色，散有长短不一、交互排列的黑斑。有些个体黑色素消失，仅菱形斑略有少量黄色，还有些个体头部鳞被也发生异常愈合或分裂，称为白化异鳞玉斑锦蛇。

分布与栖息特征：国内分布于北京、天津、上海、重庆、辽宁、江苏、浙江、安徽、福建、台湾、江西、湖北、湖南、广东、广西、四川、贵州、云南、西藏、陕西、甘肃等地；主要生活于丘陵与山区林地，经常在山区居民点附近、水沟边或山上草丛中出没，平原区住宅区附近偶尔也可以见到；以鼠类等小型哺乳动物为食，也有吃蜥蜴的报道。

（5）棕黑锦蛇（*Elaphe schrenckii*）　俗名黄花松、乌虫、乌松等，属游蛇科（Colubridae）锦蛇属（*Elaphe*）。

外形识别特征：全长可达 150～200 cm，体重 0.5～1.5 kg。该蛇种随产地不同颜色差异较大，湖南、浙江的颜色较浅，北京的颜色鲜艳且花纹明显，东北的颜色较深，基本呈黑色；同一产地的蛇种从幼体、亚成体至成体色斑变化也较大，一般幼体色斑较复杂，头、体背棕褐色，上、下唇鳞乳白色；成体头、背青黑色，从眼后到口角具黑色纹，上、下唇鳞及头颈、腹鳞、尾下鳞腹面均为锦黄色；每片鳞的后缘均有黑边，从顶鳞缝后段开始向枕部两侧有一醒目的暗黄色"人"字形斑，从眼后到口角有 1 个带状黑斑；自颈部到尾端有 30 多条灰黄色向土黄色过渡的横斑，这些横斑在两侧呈不规则的分叉，有的前后交叉相连，有的在背部中线断开不相连；从颈部两侧到第一横斑前各有 1 条暗黄色或淡褐色细纹。

分布与栖息特征：国内分布于黑龙江、吉林、辽宁（新宾和清原）、河北、山东、湖南、湖北、浙江等地；活动于平原、山区的林边、草丛、耕地，也在住宅附近出没甚至进入房内；性情比较温和，不受威胁时，一般不咬人。以鼠类为食，亦吃鸟类及鸟蛋。

（6）黑眉锦蛇（*Elaphe taeniura*）　别名黄颌蛇、枸皮蛇、黄喉蛇、慈鳗、黄长虫、家蛇、广蛇、菜花蛇、三索蛇、秤星蛇等，属游蛇科（Colubridae）锦蛇属（*Elaphe*）。

外形识别特征：为大型无毒蛇，全长可达 170～230 cm。头和体背黄绿色或棕灰色；眼后有 1 条明显的黑纹延伸至颈部，这也是该蛇命名的主要依据；体背的前、中段有黑色梯形或蝶状的斑纹，略似秤星，所以该蛇又名"秤星蛇"；这些斑纹由体背中段往后逐渐变浅，但有 4 条清晰的黑色纵带直达尾端；中央有数行背鳞，具弱棱边；腹部灰黄色或浅灰色，腹鳞及尾下鳞两侧具黑斑。

分布与栖息特征：主要分布在辽宁、河北、山西、甘肃、西藏、四川、安徽、海南、台湾、广东、广西、福建、云南、贵州、江苏、浙江、湖南、湖北、江西、河南、陕西等地。善攀爬，性凶猛，一般生活在高山、平原、丘陵、草地、田园及村舍附近，也常在稻田、河边及草丛中出没；喜食鼠类，常因追逐老鼠出现在农户的居室内、屋檐及屋顶上，在南方素有"家蛇"之称，被誉为"捕鼠大王"，年捕鼠量多达 150～200 只。

（7）灰鼠蛇（*Ptyas korros*）　别名青梢蛇、黄金条、黄梢蛇、黄金蛇、索蛇、上竹龙、黄肚龙、过树龙（广西），游蛇科（Colubridae）鼠蛇属（*Ptyas*）。

外形识别特征：分蛇体细长，70～160 cm，体重 0.3～0.5 kg；眼大而圆，颊部内凹；头体背面棕褐色或橄榄灰色，躯干后部和尾背鳞缘黑褐色，体背与体侧有 9～12 条浅褐色的纵纹，通常不明显，整体略显网纹；上唇鳞下部和下唇鳞及头体前的腹面淡黄色，腹鳞多灰白色或从前往后渐淡而近乳白色，尾下鳞有的为棕黄色。

分布与栖息特征：国内分布于云南、贵州南部、广西、广东、湖南、江西、浙江、福建、台湾、香港等地；常栖息于溪流或水塘边的灌木或竹丛上；水田、溪流或草丛中也较常见，白天活动较多。喜欢在土坎的草丛、灌丛中捕食鼠类，故有鼠蛇之称；也捕食少量蛙和蜥蜴、小鸟等。

（8）滑鼠蛇（*Ptyas mucosus*）　俗名乌肉蛇、草锦蛇、长标蛇、水绿蛇、水律蛇（广东）、山蛇（福建泉州、晋江）、乌歪（德宏）、长柱蛇、黄闰蛇、水南蛇、锦蛇、南蛇、黄土蛇、黄乌梢等，游蛇科（Colubridae）鼠蛇属（*Ptyas*）。

外形识别特征：外表和灰鼠蛇相近，最大区别是其腹部的颜色不是像灰鼠蛇那样黄。一般体型较大，头型较长，眼大而圆，颊部略微内陷；头背呈黑褐色，体背棕色，体后部有不规则的黑色横纹，至尾部成为网状；唇鳞呈淡灰色，后缘黑色；腹面前段红棕色，后部淡黄色。

分布与栖息特征：广泛分布于广西、广东、福建、台湾、浙江、江西、湖南、湖北、四川、贵州、云南、西藏等地；多生活于海拔 800 m 以下的山区、丘陵、平原地带；也常出现在坡地、田基、沟边以及居民点的近水区域。行动迅速，昼夜活动，是有名的"捕鼠能手"，也捕食少量蟾蜍、蛙、蜥蜴、蛇等。

2. 毒蛇类

（1）**繁花林蛇**（*Boiga multomaculata*） 又名繁花蛇，属游蛇科（Colubridae）林蛇属（*Boiga*）。

外形识别特征：体长 50～70 cm，头大、颈细，头、颈区分明显，躯尾细长，缠绕性强；头背有箭头状斑纹，眼眶后缘至口角有一黑褐色粗浅纹是其较明显的辨认特征；上、下唇灰白色，唇鳞后缘具黑斑；体背呈灰褐色，身体两侧有两行交互排列的黑褐色大圆斑，在近腹鳞处交互排列着四行不规则的小圆斑；尾背的斑纹不规则，密布黑褐色的斑点；腹面呈浅灰色，每片腹鳞有 3～4 个近三角形褐色斑点。

分布与栖息特征：分布于浙江、福建、江西、湖南、广东、广西、海南、贵州、云南、香港、澳门等地；一般生活于丘陵多林木的地区，营树栖，善于攀爬，常夜间活动，捕食鸟、蜥蜴、鼠类等。

（2）**银环蛇**（*Bungarus multicinctus*） 别名竹节蛇、白节黑、白带蛇、白节蛇、白菊花、团箕甲、寸白犁铲头、寸白蛇、金钱白花蛇（幼蛇干的中药名）等，属眼镜蛇科（Elapidae）环蛇属（*Bungarus*）。

外形识别特征：银环蛇是我国毒性最强的蛇类之一，全长 100 cm 左右；头部呈椭圆形，略大于颈部，吻端钝圆，眼较小；体背有黑白相间的环纹，其中白色横纹宽 1～2 个鳞片是其最明显的辨认特征；腹面白色；背鳞正中 1 行鳞片（脊鳞）扩大呈六角形。

分布与栖息特征：国内有两个亚种，其中指名亚种主要分布于安徽、江西、福建、浙江、台湾、湖北、湖南、广东、海南、广西、四川、贵州等地，云南亚种仅产于中国云南西南部。多栖息于平原、丘陵或山麓的近水处，傍晚或夜间活动。捕食泥鳅、鳝鱼和蛙类，也吃各种鱼类、鼠类、蜥蜴和其他蛇类。

（3）**舟山眼镜蛇**（*Naja naja atra*） 别名膨颈蛇、蝙蝠蛇、五毒蛇、扁头风、扇头风、琵琶蛇、吹风蛇、吹风鳖、饭铲头、饭匙头等，属眼镜蛇科（Elapidae）眼镜蛇属（*Naja*）。

外形识别特征：全长 100～200 cm；头呈椭圆形，与颈区分不十分明显；头背具典型的 9 枚大鳞，受惊扰时，前半身竖起，颈部扁平扩展显露出项背特有的白色眼镜状斑纹，此斑纹的各种饰变是其最明显的辨认特征；头、体背面呈黑色、黑褐色或暗褐色，部分蛇具有若干白色或黄白色的窄横纹，在幼体时较为明显；头腹及体腹面呈污白色或黄白色，颈腹面具灰黑色的宽横斑，其前方还有两个黑点，腹面在体中段之后逐渐呈灰褐色或黑褐色。

分布与栖息特征：是我国特有蛇种，分布于安徽南部、江西、浙江、福建、台湾、湖北、湖南、广东、海南、广西、四川、贵州、云南、西藏等地区；多栖息于沿海低地到海拔 1 700 m 左右的平原、丘陵与山区，常见于灌丛、竹林、溪涧或池塘岸边、稻田、路边、城郊，偶尔甚至进入住宅花园或住房。白昼与夜晚均活动，白昼活动居多，活动表现明显的趋光性。食性广，鱼、蛙、蜥蜴、鼠、鸟及鸟蛋、蛇等均是其取食对象。

（4）**白头蝰**（*Azemiops feae*） 别名白块，属蝰蛇科（Viperodae）蝰亚科（Viperinae）白头蝰属（*Azemiops*）。

外形识别特征：全长 50～80 cm；吻短而宽，眼较小；头部与颈背淡黄白色，呈深褐色或浅褐色；头背正中有一黄白色中线，前窄后宽，终止于颈部第七到十行背鳞处是其最明显的辨认特征；喉部有一黄色的云状纹；体背面呈紫黑或褐色，具（10～15）＋（3～4）对朱红色横斑，左右横斑交错排列或在背中线彼此相遇，背鳞平滑；腹面呈橄榄灰色，散以小白点。

分布与栖息特征：分布于云南、贵州、四川、西藏、陕西、甘肃、广西、安徽、江西、浙江、福建等地区。主要栖息于海拔 100～1 600 m 的丘陵、山区的路边、碎石地、稻田、草堆、耕作地旁草丛中，住宅附近偶尔也可见到，甚至进入室内。晨、昏活动，捕食鼠类等小型啮齿动物和食虫目动物为生。

（5）尖吻蝮（*Agkistrodon acutus*）　又称百步蛇、五步蛇、七步蛇、蕲蛇（中药名）、山谷鱉（音 bie）、百花蛇（中药名）、中华蝮等，属蝰蛇科蝮亚科（Crotalinae）蝮属（*Agkistrodon*）。

外形识别特征：头大呈三角形，吻端有由吻鳞与鼻鳞形成的一短而上翘的突起是其最明显的辨认特征；头背呈黑褐色，有对称的大鳞片，具颊窝；体背呈深棕色及棕褐色，背面正中有一行（15～21）＋（2～6）个方形大斑块；腹面呈白色，有交错排列的黑褐色斑块；体形粗短，体表粗糙；尾尖一枚鳞片侧扁而尖长，俗称"佛指甲"，也是其较明显的辨认特征。

分布与栖息特征：国内已知的分布区域有安徽南部、重庆、江西、浙江、福建北部、湖南、湖北、广西北部、贵州、广东北部及台湾等地。生活在海拔 100～1 400 m 的山区或丘陵地带；大多栖息在 300～800 m 的山谷溪涧附近，偶尔也进入山区的村宅，出没于厨房与卧室之中，天气炎热时一般进入山谷溪流边的岩石、草丛或树根下等阴凉处度夏，冬天在向阳山坡的石缝及土洞中越冬。喜食鼠类、鸟类、蛙类、蟾蜍和蜥蜴，尤以捕食鼠类的频率最高。

（6）竹叶青（*Trimeresurus stejnegeri*）　又名青竹蛇、焦尾巴、焦尾仔、火烧尾（武夷山），蝰科蝮亚科的一种。

外形识别特征：全长 60～90 cm；头较大，呈三角形，眼与鼻孔之间有颊窝（热测位器）；通身绿色是其辨认特征之一，腹面稍浅或呈草黄色，眼睛、尾背和尾尖焦红色；另一重要辨认特征是其体侧常有一条由红白各半的或白色的背鳞缀成的纵线；尾较短，具缠绕性，头背都是小鳞片。

分布与栖息特征：我国长江以南各省（自治区、直辖市）均有分布；吉林长白山也曾发现。一般栖息于海拔 150～2 000 m 的山区溪边草丛中、灌木上、岩壁或石上、竹林中、路边枯枝上或田埂草丛中，多于阴雨天活动，在傍晚和夜间最为活跃；喜欢上树，常缠绕在溪边的灌木丛或小乔木上，会主动攻击人，是广东、福建、台湾等地的主要伤人蛇种。有扑火和聚居习性，昼夜活动，多在夜间觅食。以蛙、蝌蚪、蜥蜴、鸟和鼠为食。

（二）寄生性天敌

寄生物是宿主种群调节的重要外部因子之一，可通过降低害鼠的繁殖及存活而调节其种群数量。寄生物包括微寄生物（细菌、病毒、原生动物）和大寄生物（蠕虫、节肢动物）两类，而寄生物或致病性生物，通常有很高的生物潜能。它们的构造、代谢和生活史非常特化，对宿主具有感染特异性。因此，利用寄生物防治的最大优点是防治目标的专一性以及对非靶动物和环境的安全性。由于寄生物及其鼠类宿主种类繁多，用寄生物控制害鼠具有广阔的应用前景。

19 世纪初，随着微生物学的发展，一些学者注意到从成批病死的鼠尸中分离到的致病菌不能感染人，但能使鼠感染甚至扩大流行，达到消灭害鼠的目的；在选择微生物时，如其可借媒介传播，尤其是飞翔媒介，传播范围更广，速度更快，灭鼠也更经济、高效。于是"微生物控鼠"应运而生。所谓微生物控鼠就是把自然界中一些对鼠类有选择致病性的病原微生物经实验室培养之后，以毒饵的形式投放到鼠类种群中，通过鼠类的活动或其他媒介在鼠类之间传播，使鼠发病死亡，以降低鼠类种群密度的方法。

微生物灭鼠法提出后很快引起各国鼠害防治工作者的兴趣，到 19 世纪 90 年代，法国、德国、俄罗斯等国科学家都先后从鼠尸中分离出致病力较强、能在鼠群中传播的沙门氏菌属（*Salmonela* spp.），这些菌经选育、纯化和鉴定后又被试用于现场灭鼠试验，均收到了预期的效果；1892 年，德国人 Loffler 培养了鼠伤寒病菌（*Salmonella typhimarium*）用于防治田鼠；随后，丹麦科学家研制了专门的沙门氏菌类灭鼠剂并投放市场。20 世纪 60 年代以后至 21 世纪初，有的国家使用依萨钦科氏菌加 0.025％的杀鼠灵进行灭鼠，据称取得了较好的效果；澳大利亚采用黏液瘤病毒（*Marmoraceae myxomae*）防治野兔也取得很好的效果。总的来看，国外对微生物药剂灭鼠的应用较为广泛，制剂有液状、固体状、颗粒状等剂型，其中颗粒状应用较多。近年来，又出现了将微生物制剂与化学药剂进行混配以形成复方型混合毒饵的方法，毒效大大提高。

同其他灭鼠方法相比，病原微生物灭鼠的优点很明显：①病原微生物引起鼠类发病和致死的过程不是突然的，所以不易引起鼠类对毒饵的防御性反射，即使在强烈发病的情况下，也不会产生拒食现象；②菌饵投放后不仅能在投菌区造成鼠间严重的流行病，而且可以向周围非投菌区扩散蔓延，造成鼠类区域性的死亡，菌饵灭杀力较强；③用于灭鼠的病原微生物专一性强，且对鼠致病性强，能引起鼠体主要器官（肝、脾、肾）及肠道组织出血、坏死，成为不可逆的破坏；④可应用范围广，牧场、农田、森林、住宅、温室、仓库、果园等均可应用，同时不致造成环境污染；⑤微生物繁殖快，制剂的制备方法简单，培养基来源广，适于成批生产，有的制剂可以保存较长时间（一般长达 6 个月），便于远距离运输。

根据致病微生物的特点，微生物灭鼠比较适于鼠类高密度地区以及人稀地广的草原、森林或用于灭鼠区边缘的保护带。在微生物控鼠的应用过程中，致病微生物的选择是需要解决的关键问题，主要需要考虑以下几个方面：①毒力方面，要求对人畜无害，在使用的过程中不发生变异而出现对人畜致病的变种，同时对鼠的毒力要强而稳定，不出现弱毒株，最好对多种鼠均有致病力；②免疫力方面，要求出现免疫个体的机会低，免疫维持时间短，同时不与其他微生物产生交叉免疫；③传播能力方面，所传疾病必须容易传播，能够使老鼠互相传染进而引起较大范围的流行。所以每种用于灭鼠的微生物的确定都需要预先进行大量的试验与对比。

常用的灭鼠微生物多数都是在鼠类发生动物流行病时，从鼠体中分离得到、并经实验室选育鉴定所得的。据统计，目前微生物灭鼠中使用最多的仍是沙门氏菌属细菌，其次是某些病毒。一般说来，这些微生物的致病性均有很强的特异性，一般只对几种鼠致病力强，而且各个菌株能够致病的动物常不尽相同。所以只要选育的微生物合适，整个过程按规程操作，对非靶动物相对还是比较安全的。

澳大利亚、英国、加拿大和美国等国家在实验室及野外，分别开展了对鼠类的寄生线虫肝毛西线虫对小家鼠和林姬鼠种群数量影响的研究，发现肝毛细线虫对小家鼠和林姬鼠的种群具有一定的调控作用。在泰国，将原生动物肉孢子虫应用于稻田家鼠和黄毛鼠的防治，在投放肉孢子虫毒饵 10～14d 后，灭效率达到 70%～90%，显著降低了对稻田的危害。在国内，20 世纪 70 年代，中国科学院西北高原生物研究所开展了鼠痘病毒对北疆小家鼠的感染性、传染性途径及症状以及灰仓鼠、柽柳沙鼠和草原兔尾鼠对沙门氏菌的感受性的研究；在 21 世纪初，中国科学院西北高原生物研究所开展了艾美尔球虫对高原鼠兔防控技术的研究。

1. 鼠痘病毒

鼠痘病毒（*Mouse poxvirus*）属痘病毒科脊索动物痘病毒亚科正痘病毒属。该病毒能引起小鼠的一种接触性传染病，侵害小鼠体内的主要实质器官，引起肝、脾、肺、肾等组织不同程度的病变。此病又称小鼠传染性脱脚病或小鼠缺肢畸形症，其典型症状是肢体水肿和坏死，最初在嘴部、四肢和尾部出现水肿性肿胀，因病毒侵染皮肤的毛细血管和皮肤的上皮细胞而引起皮肤病变以及四肢和尾部组织坏死而脱落。该病主要特征有急性型，在未发现特征性症状前死亡；亚急性或慢性型，患鼠肢、尾肿胀，发炎和坏疽脱落，也有的出现结膜炎、肺炎、脑炎及肝炎等症状。1947 年由 Fenner 将本病命名为鼠痘。该病毒在小白鼠群中传染性很高，死亡率高达 95%。由于小家鼠与小白鼠同属鼠科，后者为前者的变种，因此，鼠痘对小家鼠具有明显的感受性，死亡率高达 100%，且多为急性死亡。在小家鼠中，鼠痘可通过呼吸道、消化道及皮肤损伤等途径传染，感染潜伏期为 2～7d，发病症状为毛松竖，反应迟钝，多数病鼠头部略显肿胀，尤以鼻梁部较为明显。除头部外，体躯、四肢及尾部均无明显肿大或溃烂，但四肢趾端略显充血。野外条件下鼠痘病毒可在小家鼠种群中具有一定的传播率，大田播放接种鼠后 15～16d，即可捕获感染鼠；麦垛中置于播放接种鼠 18～49d 后，鼠痘病在实验麦垛广为传播；在仓库中于播放接种鼠后 22d，可发现少量感染鼠。鼠痘病毒对亲缘关系较远的高原鼠兔、高原鼢鼠、小林姬鼠、柽柳沙鼠及对鸡、狗、羊皆无致病性。

2. 沙门氏菌

沙门氏菌属（*Salmonella*）是一大群寄生于人类和动物肠道内生化反应和抗原构造相似的革兰氏阴性菌，统称为沙门氏杆菌。包括伤寒沙门氏菌（*S.typhi*），甲、乙、丙型副伤寒沙门氏菌（*S.paratyphi* A、B、C），鼠伤寒沙门氏菌（*S.typhimurium*），猪霍乱沙门氏菌（*S.choleraesuis*），肠炎沙门氏菌（*S.enteritidis*）等。在形态和生理上都极似大肠杆菌，不形成芽孢。沙门氏菌病是公共卫生学上具有重要意义的人畜共患病之一，除可感染人外，还可感染很多动物包括哺乳类、鸟类、爬行类、鱼类、两栖类及昆虫。20世纪70年代初期，沙门氏菌被应用于对灰仓鼠、柽柳沙鼠和草原兔尾鼠野生鼠的防治实验研究，发现沙门氏菌的三个菌群株对上述野生鼠具有极强的致病力。在21世纪初，采用肠炎沙门菌丹尼氏阴性赖氨酸遍体毒饵进行了高原鼠兔的灭鼠实验，发现，高原鼠兔采食肠炎沙门菌后，2～3d，出现毛发耸立，双目微闭，行动迟缓，基本反应能力消失。死亡高峰出现在5～7d，9d全部死亡。野外投饵后12d的平均灭洞率为81.62%，校正灭洞率为77.50%。未发现二次中毒现象。

3. 黏液瘤病毒

黏液瘤病毒（*Myxoma virus*）属痘病毒科痘病毒属，形态为砖形，病毒基因组为双链DNA，分子大小约160kb。此病毒只发生于家兔和野兔，其他动物和人类不易感染，对兔可引起急性、全身性和高度致死性的疾病。主要传播方式是直接与病兔及其排泄物、分泌物接触或通过被病毒污染的饲料传播。在自然界，蚊子、跳蚤、虱、螨等是最常见的病毒传播者。临床上，感染该病毒的特征主要是眼皮红肿、发热、黏膜肿胀、眼鼻分泌物增加以及在皮肤上出现由黏液组织构成的肿瘤，随着病情恶化，眼球发黄，上下眼睑互相粘连，耳朵由于耳根皮下肿胀而变得下垂。病兔超急性型7d内死亡，一般在1～2周内死亡。19世纪中叶澳大利亚发生兔灾，用感染兔子和野兔的黏液瘤病毒灭杀兔子，取得很好效果。在20世纪后期，研发出一些工程病毒，即用黏液瘤病毒处理雌兔的免疫系统，使此系统攻击雄兔的精子。澳大利亚脊椎动物害兽群体生物防治合作研究中心组织了许多学科力量进行了这项研究，把黏液瘤病毒作为工具，插入兔精子蛋白，诱使雌兔发生免疫反应，雌兔的抗体把精子视为入侵者加以破坏，从而达到控制兔子数量的目的。

微生物防治鼠害的研究已有一个世纪，其发展与其他方法比较是比较缓慢的。主要原因并不在于理论和试验技术的限制，更重要的是微生物自身的一些弱点。就目前的状况看，利用病原微生物灭鼠，由于使用技术复杂、影响因素多以及经常使用可能引起的鼠类免疫力的增强而导致灭效下降、单种菌株的特异性过强等原因，一直没有取得较大进展。世界卫生组织在1967年声明称"由于存在公共卫生问题，不推荐使用沙门氏菌灭鼠"，而美国、德国和英国等在20世纪末也都相继禁用微生物灭鼠。不过当前仍有一些国家在生产、使用和推广沙门氏菌灭鼠，据称不存在安全问题；在我国，有关部门认为只能在确保非靶动物安全的条件下才能使用此类菌株灭鼠，目前的使用范围也很小。相信随着生物遗传手段的深入发展，这方面的实际应用必将有着更大的发展。

除细菌、病毒外，有的体内寄生虫如吸虫、绦虫和线虫均能寄生于鼠体，影响其健康进而缩短其寿命。肝毛细线虫（*Capillaria hepatica*）即是最有代表性的一种。肝毛细线虫的生活史很独特，雌虫在肝内产卵，待寄主死亡后，通过同类残食、食腐动物捕食等，卵从肝中释放，进入取食者体内并孵化寄生；腐食性节肢动物在鼠尸分解过程中的介入，帮助了虫卵的扩散，使肝毛细线虫在鼠群中可达到较高的感染率。还有一些其他种类的线虫在能在鼠体中寄生，当寄主营养不良时加速其衰亡。还有一种属于肉孢子虫属的单细胞生物，可侵袭鼠的内脏，使肺部大出血，几天后死亡。这几种寄生虫对其他动物无害，且鼠类不产生免疫力，应用前景看好。事实上，多数寄生虫的特异性都很差，它们既能以鼠类为宿主，也能寄生于人体内，所以虽然在调查中查到鼠类体内有很多种寄生虫，部分寄生虫的感染率甚至超过50%，但有灭鼠应用潜力的寄生虫并不多。

此外，寄生在鼠类身上的螨类对害鼠的生长、发育及繁殖也可产生一定的影响。如1921年Hist在我国陕西的鼢鼠体上采到的*Hirstionyssus confucianus*、1975年Zemskaja等在苏联阿尔泰鼢鼠体上采到的 2 个赫刺螨新种 *Hirstionyssus myospllacis* 及 *H. minor* 等均是其中典型代表。我国科研工作者在这方面也做了大量的工作。1958 年刘政忠等在陕西黄龙鼢鼠体上也采到大量的赫刺螨，其中陕西赫刺螨（*H. shensiensis*）和黄龙赫刺螨（*H. huanglungensis*）为新种；在山西阳曲县发现中华鼢鼠体内和皮肤上也有 2 种寄生虫，一种为蝇（*Oestuomyia sp.*）的幼虫，寄生于鼢鼠的皮下，另一种为寄生于中华鼢鼠消化道内的一种线虫；在青海省却藏滩发现中华鼢鼠皮下有一种蝇（*Hgpoderm sp.*）幼虫寄生等等。但目前这些螨类、蝇类的资料还很少，如何利用还有待于进一步研究。

（三）肉毒梭菌毒素

生物毒素是指动物、植物、微生物产生的具有一定化学结构和理化性质的毒性物质，多为特有的几种氨基酸组成的蛋白质单体或聚合体。目前，各国都在开展利用生物毒素灭鼠的研究，其中，肉毒梭菌（*Clostridium botulinum*）毒素（以下称肉毒素）即是其中最有代表性、应用范围较大的一种。

肉毒素是由肉毒梭菌产生的蛋白毒素，分为 A、B、C、D、E、F、G 共 7 个型，能引起人类中毒的主要是 A、B、E 3 种。肉毒素被血液吸收后，迅速作用于中枢神经的脑神经核和外围神经—肌肉神经连接处及神经末梢，抑制乙酰胆碱的释放，阻碍突触的传递功能，导致神经麻痹，是目前已知最强的神经麻痹毒素之一。肉毒素可与水混合，无异味；怕光怕热，在 $-4℃$ 时毒力可保持 $7\sim12$ 个月，在 $37℃$ 时毒力半衰周期为 30d，$60℃$ 时 30min 完全失毒；一般冷冻保存，在干燥环境下性质稳定。

各型肉毒素对不同动物的毒力差异很大，目前用于鼠害防治的为 C 型和 D 型肉毒素。鼠体肉毒素中毒的潜伏期一般为 $12\sim48h$，最短为 3h；中毒鼠表现为精神委靡，眼、鼻分泌物增多，肌肉麻痹，全身瘫痪等，一般在 $2\sim4d$ 内平稳死亡。肉毒素作为灭鼠药优势十分明显：对鼠类毒力高，如 C 型肉毒素对高原鼠兔、棕色田鼠、黑线姬鼠、褐家鼠与黄胸鼠的经口致死量达到 $125\sim500U$，灭鼠能力非常强；没有异味，对鼠类的适口性好；作用缓慢，克服了急性鼠药的缺点，灭鼠效果好；由于本身是大分子蛋白，可被蛋白酶分解，毒饵在田间投放 $3\sim6d$，毒力就几乎消失，不会污染环境；对人、畜比较安全，试验表明猪、狗、猫、鸡服入 100 万 U 仍然存活。

正因为如此，国内对 C 型和 D 型肉毒素的应用技术做了大量的研究，部分地区已经开始使用肉毒素进行鼠害防治并取得了良好的控制效果。其中，王贵林等早在 1988 年就曾报道 C 型肉毒素对高原鼢鼠的杀灭率达到 $89.90\%\sim93.84\%$，应用潜力巨大；乔峰等（1993）在杭锦旗使用 C 型肉毒素对长爪沙鼠进行了灭效试验，试验结果表明，700U/g 和 350U/g 的毒饵灭洞率分别为 87.55% 和 60.36%；谢红旗等（1998）采用 C 型肉毒梭菌生化杀鼠剂配制的小麦、红豆草草粉粒毒饵毒杀高原鼠、兔，结果表明，750∶1 小麦毒饵小区灭洞率为 93.2%，红豆草草粉粒毒饵小区灭洞率为 95.7%，750∶1 小麦毒饵大面积灭洞率为 89.8%，750∶1 红豆草草粉粒毒饵大面积灭洞率为 93.5%，而且灭效持久、稳定；刘来利等（1999）研究了 C 型肉毒梭菌干燥毒素的 LD_{50}、耐药性、蓄积中毒期、致畸性、毒饵残效期、保存期等特性以及其对小白鼠和高原鼠兔的灭效，结果表明干燥毒素在 $-15℃$ 保存 374d 毒力不变，$20\sim25℃$ 室温下保存 48h 毒力不变，72h 与 96h 毒力平均下降 12.5%，为该灭鼠剂的实际应用提供了更充实的科学依据；汪志刚（1990）报道四川省试用 C 型肉毒素 $6\,667hm^2$，平均有效灭洞率为 86.3%，试验期未发生任何人畜中毒事故；王振飞（1991）在西藏地区应用该毒素杀灭高原鼠兔和草原田鼠，取得了满意的效果；四川省从 1988 年开始到 2004 年一直对 A、C、D 型肉毒素防治草原鼠害进行灭治试验和示范，2001 年起在草原无鼠害示范区建设中继续广泛推广运用达 242 万 hm^2 次，平均灭效达 90% 以上，使用期间未发生一起人畜中毒事故；内蒙古农牧业科学院植物保护研究所联合相关单位在 2006 年应用 C 型肉毒素饵粒对乌拉特后旗草原害鼠进行了灭效试验，结果表明 C 型肉毒素饵粒 $750g/hm^2$、$1\,500g/hm^2$、$2\,250g/hm^2$ 和 $3\,000g/hm^2$ 投饵处理 7d 后防效为 $81.5\%\sim86.5\%$，无二次中毒现象，综合分析，以每公顷撒施 C 型肉毒素饵粒 $750\sim1\,500g$ 为宜；新疆哈密地区的应用表明，油葵毒饵和玉米 C 型肉毒素毒饵对柽柳沙鼠灭效平均达 90% 以上，毒饵对鼠类天敌没有杀伤作用。

由于肉毒素自身的理化性质，目前对于肉毒素的利用多集中在青海、新疆、内蒙古、西藏等西北部地区。使用过程中，因为所有的肉毒素已经经过除菌过滤，一般不会造成人畜感染；从中毒机制看，该毒素不会产生二次中毒，为防意外，工作人员可以提前注射肉毒梭菌疫苗进行免疫，万一误食，也可用其血清治疗。

（四）植物源毒素

鼠类多属于杂食性，但是主要还是以植物的果实、种子、根等为食，这种取食行为给植物的生长造成一定的危害，而长期与鼠类的"头争"过程也诱导了许多植物自身产生某些具有物殊生物活性的次生物质，这些次生物质能对害鼠表现为毒杀、拒食（驱避）或抗生育等作用，以减少或消除鼠类对植物体的危害，直接或间接达到保护自己的作用。这些植物在人类的鼠害防治历史中曾发挥过相当重要的作用，《山海经》中就有无条可毒鼠的记载，西周时代已开始将有毒植物作为药用和杀虫；在第二次世界大战前曾用过士的年、红海葱等植物防治鼠害。20 世纪 40～50 年代化学合成鼠药逐渐兴起后，利用植物灭鼠也渐渐淡出人们的视野。近年来，随着传统化学农药带来的种种弊端日渐突出，许多急性、高毒的鼠药已被禁止使用，"对靶标鼠类高效、对非靶标生物安全、环境低残留"成为社会对理想鼠药的新的诉求，而新型化学鼠药的研发工作却进展缓慢，在这种情形下，植物源鼠药又重新进入专业工作者的视野并引来越来越多的关注。以下简要介绍植物在鼠害控制中的研究与应用情况。

1. 驱鼠植物及其应用

有些植物能够产生具有特殊气味或口感的次生物质，使鼠类不愿取食而远离。据报道，托里阿魏（*Fetula krylovii* Korov）、阜康阿魏（*Ferula fukanensis* K. M. Shen）、新疆阿魏（*Ferula sinkiangensis* K. M. Shen）等植物的根能挥发出气味浓烈的蒎烯及二硫化物，对害鼠具有强烈的驱避作用；苦豆子（*Sophora alopecuroides* L.）、天仙子（*Hyoscyamus niger* L.）、苦瓜（*Momordica charantia* L.）、北亚稠李（*Padus racemosa* var. *asiatica* Kom.）等植物也含有对害鼠具有较强驱避作用的化学成分，害鼠一般远离这些植物，在农田、果园、人工林地适当种植这些植物，可以减轻鼠类的危害。湖南省农业科学院植物保护研究所发现，薄荷（*Mentha haplocalyx*）、苎麻（*Boehmeria nivea*）和博落回（*Macleaya cordata*）等的鲜茎、叶含薄荷酮、黄酮、普洛托品及类白屈菜碱等，将其切成 1cm 左右的碎片后均匀地撒在水稻秧厢上，3d 后与对照比较，鼠迹阳性田块数分别减少了 88.10%、96.07%和 90.12%，秧田被害面积分别下降 78.56%～84.00%、82.67%～87.31%和 73.53%～80.00%，秧苗受害率下降 73.53%～87.31%。陈孝达等（1995）发现紫苏（*Perilla frutescens*）对鼢鼠具有明显的驱避作用，套种紫苏后，鼢鼠洞道走向明显改变，趋向于试验区外和未种的荒地；但套种紫苏密度过稀时对鼢鼠不起作用，而当紫苏密度达 80%以上时，油松林和果园的鼠害率为 0；紫苏采收种子后，其根、茎、叶在林地内逐渐腐化，对害鼠的驱避能力甚至可保持到第二年；王明春等（1999）发现林木间套种紫苏，其覆盖度达 80%以上时，可使林木免受鼢鼠的危害（表 5 - 3）。

表 5 - 3　不同生境下紫苏对林木的保护作用

（引自韩崇选，2002）

地点	间作作物	面积（hm²）	鼠密度（只/hm²）	处理区林木保存率（%）	对照区林木保存率（%）
延安树木园	紫苏/马铃薯	0.20	18±0.89	95±1.43	65±5.05
甘泉崂山	紫苏/苹果	0.29	15±3.05	95±2.42	75±8.04
富县盆口	紫苏/油松	0.33	12±0.91	95±3.69	74±5.23
延安王家坪	紫苏/苹果	4	15±3.23	95±2.84	85±5.74
黄陵双龙	紫苏/油松	0.20	18±0.95	95±1.89	70±6.39

韩崇选等在调查中发现害鼠对蓖麻（*Ricinus communis*）有明显的忌避反应，在经济价值较高的

果园、种子园和农田林网四周或行间套种蓖麻，除可以保护苗木不受害鼠危害外，还能增加果园的经济收益；在新疆蓖麻产区，采用蓖麻秸秆还田的方法可预防害鼠对林木的危害；戴忠平等证实毒芹中含的肉桂醛为肉桂酰胺的前体，在非选择性试验中，50%、15%浓度的毒芹对布氏田鼠的驱避率分别达到67.60%和41.92%，在选择性试验中，50%、15%浓度的毒芹对布氏田鼠的驱避率分别达到68.83%和41.56%，均显示出较强的驱避效果。

常见的驱鼠植物还有：芫荽（*Herba coriandri*），俗称香菜，是各地都有栽培的调味蔬菜，其叶片含洋芫荽脑，和粮食混在一起可防鼠害；黄毛蕊花（*Verbascum thapsiformis*），产于新疆、江苏、浙江及西南等地，属观赏性植物，其花能散发出鼠类不能忍受的特殊气味，可置于粮仓内驱鼠保粮，鲜株驱鼠效果更好；鼠见愁（*Cynoglossum amabile*），又名药用倒提壶，自古以来就是有名的驱鼠植物，其枝叶晒干后能发出使老鼠无法忍受的气味，"鼠闻之，避三舍"；苦豆子（*Sophora alopecuroides* L.），全草含苦豆碱等多种生物碱，对鼠类驱避作用明显，还抗风沙、耐盐碱；天仙子（*Hyoscyamus niger* L.），全草含莨菪碱和东莨菪碱，常生于林边、田野、路旁等处，可驱鼠；苦瓜（*Momordica charantia*），别名癞葡萄、癞蛤蟆、凉瓜等，除供观赏外，还供菜用，驱鼠有效部位为果实，含苦瓜苷；稠李（*Prunus padus*），为蔷薇科李属落叶乔木，高可达13m，驱鼠有效部位为种子、叶、花、芽、皮，含苦杏仁苷、野樱苷，常生长于河岸，广泛分布于黑龙江、吉林、辽宁、河北、山西、山东、陕西、甘肃等地；缬草（*Valeriana officinalis*），别名欧缬草、满山香，多年生草本，高100～150cm，根茎有特异臭味，可驱鼠，常见于山坡草地，适于酸性肥沃土壤，陕西、甘肃、青海、新疆、四川、河北、河南、山东、山西、台湾、湖北等地均有分布。

还有一些植物由于长有叶刺，使老鼠不敢靠近而间接具有驱鼠作用，比如老鼠筋，又称老鼠怕、软骨牡丹等，为爵床科多年生刺灌木，叶缘有深波状带刺的齿，叶柄短，基部有一对锐利的刺，故又名"老鼠刺"，把它的枝条放于住宅周围，老鼠遇见不敢靠近，常见于滨海沙滩、潮湿地，我国南方沿海多有分布。

2. 毒鼠植物及其毒性机理的研究

相对于植物源杀虫剂来说，针对植物源杀鼠剂的研究要少得多。事实上，很多植物都含具有杀鼠活性的物质。据报道，接骨木茎、叶中含有的生物碱、甾体成分、蒽醌及其苷类等化学成分具有一定的杀鼠活性，当饵料中接骨木含量为20%时，对小白鼠的毒杀率为80%；含量为15%时，毒杀率为30%；含量为10%时，毒杀率为10%。狼毒可引起鼠类腹泻、痉挛、昏迷死亡；羊踯躅（*Rhododendron molle*）又名闹羊花和六轴子，分布在长江流域各省（自治区、直辖市），其叶所含的杜鹃花素、古楠素等有毒物质是著名的麻醉药，把它配制成烟雾剂点燃后放入鼠洞，10min左右全洞老鼠都会死亡；毒芹（*Cicuta virosa* L.）杀鼠的主要活性成分为毒芹碱，对大仓鼠（*Cricetulus triton*）和布氏田鼠（*Microtus brandti*）的LD_{50}分别为7 mg/kg和9 mg/kg左右，达到剧毒水平；烟草（*Nicotiana tabacum* Linn.）全株均有毒，其叶的毒性最大，其有效成分烟碱对小白鼠同时具有急性毒力和慢性毒力；夹竹桃叶也具有杀鼠活性。韩崇选等（2004）对苦参、曼陀罗、铁棒锤、皂荚等20多种植物样品进行了杀鼠（小白鼠）活性的测定，结果表明，苦参根、曼陀罗、铁棒锤、接骨木、牛心朴（*Cynanchum komanovii*）、皂荚、大戟、牛皮消等均表现出较好的杀鼠活性（表5-4）。

表5-4　参试植物样品及其对试验鼠的校正死亡率

（引自韩崇选，2002）

样品名称	在饵料中的含量（%）	给食天数（d）	试验鼠校正死亡率（%）
苦参（根）（*Sophora flavescens*）	20	3	100.0
苦参（茎、叶）	20	3	50.0

（续）

样品名称	在饵料中的含量 （％）	给食天数 （d）	试验鼠校正死亡率 （％）
曼陀罗（种子）（*Datura stramonium* L.）	15	3	88.9
曼陀罗（茎）	15	3	70.0
曼陀罗（叶）	15	3	50.0
铁棒锤（根）（*Aconitum pendulum* Busch）	20	3	90.0
牛心朴（茎、叶）（*Cynanchum komanovii*）	10	6	90.0
皂荚（果实）（*Gleditsia sinensis*）	15	4	90.0
接骨木（茎、叶）（*Sambucus williamsii*）	20	3	80.0
大戟（根）（*Euphorbia pekinensis* Rupr.）	20	6	60.0
牛皮消（根）（*Cynanchum auriculatum*）	20	6	50.0

　　实际上，利用植物进行杀鼠在我国早有记载，在《中国土农药志》记载的403种植物和《中国有毒植物》记载的943种植物中，除上述几个种类外，还有羊角拗（*Strophanthus divaricatus* Lour.）、皂荚（*Gleditsia sinensis*）、油桐（*Aleurites fordii* Hemsl.）、猫儿眼（*Euphorbia esula* Linn.）、狼毒大戟（*E. fischeriana* Steud.）、乳浆大戟（*E. esula* L.）、甘遂（*E. kansui* Liou）、蓖麻（*Ricinus communis* Linn.）、狼毒（*Stellera chamaejasme* Linn.）、耳叶牛皮消（*C. auriculatum* Royle）、洋金华（*D. metel* L.）、木鳖子（*Momordica cochinchinensis*）、天南星（*Arisaema erubescens* Schott）、半夏（*Pinellia ternate*）、牛心茄子（*Cerbera manghas* L.）、菖蒲（*Acorus calamus* L.）、蛇头草（*Arisaema japonicum* Bl.）、花叶万年青（*Dieffenbachia picta* Lodd. Schott）、灯油藤（*Celastrus paniculatus* Willd.）、雷公藤（*Tripterygium wilfordii* Hook. f.）、马桑（*Coriaria sinica* Maxim.）、醉鱼草（*Buddleja lindleyana* For.）、钩吻（*Gelsemium elegans* Benth）、商陆（*Phytolacca esculentavan*）、乌头（*Aconitum carmichaeli* Debx.）、短柄乌头（*A. brachypodum* Diels）、粗茎乌头（*A. crassicanle* W. T. Wang）、松潘乌头（*A. sungpanense* Hand. Mazz）、毒参（*Conium maculatum* L.）、颠茄（*Atropa belladonna* L.）、大叶柴胡（*Bupleurum longiradiatum* Turcz.）等植物均具有杀鼠作用，开发利用的前景广阔。而部分植物源鼠药已经得到开发或公开，CN 1033156A的专利在1989年即公开了一种用巴豆（*Croton tiglium* Linn.）、黄花乌头、马钱子、草乌等中草药提取物混合而成的植物源鼠药，效果良好；宋光泉等（2005）公开一种植物源杀鼠剂，其主要成分为蓖麻毒蛋白（ricin）、蓖麻碱（ricinine）、蓖麻变应原（allergen），试鼠食入后一般在12～48h内即死亡。

3. 植物源杀鼠剂展望

　　植物源农药源于自然，易降解、无残留，其活性成分复杂，甚至能够同时作用于鼠类的多个器官，不利于害鼠产生抗药性，可以说对解决当前化学农药所引起的社会和环境问题具有重要意义，具有广阔的研发应用前景。然而，虽然目前理论研究较多，但能用于生产实践的产品还很少，其主要原因一是植物中有效成分是植物的次生代谢物，含量非常低，一般只有万分之几或千分之几，以目前的技术条件来说提取成本还比较高；二是提取物中的无效成分常常有明显的气味，有效成分本身也经常具有较大的气味而影响了鼠类对药物的接受性；三是次生提取物中有效成分对靶标生物选择性往往还难以控制，也在一定程度上限制了其使用价值。就目前来说，植物源灭鼠剂的开发和研究还有很多的问题需要解决。

四、客观地认识鼠害的生物治理

　　现在，越来越多的科学家将天敌对鼠害的控制作用纳入综合防治的体系中，取得了较好的效果。

Mary 研究了天敌和鼠类栖息地的隐蔽度及食物供给的联合作用。在 6 个围栏中，以设立防捕食网、割草、提供额外食物等方法作为对照组。实验结果表明，捕食作用与隐蔽度密切相关。Murua 探索了松林防治鼠害的措施。在应用栖息地改造，树形的修剪，使用杀鼠剂等方法的同时，在树林中开辟宽 4m 的无植物条带，并设立栖木招引猛禽。无植物条带可以减少鼠类的扩散，鼠类在穿越这些条带时更易被猛禽攻击。Elizabeth 应用类似方法研究了营养、空间行为和天敌对鼠类的作用，认为天敌和营养对鼠类的作用是相辅相成的，并成为鼠类种群发展的限制因素。

鼠类天敌在生态系统都属于消费者，二者之间存在复杂的相互作用关系，构成了一个紧密的统一体。在鼠类—天敌系统中，天敌具有限制和调节鼠类种群数量、强化其生存及竞争能力的功能，也对其形态和行为特征的适应及进化起重要作用，对其社群进化及繁殖策略有一定的影响，使其向提高反捕食能力和提高繁殖力的方向发展。同样，鼠类的反捕食能力的进化将提高天敌的选择压力，使其提高搜寻和利用鼠类的效率，这同时会因鼠类种群数量被过量利用而增加整个系统崩溃的可能性。在二者的协同进化过程中，鼠类受到的选择压力更大，因此鼠类种群总比其天敌超前一步进化，这样可以产生一个持久而稳定的鼠类—天敌系统。

作为猎物，鼠类需要通过行为变化降低被捕食的风险，在其防御策略中发展成躲避捕食者机理（predator-avoidance mechanisms）和反捕食者机理（anti-predator mechanism）。躲避捕食者机理指猎物减少在捕食压力较高的微生境中的活动使自身的存活值增加；反捕食者机理指猎物在捕食者生存的微生境中活动时利用形态特征和行为特征减少被捕食的概率，从而增加自身的存活值，鼠类在活动中将要根据捕食风险的大小对两种机理做出特定的选择。

觅食是鼠类维持正常生命活动的必要活动，在觅食过程中需要对复杂环境中的各种信息加以权衡，以确定捕食风险和取食项目。利用气味是许多猎物躲避捕食者的重要策略之一，自然选择对能辨认或躲避捕食者气味的个体有利，使它们能容易地发现捕食者，使其在被攻击前就得以成功的躲避。许多鼠类能辨别捕食者的化学信号，当发现捕食者的化学信号时减少活动时间、改变活动区域或表现出明显的躲避行为，以降低其相遇捕食者的概率，从而增加存活率。当捕食者与猎物在生态时间内长期分离，而在进化时间内生活于同一区域，猎物对于捕食者气味的刺激仍然会产生遗传性的反应，普通田鼠与其捕食者白鼬的分离时间至少有 5 000 年，但仍躲避白鼬的气味，褐家鼠也本能地躲避赤狐的气味。

天敌动物的捕食压力使一些鼠类在栖息地的选择中存在特化现象。如青藏地区的高原鼠兔偏好选择开阔生境。这类动物往往具有较大的体重和奔跑能力强等特点，同时在行为上也有明显特征，如分配更多的时间和以较高的频率观察、警戒和采食等。高原鼠兔由于需低头进食，进食模式采用啄食式（即进食过程中频频地抬头观察）以降低进食时的被食风险。此外，进食时间与特定栖息地风险水平及与离开隐蔽所距离之间也具有密切的关系，往往在较安全和隐蔽所附近进食的时间较长，反之较短。严格栖息于郁闭生境的动物往往体形小、奔跑能力弱，如根田鼠。

把鼠类和天敌看作一个系统，天敌能否有效地控制鼠类的数量动态，从而达到持久稳定的平衡？如果平衡状态存在，那么当实际状态偏离平衡状态时，系统能否内生调节到平衡状态上来，即系统是否渐近稳定。长期以来这一问题一直是动物种群生态学研究的中心课题，不仅具有重大的理论意义，而且也具有极大的实用价值。对该领域的研究主要从 3 个方面进行。即理论研究、野外种群调查和围栏控制实验。主要集中分析 3 个问题：①捕食者和鼠类相互作用引起种群波动能否像数学模型所预测的那样在自然界被观察到；②捕食者能否有效地调节鼠类的种群动态；③如果捕食者对猎物种群确实有调节作用，那么这种调节过程是如何发生的以及是在什么条件下发生的。

许多学者认为，天敌是鼠类种群数量调节的主要因素之一。如果天敌对鼠具有数值反应和功能反应，那么它们的作用是使系统趋于平衡。反过来说，除了鼠类繁殖生理的作用外，要使系统趋于平衡，系统必须通过数值反应和功能反应来实现。天敌动物对鼠类的数值反应是通过迁出、迁入和繁殖改变来实现的，对鼠类的功能反应是通过调整其食谱来实现的。从理论上讲，天敌动物只要满足以下几个条件就可以通过自身的调节作用把猎物种群控制在低水平：①捕食者具有较高的搜寻效率；②猎物种群的生殖能力较低（但也不能太低）；③有一个稳定的环境；④生境应有一定程度的异质性，以便为猎物种群提供避难所。

在自然环境中，天敌种群和鼠类种群所固有的一些特性和生境特点将以多种方式影响捕食者－鼠类种群的平衡和稳定性。因此在自然环境中很难发现捕食者和猎物之间呈现交互波动的现象。虽然旅鼠的种群常常表现出明显的数量周期波动，但引起其种群波动的主要是食物因子，而不是与捕食者之间的相互作用。对于鼠类来说，虽然天敌动物作为一种致死因子对其种群数量变化也很重要，但不会是关键因子，原因是猎物种群总会比捕食者超前一步进化，发展形成了有效地反捕食对策。目前还没有证据表明某一鼠类的自然种群是受其自然天敌所调节。通常它们与其捕食者处于一种松散的但稳定的共存状态。调节鼠类自然种群的主要因子是种内竞争、有限的食物和其他资源。

五、鼠害的生物治理实例

在自然界，啮齿类的主要天敌有几十种，它们日夜捕食着各种鼠类，然而天敌对鼠类种群的调节能力至今仍存在一定的争议。Errington（1967）认为天敌只是取食了鼠类种群的盈余部分，也就是说，即使这部分鼠类不被天敌吃掉，它们也会自行消亡，结论是天敌不会给鼠类种群造成太大的影响。然而，随着相关研究的深入，越来越多学者开始认定：天敌是鼠类种群数量调节的重要因素，捕食性天敌尤其对鼠类的群落变动拥有相当大的影响能力，可在治理鼠害的过程中起到积极的作用。

1. 天敌对鼠类的捕食活动

剖胃法、收集猛禽食团（毛、骨等不消化的呕吐物）和食肉兽类的粪便以及在笼养条件下的选择性摄食试验是研究天敌对鼠类捕食活动的主要手段。Snyder（1976）分析了744种猛禽的食性，其中各种鸮，如苍鸮（*Tyto alba*）、乌林鸮（*Stix nebulosa*）、猛鸮（*Surnia ulua*）、长耳鸮（*Asio otus*）、短耳鸮（*Asio flammeus*）、鬼鸮（*Aegolius funereus*）、棕榈鬼鸮（*Aegolius acadicus*）和白尾鸢（*Elanus leucurus*）的食物当中90％以上是鼠类，占了绝大部分；金雕（*Aegula chrysaetos*）和各种鵟的食物中鼠类也占了50％以上，其中金雕为72％、王鵟（*Buteo regalis*）85％、毛脚鵟（*Buteo lagopus*）62％、红尾鵟（*Buteo jamaicensis*）51％；有人曾对40只短耳鸮极其幼鸟的食量进行了研究，发现它们在100多天中，共吃掉了44 000多只鼠类；在猛禽的迁徙途中，鼠类更占到其食物总量的75％左右；一种黑翅鸢（*Elanus cacruleus*）其98％的食物是鼠类。还有统计表明，一只艾虎1年可捕食300～500只害鼠；一只银狐1年要吃掉3 500只害鼠；一只狐狸一昼夜可吃掉20只害鼠；一只猫头鹰一个夏季可捕鼠1 000只；一只隼1d可捕12只沙鼠；一只草原鸢1d可食6～8只黄鼠。在以鼠类为主要食物的天敌中，黄鼬的日食量占体重的20％左右，400～500g的黄鼬每天需取食80～100g的食物，相当于1只褐家鼠或黄胸鼠、2只黑线姬鼠、4只小家鼠的体重；以黄鼬捕获的食物中50％为鼠类计算，1只黄鼬1个月可捕食15只褐家鼠或黄胸鼠、30只黑线姬鼠、60只小家鼠。

事实上，不同地域同种的天敌食性会有很大的不同。姜兆文等（1996）指出，黄鼬的食物中小型鼠类占34％左右。高耀亭等（1987）报道，在冬季黄鼬的食物中的小型鼠类江苏宝应为37％，吴县达48.1％，上海内陆高达53.6～74.2％。金光明（1996）报道，黄鼬的食物中，小型鼠类高达96％。盛和林（1987）曾系统地总结了南至沪、浙沿海，北至山西、吉林不同地域的黄鼬食性，结果表明，虽然鼠类在不同地域的黄鼬食物中所占比例变化较大（13.9％～74.2％），但鼠类仍是黄鼬第一位的食物。

目前主流的观点是，天敌虽然不能阻止害鼠种群的暴发性增长，却能在鼠类种群衰落之后，继续压低其数量，推迟其再次增长的间隔。也就是说，合理利用天敌的捕食活动可以大大减轻鼠害人为控制的压力。

2. 捕食性天敌控制鼠害的应用

在天敌控制鼠害的利用方面，国内外均做了大量的研究与尝试。Kilaemoes 较早研究了天敌控制鼠害的模式，其早在 1968 年就报道，将 6 只白鼬（*M. erminea*）放养到面积 46hm² 的岛屿上，不到一年的时间即控制住水䶄的种群数量。Pearson 等（1985）的研究表明，当天敌与鼠类数量之比大于 1/100 时，天敌即可以有效阻止鼠类种群的增长；比例在 1/200 到 1/1 000 时，鼠类繁殖种群将缓慢增长，非繁殖种群将急剧衰减；当比例小于 1/1 000 时，天敌对鼠类的影响基本无效。南京市江宁区 1983—2001 年的鼠情监测资料分析结果则表明，农田害鼠密度（捕获率）1hm² 一般不超过 10%，即相对害鼠数为 10 只，只需放养 1 只黄鼬就可以把害鼠密度有效压低在不发生鼠害的水平。

（1）招引天敌控鼠 近年来，天敌对鼠害的控制能力逐渐得到了认可，然而由于生态环境的破坏，鼠类天敌的栖息地大幅度减少，自然天敌如鹰、蛇、鼬类等的数量越来越少，越来越多的工作开始集中在人工招引、增加天敌的可行性及应用研究上。陈华盛等（1995）发现，当每公顷幼林地上有 3～4 株树高 4m 以上的孤立木，其䶄鼠密度比无孤立木幼林地低得多，通过 3 年对 32 块试验地的调查，有孤立木的林地䶄鼠密度比无孤立木林地低 55.4%，证明活栖木的存在对于招引鼠类天敌控制周围林地的鼠类具有一定的现实意义。

隼形目和鸮形目的猛禽是鼠类天敌的重要类群，在这些种类天敌的食物中鼠类的遇见率平均高达 70%。一只成年鹰 1d 内可以捕食 20～30 只野鼠，捕捉范围可达 200～500m，几个月就可以把这一范围鼠类基本捕尽。近年兴起的招鹰灭鼠就是根据鹰类喜欢栖于视野开阔的高处捕食猎物的特点，设立招引设施，为鹰类提供栖息条件，在原有自然条件下改善鹰类的生存、休息、消化食物的环境以增加局部鹰类的密度，在害鼠处于低数量水平时，达到在较长时间内使害鼠种群保持低数量水平的目的。据报道，甘肃省山丹县从 1984 年开始在全国率先开展招鹰灭鼠尝试，通过修建 1 200 个招鹰墩，有效控制面积达 4 万 hm² 的草原鼠害。方法为将石块堆砌成低宽直径 1m 的圆锥体，高度 1.5m；鹰架预制，先用 4 根长 2.5m 的 6 号钢筋，弯曲成 Z 形，再用 6 根裹筋，捆扎成长、宽、高分别为 12cm 的整体，放入预先制好的砼模具中，将搅拌好的水泥、沙、石子倒入模具，预制成型；凝固后将砼制鹰架运往招鹰区。鹰架的布置与鹰墩布置基本一致，不同之处在于鹰架需挖近半米深的坑以树立鹰架。山丹县的实践表明，设立鹰墩后，每公顷草原上鼠群有效洞口数量减少 40.3%，每个鹰墩/架控制的有效面积约为 20 万 m²（表 5 - 5）。

表 5 - 5　设立鹰墩 3 年后防治长爪杀鼠效果

（引自韩崇选，1992）

处理	项目	重复				
		1	2	3	4	平均
鹰墩区	有效洞口率（%）	19.6	27.8	16.9	17.1	20.35±4.43
	植被破坏率（%）	21.4	29.3	19.7	22.1	23.13±3.67
对照区	有效洞口率（%）	28.6	39.4	27.8	26.9	30.68±5.07
	植被破坏率（%）	31.5	40.6	34.2	31.0	34.33±3.28

宛新荣等研究天敌对布氏田鼠种群的调控作用，分析天敌数量与田鼠密度的相互关系，在内蒙古锡林郭勒盟东乌珠穆沁旗、阿旗、锡林浩特设置了人工鹰架，建立了 4 万 hm² 人工鹰架对吸引鹰类筑巢和对布氏田鼠控制的研究基地，结果表明人工鹰架对吸引鹰类筑巢和停栖具有明显的效果，鹰架的存在增强了鹰类的出现频率或活动强度。鹰类可成功在鹰架上停栖和筑巢。在鹰架区域，鼠类的洞口数量显著减少，而远离鹰架的地方，鼠类的洞口数量呈现逐渐增加的趋势。两者具有显著的正相关。这表明，鹰架对控制草地鼠类具有良好的效果（图 5 - 25）。此外，人工鹰架对草原鼠类群落结构也有明显的影响：昼行性鼠类在群落中所占的比重呈下降势态，其演化趋势随鹰架架设时间的增加

而越来越明显，一年后，对照区的昼行性鼠类比例为55%，而鹰架区则为0（图5-26）。此外，鹰架的架设还显著降低了鼠类群落中群居性鼠类的结构比例，但促进了夜行性、独居鼠类种类的发展（图5-27）。

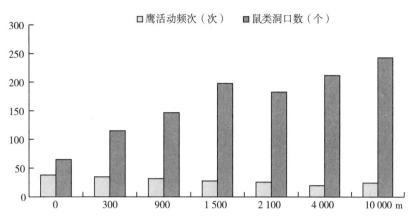

图5-25　距鹰架区的不同距离梯度上鹰类活动频次与鼠类洞口密度数的变化

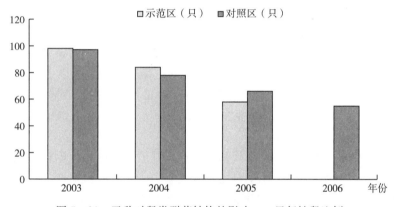

图5-26　天敌对鼠类群落结构的影响——昼行性鼠比例

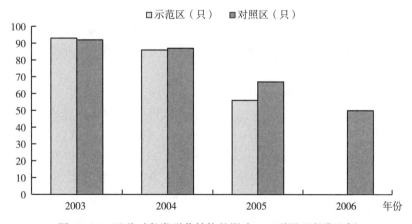

图5-27　天敌对鼠类群落结构的影响——群居型鼠类比例

从我国北方草原与农区"招鹰控鼠"的经验看，鹰架（墩）的设立地点，一般选择在鼠类分布最适生境地段内，即地表平坦、开阔，远离高山、道路，草地退化、植物覆盖度小、植株低矮、鼠类密度较大的地段，而不应设在高凸处或沟谷底部。鹰墩规格与材料可因地制宜，如除上诉山丹县的方法，也有将鹰墩设计为：圆锥形，墩高5.0～6.0m，锥底直径为1.5m；采用石块泥砌3.0～4.0m后上竖 2.0m 高的混凝土直杆，顶端固定一十字架，规格为 0.50m×0.05m×0.05m；鹰墩之间的距离根据鹰的视野和活动规律以及鼠的种群数量、密度来设置，一般墩距为 200～600m。朱传富等（2001）在植株低矮的试验林地内人工设立猛禽栖息支架，方法为用长 4m 左右的支杆，上绑长 3～4m 的横杆一根，插入土中埋实，按每副支架控制 0.5hm² 均匀布设。猛禽栖息支架应以 4～5m 高为宜，一定要埋牢固，以手摇不动为宜；每副猛禽栖息支架可以有效控制 0.7hm² 的林地；进一步的研究表明，在郁闭度 0.4 以下的母树林及人工林内均设立猛禽栖息支架招引猛禽，其防治森林害鼠的效果比较好。

目前的研究结果表明，人工设立猛禽栖息支架能够招引到猛禽，并可增加它们在该地区的逗留时间，甚至偶有过夜现象（猫头鹰除外）；设鹰墩区域害鼠数量较对照区域（未设鹰墩）有明显减少，表现在有效洞口率和植被破坏率较对照区域有明显降低；且招鹰设施设置时间越长，鼠类有效洞口率越低，说明招鹰灭鼠具有较好的持久性。

此外，朱天博等（1992）曾用堆高 1m、长 2m、宽 2m，上盖杂草的树枝丫堆人工搭建黄鼬栖息场所，试验表明 1km² 有 3～5 对黄鼬居住便可以控制当地鼠害。蛇的捕鼠能力很强，可以通过人工饲养繁殖蛇类再放回自然界达到控制鼠害的目的。

朱传富等（2001）在进行了人工石堆招引蛇类控鼠的试验。方法为 4 月初在实验区人工堆石堆，石块为体积匀称、直径在 20cm 以上的河卵石，每堆分两层计摆放 10 块，摆放时石块间尽量留出空隙；石堆在林间按 Z 形堆放，每 0.2hm² 林地摆设一堆，并在每年的 5 月下旬和 7 月中旬调查招引情况。结果表明人工堆石堆能够招引到蛇类，并有利于蛇类在该地块内常年居住，其试验林地蛇类数量是对照林的 4.0 倍，试验林鼠密度比对照减少了 70.8%；郁闭度在 0.4 以上的母树林及人工林地块内，可采用堆石堆招引蛇类防治森林害鼠的方法。进一步的研究表明，堆石所用河卵石直径最好在 25cm 以上，堆放时必须留有空隙，并具隐蔽性。在我国南方一些种植甘蔗的地区，也有应用蛇类控制蔗田鼠害的报道，在此不一一列举。

（2）人工驯化天敌控鼠　20 世纪 50 年代初国外曾开展了利用家猫控制鼠害的研究。在英格兰的 5 个农场里先施药灭鼠，然后再在其中 4 个农场中引入家猫，第 5 个做对照。结果表明，当第 5 个农场鼠害猖獗时，其他 4 个农场几乎没有鼠害；Christian（1975）用金属耳标标记了一个农场的田鼠种群，同时逐步消减该农场所有家猫的人工喂食，再从猫粪中寻找金属耳标，结果发现 16% 以上田鼠的消失是由于家猫的捕食。

养猫控制家鼠在国内外具有悠久的历史，室内养猫后对鼠类密度有一定的控制作用，这种控制作用主要得益于猫的食物能够持续供给。除捕食鼠类外，人类还可以补充其他食物，没有鼠也不会把猫饿死。

2004—2006 年，广东省植物保护总站与广东省农业科学院植物保护研究所在广东省中山市开展了以猫治鼠的试验研究，考察了野放家猫控制农田鼠害的可行性。试验区设在中山市坦洲镇的一个独立的小岛上，小岛面积约 40hm²，主要作物有水稻、果树、甘蔗和部分蔬菜，作物布局为镶嵌种植。同时，在小岛周边选择作物布局及鼠密度与试验区相近的 20hm² 农田，作为化学灭鼠对照区。2004 年 2 月开始，在试验区放养家猫，每 1.33hm² 放养 1 对家猫，而对照区按常规抗凝血灭鼠剂灭鼠的方法，分别在每年的 2 月中旬和 8 月中旬各灭鼠一次，使用的毒饵为 0.0375% 杀鼠醚毒谷。

从农田以猫控鼠试验结果来看，家猫通过 1 个月左右的适应期后，很快就将农田害鼠作为主要食物来源之一，有 69.57% 的田间养猫户和经常在田间劳作的农民反映曾经看见猫在田间捕捉或吃鼠。其中放猫 6 个月后，猫粪便中出现鼠类皮毛和骨骼的检出率达到 38.77%，12 个月和 18 个月的检出率分别为 24.56% 和 23.81%，平均检出率为 29.05%（表 5-6）。从实际控制效果方面，放猫 2 个月后鼠类密度降低 69.92%，6 个月后减少了 89.31%，此后鼠密度连续两年持续控制在较低水平，两年的平均鼠迹指数比放猫前下降 69.22%，主要农作物如水稻、甘蔗和蔬菜的鼠害程度均显著低于化学灭鼠区，达到差异极显著水平。而化学灭鼠区使用抗凝血剂灭鼠后，2个月的防效为82.25%，但鼠密度在4～5个月后又回复到灭鼠前水平；在每年灭鼠2次的情况下，农田鼠类数量的季节消长曲线呈W形，2年的平均鼠迹指数比灭鼠前减少41.5%（图5-28）。

表5-6 猫粪便中鼠类皮毛及骨骼的检出结果

（引自黄立胜等，2006）

时间（月/年）	样本总数（份）	鼠类皮毛及骨骼检出数			阳性率（%）
		鼠皮毛检出数	皮毛+骨骼检出数	合计	
08/2004	49	16	3	19	38.77
02/2005	57	13	1	14	24.56
08/2005	42	8	2	10	23.81
合计	148	37	6	43	29.05

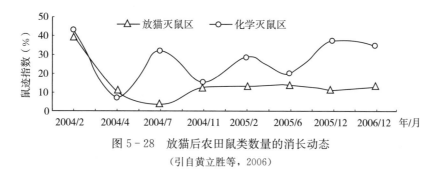

图5-28 放猫后农田鼠类数量的消长动态

（引自黄立胜等，2006）

广东省农业科学院植物保护研究所还与江门市植保植检站合作，在2012—2015年和2015—2017年分别在广东省江门市新会区的会城镇和三江镇进行了家猫野化灭鼠技术的示范应用，均取得了显著的成效。其中三江镇的示范区设立在新江村，主要农作物为水稻、蔬菜、香蕉、柑橘等，示范面积约为33hm²。在三江示范区共设置了1.0m×1.0m×1.0m的水泥混凝土猫舍30个，每个猫舍野化放养已消毒的家猫3只（1雄2雌），放猫后3个月和6个月的防控效果分别为58.12%和74.28%。中山市和江门市的试验示范结果表明，田间放养家猫能持续控制鼠类数量，可长期有效地控制农作物的鼠害程度，并取得显著的社会效益和生态效益。根据在广东省农区进行的家猫野化控鼠试验的防控效果与实施工作经验，优化整合并提出了农区家猫野化控鼠的主要技术措施。

①家猫的选择：猫可从市场购买或从养猫户中收集。选择体格健壮、无病无残疾的家猫，体重控制在1kg左右，雌雄比例约为2∶1。选好的家猫要进行消毒处理，有条件的可请兽医注射狂犬疫苗。

②家猫野化灭鼠的组织管理：农田养猫灭鼠应加强组织管理和技术培训，由集体统一实施和管理，才能取得显著成效。可组织培训一支责任心强的专业队伍，负责猫舍的构建、猫的日常管理等工作，也可在养猫区域种植庄稼的农户中遴选一些责任心强、有兴趣的人员，经培训后承担整个区域的养猫灭鼠工作，由集体给予适当的补贴。同时，要制定一些乡规民约，严禁犬类进入放猫区，禁止人为偷猎猫只，确保野放的家猫能够长期在农田生存繁衍。

③猫舍规格及其构建的位置：为了让家猫能够长期在农田中生存下来并捕食害鼠，应在田间构筑猫舍供猫栖息及为其遮挡风雨，尽量营造适宜猫生存的栖息环境，通常每1.33hm²配置1个猫舍。猫舍可用木板或水泥混凝土构建，大小约为1.0m×1.0m×1.0m。舍内划分为上、下两层，上层铺垫稻草或旧衣物等供猫做窝，侧面最好留有通风口；下层为四周封闭的活动区和喂食场所，仅设置一个直径15cm左右的圆形出入口，使猫能够自由进出而犬类无法进入，避免犬类干扰猫的生存与繁衍。也可利用田间工棚作为猫舍，在工棚内选择位置较高的干燥地方铺垫稻秆或旧衣物供猫休息，但

要做好防犬类进入的预防措施。

猫舍应远离村庄，防止猫随农户逃逸回村庄。构筑猫舍的地点主要在灌丛、竹林、河堤和鱼塘基等鼠类栖息地附近，以及果园、旱地作物田等较为干燥和隐蔽之处，在上述区域选择地势高、向阳、通风并有树荫或有其他植被遮阴的位置，有利于降低炎夏时猫舍内的温度，尽量减少无关人员的干扰。

④家猫的野化训练：猫喜暖忌冷，尽量在春夏季和秋季野放家猫，避免在冬季放猫，以提高成活率，每个猫舍放养 3 只家猫（2 雌 1 雄）。由于刚放的家猫对农田环境及猫舍并不熟悉，容易跟随农户逃逸回村庄或走失，需用细麻绳将猫拴住圈养于猫舍，每天定时饲喂充足的猫食 3 次，使其逐渐适应猫舍及周围的环境。半个月后减少喂食量，每天饲喂 2 次并逐步增大猫的活动范围使其尽快适应农田环境。1 个月后完全解除绳索让家猫自由活动，每天定期人工饲喂 1 次，让其处于半饥饿状态，训化其主动捕鼠能力，使家猫逐步适应捕食田鼠。

⑤野放家猫后的后续管理：除日常的定期喂食外，有条件的还应对野放的家猫进行定期体外消毒，杀灭体表寄生虫，并将适量的驱虫药物粉碎后混入猫食来驱除体内寄生虫。冬季还要在猫舍放置御寒物如废旧棉被或旧毛毯等，确保野放的家猫能够顺利越冬。同时，要定期检查田间猫的生存情况，数量不足时要及时补充。当家猫在农田长期生存下来并捕食害鼠后，田间鼠密度往往会处于较低水平，此时要适当减少田间家猫数量，使之维持在每 1.33hm² 1 对，而野放家猫所繁衍的后代，待它们有独立生存能力后要及时取走，使猫与鼠类的数量处于共消长的均衡状态，既可长期有效地控制害鼠数量、减轻农作物的鼠害损失，又不至于出现猫多为患甚至传染动物流行病的被动局面。

狐是鼠类的主要天敌之一，由于近年来生态的恶化以及人类的捕杀，野生狐狸已经非常稀少，人工饲养狐狸再野化放养控制鼠害成为一条生物控鼠新路。内蒙古 2003 年起在部分地区进行了驯狐控鼠试验并取得了成功，根据内蒙古的成功经验，2003—2006 年，宁夏分级野化训练并向 10 多个试验区投放银黑狐 123 只进行控鼠实践。结果表明，各投放区鼠害率普遍下降，其中，2003 年 5 月海原县南华山区黄鼠等地面鼠密度为 69 只/hm²，鼢鼠密度为 14 只/hm²，2004 年 4 月地面鼠密度下降为 3 只/hm²，鼢鼠密度下降为 8 只/hm²。此后，陕西、甘肃、青海、新疆等地也先后引进银黑狐控制本地的草原鼠害，均取得较满意的效果。经验表明，草原上一只狐狸可控制约 13.3hm² 范围的鼠害，按照狐狸的驯养成本 2 000 元/只、寿命 10 年/只计算，每 667m² 草原每年的投入约为 1 元，大大降低了鼠害防控成本。

需要特别提出的是，在引用外来物种防控鼠害之前需要先进行引入物种对当地生态安全的风险评估。如对于内蒙古草原来说，银狐是一种外来物种，研究发现，银狐对于当地禽类产的卵破坏很大，尤其是在当地生态环境非常脆弱的情况下，这种矛盾就更突显了。其他还包括银狐人工繁育饲养中的人畜共患疾病的传播风险等，这些都必须进行有效评估。

利用天敌动物的气味来驱避害鼠也是一种正在尝试的新方法。Weldon 在实验室内观察了家鼠对蛇的气味的反映，结果表明雄性家鼠似乎不能分辨蛇的气味，但雌鼠可以准确地分辨出地蛇（*Vriginia striatula*）（以蚯蚓为食）和鼠蛇（*Elaphe obsoleta*）（以鼠为食），并迅速回避后者的气味；Sullivan 等利用白鼬（*Mustela erminea*）和花鼬（*M. putorius*）的腺体混合物来驱避北方囊鼠（*Thomomy stal poeta*），结果表明，两种腺体的混合物虽不能减少鼠类的数量，但急剧地改变了鼠类的分布：在试验果园的周边地区，都较施药前捕到更多的鼠，而试验果园内鼠的数量却明显减少；在实验室中也证实了囊鼠对狐粪中一种提取物有回避反应，对一种人工合成的类似化合物有微弱的回避反应。

六、鼠害的天敌防控展望

自然条件下，鼠和天敌的关系是相互制约的，天敌数量的变化常微滞后于鼠的数量变化，但长期来看，二者之间始终能保持相对的动态平衡。因此，对天敌灭鼠应当有正确的认识，既要重视，又不能依赖，在害鼠的可持续控制中体现天敌的作用才是一种相对正确的思路。在对鼠类天敌进行利用时，还必须对治理区域内天敌的捕食强度有较准确的判断，如果特定的捕食强度能够抑制害鼠种群并将其控制在不造成危害的范围内，就不必使用灭鼠剂或其他人为措施，这样也为天敌的生存改善了条件，有可能增加天敌的数量并继续强化天敌的作用。当害鼠数量大发生时，应采取其他有效措施以迅速杀灭害鼠，同时，在使用灭鼠剂时，要特别注意对天敌的保护，在鼠药的筛选和投饵技术上下功夫，尽可能减少天敌动物的二次中毒。

第五节　不育治理技术

生物种群数量变动是出生、死亡，迁入、迁出相互作用的综合结果，这些因素对于种群数量变动的作用力的大小需要大量的、深入的研究才能量化。传统的鼠害控制方法主要是通过灭杀提高种群的死亡率达到控制种群密度在经济阈值之下的目标。不育控制（contraception control）是借助某种技术和方法使雄性或雌性绝育，或阻碍胚胎着床发育，甚至幼体生长发育，以降低鼠类的生育率，控制其种群数量和密度。其实质上是通过降低出生率来降低种群密度。就出生和死亡两个因素对种群影响的比较目前主要限于一些模型分析。

不育控制思想是基于该法在昆虫种群数量控制中取得成功以后提出的。1959 年，Knipling 首先提出使雄鼠不育来控制鼠类。1972 年，Knipling 和 McGuire 利用模型对传统的灭鼠法和不育法进行了比较。在一个有 1 万只鼠的群体里，如果将 90％的这一代雄鼠和雌鼠都杀死，这个群体经过 15 代又能恢复到原来的数量；如果使同样数量的鼠不育，这个群体要经过 26 代才能恢复到原来的数量；如果将 3 代的雄鼠和雌鼠的 70％杀死，大约经过 17 代后这个群体的数量又恢复到 1 万只；但若使 3代同样数量的鼠不育，那么经过 19 代，这个群体就完全灭绝了（图 5 - 29）。事实上，这一结果在第 4 代时就已基本定论，因为这时有生育力鼠与不育鼠的比例已达 1：25。

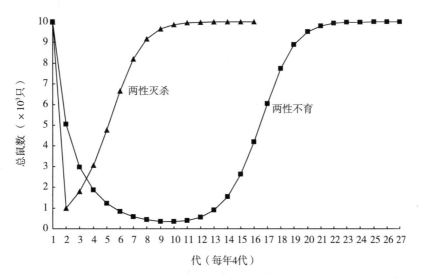

图 5 - 29　90％两性个体被灭杀和 90％两性个体不育处理一代后大鼠种群发展趋势模型
（引自 Kniping & McGurire，1972）

与单纯灭杀相比，不育控制的优点基于两个假设：①由于密度依赖作用，不育个体继续占有领域，消耗资源，保持社群压力，减慢了种群恢复的速度，特别是当不育个体属优势个体时，这种社群压力更为明显；②由于竞争性繁殖干扰的作用，使正常个体不能参与繁殖，即婚配体制对不育控制会有一定的影响。张知彬（1995）根据生态学原理，经过数学推理和分析后认为，不考虑竞争性繁殖干扰的情况下，不育控制基本上可以达到同样水平单纯灭杀的控制效果，如果考虑不育个体对正常生育个体的竞争性繁殖干扰，不育控制的实际效果将明显优于单纯灭杀。如能将不育控制与传统灭杀有机结合，既能发挥化学灭杀快速的优点，又能最大限度地发挥不育控制的竞争性繁殖干扰作用，抑制鼠类数量的快速恢复。

Bomford 等（1997）根据模型分析后认为，对于一个非密度制约并处于增长期的种群，灭杀同样数量（1/2）个体的效果比不育控制的效果好；对于一个密度制约并处于增长期的种群，灭杀与不育控制效果的差异取决于多种因素，如密度制约方式、社群行为及不育的补偿能力等。Barlow 等（1997）的模型分析进一步揭示：使用不育方法来控制出生率密度依赖性种群的效果优于控制死亡率密度依赖的种群。国内外对于不育控制鼠害的研究持续的时间已达 60 年，期间经历了高低潮的起伏。近十几年，不育控制的研究再次受到人们的关注，主要是因为：一是单纯依靠化学灭杀的做法并未取得满意效果。有些地区的鼠害问题不但没有缓解，反而愈来愈严重。由于害鼠繁殖力极强，加之快速灭杀后造成许多"真空"环境，刺激残鼠迅速繁殖、恢复，甚至超过原有水平。于是人们希望寻求另外途径，能够较长期地压低鼠类的数量，抑制其超补偿性增殖。不育控制比较能够满足这些要求。因为不育个体除不再生殖外，还继续占有配偶、巢域，消耗资源，保持社群紧张，所以能抑制种群快速恢复。二是不育剂比较安全，环境污染小，易被公众所接受。三是近年来，西方动物权益组织对传统的灭杀手段颇有责难，认为太不人道，而不育控制却较少地涉及这些问题。这些新形势迫使一些国家开始转变鼠害防治策略。

一、不育控制技术发展史

自 1961 年 Davis 使用化学不育剂控制褐家鼠的试验起，20 世纪 60～70 年代国外鼠类不育控制研究活跃，至 80 年代中后期，多种化学不育药物被测试用于鼠类的控制，但仅 epibloc（R）（α-氯代醇）和 glyzophro（R）（丁二醇二甲酸酯）在美国、加拿大、澳大利亚、印度等十多个国家登记使用，其实际控效没有文献报道。90 年代开始，免疫不育开始被关注，尽管免疫不育疫苗极强的专一性且不污染环境的特点使其具有极大的应用潜力。对小家鼠控制的免疫不育病毒也进行了大量的实际控制试验，但到目前为止，仍没有产品用于野外测试，其应用研究目前仍处于停滞状态。遗传修饰的鼠类病毒不能高效地在鼠间传播，保持载体病毒的种特异性和遗传修饰后的病毒的传染性可能的变异等局限性，使以病毒为媒介的免疫不育技术在不久的将来应用于野外害鼠的控制的希望渺茫。目前，国外实际不育控制研究中主要仍然是应用化学不育剂，对灰袋鼠、黑尾草原犬鼠等控制试验，均取得了一定的效果。使用口饲免疫不育控制的领域仍然是试验研究的热点之一。

我国利用不育技术控制鼠类的研究始于 1978 年的棉花籽抗生育研究报道，后续有棉酚、醋酸棉酚、3-氟-1，2-丙二醇、乙炔雌二醇、甲基睾酮等药物对大鼠、小鼠的不育效果检测及适口性研究报道。2000 年后，我国对不育害鼠控制实验研究发展迅速，截至目前，已注册登记的不育剂有环丙醇类衍生物（雄性不育剂）、植物源不育剂雷公藤甲素（雄性不育剂）、天花粉蛋白（雌性不育剂）、莪术醇（雌性不育剂）。天花粉蛋白对森林害鼠，环丙醇类衍生物对养殖场害鼠，甲基炔诺酮对甘肃鼢鼠，莪术醇对高原鼠兔及玉米、大豆地内害鼠，雷公藤甲素对玉米地内害鼠的野外试验报道，都显示出了一定的控制效果。2014 年，经过改良的雷公藤甲素母液和颗粒剂由江苏无锡开立达实业有限公司进行了登记注册，正式进入鼠害控制药物市场。

国外目前以免疫不育为发展趋势。免疫不育是借助不育疫苗，使动物产生破坏自身生殖调控激素，或生殖细胞，或相关组织的抗体来阻断生殖过程。1992—1999 年间，澳大利亚共投资了 5000 多万澳元用于研究防治小家鼠、欧洲兔和红狐的不育疫苗，由于疫苗的抗原部分可以具有种的特异性，因而不育疫苗具有极强的专一性且不污染环境。但采用基因工程手段研制不育疫苗，生产技术要求很高，故产品的价格极其昂贵，目前仅处于研究中，在生产中的应用推广还有待时日。

（一）手术不育

包括阉割、卵巢切除、输卵管切除和结扎，主要缺点是在高密度种群条件下缺乏实际意义。手术不育比较适于对不育机理的研究以及在特殊情况下对少量样本的处理，但是在实践中的捕捉、麻醉、病态和死亡原因等使其不适合野生鼠类。

（二）化学不育剂

主要有以下几类：合成的类固醇激素（左炔诺孕酮、炔雌醚），抗类固醇激素（孕激素拮抗剂），抗类固醇激素受体（己烯雌酚、RU486），促性腺激素释放激素（GnRH）竞争剂和拮抗剂（破坏内源激素功能），催乳素（PRL）阻断剂（影响哺乳和/或妊娠，如溴麦角环肽、卡麦角林）等。理想化学不育剂的特征包括：①引起永久性不育；②引起永久性的性行为丧失；③对雌雄两性均有效或者至少对雌性有效；④只需要一次性投递，口服有效（大多数是通过注射或者诱饵的口服传递）；⑤安全，对靶标、非靶标和人没有有害的副作用；⑥高效（在处理动物上有高成功率）；⑦技术可行；⑧组成稳定，便于储藏和田间条件下运输；⑨允许大范围应用，会产生某种程度的特异性；⑩价格低廉。

常用的化学不育剂是合成的类固醇激素，如合成的雌孕激素在 20 世纪 60～70 年代有大量的研究。左炔诺孕酮是一种合成的孕激素，通过埋植的方法缓慢释放，对家猫是一种有效的避孕药剂，可以阻碍交配和黄体活动。左炔诺孕酮被证实在几个物种上是一种安全的、非病理型的化合物，但在控制白尾鹿上无效。醋酸美伦孕酮（MGA）埋植在控制曲角羚羊、阿拉伯羚羊和虎上是有效的避孕药剂。许多类固醇和非类固醇化合物可以抑制附植，破坏交配后事件。炔雌醇甲醚是一种合成的雌激素，在动物出生的头几天内可以通过母乳传递，会使两性幼仔不育。合成的类固醇激素是通过在雌性体内破坏排卵、附植或者在雄性体内破坏精子生成起作用的。口服或埋植只在短期内有效，需要反复使用，增加了成本。孕激素拮抗剂（对机体而言是难于降解和排出的）作为不育剂使用可以阻断妊娠，通过阻碍附植起作用。抗类固醇激素受体 RU486 可用于雌性大鼠和小鼠的生育控制。GnRH 的竞争剂作为不育剂对有袋类种群控制是一种可行的方法。GnRH 的拮抗剂（地洛瑞林）埋植可以抑制雌性袋鼠的生殖，因此这种药剂有应用在袋鼠生育控制上的潜力。其他的化学不育剂，如在睾丸内注射锌化葡萄糖酸盐对雄性狗和猫的生育控制是有效的。α-氯醇可产生毒性和持久的抗生育作用，用 α-氯醇来控制鼠害优于传统的杀鼠剂。几种不育化合物对雄性也有长效的不育影响，合成的雄激素已在雄鼠上使用。但雄性的化学不育剂一般只在鼠类种群处于低水平时才有效。因为对于相对高密度的一雄多雌制的鼠种，一年有多次繁殖，相对少的可育雄性个体即可以成功竞争到雌性。虽然不育个体竞争交配权可导致假孕，降低正常的妊娠，但是相同比例的不育雄鼠对幼仔数量产生的影响与相同比例不育雌鼠抑制效果有区别，但如果两性都不育，那么结果将是复合的。

使用化学不育剂不但能抑制鼠类数量的增长，还可能控制对灭鼠药有拒食性或抗药性的鼠类种群的发展。使用化学不育剂的最佳时机是在鼠密度最低时，如冬季结束时、发生旱情期间、鼠病流行结束时或在传统的灭鼠活动结束后。在应用化学不育剂时最好与传统的灭鼠药结合使用，即先用灭鼠药杀死尽量多的鼠，再用不育剂使存活的鼠处于不育状态，从而保持鼠类种群数量处于低水平。与单独使用不育剂相比，先用灭鼠药杀死大部分个体，能极大地降低使用不育剂的成本。当然也可以单独使用不育剂来防止鼠数量剧增，如防止小家鼠暴发。

（三）植物源不育剂

畜牧业中已发现一些天然的化合物可以降低家畜生育力。已发现超过 300 种植物中存在天然的植物雌激素。即使这些雌激素的化学结构差异很大，但对大多数动物的实验表明，持续给予植物雌激素可以破坏正常的发情周期。其主要机制是血管收缩性影响和神经激素失衡造成生殖功能异常。植物源不育剂在我国北方森林灭鼠中已取得了一定的效果，是一种安全、广谱的药剂。植物源不育剂是用具有抗生育作用天然植物中的提取物配制而成的。用以配制的混合饵料，对雌雄鼠生殖机能均有严重破坏性，起到生殖阻断作用，可在短时期内使种群数量降到10%以下。它具有起效快、药效高、适口性好、药源广、成本低、不污染环境、无二次中毒、不误杀有益动物、连续投放使用不产生抗药性的优点。

以棉酚和天花粉、雷公藤、莪术醇为主要成分的植物不育剂已用于鼠害的防治，其作用机制和应用技术已有明显突破。

（四）免疫不育

国外目前以免疫不育为发展趋势。免疫不育就是借助不育疫苗使动物产生破坏自身生殖激素、生殖细胞或相关组织的抗体，从而破坏了正常生殖物质的生理活性，阻断生殖过程（图5-30）。在靶标动物上诱导的抗体可以破坏生殖而不需要连续使用，起始处理即可维持1～4a的有效期。免疫不育为控制多种野生动物的种群数量提供了技术保障。如果有合适的传递系统，免疫不育也可以应用于鼠类。理想的免疫不育可以阻碍妊娠但不破坏机体内分泌功能和繁殖及社会行为。免疫不育的优点主要有：①无致死作用，副作用小，不育可逆，对人畜等非靶标动物十分安全；②不育疫苗是蛋白质，易降解，无环境污染问题；③所需有效剂量极低。

这些优点使免疫不育成为当今动物数量控制研究的热点，从人道性和长期性来看是有效的。免疫不育疫苗可以被设计破坏繁殖的各个阶段：①配子（精子和卵子）的产生；②配子的功能，导致受精的阻断；③配子的结果即受精后阶段（妊娠）。使用不育疫苗可以阻断繁殖过程中的许多位点。

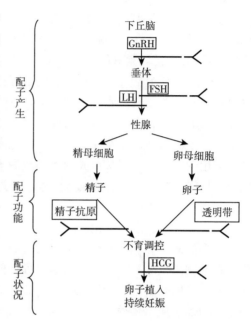

图5-30　免疫不育的可能作用位点

GnRH：促性腺激素释放激素　FSH：促卵泡素
LH：促黄体素　HCG：绒毛膜促性腺激素
（引自Gupta和Bansal，2010）

（1）**生殖激素（雄激素或雌激素）类不育剂**　GnRH可以刺激卵泡刺激素（FSH）和促黄体激素（LH）的合成和分泌，这两种激素都是由前垂体分泌的，并且通过反馈机制影响雌雄激素的分泌，从而影响卵巢和睾丸的功能。

（2）**透明带**　免疫疫苗防止受精的作用位点主要有两个：一是精子表面对受精有重要作用的蛋白质；二是那些参与精子与卵子外衣结合的蛋白，即透明带。透明带是卵子的外衣，受精时精子结合的位点。最常用的透明带疫苗是猪透明带蛋白（PZP），其可以刺激雌性哺乳动物产生抗体黏附在卵子表面，阻碍精子结合因而阻断受精。

（3）**通过防止附植和受精卵的发育来阻断胚胎的发育**　理想的不育疫苗应具备以下特点：①既可阻断受精又可阻断早期胚胎发育；②主要作用于雌性生殖器官；③具有种属特异性；④能够激发持久的免疫反应；⑤不破坏动物正常的社会功能。

此外，还应包括在应用条件下的稳定性和使用的简便性，可规模化生产及低成本。选择最合适的疫苗传递系统依赖许多因子，如载体中抗原的种类（糖基化的或是非糖基化的）、传递系统的安全性、载体免疫反应的类型、抗原的有效保护（不被胃蛋白消化）。对人类来讲，理想的不育疫苗可对受试者产生100%的有效免疫反应。然而，对于野生动物来讲却不是绝对的要求，一种免疫不育疫苗作用于雌性动物并且有50%～80%的作用效率对控制野生动物数量来说就是有效的。免疫不育疫苗为野生动物管理提供了一个显著的保障。

目前已经有免疫不育疫苗的研究获得进展，包括抗卵子、精子和促性腺激素。而目前最具有普遍意义的是猪透明带蛋白（PZP），当注射到机体后会产生抗透明带的抗体，抗体会阻止精子结合到透明带上的精子受体上，从而阻止受精，出现不育。由于这些受体是保守的，因此 PZP 可以阻止多种哺乳动物的生殖。PZP 疫苗在野外条件下是安全的，可以有效使用于野马、非洲象、白尾鹿、野兔、考拉和灰海豹，以及其他的物种，降低这些免疫动物的生育力。猪透明带会导致大多数哺乳动物不育，在所有哺乳动物中，鼠类的透明带是特有的，因此猪的透明带对鼠类是无效的，而鼠的透明带疫苗又不影响其他的非靶标动物，这为免疫不育应用于鼠类控制提供了可能。通过对兔的免疫不育研究发现了 3 个问题：①多少比例的个体不育才可以减少种群的危害；②个体的特异性，是否可以持续到整个生命周期；③通过结合的黏液瘤病毒传播疫苗，这些黏液瘤病毒可以竞争过野外的病毒类群，并且可以传递给一定数量的个体。

　　这 3 个问题在鼠类免疫不育上同样需要认真对待。使用痘病毒或者是鼠的巨细胞病毒携带的免疫不育疫苗在小鼠上具有很好的不育效果。其他免疫不育疫苗如 GnRH、FSH 和 LH 所产生的抗体能够显著降低性激素水平，从而影响动物的性行为。由于 GnRH 位于调控的顶端，其变化具有放大作用，所以只需极其微量的抗体便可使动物长期绝育，抗 GnRH 疫苗还具有抑制雌、雄性行为的优点。

　　免疫不育的前景很好。不育疫苗既可以产生可逆，又可以产生不可逆的生育抑制作用。目前阻滞不育疫苗发展的关键是如何投放疫苗。通过飞镖和诱饵口服的方式是目前的研究焦点。研制出既能通过自然传播也能通过诱饵传播的种属特异性病毒载体，可推动免疫不育广泛地应用于野生动物种群的控制。国外正研制一套基因工程病毒载体携带的免疫不育技术，用来控制欧洲兔、家鼠和猫等野生动物的数量。用于控制鼠类的不育疫苗的病毒载体有自我散播、自我调控的优点，其投放感染效果还依赖于鼠类种群密度。经口传递免疫不育疫苗可能是更加合适的方式，因为投放和收集残留的疫苗诱饵与杀鼠剂诱饵的操作方式类似。

二、贝奥不育剂的不育效果

　　贝奥雄性不育剂是近年来我国学者研制的新型植物性不育剂。其主要有效成分为雷公藤多苷（multi-glycosides of tripyerygium wilford，GTW），是以卫矛科（Celastraceae）雷公藤属植物雷公藤（*Tripterygium wilfordii*）为原料粗提而成。Kupchan 等（1972）认为，雷公藤对更新率较快的组织和细胞表现出明显的毒性作用，因此对睾丸生精细胞、卵巢的卵泡细胞具有显著抑制其生成的作用。1983 年，于德勇发现男病人服用雷公藤制品后可有死精子症或少精子症，是我国提示雷公藤具有抗生育作用的首次报道。贾力（1985）对雷公藤抗生育影响的阐述为：雷公藤不引起小鼠精囊、前列腺增重，并由此推断总苷无雄激素样作用；雷公藤的生药、粗制剂、总苷及生物碱均可影响动物生育功能，如损伤犬、鼠睾丸生殖上皮、抑制精原细胞分裂导致各级生殖细胞减少和消失。配对实验中雷公藤可引起小鼠生育减少及不育，但作用可逆，且不影响睾丸间质细胞。1986 年，钱绍祯用雷公藤提取物对大鼠的抗生育试验表明，其可导致雄性大鼠不育，使附睾精子密度、活力下降，但对睾丸形态的影响较小。郑家润等（1987）从雷公藤总苷中分离出 8 个组分（TⅡ1～8），并证明，它们分别有不同程度的抗生育能力。并通过进一步实验，从 8 个组分中筛选出 5 个单体（T_2，T_3，T_4，T_6，T_{28}），证明抗生精作用为 T_4 单体独有。郑家润等（1991）的进一步研究以昆明种小白鼠为模型，检测了从雷公藤中分离的 7 个环氧二萜内酯化合物的雄性抗生育活性，结果表明，在 7 个化合物中，6 个（T_4，T_7，T_8，T_9，T_{10}，L_2）具有明确的抗生育活性。1995 年，张建伟等对雷公藤经植化分离和动物筛选，获得 6 个雄性抗生育有效环氧二萜类化合物：雷藤甲素（T_{13}）、雷藤乙素（T_{15}）、雷醇内酯（T_9）、雷藤氯内聚酯醇（T_4）、16 -羟雷藤甲素及 T_7/T_9，它们的作用结构相似，推测为某母物质的植物代谢产物。对雷藤氯内聚酯醇的研究表明，其作用靶位为晚期精子细胞和附睾精子。

　　雷公藤的雄性抗生育成分的作用归纳如下：T_4 作用部位是睾丸、附睾，影响变态期精子细胞及精子；T_{13} 主要作用靶细胞是生精过程中下游精子细胞和成熟的精子，对大鼠睾丸、附睾、精囊腺基本无影响；L_2 作用于睾丸曲细精管中的各级生精细胞和附睾中的精子；此外，T_7、TW_{19}、T_{15} 均具有阻断精子细胞变态期核蛋白组型转换的作用，它们能抑制精核蛋白的生物合成，从而导致精核蛋白替代组蛋白过程受阻，使精子不能成熟而导致生育力丧失。

对于雷公藤多苷（GTW）及各单体的雄性抗生育作用的病理表现和作用机理，有许多实验报告。给大鼠服 GTW80d，总量达 2.4 g/kg 时，睾丸减重一半以上，残存精子全部变形，大部分断裂并可见到被支持细胞吞噬的现象。曲细精管内精子、精子细胞及精母细胞脱落、退化、消失，并累及部分精原细胞。不同剂量或同一剂量不同期限引起的变化趋向及最终结果是一致的，其病变程度取决于服药总量。对小鼠的试验结果表明，服用 GTW 后小鼠的睾丸重量、精子计数、精子活力等逐月降低，用药 3 个月后睾丸重量降至对照鼠的一半，精子活力完全丧失，精子计数仅相当于对照的 4%，停药 1 个月后开始回升，3 个月后恢复正常。用药 1 个月后，睾丸少数曲细精管生精上皮细胞开始排列疏松、变薄、管腔扩大。用药 2~3 个月睾丸各级生精上皮细胞显著减少，有的脱落入腔，可见到异常精子。雄性大鼠灌服 GTW（10mg/kg）8 周后全部失去生育能力，但性行为和血液睾酮水平及各脏器组织光镜检查无明显改变。叶惟三（1998）发现 GTW 抗生育部位主要在睾丸内，可导致圆形精子细胞向长形精子转变过程受阻，附睾中出现大量头尾分离的精子。邱良妙等（2001）对雄性黄毛鼠、小白鼠抗生育试验中也发现 GTW 对黄毛鼠精子发生有显著的抑制作用，能破坏睾丸组织，使生精细胞数量及活力下降，抑制精子的形成及成熟。GTW 可使睾丸内的精子细胞及精子减少，曲精小腔缘出现病理形态的细胞及多核巨细胞，附管内可见精子断头及脱落细胞，睾丸间质细胞一氧化氮合成酶平均密度下降。

Bai 和 Shi（2002）对 GTW 的作用机理研究推测可能是通过影响小鼠生精细胞内 Ca^{2+} 通道而导致不育。GTW 的作用，主要是抑制鼠类睾丸的乳酸脱氢酶（LDH - C_4），使附睾末部萎缩，精子开始减少，曲精小管及睾丸体积明显萎缩，导致雄性不育。雷公藤单体（T_2、T_4、T_7、T_{15} 等）及雷公藤内酯醇对大鼠精子核蛋白组型的影响，表明了雷公藤单体和雷公藤甲素使精子细胞核蛋白组型转换受阻，也是导致大鼠不育的主要原因之一。

成药贝奥不育剂对褐家鼠、小家鼠、黑线姬鼠、田鼠、大足鼠等的药效试验中，均发现该药具有不育效果。

该药现由江苏无锡开立达实业有限公司注册登记备案。登记名称为 0.25mg/kg 雷公藤甲素颗粒剂，登记类型为杀鼠剂，推荐使用剂量为野外每公顷 500~1 000g。登记证号为 PD20090004，有效起始日期为 2014 年 1 月 4 日至 2019 年 1 月 4 日。其商用登记应用发展历程如下：第一代产品于 2001 年获国家发明专利（ZL01105823.4），2002 年获农业部批准农药田间试验，试验证 SY20021123，2005 年 4 月获农业部批准农药临时登记，商品名为贝奥雄性不育灭鼠剂，农药暂定名为雷公藤甲苷，农药证号为 LS20051278。其主要作用是雄性害鼠不育剂。第二代产品于 2008 年上市，商品名为贝奥抗生育灭鼠剂，农药暂定名为雷公藤内酯醇，农药登记证号 LS20051278，其作用为雌、雄鼠不育剂。于 2005 年 12 月 15 日获国家发明专利（ZL0110582.4）。第三代新产品于 2014 年投放市场，商品名为新贝奥生物（植物源）灭鼠剂，农药名为 0.25mg/kg 雷公藤甲素，农药正式登记证号 PD20090004，生产批准证 HNP32281—H0138，生产标准 Q/320206QPAY012—2016。产品具有杀灭致死作用，对雌、雄鼠都具有抗生育双重作用。

中国农业大学鼠害防治实验室于 2003—2006 年期间对其第一代产品贝奥雄性不育灭鼠剂对长爪沙鼠的不育效果进行了系统的生理生殖作用研究。

（一）第一代贝奥的有效作用浓度范围

选健康雄性长爪沙鼠成体 30 只，单笼饲养。根据贝奥不育剂原药 $LD_{50}=185.37mg/kg$，分为 300mg/kg、200mg/kg、100mg/kg、50mg/kg、25mg/kg 5 个浓度用药组和 1 个对照组，每组 5 只。各组体重依次为（76.9±0.05）g、（76.48±1.46）g、（89.02±2.87）g、（68.48±2.27）g、

（70.84±3.96）g、（60.56±0.72）g。经 One - Way ANOVA 检验，各组间体重差异不显著（$F_{(4, 25)}=$ 1.46，$P=0.07>0.05$）。

以贝奥不育剂原药为溶质，1%CMC - Na（羧甲基纤维素钠）为溶剂配制药液，用灌胃针头灌药。每周称量体重，根据体重调整灌胃剂量，灌药 1 个月后剖杀，剖前称重。剖检时，迅速取雄鼠一侧睾丸、附睾，计算脏器系数；取另一侧附睾尾，测量精子密度、活力。对比用药组和对照组各测量指标，测定贝奥不育剂有效作用浓度范围。试验分组情况见表 5-7。

表 5-7 作用浓度范围选择试验分组
（引自霍秀芳等，2006）

组别	样本量（只）	处理浓度（mg/kg）
	5	300
	5	200
用药组	5	100
	5	50
	5	25
CK	5	以用药组最大剂量同时等量灌胃

1. 耐受情况

不同剂量下的鼠耐受情况见表 5-8。

表 5-8 不同剂量的死亡率统计
（引自霍秀芳等，2006）

剂量（mg/kg）	300	200	100	50	25	CK
死亡情况（只）	5	3	0	1	0	0
死亡率（%）	100	60	0	20	0	0

试鼠死亡率与药物剂量呈正比。300mg/kg 组分别在用药 3d 后死亡 2 只，6d 后全部死亡，死亡率 100%。200mg/kg 组在用药 12d 后死亡 3 只，在药物的试验期内（28d）死亡率达 60%。50mg/kg 在 1 个月后死亡 1 只，100mg/kg 组和 25 mg/kg 组灌胃 1 个月均未见死亡。

试验结果与贝奥不育剂原药雷公藤多苷 LD₅₀值的结论一致。在使用时，应选择低于 200mg/kg 的浓度。

2. 试鼠体重随时间的变化

不同剂量组试鼠体重随时间的变化统计见表 5-9。

表 5-9 不同剂量组试鼠在不同时间的体重变化
（引自霍秀芳等，2006）

剂量（mg/kg）	原重（g）	1 周（g）	2 周（g）	3 周（g）	4 周（g）
200	76.48±1.46	67.98±1.93	61.30±8.0	54.0±4.70	48.15±2.05
100	89.02±2.86	87.82±1.43	80.7±2.66	81.94±3.36	82.08±5.38
50	68.48±2.27	68.36±2.86	69.98±3.27	69.62±3.14	67.58±0.96
25	70.84±3.96	71.34±3.50	68.58±2.74	69.30±5.70	60.12±2.35
CK	60.56±0.72	62.30±1.84	65.05±2.33	68.32±4.16	71.48±6.08

One-Way ANOVA 检验表明，200mg/kg 组体重随时间变化差异显著（$F_{(4,11)}=14.183$，$P=0.00<0.05$）；100mg/kg、50mg/kg、25mg/kg 组变化差异不显著（依次为 $F_{(4,20)}=1.262$，$P=0.32>0.05$；$F_{(4,19)}=0.122$，$P=0.97>0.05$；$F_{(4,20)}=2.18$，$P=0.11>0.05$）。由此可推断，小于 200mg/kg 浓度对长爪沙鼠生长发育无明显影响。

体重随时间的变化柱状图显示在使用高浓度（≥200mg/kg）灌胃时，随时间的增加，体重明显呈下降趋势，推测较高浓度对试鼠的正常生长发育影响剧烈（甚至致死），在实际使用时不宜采用。在 25～100mg/kg 浓度范围内，试鼠体重随时间变化不显著，该浓度对试鼠的正常生长发育影响不大（图 5-31）。

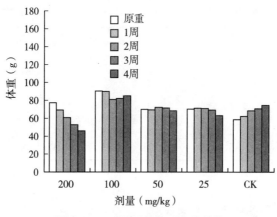

图 5-31　不同时间体重变化趋势

（引自霍秀芳等，2006）

3. 试鼠主要生殖器官的脏器系数

动物体重和脏器系数是毒理学中重要的评价指标，是判断受试动物某项指标是否异常时需要考虑的重要因素之一。脏器重量与体重存在密切关系，也就是脏器重量指标受到体重变化的影响，因此脏器系数指标能更好地反映实验鼠的生理学变化。

雷公藤成分中起主要不育作用的是雷公藤多苷，作用的靶器官集中在睾丸。本处理中所有雄鼠给药 28d 后剖检，发现睾丸、附睾的外观、体积、色泽与对照间无明显差异。睾丸、附睾的脏器系数用 One-Way ANOVA 检验技术检验若干组独立样本平均值差异，以 Duncans 法进行多重比较，分析结果见表 5-10。

表 5-10　睾丸、附睾脏器系数及精子密度、活力

（引自霍秀芳等，2006）

剂量 (mg/kg)	睾丸脏器系数 (%)	附睾脏器系数 (%)	精子密度 (×10⁶/mL)	精子活力（%）			
				a 级	b 级	c 级	d 级
200	1.196 ± 0.296^A	0.164 ± 0.001^A	292.45 ± 44.35^{ABDE}	30.7	15.1	25.9	28.3
100	0.675 ± 0.013^{BC}	0.065 ± 0.01^B	132.52 ± 28.92^{BCD}	0.5	0.4	0.5	97.6
50	0.756 ± 0.023^{ACD}	0.094 ± 0.01^C	0.00 ± 9.76^C	0.6	0.8	7.4	89.2
25	1.077 ± 0.171^{AD}	0.199 ± 0.008^D	181.82 ± 61.94^D	0.1	0	0.3	92.6
CK	1.725 ± 0.102^E	0.263 ± 0.005^E	430.00 ± 62.08^E	>40			

注：同列中含相同字母间差异不显著，不同者差异显著（$P<0.05$）。

各用药组睾丸脏器系数与对照组间差异显著（从 25～200mg/kg，P 依次为 0、0、0、0.02，均小于 0.05）。附睾脏器系数与对照组间差异显著（P 均为 0，小于 0.05）。由上表还可看出，睾

丸脏器系数和附睾脏器系数在用药组中均比对照组小，用药组的体重基本是呈下降趋势，故可推断脏器系数的降低是由于睾丸和附睾重量的下降造成，该指标也能反映出药物各浓度对主要生殖器官都有影响。

4. 精子品质

各组精子品质测定结果见表 5-10，除 200mg/kg 组外，各用药组精子密度与对照组间差异显著（P 均为 0＜0.05）。剂量为 25mg/kg 时，a 级精子仅占 0.1％，品质最差的 d 级精子占了总数的 92.6％。结果表明，雄性繁殖力明显受到抑制。其中 50mg/kg 和 100mg/kg 的作用与 25 mg/kg 基本一致。

5. 结论

从用药组与对照组上述各测量指标值的统计分析结果来看，200～300mg/kg 剂量超过了试鼠的耐受范围，致使试鼠死亡，失去了不育的意义；100mg/kg 对试鼠的生长发育影响作用虽不显著，但从各指标的变化趋势来看，与 200mg/kg 组差异不显著，且 100mg/kg 剂量长时间应用后有可能影响试鼠的正常生长，导致除不育外的其他生理变化；50mg/kg 组虽较长时间（1 个月）后仅出现 1 例死亡，但相对于较少的样本量，可以认为高于此剂量仍存在致死的危险；而 25～50mg/kg 组有较明显的雄性繁殖生理抑制，实际应用中从经济的角度考虑，亦不宜用大的剂量。

试验中试鼠的样本量本身不大，再加上有死亡现象，故统计结果只能反映部分情况，但从上述各指标的分析统计表明，25mg/kg 可作为控制长爪沙鼠的实际有效使用剂量，低于该剂量的药效尚待进一步研究。

由此，可认为在 1 个月时限内该药的合适使用浓度为 25～50mg/kg。

（二）适宜浓度下第一代贝奥的作用时间

根据各浓度作用效果比较，选 12 只雄性长爪沙鼠作为用药组，以每天 40mg/kg 剂量灌胃，隔周剖杀 3 只，观察药物起效的时间。另选 12 只雄性长爪沙鼠作为对照组，与用药组同时以 1％CMC-Na 等体积灌胃，与用药组同样方法剖检。两组试鼠体重误差控制在 5g 以内。

隔周剖杀，剖前称重。剖检时，迅速取雄鼠一侧睾丸、附睾测量脏器系数、精子密度、精子活力、活精子百分率、畸形精子比例。

由于每周每组剖杀样本量少于 5 只，故用平均数分析，不进行统计学检验。

1. 试鼠体重随时间的变化

体重变化趋势见图 5-32。

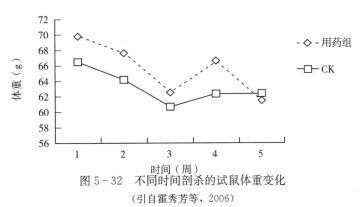

图 5-32　不同时间剖杀的试鼠体重变化

（引自霍秀芳等，2006）

从与对照组体重变化趋势比较，可以看出，2 周后用药组体重下降明显，推测药物开始影响试鼠的生长发育，药物起效的可能时间至少在 2 周以上。

2. 试鼠主要生殖器官的脏器系数

不同时间睾丸、附睾的脏器系数见表 5-11。

表 5-11 睾丸、附睾的脏器系数

（引自霍秀芳等，2006）

组别	剖杀时间（周）	睾丸脏器系数（%）	附睾脏器系数（%）
用药组	1	1.45	0.33
	2	1.43	0.21
	3	1.07	0.08
	4	1.25	0.19
CK	1	1.54	0.38
	2	1.38	0.29
	3	1.20	0.29
	4	1.52	0.41

表 5-11 数据分析表明：

①睾丸脏器系数：用药组与对照相比较，第 1、2、3 周变化率不大，第 4 周系数降低 17.8%，推测药物从第 4 周开始对睾丸产生影响；

②附睾脏器系数变化同样第 1、2 周变化不大，第 3、4 周差异较显著，该脏器系数变化也可说明药物从第 3 周开始影响附睾。

从上述脏器系数的统计结果看，睾丸重量从第 4 周开始明显变化；附睾从第 3 周开始变化较大。由于贝奥不育剂作用器官主要是睾丸，从这两种脏器系数的变化趋势看，药物起作用的时间在 4 周以后。

3. 试鼠精子品质

用药组与对照组精子密度、活力、活率、畸形率的结果见表 5-12。

表 5-12 精子品质测定

（引自霍秀芳等，2006）

剖检时间（周）	精子密度（×10⁶/mL）	精子活力（%）				活精子百分率（%）	畸形率（%）	组别
		a	b	c	d			
1	11.52	9.63	10.63	10.62	69.13	90.65	0	用药组
	9.57	9.09	1.77	4.36	51.44	72.38	10.74	CK
2	8.88	1.9	0.88	0.9	96.3	9.07	21.6	用药组
	9.43	29.94	6.43	3.52	60.12	83.8	10.16	CK
3	4.18	1	1.25	0.75	97	23.4	30.5	用药组
	13.57	12.04	7.19	7.31	73.46	66.74	5.72	CK
4	5.07	2.44	1.63	3.37	92.57	28.35	54.7	用药组
	16.67	12.36	4.07	3.13	81.28	82.27	8.61	CK

①精子密度：用药组与对照组从第 3 周开始差异较大，可以认为药物开始发挥作用；

②精子活力指标由于 a、b 和 c 级主观因素影响较大，在这里的差异不明显，d 级的差异从第 2 周开始显现；

③活精子百分率指标从第 2 周起差异显著；

④畸形率：用药组与对照组比较，第 3 周有明显区别，也可以看作药物开始作用的指标。

综合以上结果，精子密度第 3 周起用药组与对照组差异较大；各级精子活力在不同时间与对照组的比较变化无明显规律。结果显示，用药 4 周时间范围内，药物对精子密度和精子活力无显著影响。但从精子活率标准判断，第 2 周开始呈明显变化，之后一直保持显著差异；畸形率从第 3 周起就异于正常鼠，随着药物作用时间的延长，畸形精子不断增多（图 5 - 33）。且从第 2 周开始，活精子比例逐渐下降，死精子比例逐渐上升，这些结果证明该药影响精子的存活和正常形态，进而影响到其生殖功能。

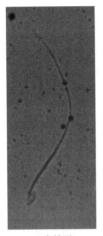 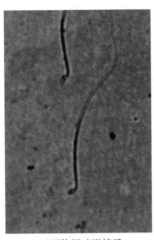 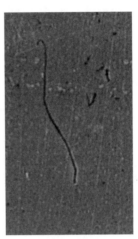

| 正常精子 | 无顶体帽畸形精子 | 无头畸形精子 |

图 5 - 33　畸形精子与正常精子对比

（引自霍秀芳等，2006）

4. 结论

郑家润等（1985）给大鼠饲喂雷公藤总苷 35d，总量达 1.05g/kg 时，可出现导致不育的生殖细胞损伤特征：精子活率显著降低、睾丸精子细胞及精子发生明显的蜕变及减少，精子计数下降不显著。本试验中，长爪沙鼠的用药组与对照组睾丸、附睾的脏器系数、精子密度、活力、活精子百分率、畸形率的对比表明，贝奥不育剂对睾丸的影响需施药 4 周后显现，3 周时间内对精子数量影响不大，各级活力无明显规律，精子的活率、致畸形作用 3 周后都可检测到。在精子数量无明显变化的情况下，正常精子中依然可能含一定数量保持正常活力的精子，则不影响试鼠的正常受孕和繁殖。由于试验中，每周剖检的样本量小，各检测指标的统计结果可能存在一定误差。综合考虑各项因素，根据上述统计，认为施药 4 周是较适宜的作用时间，其试验效果可能较明显。

（三）第一代贝奥对雄性长爪沙鼠的作用效果

选健康雄性长爪沙鼠成体 36 只单笼饲养，按表 5 - 13 分为 3 组，体重依次为（65.05±1.46）g、（64.9±2.50）g、（64.49±2.19）g，One - Way ANOVA 检验分析表明，各组间体重差异不显著（$F_{(2,33)}$＝0.024，P＝0.976＞0.05）。观察适宜浓度在有效作用时间内的药效，同时对比连续使用适宜浓度和一次性使用高浓度的效果差异。

表 5 - 13　作用效果分组情况

（引自霍秀芳等，2006）

组别	样本量（只）	处理方式	处理时间
I	15	每天 40mg/kg	连续 1 个月
II	7	100mg/kg	一次
CK	14	与第 I 组等体积以 1%CMC - Na 同时灌胃	连续 1 个月

处理一：选 15 只作为第 I 组，以每天 40mg/kg 剂量灌胃，持续 1 个月，与相应雌性长爪沙鼠合

笼两周后分开，剖检，检测睾丸、附睾的脏器系数、精子密度、活力、活精子百分率、畸形率、睾丸组织切片和1个月内繁殖率等指标；另选14只为对照组，与第Ⅰ组同时灌胃等量溶剂，并同时合笼同时剖杀，检测同样指标。

处理二：选7只作为第Ⅱ组，以100mg/kg剂量灌胃一次，与第Ⅰ组和对照组同时剖检，检测指标相同。

1. 试鼠体重随时间的变化

第Ⅰ组试鼠连续用药后36d死亡1只，第Ⅱ组高浓度一次性给药后3d死亡1只，4d死亡2只，死亡率42.9%。体重随时间的变化见表5-14。

表5-14 不同组体重随时间的变化

（引自霍秀芳等，2006）

组别	原重（g）	1周（g）	2周（g）	3周（g）	4周（g）	剖杀时（g）
Ⅰ	65.73±1.39	66.29±1.32	60.29±1.64	62.33±1.78	62.15±1.71	62.72±1.19
Ⅱ	64.9±2.50	65.1±4.68	62.35±4.04	63.45±3.08	64±2.82	63.15±3.78
CK	64.49±2.19	64.2±2.43	60.68±2.22	62.34±2.32	62.39±2.07	61.91±1.68

体重的变化趋势见图5-34。

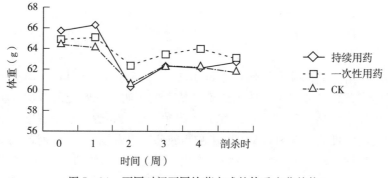

图5-34 不同时间不同给药方式的体重变化趋势

（引自霍秀芳等，2006）

从体重变化趋势看出，不论持续用药还是仅灌胃一次，体重的变化大体趋势基本相同，每组都从第2周开始体重有明显下降，之后趋于平稳，可能由于不育剂和1%CMC-Na对试鼠的正常消化吸收都有一定的影响，随着时间的延长，这种外界刺激逐渐被试鼠身体接受，转变为正常的生长发育。但可发现，用药与对照对试鼠的生长发育影响趋势的一致性。推测药物对试鼠正常发育无明显影响。

2. 试鼠睾丸、附睾的脏器系数

睾丸、附睾脏器系数见表5-15。

表5-15 睾丸、附睾的脏器系数

（引自霍秀芳等，2006）

组别	睾丸脏器系数（%）	附睾脏器系数（%）
Ⅰ	0.91±0.06	0.19±0.02
Ⅱ	1.58±0.07	0.19±0.03
CK	1.44±0.07	0.34±0.03

Independent Samples T test 检验分析表明：第Ⅰ组睾丸脏器系数、附睾脏器系数与对照组相比

均差异显著（睾丸脏器系数 $t=5.51$，d$f=27$，$P=0<0.05$；附睾脏器系数 $t=4.45$，d$f=27$，$P=0<0.05$）；第Ⅱ组睾丸脏器系数与对照组差异不显著（$t=1.01$，d$f=17$，$P=0.33>0.05$），附睾脏器系数与对照组差异显著（$t=2.60$，d$f=17$，$P=0.02<0.05$）。

试验结果显示，在贝奥不育剂有效作用范围内，对试鼠连续施药，其性腺从表观看未发生萎缩现象，但从用药组与对照组睾丸和附睾的脏器系数比较结果来看，该药对主要生殖器官产生显著影响。连续使用较低浓度和一次性使用高浓度的结果检测表明，持续用药效果更明显。但无论哪种给药方式，都能引起附睾明显变化。

3. 试鼠精子品质

各组精子密度、活力、活精子百分率、畸形率统计情况见表5-16。

表5-16　不同用药方式的精子品质比较

（引自霍秀芳等，2006）

组别	精子密度（$\times10^6$/mL）	精子活力（%）				活精子百分率（%）	畸形率（%）
		a	b	c	d		
Ⅰ	3.22±0.68	1.11±0.35	0.78±0.25	1.33±0.34	53.92±12.96	24.23±6.49	62.49±6.37
Ⅱ	8.49±1.11	11.29±1.52	5.49±1.34	6.46±1.97	76.77±4.56	64.62±8.66	44.01±7.79
CK	11.66±1.42	14.88±2.83	5.18±1.14	4.34±1.14	69.10±6.36	75.45±3.45	9.55±0.91

Independent Samples T test 统计分析结果如下：

①第Ⅰ组和对照组相比，精子密度显著下降（$t=4.79$，d$f=24$，$P=0<0.05$）；精子活力 a、b 和 c 级精子所占百分率显著降低（a 级：$t=4.66$，d$f=27$，$P=0<0.05$；b 级：$t=3.65$，d$f=27$，$P=0<0.05$；c 级：$t=2.46$，d$f=27$，$P=0.02<0.05$），d 级精子所占百分率与对照组差异不显著（$t=1.07$，d$f=27$，$P=0.29>0.05$）；活精子百分率与对照组相比显著降低（$t=7.59$，d$f=23$，$P=0<0.05$）；畸形率比对照显著增加（$t=10.06$，d$f=23$，$P=0<0.05$）。

②第Ⅱ组和对照组相比，精子密度、各级活力、活精子百分率的差异均不显著（精子密度：$t=1.11$，d$f=17$，$P=0.28>0.05$。精子活力：a 级：$t=0.64$，d$f=17$，$P=0.53>0.05$；b 级：$t=0.13$，d$f=17$，$P=0.90>0.05$；c 级：$t=0.87$，d$f=17$，$P=0.40>0.05$；d 级：$t=0.60$，d$f=17$，$P=0.56>0.05$。活精子百分率：$t=1.36$，d$f=17$，$P=0.19>0.05$）。畸形率比对照显著增多（$t=8.41$，d$f=17$，$P=0<0.05$）。

持续用药后，精子密度下降明显，可见，药物抑制了精子的发生或者成熟，精子的发生器官是睾丸，若产生的原始数量减少，成熟的也少；也可能影响到成熟过程，精子成熟后转入附睾储藏，附睾尾精子计数结果表明成熟精子数量减少。影响这两种过程的可能原因都能够造成精子数量的大幅下降。精子活力中，a、b、c 这三级精子是指有活动能力的精子，只是活动能力的程度不同，这三级精子的百分率也都明显下降，证明药物对精子影响力较大，影响了精子的运动机制，精子不能活动也就不具备使雌鼠受精的可能。活精子百分率的显著下降也证明这个观点。畸形精子数明显增加，繁殖机能受到影响。

一次性高浓度用药后，精子密度、各级活力精子所占百分率、活精子百分率均无明显变化，但畸形率有明显下降，推测药物对精子的形态有较大影响，即使其他指标还未受到影响其功能也可能受到抑制。可见一次性大剂量给药，虽能够致精子畸形，但对精子的数量、活力等影响较小，试鼠睾丸和附睾中仍存在大量正常精子，给正常繁殖行为提供可能。

从上述指标的比较可以看出，一次性大剂量给药不如持续多次使用较低浓度作用效果明显。

4. 试鼠睾丸组织切片

试鼠的睾丸组织学切片如图5-35。

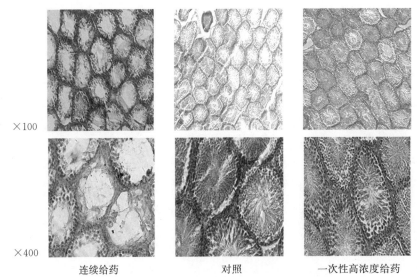

×100

×400

连续给药　　　　　　　对照　　　　　　一次性高浓度给药

图 5 - 35　不同给药方式的睾丸组织切片与对照

（引自霍秀芳等，2006）

从图 5 - 35 中看出，正常鼠的睾丸组织切片中，各级精细胞发育正常，由外层向内层，各级精细胞逐渐发生，有精原细胞、初级精母细胞、次级精母细胞、精细胞、精子，逐级均完整，发育良好。连续给药 30d 后，试鼠睾丸组织与对照相比，曲细精管腔内呈溃疡状改变，绝大部分管腔空虚，细胞疏松，上皮变薄，各级精细胞不同程度受损，腔内出现脱落退化细胞，生精细胞脱落、消失，残留以支持细胞为主的网架状结构；一次性高浓度给药组试鼠的睾丸组织与对照相比无明显差别。

由此可认为，连续多次用药方式优于一次性高浓度给药方式。

5. 繁殖试验

将第 I 组试鼠与对照组分别合笼 2 周后分开，1 个月内的繁殖情况见表 5 - 17。

Crosstabs 检验表明，第 I 组繁殖率比对照组显著下降（Fisher's Exact Test，df＝1，P＝0＜0.05）。

用药后，繁殖率显著下降，同等条件下，正常对照组繁殖率为 71.43%，而用药组仅 35.71%，下降了 35.72%，对生殖的抑制效果明显。且用药组有一例畸形胎仔（图 5 - 36），推测，药物对长爪沙鼠可能有遗传毒性。

表 5 - 17　持续用药后繁殖情况与对照组比较

组别	产仔（只）	不产仔（只）	总计（只）	产仔率（%）
I	5	9	14	35.71
CK	10	4	14	71.43
总计	15	13	28	53.57

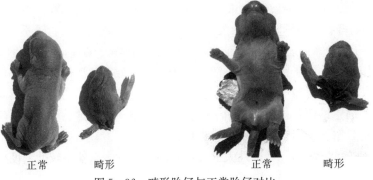

正常　　　　畸形　　　　　　　正常　　　　畸形

图 5 - 36　畸形胎仔与正常胎仔对比

（引自霍秀芳等，2006）

6. 结论

通过作用方式选择和用药效果观察发现，一次性高浓度用药后，效果不明显，而若再使用更大剂量，可能引起试鼠不能耐受，实际应用中不宜采用。多次持续投药效果明显，这些从对长爪沙鼠的各项生殖生理学指标：睾丸、附睾脏器系数、精子品质、睾丸组织显微观察等多方面都可以看出，尤其是繁殖率反映得更加直观。因此在实际使用时需要试鼠能长期使用该药物，直到在体内维持到一定剂量，作用的效果逐渐缓释，才能达到不育的目的。一次性投药虽然省时省力，但体内达不到致不育的浓度，起不到不育作用。

三、左炔诺孕酮和炔雌醚的不育效果

炔雌醚-左炔诺孕酮是人工合成的女用长效避孕药，甾体激素类，于1998年生产上市。其抗生育作用主要是：炔雌醚（炔雌醇环戊醚）为长效雌激素，口服后经胃肠道吸收，储存于脂肪组织内，缓慢释放出炔雌醇，通过抑制丘脑下部-垂体-卵巢轴来抑制卵巢排卵，达到长效避孕作用；孕激素与其配伍，对抑制排卵既有协同作用，又可使子宫内膜变薄，发生转化，呈现分泌现象。

上海第一医学院药理学教研组（1978）研究中发现，炔雌醚处理的大鼠，卵巢滤泡的发育和成熟受到明显抑制，均无黄体形成，表明排卵受到抑制。炔雌醚对小鼠（3～5μg/只）和家兔（2mg/kg）有明显的抗着床作用，大剂量（10mg/kg）口服，还具有终止兔早期妊娠的作用。

近年来，随着不育技术在有害脊椎动物控制中的应用，左炔诺孕酮-炔雌醚（EP-1）也被用于一些鼠类不育控制的研究。张知彬等（2004）首次将该药应用于雌性布氏田鼠、灰仓鼠和子午沙鼠等几种野鼠的不育控制效果研究；张显理等（2005）用 ICR 雌性小鼠进行了实验；张知彬等（2005）对大仓鼠的试验，均发现具有良好的不育效果。

2003—2012 年期间，中国农业大学、中国科学院西北高原生物研究所及中国科学院动物研究所等相关科研院所合作，利用国家"973"计划项目的支持，系统全面地研究了炔雌醚和左炔诺孕酮对长爪沙鼠和高原鼠兔的室内不育效果、作用机理、野外不育效果和其环境行为。

1. 左炔诺孕酮-炔雌醚对长爪沙鼠的有效作用浓度

左炔诺孕酮-炔雌醚（EP-1）药液的配制，以左炔诺孕酮：炔雌醚＝2∶1的比例溶于食用油，配成一定浓度。

选用30只健康雌性长爪沙鼠成体，分为60mg/kg、20mg/kg、10mg/kg、5mg/kg、1mg/kg 5个用药组和一个对照组，每组5只。各组体重依次为（62.08±3.76）g、（64.16±3.78）g、（61.26±1.78）g、（59.72±1.70）g、（55.78±1.26）g、（54.16±2.15）g，经 One-Way ANOVA 检验，各组间体重差异不显著（$F_{(5,24)}=2.199$，$P=0.09>0.05$）。对照组与用药组同时以用药组最大药量食用油灌胃，每周灌胃3d，每7d称重一次，3周后剖杀，观察子宫、卵巢的形态变化，计算其脏器系数并作卵巢组织切片。

（1）不同浓度药物对长爪沙鼠脏器的影响 60mg/kg组在用药14d后60％试鼠死亡，剖检结果显示，肝脏黄疸，胃肠变黑，脾脏膨大，肾脏有出血点。10mg/kg组在16d后死亡2只，内脏器官与60mg/kg组有同样变化。由于左炔诺孕酮-炔雌醚经口被胃肠道吸收，主要分布于肝、肾、卵巢及子宫等脏器，长时间应用可造成肝、肾负担，高浓度对其脏器产生毒性影响，导致了肝脏、胃、肠、脾、肾脏的多处病变。

（2）不同浓度药物作用的鼠体重随时间的变化 各浓度用药组的体重变化经 One-Way ANOVA 检验分析结果如下：60mg/kg组与对照组体重随着时间的变化差异显著（依次为 $F_{(3,10)}=3.78$，$P<0.05$；$F_{(3,16)}=11.18$，$P<0.05$）；20mg/kg、10mg/kg、5mg/kg 和 1mg/kg 组体重随着时间的变化差异不显著（依次为 $F_{(3,16)}=1.69$，$P>0.05$；$F_{(3,14)}=2.77$，$P>0.05$；$F_{(3,16)}=1.32$，$P>0.05$；$F_{(3,16)}=1.36$，$P>0.05$）。不同时间体重数据见表 5-18 和图 5-37。

表 5-18　不同剂量组试鼠在不同时间的体重
(引自霍秀芳等，2006)

剂量（mg/kg）	原重（g）	1 周（g）	2 周（g）	3 周（g）
60	62.08±3.76	66.06±4.54	53.4±4.7	48.3±2.1
20	64.16±3.78	65.24±4.91	61.92±5.68	65.46±4.52
10	61.26±1.78	62.78±1.51	60.3±2.06	68.53±2.85
5	59.72±1.70	54.38±1.99	55.24±1.41	59.42±3.99
1	55.78±1.26	54.42±1.56	55.08±1.47	56.36±3.27
CK	54.16±2.15	55.22±1.53	59.64±2.24	69.86±2.54

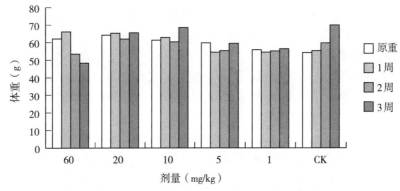

图 5-37　左炔诺孕酮-炔雌醚对长爪沙鼠体重的影响
(引自霍秀芳等，2006)

（3）不同浓度药物对子宫和卵巢的影响　给药 3 周后试鼠子宫多出现异常。1mg/kg 组 60% 试鼠，5mg/kg 和 20mg/kg 组全部试鼠出现子宫水肿（图 5-38）；5mg/kg 和 10mg/kg 组试鼠环绕子宫有淤血瘢现象（图 5-39）。

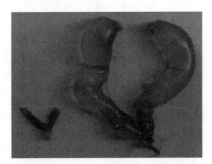

图 5-38　长爪沙鼠子宫水肿
(引自霍秀芳等，2006)

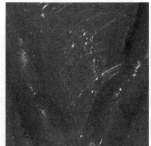

图 5-39　用药组子宫淤血瘢与正常子宫比较
(引自霍秀芳等，2006)

One-Way ANOVA 检验分析表明：除 60mg/kg 和 1mg/kg 两组外，其余各组卵巢脏器系数与对照组间差异显著（5~20mg/kg，$P<0.05$）；除 1mg/kg、10mg/kg、60mg/kg 3 组外，各组子宫脏器系数与对照组间差异显著（$P<0.05$）（表 5-19）。

给药剂量为 60mg/kg 时，由于剂量较大，试鼠短期即大量死亡，伴随体重大幅下降，药物对主要生殖器官的作用可能还未完全发挥，故子宫和卵巢脏器系数无显著变化。从脏器系数的对比来看，药物使用较小剂量（不大于 1mg/kg）时对试鼠主要生殖器官影响较小，但仍有 60% 试鼠出现子宫水肿，说明该剂量已对部分试鼠产生作用。

表 5-19 卵巢、子宫的脏器系数

（引自霍秀芳等，2006）

	剂量（mg/kg）					
	60	20	10	5	1	CK
卵巢脏器系数	0.055±0.007 ABCDEF	0.050±0.011 BCDE	0.068±0.002 CDE	0.055±0.006 DE	0.049±0.007 EF	0.028±0.001 F
子宫脏器系数	0.944±0.292 AEF	1.249±0.246 BCE	0.784±0.301 CEF	4.067±0.587 D	1.023±0.177 EF	0.124±0.016 F

注：同行中相同字母间差异不显著，不同者差异显著（$P<0.05$）。

（4）**结论** 有实验报道，大剂量炔雌醚可使动物的体重增长明显停滞，试验结果也证明确实如此，高浓度 EP-1 对试鼠正常生长发育影响较大，甚至导致死亡，失去了不育作用的意义。试验中采用的 60mg/kg 剂量超过了长爪沙鼠对 EP-1 的耐受剂量，试鼠死亡率高，且对其他脏器的影响也较明显；20mg/kg 可使试鼠的主要性腺（子宫、卵巢）重量减轻，并使子宫出现水肿的病变现象，用药期间体重也有下降趋势；10mg/kg 对试鼠体重基本无影响，子宫、卵巢脏器系数比对照组显著下降；5 mg/kg 用药产生的影响类似于 10mg/kg；1mg/kg 剂量对试鼠无明显影响，但有部分试鼠子宫亦出现水肿，对试鼠可能发挥了一定的作用。

由于试验样本量不是很大，在试验过程中，有两个用药组出现试鼠死亡现象，死亡鼠个数可能对统计结果产生影响；另外在试验中，用药组卵巢和子宫的脏器系数与对照相比的显著性呈不连续变化，推测也与样本量较少有关。

作用浓度范围筛选试验初步证明 EP-1 对长爪沙鼠可产生不育作用，从体重、主要性腺脏器系数、外观变化及病理切片估测，认为 EP-1 的合适使用浓度为 10mg/kg 以下。

2. 左炔诺孕酮-炔雌醚对雌性长爪沙鼠的作用效果

根据上述作用浓度范围初步筛选结果，选健康成体雌性长爪沙鼠 69 只单笼饲养，按表 5-20 分为 3 组，体重依次为（59.85±1.18）g、（55.13±1.63）g、（57.97±1.18）g，One-Way ANOVA 检验分析表明，各组间体重差异不显著（$F_{(2,66)}=3.13$，$P=0.05$）。观察适宜浓度在有效作用时间内的药效，同时对比间断连续给药和一次性给药两种不同给药方式的效果差异。

表 5-20 作用效果分组情况

（引自霍秀芳等，2006）

组别	样本量（只）	处理方式	处理时间
Ⅰ	33	每天 10mg/kg	每周 3d，连续 4 周
Ⅱ	17	10mg/kg	一次
CK	19	以等体积食用油同时灌胃	每周 3d，连续 4 周

处理一：选 33 只作为第Ⅰ组，以每天 10mg/kg 灌胃，每周 3d，连续 4 周。4 周后检测，选取 23 只，剖检测定子宫、卵巢的脏器系数、血清 E_2 和 LH 的含量，观察子宫、卵巢等主要性腺形态变化、制作卵巢组织切片。另外 10 只分别与相应雄性长爪沙鼠合笼 2 周，分开，观察 1 个月内的繁殖情况；另选 19 只作为对照组，与第Ⅰ组同时以等量溶剂灌胃，同第Ⅰ组作相同处理。

处理二：选 17 只作为第Ⅱ组，一次性给药 10mg/kg。1 个月后剖检 9 只，检测指标同上。另 8 只分别与相应雄鼠合笼 2 周，分开，观察 1 个月内的繁殖情况。

（1）**试鼠体重随时间的变化** 不同时间体重数据见表 5-21。

体重变化趋势见图 5-40。

表 5 - 21　各组鼠在不同时间的体重

(引自霍秀芳等，2006)

组别	原重（g）	1周（g）	2周（g）	3周（g）	4周（g）
I	60.27±1.60	61.97±1.30	59.22±1.27	61.51±1.37	61.57±1.40
II	51.54±1.08	53.08±0.94	53.98±1.26	54.12±1.26	55.97±1.89
CK	57.97±1.18	60.47±1.27	58.47±1.32	59.79±1.45	60.87±1.48

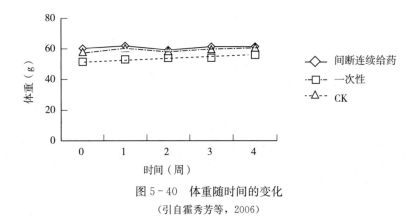

图 5 - 40　体重随时间的变化

(引自霍秀芳等，2006)

从图 5 - 40 中可以看出，多次间断连续使用 10mg/kg 的剂量后，未对试鼠正常的生长发育产生明显影响，较为适宜，与前述试验结果相符。同样剂量一次性使用后，试鼠也能够保持正常发育状态。两种方法体重随时间变化趋势类似于对照组。

（2）试鼠子宫、卵巢的形态及脏器系数　第 I 组在长时间使用药物后，子宫外观普遍发生明显改变，表现为子宫明显水肿，外壁变薄，呈半透明状，子宫腔内充满液体，体积增大，23 只剖检鼠中，仅 1 只子宫为正常状态，其余 22 只均有不同程度水肿，异常率达 95.65%。前述试验中，10mg/kg 剂量未产生子宫水肿现象，但子宫也有环状淤血瘢的异常现象出现，可能由于前述试验样本量较小。第 II 组仅给药一次后，子宫外观与正常对照相比无异常（图 5 - 41）。子宫异常率统计见表 5 - 22。

正常　　　　　　一次用药　　　　　　多次用药

图 5 - 41　多次和一次性用药组子宫和对照组比较

(引自霍秀芳等，2006)

表 5 - 22　子宫正常、异常率

(引自霍秀芳等，2006)

组别	子宫正常率（%）	子宫异常率（%）
I	4.35	95.65
II	100	0
CK	100	0

水肿是指人或动物体组织间隙内有过量液体积聚而引起的组织肿胀。水肿的形成就是因为内环境稳态被破坏。左炔诺孕酮-炔雌醚在对生殖器官作用时较多分布在卵巢及子宫等部位，可改变宫颈黏液稠度，子宫内膜形态，使子宫内膜转化，呈现分泌现象，间质疏松水肿，由于孕激素的抗雌激素作用，使子宫内膜变薄，不利于精子穿透，过早出现分泌功能不良的现象，不利于胚胎着床，从而达到长效避孕目的。处理一用药组由于长期使用了该药物，导致子宫内膜发生病变，观察发现，这种改变对长爪沙鼠的正常生活活动没有影响。而一次使用后，无论子宫、卵巢外观均无显著变化。

各组卵巢外观形态见图 5-42。从图中可以看出，多次用药后卵巢有的可产生正常的卵泡，但未发现黄体；有的未观察到卵泡。一次性用药后，卵巢外观与正常无明显区别。正常鼠有成熟卵泡形成的黄体。药物对卵巢卵泡的发育过程可能有干扰。

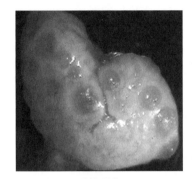 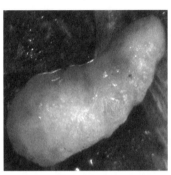 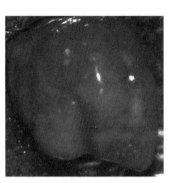

多次用药　　　　　　　　　　一次用药　　　　　　　　　　对照

图 5-42　多次和一次性用药后卵巢和对照组比较

（引自霍秀芳等，2006）

子宫和卵巢的脏器系数统计见表 5-23。

表 5-23　子宫和卵巢脏器系数

（引自霍秀芳等，2006）

组别	子宫脏器系数（$\times 10^{-2}$）	卵巢脏器系数（$\times 10^{-3}$）
I	4.09±0.55	0.49±0.06
II	0.46±0.04	0.36±0.05
CK	0.29±0.05	0.60±0.07

Independent Samples T test 分析表明：第 I 组与对照组相比子宫脏器系数显著增加，达到极显著水平（$t=6.25$，$df=40$，$P=0<0.05$；$t=6.25$，$df=40$，$P=0<0.01$）；卵巢脏器系数两者差异不显著（$t=1.26$，$df=39$，$P=0.22>0.05$）。第 II 组子宫脏器系数与对照组相比亦增加，差异显著（$t=2.23$，$df=26$，$P=0.03<0.05$）；卵巢脏器系数与对照组相比减轻，差异也显著（$t=2.25$，$df=26$，$P=0.03<0.05$）。单从子宫和卵巢脏器系数的统计结果来看，多次间断连续给药对卵巢的影响不大，而一次性给药对卵巢和子宫的影响都较大，可能原因是该药对于卵巢的重量本身无明显影响，但一次性给药组的样本量相对其他两组较小，造成显著差异。

（3）**试鼠血清激素（LH 和 E_2）含量**　血清激素 E_2 和 LH 含量见表 5-24。

Independent Samples t Test 统计分析表明，第 I 组 E_2 与对照组相比差异不显著（$t=1.75$，$df=39$，$P=0.09>0.05$），LH 与对照组相比降低，差异达显著水平（$t=4.66$，$df=38$，$P=0<0.05$）；第 II 组 E_2 和 LH 含量与对照组相比差异均不显著（$t=1.02$，$df=26$，$P=0.32>0.05$；$t=1.01$，$df=23$，$P=0.32>0.05$）。

表 5-24　血清激素（E_2 和 LH）含量

(引自霍秀芳等，2006)

组别	E_2 (pg/mL)	LH (mlu/mL)
I	15.46±1.74	1.42±0.16
II	11.83±0.97	2.75±0.25
CK	10.25±0.86	2.25±0.48

　　从上述统计结果可以看出，该药对于 LH 激素的影响较大，由于该药主要是通过对下丘脑-垂体-性腺（hypothalamus-pituitary-gonad，HPG）轴的影响，即下丘脑可通过释放促性腺激素释放激素（GnRH）作用于垂体前叶，促使卵泡刺激素（FSH）和促黄体生成素（LH）的释放，后二者经血液作用于性腺，促进性激素的合成与释放，进而影响生殖。从第 I 组激素含量的变化推测，药物的作用可能主要在下丘脑对垂体的作用上，导致垂体不能正常释放 LH，用药后 LH 的高峰值消失，LH 在血液中的含量下降。E_2 的含量也间接受到影响，但由于 E_2 主要合成部位在卵巢的卵泡颗粒细胞，从组织切片观察可知，用药后试鼠仍能产生正常卵泡，所以 E_2 仍能正常合成。另外，该药含有炔雌醚，可能通过代谢转化为雌二醇类进入血液，维持血液中该激素的正常含量。

　　（4）试鼠卵巢组织切片　通过对比发现，正常长爪沙鼠的卵巢组织切片可见成熟卵泡和黄体，而第 I 组卵巢未见到成熟卵泡和黄体。而第 II 组卵巢观察现象与对照组无明显差异。

　　卵泡的发育是 4 个阶段的连续过程，即原始卵泡、初级卵泡、次级卵泡和成熟卵泡。初级卵母细胞进一步成熟需要垂体下叶分泌的 FSH 和促黄体生成素 LH 的作用，开始分泌孕酮和雌激素。由表 5-24 可知，LH 含量下降，故卵泡成熟受到抑制；E_2 含量无明显变化，而其又由卵泡颗粒细胞合成，卵巢中有正常卵泡。表明 EP-1 在此剂量下多次给药，不影响排卵，但对卵泡成熟有抑制作用。

　　（5）繁殖率测试　繁殖情况统计见表 5-25。

表 5-25　不同用药方式的繁殖情况与对照组比较

(引自霍秀芳等，2006)

组别	产仔（只）	不产仔（只）	总计（只）	产仔率（%）
I	0	9	9	0
II	8	0	8	100
CK	11	4	15	73.33
总计	19	13	32	59.38

　　Crosstabs 检验表明，第 I 组繁殖率比对照组显著下降（Fisher's Exact Test，$df=1$，$P=0<0.05$）；第 II 组繁殖率比对照显著增加（Fisher's Exact Test，$df=1$，$P=0<0.05$）。

　　统计表明，第 I 组繁殖率为 0，第 II 组繁殖率为 100%，对照组繁殖率为 73.33%。该剂量使用一次对试鼠的生殖无明显影响，而持续间断用药对试鼠的生殖抑制效果非常明显。本试验利用一代繁殖试验（reproduction study）基本确定 EP-1 该剂量该给药方式对长爪沙鼠的亲代有明显的不育效果。

　　（6）结论　在观察 EP-1 对雌性长爪沙鼠的不育效果时，采用了较大样本量，基本消除了由于生理周期不同而带来的诸如子宫重量、血清激素含量等的差异以及其他引起差异的可能。试验通过对两种不同用药方式的效果比较发现，间隔连续用药 4 周后，试鼠能够耐受，生长发育不受影响，主要生殖器官受到影响，血清激素含量变化明显，组织微观变化亦体现了药理特征，经过一代的繁殖证实了前述多种变化对试鼠的影响。

3. 炔雌醚及左炔诺孕酮对雄性高原鼠兔的作用

（1）适口性测定　先后开展了炔雌醚、左炔诺孕酮、EP-1 等不育剂理化特性研究，测定出该类物质在无机和有机溶剂中的溶解度，研制出适合 EP 系列不育剂的混合有机溶剂，将其溶解度提高至 10%～20%。

采用对照饲喂实验，测定出高原鼠兔对 EP 系列不育剂的觅食效率和适口性，根据不育剂感官测量法，筛选出适合该类不育剂的引诱剂和添加剂，参照国际常用的 EPA 配方，加以适当替换，研制出高原鼠兔不育颗粒药饵配方及加工工艺。

在研究不育剂溶解方法、适口性以及添加剂和引诱剂的基础上，研制出不育颗粒药饵配方及加工工艺，并申请发明专利 2 项。

（2）对雄性高原鼠兔生殖器官的作用　炔雌醚能够显著降低高原鼠兔睾丸（图 5-43、图 5-44），附睾（图 5-45）及储精囊重量（图 5-46）及精子密度（图 5-47）。同时还能显著降低雌鼠怀孕率和胎仔数，EP-1 亦能够达到不育控制目的，但其总体效果略低于炔雌醚。左炔诺孕酮不育效果与对照组无显著差异，说明此不育剂对种群控制作用较差。

图 5-43　高原鼠兔的睾丸大小变化

对照组（左）和炔雌醚组（右）

（引自杨敏等，2009）

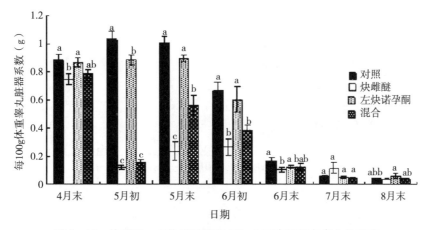

图 5-44　炔雌醚、左炔诺孕酮和 EP-1 对高原鼠兔睾丸的影响

（引自杨敏等，2009）

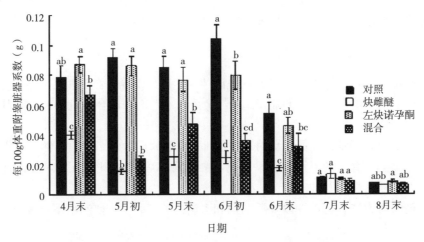

图 5-45　炔雌醚、左炔诺孕酮和 EP-1 对高原鼠兔附睾的影响
(引自杨敏等，2009)

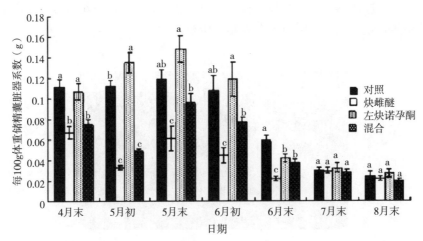

图 5-46　炔雌醚、左炔诺孕酮和 EP-1 对高原鼠兔储精囊重量的影响
(引自杨敏等，2009)

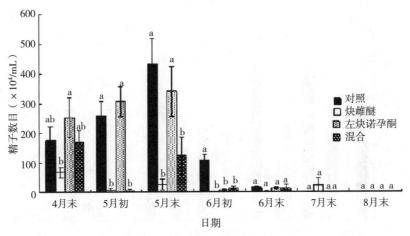

图 5-47　炔雌醚、左炔诺孕酮和 EP-1 对高原鼠兔精子数目的影响
(引自杨敏等，2009)

　　(3) 对雌性高原鼠兔生殖器官的作用　雌性高原鼠兔对炔雌醚和左炔诺孕酮均不敏感，但炔雌醚可在繁殖初期显著提高卵巢 (图 5-48) 和子宫 (图 5-49) 的重量。

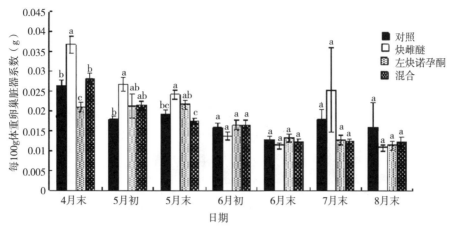

图 5-48　炔雌醚、左炔诺孕酮和 EP-1 对高原鼠兔卵巢重量的影响

（引自杨敏等，2009）

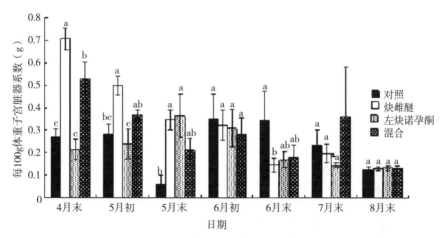

图 5-49　炔雌醚、左炔诺孕酮和 EP-1 对高原鼠兔子宫重量的影响

（引自杨敏等，2009）

　　（4）对高原鼠兔繁殖和生育率的作用　繁殖初期，左炔诺孕酮有提高高原鼠兔怀孕率和平均胎仔数的趋势，但到繁殖的中后期，其不育效果与对照没有显著差异（图 5-50、图 5-51）。

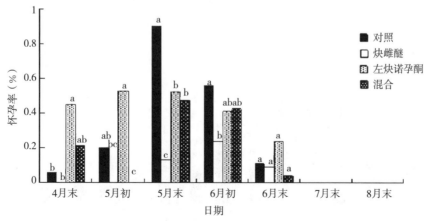

图 5-50　炔雌醚、左炔诺孕酮和 EP-1 对高原鼠兔怀孕率的作用

（引自杨敏等，2009）

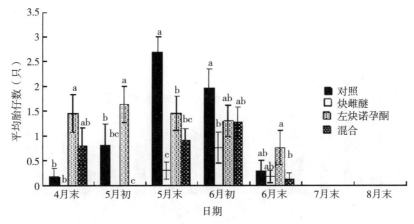

图 5 - 51　炔雌醚、左炔诺孕酮和 EP - 1 对高原鼠兔平均胎仔数的作用
(引自杨敏等，2009)

（5）对高原鼠兔繁殖的后续效应　炔雌醚和 EP - 1 作用的第二年，在繁殖初期均能显著提高高原鼠兔睾丸（图 5 - 52）、储精囊（图 5 - 53）及附睾重量（图 5 - 54），左炔诺孕酮组与对照组无显著差异。然而，炔雌醚和 EP - 1 组精子数（图 5 - 55）、怀孕率和平均胎仔数均显著低于对照，说明 2 种不育剂对高原鼠兔繁殖具有明显的持续抑制效应。

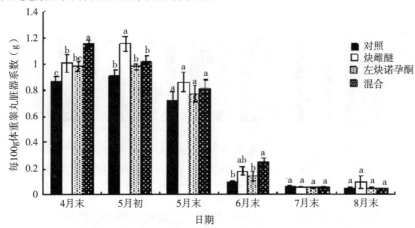

图 5 - 52　炔雌醚、左炔诺孕酮和 EP - 1 对高原鼠兔睾丸重量的影响
(引自杨敏等，2009)

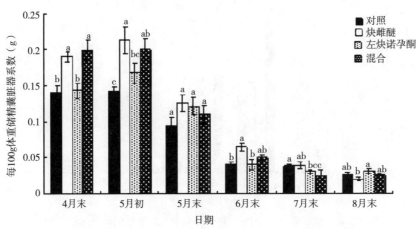

图 5 - 53　炔雌醚、左炔诺孕酮和 EP - 1 对高原鼠兔储精囊的影响
(引自杨敏等，2009)

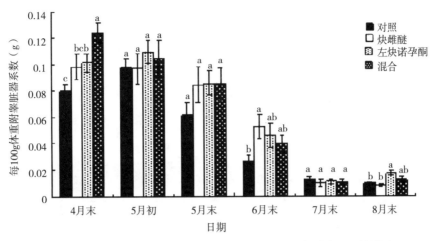

图 5-54　炔雌醚、左炔诺孕酮和 EP-1 对高原鼠兔附睾重量的影响

（引自杨敏等，2009）

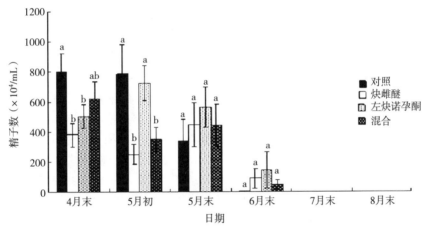

图 5-55　炔雌醚、左炔诺孕酮和 EP-1 对高原鼠兔精子数的影响

（引自杨敏等，2009）

　　不育药物投放次年后，炔雌醚、左炔诺孕酮和 EP-1 组雌性高原鼠兔卵巢（图 5-56）及子宫（图 5-57）与对照组无显著差异。

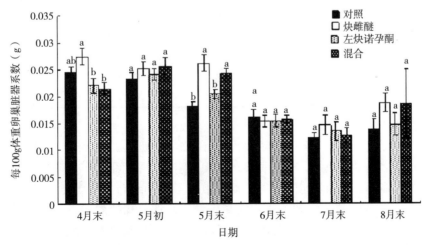

图 5-56　炔雌醚、左炔诺孕酮和 EP-1 对高原鼠兔卵巢重量的影响

（引自杨敏等，2009）

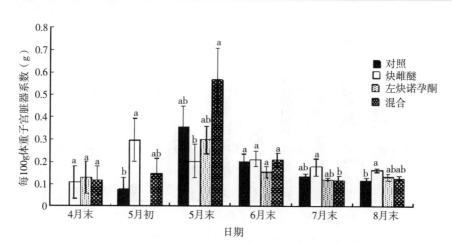

图 5-57 炔雌醚、左炔诺孕酮和 EP-1 对高原鼠兔子宫重量的影响

(引自杨敏等, 2009)

四、棉酚的不育效果

棉酚是从棉籽中分离提取的一种酚类物质。棉酚可作用于睾丸中的精子细胞, 破坏粗线期线粒体嵴呼吸链的结构, 导致氧化磷酸化解偶联, 影响精子中 ATP 的合成, 致使精子能量缺乏而死亡。抗生育机理研究表明棉酚能抑制精子获取能量和顶体酶反应, 并且抑制精子细胞 T 型 Ca^{2+} 流。棉酚还具有选择性抑制睾丸和精子中的乳酸脱氢酶 X 的作用。

实验表明棉酚的不育作用随药物剂量的增加而增加。65mg/kg 和 100mg/kg 剂量组试鼠死亡率分别达到了 43% 和 57.1%, 死亡时间分别集中在 9～24d 和 10～15d, 并且试鼠被毛粗糙无光泽, 少数表现为厌食、排尿失禁。尸检发现胃肠膨胀、胃幽门梗阻、食物不下。睾丸表层有淤血, 出现血睾现象。而 10mg/kg、20mg/kg、35mg/kg 3 个剂量组未出现试鼠死亡, 这说明棉酚有一定的毒性, 且高于 65mg/kg 的剂量对试鼠有致死作用。

表 5-26 棉酚对布氏田鼠睾丸、附睾脏器系数的作用

(引自李根等, 2009)

剂量 (mg/kg)	睾丸脏器系数 (%)	附睾脏器系数 (%)
100	1.77±0.10[abc]	0.21±0.018[b]
60	1.50±0.22[bc]	0.21±0.043[b]
35	1.37±0.11[c]	0.18±0.025[b]
20	1.91±0.17[abc]	0.21±0.052[b]
10	2.08±0.15[ab]	0.33±0.020[a]
对照	3.61±0.28[a]	0.34±0.046[a]

注: 不同字母表示差异显著。

灌药 4 周后剖杀测定睾丸和附睾的脏器系数。由表 5-26 可见, 60mg/kg 剂量组睾丸脏器系数与对照组相比都形成显著差异 ($P<0.05$), 而 35mg/kg 组与对照组间差异达到极显著水平; 其他剂量组与对照组间差异不显著。各剂量组附睾的脏器系数除了 10mg/kg 外, 其他各剂量组与对照组都形成了显著差异 ($P<0.05$); 睾丸、附睾体积的测定结果表明: 棉酚对睾丸、附睾体积影响不显著, 未发现睾丸、附睾萎缩现象; 这说明棉酚对布氏田鼠的主要生殖器官有很大影响, 主要表现在长期灌药后睾丸、附睾主要脏器系数下降。这与林统先在醋酸棉酚对褐家鼠抗生育作用的研究中得出的结果基本一致。

表 5 - 27　棉酚对布氏田鼠精子品质的影响

（引自李根等，2009）

剂量 （mg/kg）	精子密度 （×10⁶/mL）	畸形率 （%）	精子活力（%）	
			运动	不动
100	271.53±55.52ᵈ	72.20	49.37±1.31ᵃ	27.80±3.87ᵇᶜ
60	303.78±6.40ᵈ	84.00	37.70±1.21ᵃᵇ	16.00±1.72ᵈ
35	326.75±32.7ᶜᵈ	75.18	38.00±4.10ᵃᵇ	18.70±4.38ᵈ
20	399.38±18.78ᵇᶜ	81.30	42.27±1.97ᵃᵇ	24.82±2.24ᵇᶜᵈ
10	488.70±19.05ᵃᵇ	66.88	30.83±6.38ᵇ	33.12±3.85ᵇ
对照	552.03±23.90ᵃ	12.42	12.86±3.31ᶜ	87.58±3.43ᵃ

注：不同字母表示差异显著。

棉酚对布氏田鼠精子品质的影响明显，与对照组相比差异显著。用药组与对照组精子密度、畸形率、精子活力的测定结果见表 5 - 27。在附睾中有片状脱落的精子细胞和精母细胞，并且有头部缺失、断尾和顶体帽缺失的精子。与对照组相比，除 10mg/kg 组外其他剂量组都与对照组显著差异；并且随着用药剂量的增加，精子密度整体呈下降趋势；精子的畸形率随用药剂量的增加也呈增长趋势。图 5 - 58 为畸形精子形态。用药组畸形率与对照之间差异显著。而 20mg/kg、35mg/kg 和 60mg/kg 之间差异不显著；对照组运动的精子可以达到 88%，60mg/kg 组运动的精子只有 16%，而 35mg/kg 组运动的精子为 18%。

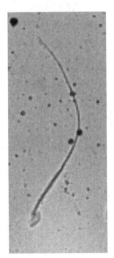　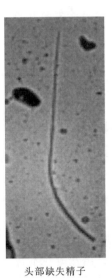　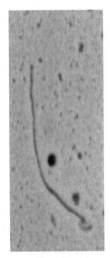

正常精子　　　　　头部缺失精子　　　　　断尾精子

图 5 - 58　精子涂片

（引自李根等，2009）

对照组睾丸曲细精管的生精上皮细胞层次整齐，管腔内充满各级精母细胞，各级精母细胞正常发育。而在处理组中，睾丸生精上皮细胞发生一系列细胞学变化。生精上皮细胞层减少，生精上皮细胞内出现空泡、核固化、核破裂和细胞溶解现象。可以看到形成精子细胞和精母细胞的多核巨细胞的脱落现象。生精小管出现萎缩。生精小管中仅有一层睾丸细胞和精原细胞。睾丸曲细精管内生精细胞、间质细胞和支持细胞受损，甚至脱落解体，使管腔空虚，出现溃疡，有些管腔内仅存少量精原细胞，并且排列疏松，脱落明显（图 5 - 59）。

棉酚具有明显的抑制精子产生的作用，由于棉酚损害睾丸组织中各生精细胞、间质细胞和支持细胞，导致生精功能下降、精子数减少、活力下降、畸形率增加。其作用的主要部位先是对较敏感的精

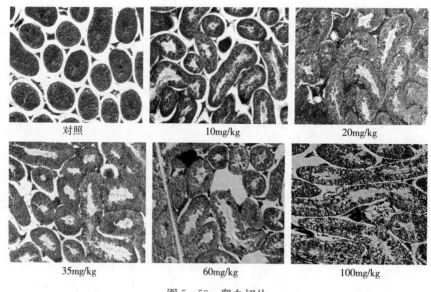

图 5-59　睾丸切片

（引自李根等，2009）

子和晚期精子细胞，其次是各级精母细胞。

　　棉酚剂量在 20～100mg/kg 时对雄性布氏田鼠有明显的抗生育效应，主要表现在附睾尾部精子死亡、精子数目减少、畸形率高；睾丸、附睾脏器系数显著下降；睾丸曲精细管出现退化，生殖上皮出现空泡，生精小管出现萎缩。但高剂量的棉酚对布氏田鼠有致死作用，所以棉酚抗生育作用的有效剂量在 20～35mg/kg。

　　由于棉酚具有毒性，剂量在 60～100mg/kg 时就能引起布氏田鼠死亡，因此在该剂量范围内的棉酚有"双重作用"，一是对试鼠有明显的抗生育效应，二是对试鼠有灭杀作用。

五、野外鼠害不育控制实例

　　自不育控制害鼠的概念提出后，不育控制生态理论不断被丰富，不育控制除降低目标动物种群的出生率之外，不育个体继续占有配偶、巢域，消耗资源，保持社群紧张关系，同时竞争性繁殖干扰进一步抑制种群的生育率，继而达到长期、持续控制种群数量的目的。但迄今为止，啮齿动物种群水平的不育控制研究不多。1974 年，Lazarus 和 Rowe 于一个小岛上对褐家鼠进行不育处理以验证 Knipling 模型，10 个月后，褐家鼠数量明显减少，无亚成体和怀孕雌体，但后续无进一步的报道。张知彬等（2001）报道了围栏条件下灭杀、结扎雌性不育及双性不育大沙鼠种群，其结果为灭杀组和自然组的繁殖力相似，雌性不育组居中，雌雄不育组最低。输卵管结扎或卵巢摘除不育的围栏内小家鼠试验显示，基础种群不育雌体的百分比和雌性平均繁殖存活数之间具有显著的关联。当基础种群雌性及其雌性后代的 67% 经不育处理后，种群雌性平均繁殖存活数下降率可达 60%，最终种群密度可下降 75%，但正常雌鼠的繁殖出现了补偿作用。围栏内，雌性手术不育银腹鼠的试验也显示，基础种群中不育雌性的百分比和雌性平均产仔个数紧密关联。基础种群 50% 的雌性不育率能使种群雌性平均繁殖存活数下降 50%，围栏内 75% 的基础种群雌性不育率会产生部分不育处理补偿，可育个体的繁殖力和后代的存活力达到最大化。欧洲兔的结果也类似，80% 的雌性不育率能够明显降低兔子的数量且基本上与不育水平线性相关，但正常雌兔并未表现有繁殖补偿现象，幼兔的存活率和不育雌兔的寿命有所增加。围栏条件下，炔雌醚-左炔诺孕酮处理的布氏田鼠雌性不育种群，繁殖力与不育率呈正相关，不育种群中当年生鼠似乎不参加繁殖。室内试验显示，炔雌醚对雄性布氏田鼠的攻击、防御等行为及雌体对不育和正常雄性的选择偏好等行为都没有明显差异。左炔诺孕酮-炔雌醚复合剂能显著降低野外长爪沙鼠种群的繁殖力、出生幼体比例和种群密度，能对长爪沙鼠野生种群起到有效的控制作用。对野外高原鼠兔种群的研究发现，炔雌醚饵料能在当年有效降低雌性的怀孕率，种群密度下降不明显，但第二年种群密度明显下降。炔雌醚处理后，雄性的攻击性显著降低，但长鸣和追逐等领域行为明显加强。炔雌醚不育处理的高原鼠兔雄性种群的遗传亲缘关系度高于正常雄性种群，也证明不育处理可能抑制雄性的迁移扩散。

除此之外，一些不育控制的种群动态预测模型被构建用于预测多乳鼠、布氏田鼠、野外小家鼠的生殖控制种群动态。

（一）炔雌醚-左炔诺孕酮（EP-1）对长爪沙鼠野生种群增长的控制作用

复合不育剂EP-1对长爪沙鼠种群的繁殖、种群结构和种群密度均有不同程度的显著影响，在5~6月繁殖高峰期，不育剂EP-1显著降低了幼体出生的数量，试验区与对照区幼体组成差异和成体组成差异均极显著。8~10月，试验区和对照区种群结构组成中，幼体之间、成体之间差异显著。试验区长爪沙鼠幼体种群从6月开始出现，9月达到最高值，在整个发育生长期，幼体种群呈现下降趋势。而对照区幼体种群从5月就开始出现，并且数量达到全年最高值。在整个发育生长季节，幼体种群与试验区相反，呈现增长趋势（图5-60）。因此，复合不育剂EP-1显著降低了长爪沙鼠种群的繁殖率、幼体出生比例和种群密度（图5-61），可以对长爪沙鼠野生种群起到有效的繁殖控制作用。

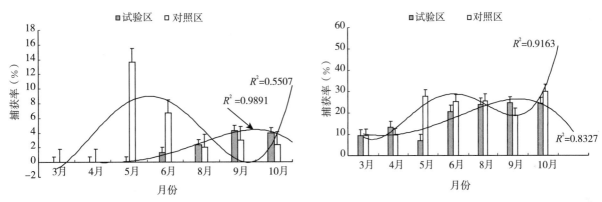

图5-60　试验区和对照区长爪沙鼠幼体、总体种群数量变化趋势

（引自付和平等，2011）

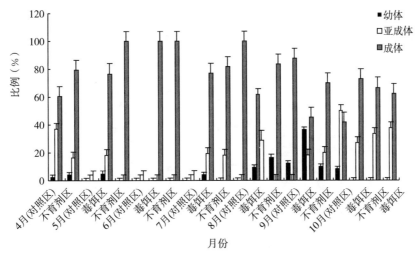

图5-61　不同处理区长爪沙鼠种群年龄结构变化

（引自付和平等，2011）

（二）EP-1与溴敌隆对长爪沙鼠控制作用对比

在整个一年繁殖季节内，不育剂区种群数量趋于降低（$R_4^2=0.5126$），而对照区和毒饵区种群数量趋于增加（$R_2^2=0.9550$，$R_1^2=0.9910$）（图5-62）。毒饵对长爪沙鼠种群的有效控制只持续4月、5月、6月，7月种群数量开始回升，并且在秋季达到对照区春季种群数量的近50%，控制期短，反弹快，而不育剂区秋季仅达到对照区春季的15.6%。降低了全年种群密度，有利于对长爪沙鼠种群持续有效地控制。不育剂区成体比例均值为0.83%±0.11%，对照区为0.66%±0.04%，毒饵区为0.42%±0.08%，不育剂区明显高于其他2个区。不育剂区的种群结构为明显的下降型种群结构，种群数量将趋于降低，而对照区和毒饵区种群结构则为增长型种群（图5-62）。

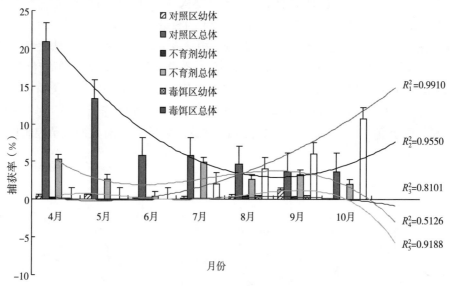

图5-62　EP-1对长爪沙鼠种群密度的影响

（引自付和平等，2011）

（三）不育对高原鼠兔的影响

1. 对种群数量的影响

2007年种群密度监测表明，炔雌醚和EP-1均能够抑制种群繁殖，达到控制种群密度的目的。左炔诺孕酮组种群密度与对照无显著差异，说明该不育剂对种群密度控制效果较差。2008年，炔雌醚和EP-1组高原鼠兔种群密度均低于对照组，说明2种不育剂均可对高原鼠兔种群产生持续性抑制作用（图5-63）。

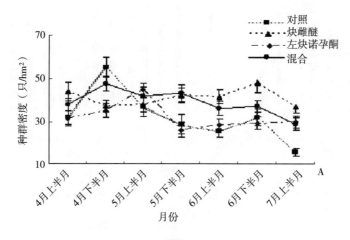

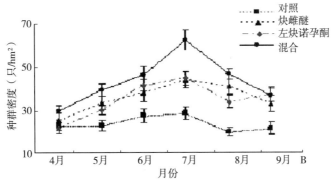

图 5-63　不育剂对高原鼠兔种群密度的影响

（引自杨敏等，2009）

A. 2007 年种群密度　B. 2008 年种群密度

2. 不育控制的高原鼠兔种群年龄结构变化

2007 年结果表明，炔雌醚和 EP-1 可显著降低幼体在种群中的比例，而左炔诺孕酮对幼体在种群中的比例无显著影响（图 5-64）。

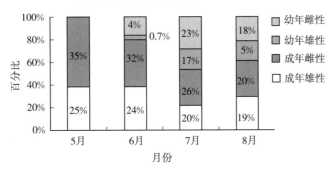

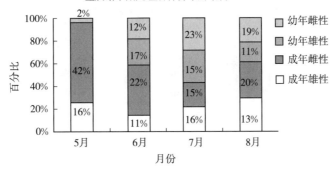

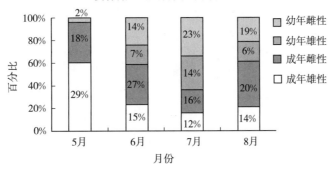

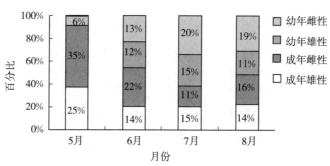

图5-64　2007年不同月份不育处理和对照高原鼠兔种群年龄结构的影响
(引自杨敏等，2009)

2008年，不育控制区域高原鼠兔种群幼体比例与对照区无显著差异，说明不育药物控制次年，高原鼠兔种群中幼体比例没有发生超补偿性效应（图5-65）。其对高原鼠兔的控制可以持续到第2年。

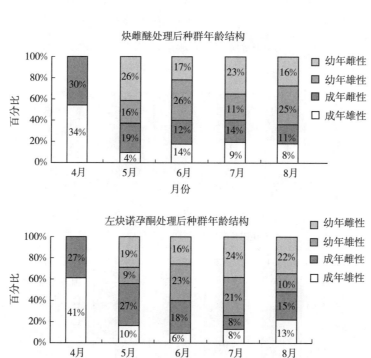

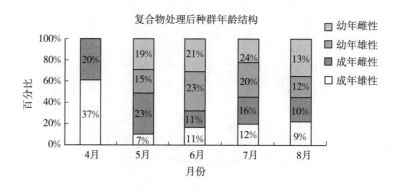

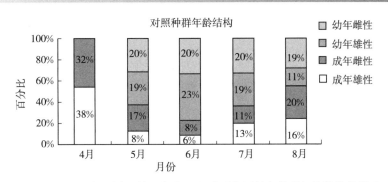

图 5-65　2008 年不同月份不育处理和对照高原鼠兔种群年龄结构的影响

（引自杨敏等，2009）

3. 不育控制条件下的高原鼠兔种群雌雄性比

2007 年 5 月，左炔诺孕酮组高原鼠兔种群成体性比显著低于 1∶1；6 月，EP-1 组种群成体性比显著低于 1∶1；8 月，炔雌醚和 EP-1 组种群幼体性比均显著高于 1∶1（图 5-66）。

2008 年 5 月，3 种不育处理组高原鼠兔种群成体性比显著低于 1∶1；6 月，幼体性比无显著差异（图 5-67）。

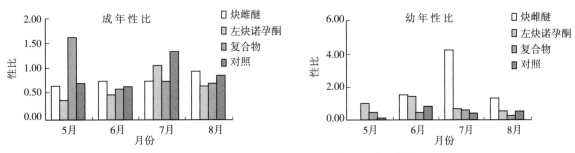

图 5-66　2007 年不同月份不同处理高原鼠兔雌雄性比

（引自杨敏等，2009）

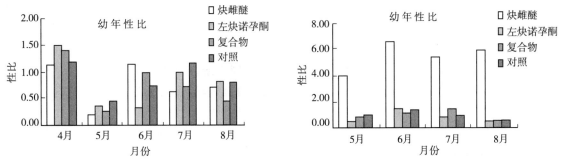

图 5-67　2008 年不同月份不同处理高原鼠兔雌雄性比

（引自杨敏等，2009）

六、不育控制技术展望

不育控制野外应用的技术面临的挑战是通过合适的投药方式，使鼠成功地取食足量的不育剂，及药物的专一性问题。

鼠类的交配系统较复杂，对于混交制的种群，当群体中 90％的雄鼠不育时，剩下的 10％有生育力的雄鼠同样能使群体内鼠数量不受影响。所以，不育剂主要应该针对雌鼠，当然，如果同时对雄鼠也有效，就更为理想。受鼠类生态行为的影响，不育剂要达到较为理想的控制目的，需做到以下几点：①经口取食，一次即可达不育剂量，低剂量有效；②不影响鼠类正常的性行为，不受生殖周期的影响；③终身绝育或持续 6 个月以上；④不育对雌雄两性均有效；⑤具有种或属特异性，且对靶标动物具有选择性；⑥价格低廉；⑦不育与致死量之间差别要大些；⑧适口性好；⑨易生物降解；⑩无二次中毒；⑪无抗药性；⑫无影响第二次取食的明显不适反应；⑬较为人道；⑭容易制成各类毒饵；⑮较稳定；⑯不易被植物吸附。

在众多的鼠害防治技术中，鼠类抗生育技术是国内率先达到国际先进水平的技术。因为化学不育剂对环境和非靶动物有潜在危险，我国学者对植物源不育剂进行了大量研究。

对于有害生物的控制，结合各种防治措施的有害生物综合治理将是研究的主要方向。不育控制的特点决定了其在鼠害综合治理中具有很大的潜力，随着一些新型不育剂投入使用，不育控制的一些不利因素将会被极大地克服，会具有更为广阔的应用前景。

第六节　围栏陷阱技术（TBS）

围栏陷阱技术（trap barrier system，TBS）使用历史悠久，但系统的报道起源于东南亚水稻种植区害鼠的生态防控实践。由物理屏障和连续捕鼠笼组成的围栏陷阱系统，可连续长期捕鼠。我国于 2006 年开始推广使用 TBS 控鼠技术，并根据我国农区的特点，对 TBS 的材料进行了相应的改进。截至 2016 年，该技术在我国新疆、内蒙古、辽宁、黑龙江、四川、贵州等 20 个省份 40 多个地区的农田开展了示范试验，各示范区控鼠效果较好，作物增产明显，其正逐渐被基层植保工作者及农户接受认可。

一、TBS 在我国的推广

TBS 起源于东南亚水稻种植区，20 世纪 80 年代东南亚稻田中银腹稻鼠（*Rattus argentiventer*）异常猖獗，鼠害造成的损失一般为 17%，极端情况下可高达 50%~100%，给当地带来严重的经济损失。在病虫害防治过程中，研究人员发现可以利用诱饵作物（trap crop，TC）（指与周围作物相比，更容易受病菌、害虫等侵染及为害的作物）防治病原、害虫及线虫引起的植物病虫害，当诱饵作物自身病虫害发生到一定程度时对其进行集中处理，可避免周围作物病虫害大面积发生，防治针对性强，效果明显，有效减少农药用量。受诱饵作物在植保领域成功应用的启发，Lam 在马来西亚鼠害严重的水稻种植区构建了物理屏障和连续捕鼠笼组成的围栏陷阱系统，开展鼠害防控试验。试验结果表明水稻可以作为诱饵作物防治银腹稻鼠，不同生育时期的水稻对银腹稻鼠的吸引力存在差异，水稻在生殖生长早期诱捕害鼠效果较好。

TBS 诞生之后，其作为一种防控鼠害的新技术，在东南亚水稻种植区迅速发展，先后应用于马来西亚、越南和印度尼西亚等东南亚水稻种植区鼠害生态防控实践中。1998—2002 年，Jacob 等在印度尼西亚水稻种植区比较基于生态的鼠害管理措施（ecollogy based rodent management，EBRM）和传统控鼠方法的效果，EBRM 法在乡镇级别的水稻种植区的应用影响害鼠的数量、身体状况（体重、繁殖），同时减轻了害鼠对水稻的损害，水稻增产 6%。其中 TBS 作为一种主要的控鼠方式参与到试验中，试验期间，每个季节每个试验区的村庄 TBS 捕获害鼠（1782±149）只，每公顷（22±2）只，EBRM 区水稻平均增产 6%，挽回粮食损失 300kg/hm²。2007—2008 年 Begonia 等在 52.84hm² 水稻田建立了 10 个 TBS 点进行鼠害防控和监测，试验区 70 多户农户获益，深受农户推崇，为 TBS 在农区的推广和应用打下良好基础。我国全国农业技术推广服务中心于 2006 年引入 TBS 控鼠技术，建议在农区使用 TBS 进行鼠害防控。根据我国农区的特点，对 TBS 进行了相应的改进，障碍物使用金属网围栏代替塑料围栏，捕鼠桶替代捕鼠笼作为捕鼠陷阱，通过改进 TBS 构建材料，TBS 材料循环利用率更高、降低外界因素影响（风、烈日），TBS 适用区域更广，经济效益更高。

在 TBS 引进推广的初期，全国农业技术推广服务中心统一设计了推广规程要求：推广试验区连片面积不小于 33.3hm²，且田间鼠密度高，为害严重；控鼠区域内种植作物基本一致；试验区和对照区试验前 1 年与试验期间均不采取其他灭鼠措施；在选定的试验区域中心利用金属筛网（孔径≤1cm）和固定杆（竹竿、木杆或钢筋等）围建 4 个围栏（图 5 - 68），围栏的地上部分高度为 30～40cm，地下部分深度大于 20cm，并在每个围栏内沿网边设置 10 个捕鼠器，捕鼠器的上端开口应与地面齐平，下底面封闭并扎孔，以使雨水能够渗出。TBS 围栏内种植作物较大田作物提早 10～15d 播种，用以引诱害鼠前来取食；若围栏内外作物播种期相同，需对围栏内作物进行浇水或覆膜，以使其发芽和长势好于围栏外作物，从而有利于诱杀害鼠。

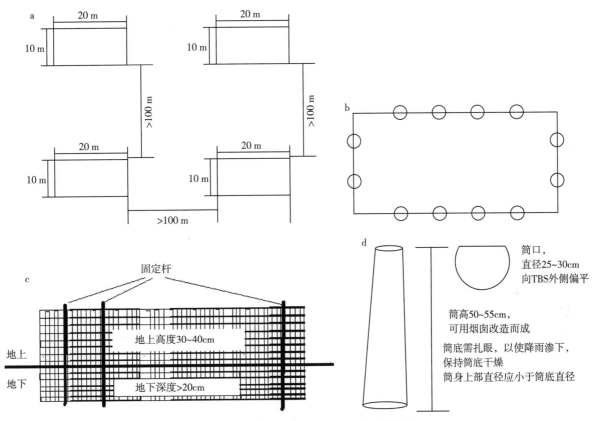

图 5 - 68　全国农业技术推广服务中心统一设计的 TBS
a. 围栏田间位置示意图　b. 单个围栏陷阱示意图　c. 围栏结构示意图　d. 捕鼠陷阱结构图

全国农业技术推广服务中心于 2006 年开始在内蒙古自治区正蓝旗和四川省彭山县设立试验示范点，开始了对该项技术的应用研究。实践结果良好。

（一）内蒙古自治区正蓝旗试验

1. TBS 设置情况

2006 年，在正蓝旗哈毕日嘎镇朝阳村东滩农田，设 4 个试验围栏，呈正方形排列，每个围栏140m²（长 20m、宽 7m），试验区总面积 55.2hm²，对照区面积为 20hm²。试验区 5 月 3 日播种，早于大田作物 10d。第一小区种植小麦，第二、四小区种植莜麦，第三小区种植荞麦。5 月 4 日设置 TBS。2007—2008 年，试验点在正蓝旗哈毕日嘎镇乌兰村西滩农田，同样设 4 个围栏，呈正方形排列，每个围栏面积 200m²（长 20m、宽 10m），试验区总面积 133.3hm²，试验区外相邻地块设面积33.3hm² 对照区。另还在白音锡勒第一分场按相似的规格设置了试验。2009—2010 年，试验安排在正蓝旗哈毕日嘎镇山嘴村下滩，设四个试验围栏，呈"一"字形排列，围栏之间间隔100m，每个围栏面积200m²（长20m、宽10m），捕鼠桶12个，试验区总面积133.3hm²。5月8日播种莜麦，5月12日扎围栏。试验小区外相邻地块设对照区，对照区面积为33.3hm²。2010年5月22日建立TBS围栏，5月23日播种。作物为莜麦，试验小区外于5月24日播种，作物为谷草、莜麦。4个围栏共辐射面积为666.7hm²。

围栏建起后，每天上午检查围栏捕鼠桶内害鼠的捕获情况，详细记载捕鼠日期、鼠种、捕鼠数量、捕获的鼠是否死亡、是否有鼠间争斗、性别、体长、尾长、后足长、睾丸是否下降（雄鼠）、阴道口是否张开或有无阴道拴（雌鼠）、有无乳头（雌鼠）等以及鼠类天敌活动情况，天气、风、雨等对TBS及捕鼠量的影响。对陌生鼠种（如首次发现或不能确认等）及时保存于标本瓶内。

2. 鼠密度调查

试验前采用堵洞法调查鼠密度，第一天将一定面积内的洞口全部堵住，并记数，经24h，计数被鼠盗开的洞数，即有效洞口。从作物即将收获的前一天开始，在试验区和对照区采用夹日法调查鼠密度。以花生米为诱饵，使用中号板夹，按夹距5m、行距50m，直线布放，布夹300个，连续布放72h。每日早晚各查一次。收夹时记录有效夹数和捕获害鼠的数量和种类，计算防治效果。

3. 粮食测产

粮食产量的测定采用了按垄测产和按面积测产2种方式：①按垄测产，TBS围栏内、围栏外及对照区的产量以垄（延长米）为单位，每个围栏内取5个点，每点取单垄2m单收、单打、单计。4个围栏内共取20个点。每个TBS围栏外共按垄测产10延长米。对照地块共按垄测产10延长米。②按面积测产，TBS围栏内、围栏外和对照区的产量以样点面积（m²）为单位，每个围栏内、外和相应的对照区取5个样点，每样点2m²，共取20个样点40m²。每个样点单收、单打、单计。

4. 捕鼠情况

2006年TBS共设置120d，捕获害鼠245只，平均每天捕获2.04只，最高时日捕鼠8只。其中黑线仓鼠218只，占89%；长爪沙鼠17只，占7%；草原鼢鼠7只，占3%；褐家鼠1只、鼩鼱1只、不明鼠种1只。

2007年TBS共计设置147d，共捕鼠622只，蛇2条。其中黑线仓鼠460只，占总捕鼠量的74%，雌雄性比58∶57；达乌尔黄鼠73只，占总捕鼠量的11.7%，雌雄性比43∶30；小家鼠61只，占总捕鼠量的9.8%，雌雄性比22∶39；长爪沙鼠23只，占总捕鼠量的3.7%，雌雄性比10∶13；不明鼠种3只、鼩鼱2只、蛇2条。5～9月每月平均每天捕获量分别为4.12只、3.37只、5.75只、5.13只、3.57只。根据试验记录结果，4月30日至5月31日为第一个捕获高峰期，6月1日至6月30日为捕获低峰时期，7月1日至8月20日进入第二个捕获高峰期，8月21日至9月23日为捕获低峰时期，即5月、7月、8月为鼠害发生为害的高峰期。2007年，白音锡勒第一分场试验区，TBS设置自5月14日至9月20日，共计126d，捕鼠344只，日均捕鼠2.7。其中布氏田鼠216只（占62.8%），黑线仓鼠92只（占26.7%），长爪沙鼠32只（占9.3%），小家鼠4只（1.2%），蛇6条。

2008年，TBS共计设置129d，共捕鼠291只，其中黑线仓鼠146只（占50.17%），达乌尔黄鼠103只（占35.4%），长爪沙鼠31只（占10.65%），小家鼠8只（占2.7%），不明鼠种3只。

2009年，TBS共计设置117d，共捕鼠208只，其中黑线仓鼠189只，占91%，雌雄性比106∶83；布氏田鼠5只，占2.4%，雌性4只，雄性1只；小家鼠4只，占2%，雌性1只，雄性3只；长爪沙鼠4只，占2%，雌性1只，雄性3只；达乌尔黄鼠2只，占1%，均为雄性；鼢鼠3只，占1.4%，雌性2只，雄性1只；黑线毛足鼠1只，雌性。

2010年，5月23日至9月15日共捕鼠94只，平均每天0.81只。其中优势鼠种黑线仓鼠87只，占92.55%，雌雄性比38∶49；布氏田鼠1只，雌性；小家鼠2只，均为雌性；达乌尔黄鼠1只，雄性；鼩鼱2只，均为雌性。

5. 防治效果

TBS试验鼠密度及防治效果调查结果见表5-28和图5-63。从表5-28可以看出，试验区春季鼠密度由2007年的16%下降到2010年的3%，下降了13个百分点，试验区防治效果为60%～88.5%，平均防效76.2%；辐射区防治效果为40%～77%，平均防效为64.6%。试验区和辐射区秋季鼠密度分别由2007年的3.3%、4.2%下降到2010年的2%、3%，分别下降了1.3个和1.2个百分点。同一年春季与秋季鼠密度相比，均呈降低趋势（图5-69）。以2007年为例，试验区春季鼠密度为16%，秋季试验区与辐射区鼠密度分别为3.3%和4.2%，分别降低了12.7个和11.8个百分点。由此可见，通过连续4年的防控，TBS灭鼠技术能够大大降低鼠密度，对于一定区域内的鼠害具有较好的控制效果，能够将某一生态区域的害鼠种群密度控制在较低水平，可持续控制效果十分明显。同时，通过春季灭鼠，不仅减轻春季鼠害的发生危害，而且大大降低鼠害的繁殖能力，对秋季鼠害的发生起到一定的控制作用，将鼠密度控制在较低水平，可以降低防治难度和防治成本，提高防治效果。

表5-28　2007—2010年内蒙古正蓝旗TBS试验区鼠密度及防效调查

年份	对照区春季鼠密度	试验区春季鼠密度	秋季鼠密度		防治效果	
			试验区	辐射区	试验区	辐射区
2007	16.2%	16%	3.3%	4.2%	79.6%	74%
2008	11.6%	10.3%	2.7%	3.8%	76.7%	67.2%
2009	8.7%	6%	1%	2%	88.5%	77%
2010	5%	3%	2%	3%	60%	40%

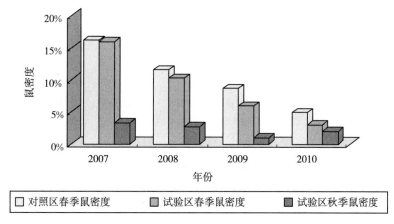

图5-69　2007—2010年正蓝旗TBS试验示范区鼠密度变化情况

6. 经济效益评估

2007年示范点按照垄和面积测定产量结果显示，正蓝旗试验区围栏内莜麦平均每667m² 产量16.94kg，围栏外莜麦平均每667m² 产量7.0kg，围栏内比围栏外增产9.94kg，由于干旱对照区绝产（表5-29）。小麦平均每667m² 产量18kg，围栏外莜麦平均每667m² 产量7.13kg，围栏内比围栏外增产10.87kg，同样由于干旱对照区绝产（表5-30）。白音锡勒油菜籽试验区，围栏内油菜籽平均每667m² 产量40.76kg、围栏外油菜籽平均每667m² 产量22.98kg，围栏外产量比对照区增产20.25%（表5-31）。当年试验区由于受气候干旱影响，作物大幅度减产，对照区绝产，试验数据缺乏代表性，但是在一定程度上说明TBS可有效减轻害鼠对农作物的危害，特别是在低温、干旱等气候条件不利于作物生长的条件下，加强精耕细作，可以大大减少产量损失。同时受边际效应影响，害鼠进入网栏内对围栏作物有一定危害，但是对于网栏内整体作物还是有明显的保护作用。

表 5 - 29   2007 年正蓝旗莜麦地按照垄测产结果

样本		试验区							
		1 区		2 区		3 区		4 区	
		样本量 (g)	每 667m² 产量 (kg)	样本量 (g)	每 667m² 产量 (kg)	样本量 (g)	每 667m² 产量 (kg)	样本量 (g)	每 667m² 产量 (kg)
围栏内	1	13.8	16.1	7.9	9.2	27.3	31.85	11.6	13.53
	2	9.14	10.7	6.8	7.9	27.4	31.96	7.9	9.22
	3	17.3	20.2	14.51	16.9	12.5	14.58	11.6	13.53
	4	25.4	29.6	14.54	16.9	12.3	14.35	9.5	11.08
	5	14.2	16.6	21.3	24.9	5.6	6.53	8.3	9.68
平均每 667m² 产量		16.94							
围栏外	1	0	0	0	0	6.1	7.12	6	7
	2	0	0	0	0	5.2	6.07	5.8	6.76
	3	0	0	0	0	6.4	7.46	6.2	7.23
	4	0	0	0	0	5.8	6.78	6.4	7.47
	5	0	0	0	0	6.8	7.93	5.3	6.18
平均每 667m² 产量		7.00							
对照区		0							

表 5 - 30   2007 年正蓝旗小麦地按照垄测产结果

样本		试验区							
		1 区		2 区		3 区		4 区	
		样本量 (g)	每 667m² 产量 (kg)	样本量 (g)	每 667m² 产量 (kg)	样本量 (g)	每 667m² 产量 (kg)	样本量 (g)	每 667m² 产量 (kg)
围栏内	1	48.2	16.01	27.8	9.27	95.5	31.84	40.7	13.57
	2	64.0	21.33	47.8	15.93	96.0	32.00	55.6	18.53
	3	60.4	250.13	50.8	16.93	43.7	14.57	40.7	13.55
	4	89.0	29.67	50.9	16.97	43.0	14.33	33.3	11.10
	5	49.8	16.60	74.5	24.83	39.2	13.06	29.0	9.67
平均每 667m² 产量		18.00							
围栏外	1	0	0	0	0	22.4	7.47	21.5	7.17
	2	0	0	0	0	18.2	6.07	17.9	5.97
	3	0	0	0	0	22.6	7.52	22.5	7.50
	4	0	0	0	0	20.3	6.77	21.0	7.00
	5	0	0	0	0	24.0	7.98	23.5	7.82
平均每 667m² 产量		7.13							
对照区		0							

表 5 - 31　2007 年白音锡勒 TBS 油菜籽地试验测产结果

项目		每 667m² 产量（kg）					平均每 667m² 产量（kg）	每 667m² 增产（kg）	增产率（%）
		1	2	3	4	5			
按垄测产	围栏内	38.69	39.35	40.02	44.36	31.68	38.82	18.68	
	围栏外	9.01	19.34	19.34	36.69	23.68	23.55	3.41	17.00
	对照区	13.34	13.67	32.35	16.68	24.68	20.14		
按面积测产	围栏内	51.03	39.35	38.69	39.35	45.02	42.69	24.61	
	围栏外	20.01	21.34	23.35	26.35	21.01	22.41	4.33	24.00
	对照区	12.01	17.01	19.01	21.01	21.34	18.08		

TBS 成本分析结果见表 5 - 32，每个试验区需投入 4 个 TBS，每个 TBS 材料成本 657 元，计 2 628元。加上试验中投入的人工费用 150 元，共投入成本 2 778 元。可连续使用 5 年，辐射 33.3hm²，每 667m² 防治成本 1.1 元。TBS 技术防治后每 667m² 增产 10～15kg，折合人民币 10～15 元，投入与产出比 1∶9～1∶13.6。

表 5 - 32　TBS 试验区材料成本

材料名称	数量	单价	小计（元）	总费用（元）
铁筛底	60m	8 元/m	480	
竹竿	30 根	0.7 元/根	21	657
捕鼠筒	12 个	13 元/个	156	

（二）四川省彭山县试验

2007 年 10 月至 2008 年 4 月，四川省彭山县植保植检站在小麦地进行了 TBS 田间鼠害控制试验。试验期内，围栏内小麦播种期为 2007 年 10 月 17 日，较围栏外及对照区小麦的播种期（2007 年 10 月 30 日）提前 13d，且围栏内小麦于 2 月中旬进入孕穗期，3 月上旬进入抽穗扬花期，而围栏外及对照区小麦于 2 月底进入孕穗期，3 月中旬进入抽穗扬花期，生育期均较围栏内推迟了 1 周左右。

2007 年 10 月 20 日至 2008 年 4 月 4 日期间，共捕获害鼠 80 只，其中黑线姬鼠 35 只（占 43.75%），巢鼠 16 只（占 20%），小家鼠 3 只（占 3.75%），褐家鼠 3 只（占 3.75%），四川短尾鼩 23 只（占 28.75%）（表 5 - 33）。围栏内害鼠的捕获量同围栏内外小麦的生育期存在一定相关性，即围栏内小麦播种至拔节末期（2008 年 2 月上旬），害鼠的捕获量呈逐渐上升的趋势，围栏内小麦进入孕穗期（2 月中下旬）害鼠的捕获量达到最高峰，而围栏外小麦进入孕穗期（2 月底）以后，则害鼠的捕获量呈逐渐下降的趋势（图 5 - 70）。

使用夹夜法调查的防治效果显示，TBS 试验区内共捕获害鼠 12 只，捕获率为 4%，而对照区内捕获害鼠 31 只，捕获率为 10.3%。因此，TBS 对农田鼠害的控效为 61.3%（表 5 - 34）。

表 5 - 33　四川省彭山县 2007—2008 年 TBS 田间捕鼠量

捕获日期	害鼠捕获量（只）	鼠种分布（只）					小麦生育期	
		黑线姬鼠	巢鼠	褐家鼠	小家鼠	四川短尾鼩	围栏内	围栏外
2007 年 10 月上旬	0	0	0	0	0	0	—	—
2007 年 10 月中旬	1	0	0	0	0	1	播种	—
2007 年 10 月下旬	3	1	0	0	0	2	苗期	播种
2007 年 11 月上旬	1	0	0	0	0	1		苗期
2007 年 11 月中旬	2	2	0	0	0	0	分蘖期	
2007 年 11 月下旬	0	0	0	0	0	0		分蘖期
2007 年 12 月上旬	4	1	2	0	0	1		
2007 年 12 月中旬	4	2	1	0	0	1		
2007 年 12 月下旬	4	2	0	1	0	1		
2008 年 1 月上旬	1	0	1	0	0	0		
2008 年 1 月中旬	8	1	2	1	1	3	拔节期	拔节期
2008 年 1 月下旬	4	1	1	0	0	2		
2008 年 2 月上旬	8	5	1	0	0	2		
2008 年 2 月中旬	13	7	3	1	0	2	孕穗期	孕穗期
2008 年 2 月下旬	6	3	1	0	0	2		
2008 年 3 月上旬	9	3	0	0	2	4	抽穗扬花期	抽穗扬花期
2008 年 3 月中旬	4	2	1	0	0	1		
2008 年 3 月下旬	5	3	2	0	0	0	灌浆乳熟期	灌浆乳熟期
2008 年 4 月上旬	3	2	1	0	0	0		
2008 年 4 月中旬	0	0	0	0	0	0	腊熟—黄熟期	
合　计	80	35	16	3	3	23	—	—
所占比例（%）		43.75	20.00	3.75	3.75	28.75		

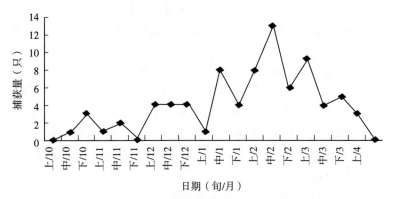

图 5 - 70　2007—2008 年四川省彭山县小麦地 TBS 鼠害控制效果

表 5 - 34　2008 年四川省彭山县小麦地 TBS 鼠害控制效果

	布夹数（个）	收夹数（个）	捕获害鼠（只）	捕获率（%）	控效（%）
TBS 试验区	300	300	12	4	61.3
对照区	300	300	31	10.3	—

应用五点取样法进行小麦的产量测定，对照区内 4 块田的田间测产数据分别为每 25m² 10.7kg、11.2kg、11.7kg、12.4kg，平均为 11.5 kg，折合每 667m² 产量为 306.7kg，而 TBS 试验区内 4 块田的田间测产数据分别为每 25m² 11.5kg、11.9kg、12.5kg、12.1kg，平均为 12.0kg，折合每 667m² 产量为 320.0kg，较对照区增产 4.3%（表 5－35）。

表 5－35　2008 年四川省彭山县小麦地 TBS 围栏试验产量测定

| 区域 | 每 25m² 田间测产（kg） | | | | | 折合每 667m² 产量（kg） | 较对照区增产（%） |
	田块 1	田块 2	田块 3	田块 4	平均		
TBS 试验区	11.5	11.9	12.5	12.1	12.0	320.0	4.3
对照区	10.7	11.2	11.7	12.4	11.5	306.7	—

该技术不仅可大量捕获黑线姬鼠、小家鼠等啮齿目动物（捕获率达 71.25%），对农田鼠害的控效达 61.3%，对农作物的增产作用达 4.3%，而且田间成本投入（表 5－36）较少，年均每 667m² 投入成本仅为 2.5 元。TBS 技术可有效控制农田鼠害，且填补了竹筒毒饵站和鼠夹法的不足之处，可实现农田鼠害的经济、环保、无害化治理。

表 5－36　TBS 技术的田间成本估算

| 捕鼠桶 | | | | 围栏 | | | | 综合年均每 667m² 投入成本（元） |
数量（个）	价值（元）	使用寿命（年）	年均每 667m² 投入成本（元）	数量（m）	价值（元）	使用寿命（年）	年均每 667m² 投入成本（元）	
10	500	5	0.5	300	3 000	3	2	2.5

注：上表中 TBS 技术试验区域为 33.3hm²，按间隔 100m 的标准共建 4 个围栏，每个围栏的建设规格为 20m×10m，并顺网边内侧埋设 10 个捕鼠桶。

（三）吉林省蛟河市试验

2010 年，全国农业技术推广服务中心联合当地植保系统人员在吉林省蛟河市乌林乡的玉米大豆地进行了 TBS 害鼠防治效果研究。试验样地和对照样地均位于吉林省蛟河市乌林乡高家村中鲜屯，两样地由水渠自然分开，两地环境、耕作条件和栽培水平一致，种植作物分别为玉米和大豆。两区试验前 1 年与试验期间均不灭鼠。试验前和作物收获后用夹日法进行不少于 400 夹日的害鼠密度调查，试验区夹捕调查区域为 TBS 周边 200m 范围。TBS 围栏长 20m，宽 10m。TBS 设置后，每天检查捕鼠筒一次，有鼠及时清理并记录鼠种、性别、体重、胴体重、体长、耳长、尾长、后足长、胃容物、雌性胚胎数及雄性睾丸下降状况等数据，直至玉米收获（9 月 24 日）。

于作物整个生长期内对 TBS 试验区（围栏内和围栏外）和对照区玉米进行损失率调查。以食迹法、粪便法、齿迹法等作为鼠害标示。调查内容包括：①出苗损失（害鼠类对种子的危害），②作物生长期损失（害鼠对植株的危害），③作物成熟期损失（害鼠对产量的危害），其中以作物成熟期作为收益对比产量。

1. 基础鼠密度

在不采取任何灭鼠措施的前提下，玉米样地春秋两季鼠情本地调查结果表明，春秋两季总体鼠密度差异不大，春季以黑线姬鼠为优势种，褐家鼠、小家鼠和鼩鼱为常见种，秋季除黑线姬鼠外，褐家鼠和小家鼠也上升为优势种（表 5－37）。这可能与玉米等作物成熟后，褐家鼠等家栖鼠迁移至作物地有关。

表 5 - 37　吉林省蛟河市乌林乡高家村中鲜屯 2010 年鼠情调查（夹捕率）

季节	总夹捕率（%）	黑线姬鼠（%）	褐家鼠（%）	小家鼠（%）	鼩鼱（%）
春季	5.71	4.17	0.33	0.17	9.68
秋季	6.83	4.33	1	1.17	0.33

2. TBS 捕获效果

试验前后试验区和对照区 400 夹日的鼠密度调查结果显示，试验前 TBS 区鼠夹捕率为 5%，对照区为 5.7%；至玉米收获后 TBS 外围 200m 半径内鼠夹捕率为 3%，对照区 6%。TBS 试验区外围 200m 半径内的害鼠密度下降明显（图 5 - 71）。

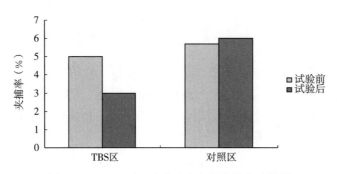

图 5 - 71　TBS 对玉米大豆地害鼠总体防治效果

整个试验期间（5 月 28 日至 9 月 28 日）共捕获各种鼠形动物 106 只。其中黑线姬鼠 81 只，占 76.4%；小家鼠 1 只，占 0.9%；褐家鼠 1 只，占 0.9%；鼩鼱 23 只，占 21.7%。捕获动物基本组成结构与前一年春季调查结果相似（表 5 - 37）。

从捕获动物的数量与时间关系看，5 月、8 月、9 月捕获数明显少于 6 月、7 月（图 5 - 72）。从捕获的优势鼠种黑线姬鼠种群结构来看，成体 54 只，亚成体 27 只，成体明显多于亚成体，雌雄性比为 1.13，无明显差异。

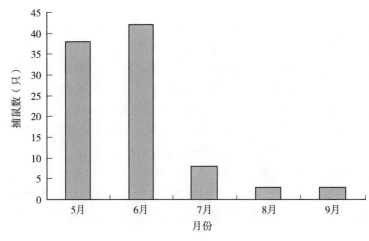

图 5 - 72　TBS 试验区不同月份捕鼠数

3. 经济收益

从作物播种至秋季完全成熟，TBS 围栏内、TBS 围栏外 200m 内及对照区玉米、大豆产量如表 5 - 38。TBS 围栏外玉米较围栏内产量损失 0.084%，对照区较 TBS 辐射区产量损失 1.92%。TBS 围栏大豆外较 TBS 围栏内产量损失 1.28%，对照区较 TBS 围栏内产量损失 3.11%。

表 5-38　玉米、大豆作物收益情况

作物	TBS 围栏内每 667m² 产量（kg）	TBS 围栏外每 667m² 产量（kg）	对照区每 667m² 产量（kg）
玉米	527.37	522.94	517.23
大豆	178.17	175.89	172.62

　　总体结果显示，2010 年蛟河市玉米、大豆田春秋两季优势害鼠种为黑线姬鼠、褐家鼠、小家鼠和鼩鼱，不同季节其捕获率不同，TBS 所捕获的鼠种组成和夹日法调查的春季当地鼠种组成没有明显差异。TBS 试验区害鼠夹捕率由 5% 下降至 3%，每个 TBS 辐射 13.3hm² 的校正灭鼠率为 40.3%。TBS 技术玉米的收益率为 1.92%，大豆地收益率为 3.11%。从调查结果看，春季害鼠主要盗食种子和咬断幼苗，造成缺苗断垄。秋季（9 月下旬）作物基本成熟，害鼠主要盗食成熟籽粒。春季鼠害对作物产量影响比秋季大。TBS 捕获率最高时期是 6～7 月，其保护效益显著。

（四）其他地区试验

　　除上述地区外，TBS 控鼠技术陆续在我国新疆、内蒙古其他地区及辽宁、黑龙江、四川、贵州等 20 个省份 40 多个地区的农田开展了示范试验，各示范区 TBS 均能捕获大量害鼠，控鼠效果较好，作物增产明显，TBS 控鼠技术也逐渐被农户接受和认可。

　　2007 年和 2008 年在安徽省小麦种植区应用 TBS 进行鼠害防控，TBS 均捕获大量害鼠，控鼠效果高达 61.3%～82.6%，TBS 区每公顷挽回小麦损失 330～540kg，既有效控制了鼠害，又填补了毒饵站和夹捕法的不足。

　　2009 年 4～7 月于湖南省常宁市的水稻田使用 2 个 10m×20m 的 TBS 进行控鼠示范试验，共捕鼠 36 只，捕获鼠种包括黄毛鼠、黑线姬鼠、小家鼠。与对照区相比，TBS 试验区增产 7.96%。

　　2008—2011 年新疆农十师一八一团米谷地、黄豆地、油葵地以及设施农业利用 TBS 进行鼠害防控，4 年间探索了 TBS 在不同生境、不同作物区及设置不同 TBS 控鼠效果，共捕鼠 3 802 只，其中 2008 年、2011 年平均每日捕鼠量达到 7 只，保守估算，4 年直接挽回经济损失 11.406 万元。

　　2010 年在新疆伊宁、温泉、乌鲁木齐三地农田开展 TBS 示范试验，三地捕鼠分别为 157 只、82 只、245 只，其中乌鲁木齐最多一天捕获到 18 只害鼠。在未利用诱饵作物的情况下，三地的控鼠效果均达到 75% 以上，挽回粮食损失 4.57%，保守估算，TBS 投入效益比可达 1∶8.52。2008 年，温泉县开展的 TBS 控鼠试验，控鼠效果达到 72.7%，投入效益比为 1∶7.66，TBS 在当地可以作为一种有效的鼠害防控措施。

　　2010 年和 2011 年在贵州余庆、天津玉米种植区开展了 TBS 控鼠示范试验，其中贵州 TBS 试验区自 2010 年 4 月至 2011 年 11 月共捕鼠 124 只，其中黑线姬鼠 119 只，为当地的优势鼠种，种群雌雄性比为 0.31，雄鼠明显多于雌鼠，且测量的形态特征指标与过去的试验结果一致，TBS 在 2010 年和 2011 年控鼠效果分别为 64.71%、40%，此外，试验中发现夹捕鼠密度与 TBS 捕鼠量具有相关性，相关系数达到 0.4786，表明 TBS 捕鼠量能够在一定程度上反应农田鼠害发生情况，具有开发为农田监测手段的潜力。天津玉米种植区试验期间共捕鼠 67 只，挽回玉米损失率为 3.10%，平均每 667m² 增产 21.7kg，投入效益比为 1∶3.88。

二、TBS 的原理及线形优化

　　自 2006 年，我国进行 TBS 试验推广起，我们均采用传统的矩形 TBS（rectangle trap barrier system，R-TBS）＋诱饵作物（TC）的模式，而不同地区、生态环境、鼠群落结构差异较大，诱饵作物在大田作物生长后期，和大田作物基本没有差异，TBS 的捕鼠效率是否下降？TBS 大量捕鼠是否因为诱饵作物的作用？当前我国农业机械化程度越来越高，农田中设置 R-TBS 进行鼠害防控不便于农户进行田间管理以及机械化的生产，需要对 R-TBS 进行优化以满足农业发展和鼠害防控的双重要求。哪些因素影响 TBS 的捕获效果？这些问题亟待解决。

2013 年起，全国农业技术推广服务中心以中国农业大学为技术依托单位，在农业部"农村统一灭鼠"及"农区鼠情监测及鼠害持续控制技术研究"项目的持续资助下，联合吉林省及公主岭市植保站在公主岭市开展 TBS 的系统科学研究。截至 2017 年年底，研究在 TBS 的捕鼠原理、线形优化、影响 TBS 捕获量的因素及 TBS 控制农田鼠害的经济效益评估等方面取得了良好的结果。一些结果发表于国内外专业期刊上。

（一）TBS 的捕鼠原理及线形优化

2014 年，于吉林省公主岭市选择 6 块样地，分别设置 6 个 20m×10m 矩形 TBS 围栏，其中 3 个提前 2 周于围栏内种植诱饵作物，记作 R-TBS+TC。另 3 个不设诱饵作物，记作 R-TBS。2015 年，选择 8 块样地，分别设置 20m×10m R-TBS 和长 60m 的直线形 TBS（记作 L-TBS）各 4 个。记录捕获的鼠种、数量、体重、优势种黑线姬鼠的雌雄性比、年龄结构等数据。统计比较不同模式 TBS 在玉米 5 个生育期内 [播种—出苗期（0～13d）（SS），出苗—拔节期（14～41d）（SJ），拔节—抽雄期（42～73d）（JT），抽雄—乳熟期（74～102d）（TM），抽雄—完熟期（103～137d）（MH）] 的总捕鼠量，优势种捕获量差异，以及整个玉米生长期捕获鼠的群落结构和优势种黑线姬鼠种群年龄结构及性比的差异。

R-TBS+TC 和 R-TBS 在玉米 5 个生育期内的总捕鼠量、优势种捕获量（图 5-73、图 5-75），以及整个玉米生长期捕获鼠的群落鼠种组成（图 5-74）和优势种黑线姬鼠种群年龄结构（图 5-76）及性比均无明显差异。R-TBS 和 L-TBS 上述指标也均无显著差异（图 5-73、图 5-75）。

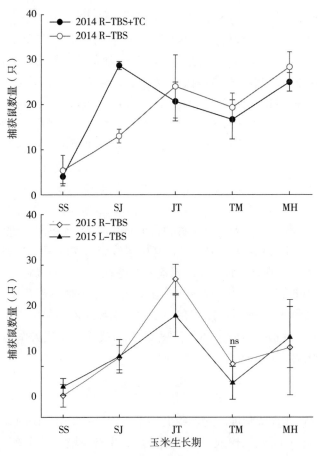

图 5-73　2014 年 R-TBS+TC 和 R-TBS，2015 年 R-TBS 和 L-TBS
在玉米 5 个生育期内捕获鼠数量

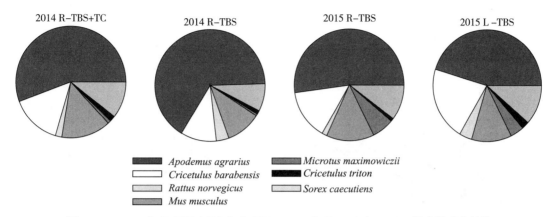

图 5－74　2014 年 R-TBS＋TC 和 R-TBS、2015 年 R-TBS 和 L-TBS 捕获鼠群落结构

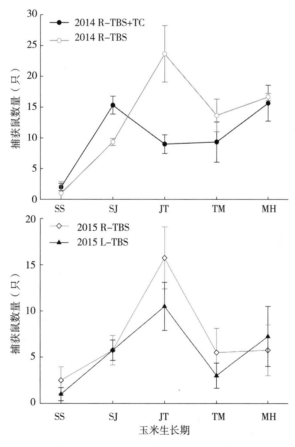

图 5－75　2014 年 R-TBS＋TC 和 R-TBS、2015 年 R-TBS 和 L-TBS
在玉米 5 个生育期内捕获的黑线姬鼠数量

　　上述结果揭示了 TBS 在防控害鼠的过程中诱饵作物不起决定性作用，该方法在旱地作物中控鼠的作用主要依据鼠类沿障碍物边缘活动的习性。据此将传统的矩形 TBS 优化为线形 TBS，并证实其效率不低于矩形 TBS。这种改进利于农作物的耕作及田间管理，极大促进其在我国农田的推广。截至目前，我国各地实施的 TBS 控制农田鼠害的操作，已经基本摒弃矩形 TBS＋诱饵作物的操作方式，改为根据实时地的地形特征采取直线形或曲线形围栏的方式，其捕鼠效果和传统的矩形围栏比较没有任何差异。

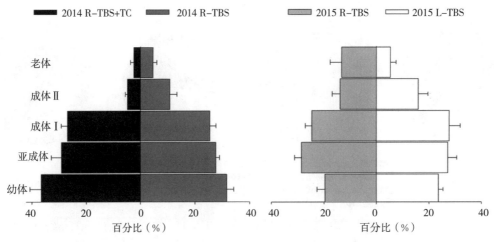

图 5-76 2014 年 R-TBS+TC 和 R-TBS，2015 年 R-TBS 和
L-TBS 捕获黑线姬鼠种群年龄结构

（二）影响 L-TBS 效果的因素

2015 年，在吉林省公主岭市选择 5 块样地：于样地 A（农田西边紧挨当地粮库，地南和地东均为连片农田）设置一长 40m 的 L-TBS，记为 L-TBS-a。于样地 B（西边紧邻村屯，东边为一池塘，向南和北均为大片农田）紧邻池塘的田边设置一长 30m 的 L-TBS，记为 L-TBS-b。于样地 C（四周均为玉米田）中心设置一长 30m 的 L-TBS，记为 L-TBS-c。于样地 D（四周均为玉米田）中央顺田垄设置长 60m、30m 的 L-TBS 各一个，分别记为 L-TBS-d1、L-TBS-d2，两者间隔距离大于 300m。于样地 E（四周均为玉米田）中央位置同样设置两个 TBS，长度均为 30m，两者间隔距离亦大于 300m，分别记为 L-TBS-e1、L-TBS-e2。记录捕获鼠的鼠种、性别、体重等指标。统计分析在玉米 5 个生育期内不同设置的 L-TBS 捕获量的差异。评价影响 L-TBS 捕鼠效果的因素。

1. 围栏长度对 L-TBS 捕鼠效果的影响

不同长度的 L-TBS-d1 和 L-TBS-d2 年捕鼠量分别为 86 只、35 只，60m 围栏捕鼠量是 30m 的 2 倍多，但两者捕获量随玉米生育时期变化均呈现先升高，在拔节期和抽雄期保持平稳，后下降，于收获时的完熟期略有上升的趋势（图 5-77），捕鼠量随时间的变化无明显差异（$Z=-0.776$，$P=0.438$）。

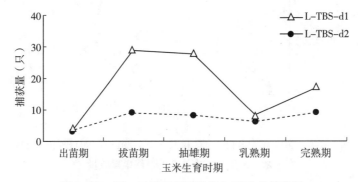

图 5-77 同一玉米田不同长度 L-TBS 的捕鼠量

2. 陷阱数量对 L-TBS 捕鼠效果的影响

相同长度不同捕鼠桶的 L-TBS-e1 和 L-TBS-e2 年捕鼠量分别为 60 只和 39 只，两者于玉米出苗期和拔节期捕获量相当，总体都呈抽雄期达到捕获高峰，后逐渐下降的趋势（$Z=-1.199$，$P=0.231$）。均于玉米抽雄期捕获量达最高值，5m 间隔捕鼠桶在此生育阶段的捕获量为 10m 间隔的 2 倍（图 5-78）。

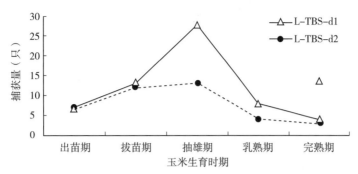

图 5-78　同一玉米田不同捕鼠桶 L-TBS 对捕鼠趋势的影响

3. 环境（鼠密度）对 L-TBS 捕鼠效果的影响

在不同样地（环境）条件下，相同长度 30m 的 L-TBS-b 和 L-TBS-c，二者年捕获量相当，分别为 60 只和 64 只。两者在不同玉米生长期内捕鼠量变化差异显著（$Z=-2.452$，$P=0.014$）。但在玉米乳熟期以前各阶段捕获量变化趋势一致（$Z=-1.199$，$P=0.231$）。仅 L-TBS-b 在完熟期的捕获量增多，而 L-TBS-c 自抽雄期达到捕鼠高峰期后，呈逐渐下降趋势（图 5-79）。

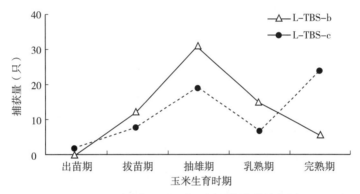

图 5-79　相同 L-TBS 在不同环境内的捕鼠量

相同长度 30m、相同捕鼠桶数的 L-TBS-d2 和 L-TBS-e1 年捕获量分别为 35 只、60 只。两者在不同玉米生长期内捕获量变化无差异（$Z=-1.026$，$P=0.305$），但 L-TBS-e1 除完熟期外的其他生长阶段捕获量均多于 L-TBS-d2（图 5-80）。

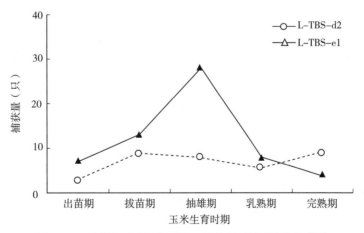

图 5-80　相同 L-TBS 在不同玉米地中不同时期的捕获量

4. 捕鼠桶大小对 TBS 捕鼠效果的影响

北京市在 TBS 推广使用过程中，发现由于捕鼠桶开口较大，在捕获害鼠的同时，也会捕获刺猬、黄鼠狼、蛇等其他动物。现有成品的铁制捕鼠桶，在雨季易受水浸泡腐蚀，使用寿命较短。另外，成品 TBS 的造价偏高，现有财政资金支持体系下很难大范围应用。为解决上述问题，2015 年北京市植保站的科技人员因地制宜制作了一批 TBS 装置，设置了不同规格的捕鼠桶、倒须捕鼠笼，比较了其捕鼠效果。

试验中使用的成品 TBS 由北京市隆华新业卫生杀虫剂有限公司生产。TBS 由孔径≤1cm 的金属网围栏和高 50cm，上底面直径 25～30cm 的圆台形捕鼠桶组成。自制 TBS 委托北京顺来居祥建材经营部制作。TBS 由孔径 1cm，高 0.5m 防锈铁丝网，捕鼠桶由 PVC 管制成，规格有高 50cm，直径分别为 10cm、15cm 和 20cm，及直径 20cm，高分别为 30cm、40cm 及 50cm 的 PVC 桶。自制倒须捕鼠笼用市场购买的铁丝捕鼠笼改装，即在捕鼠笼进口相对的一面铁网下端，剪开一个直径 5～6cm 的圆孔，圆孔处安装一个直径 5～6cm、长 10～15cm 的 PVC 管，PVC 管一端固定在铁网上，捕鼠笼内的一端绑两圈铁窗纱加工的 15cm 的倒须。

试验共设 8 个处理，分别为：捕鼠桶高 50cm，开口直径 10cm，记作 h50 - r10；捕鼠桶高 50cm，开口直径 15cm，记作 h50 - r15；捕鼠桶高 50cm，开口直径 20cm，记作 h50 - r20；捕鼠桶高 30cm，开口直径 20cm，记作 h30 - r20；捕鼠桶高 40cm，开口直径 20cm，记作 h40 - r20；捕鼠桶高 50cm，开口直径 20cm，记作 h50 - r20；倒须捕鼠笼；成品捕鼠桶。8 个处理顺序排列，3 次重复。TBS 设置在蔬菜园区的外围，设置成封闭方式，3 月底安装。围网地上部分高 30～40cm，埋入地下 10～15cm，沿围栏边缘每间隔 5m 埋设捕鼠桶（里外均可），上底面向上埋至与地面齐平，于桶口平齐处围网底部开一个边长 3～4cm 的正方形口。每处理 10 个捕鼠桶或捕鼠笼，以成品捕鼠桶作对照。

试验结果显示，2015 年 4～12 月期间，除倒须捕鼠笼未捕获害鼠外，其他各规格 TBS 捕鼠桶均捕获害鼠，年度捕获曲线均呈双峰型，第一个捕获高峰在 4～5 月，第二个捕获高峰在 9～10 月（表 5-39）。不同规格捕鼠桶捕鼠数量存在差异，除倒须捕鼠笼和 h50 - r10 桶外，其他 5 种捕鼠桶处理捕鼠数均超过标准捕鼠桶，分别多捕鼠 19～69 只，其中 h50 - r20 捕鼠桶捕鼠数最高，累计捕鼠数为 113 只。h50 - r20、h30 - r20、h40 - r20 三种捕鼠桶的月均捕鼠数无显著差异，但均与 h50 - r10 捕鼠数差异显著，且 h50 - r20 的捕鼠数与标准铁皮桶的捕获量差异也显著，倒须捕鼠笼期间未捕获任何鼠。试验中直径 20cm 的捕鼠桶偶尔会捕获刺猬，而直径 15cm 的捕鼠桶未捕到刺猬。

表 5 - 39　2015 年 4～12 月北京农田 8 种不同规格捕鼠桶 TBS 的月捕鼠量

TBS 类型	4 月	5 月	6 月	7 月	8 月	9 月	10 月	11 月	12 月	合计
h50 - r10	5±3ab	0.67± 0.58a	0.33± 0.58a	0a	0a	3±3a	0.33± 0.57a	0a	0.67± 1.15a	10± 6.24abc
h50 - r15	5.66± 0.58a	1.67± 0.57ab	2± 0a	2± 0a	1.67± 0.58a	3.67± 1.53a	4.33± 0.58b	1.67± 1.53a	0a	22.67± 0.58a
h50 - r20	7± 4.58ab	6± 1b	1.67± 0.58a	4± 1.73a	3.33± 1.54a	9± 6.56a	5± 1b	1± 1a	1.7± 0.58a	3.33± 6.11abc
h30 - r20	6.33± 3.05ab	4± 3.61ab	0.58a	1.33± 0.58a	9.33± 3.21a	3.67± 2.52a	1.67± 1.53ab	0.67± 1.15a	0.67± 1.15a	6.11abc
h40 - r20	6.67± 2.52ab	3± 0ab	2.33± 1.53a	1.67± 0.58a	2.33± 1.53a	8.67± 3.79a	2.67± 1.15ab	1.67± 0.58a	0.67± 1.55a	29.67± 6.51abc
h50 - r20	7.67± 3.21ab	1± 1bc	0.33± 0.58a	1.33± 0.58a	1.67± 0.58a	5.33± 2.89a	2.67± 2.08ab	0.67± 0.58a	0.33± 0.58a	21± 8.89abc
倒须笼	0b	0ac	0a	0a	0a	0a	0a	0a	0a	0b
铁皮桶	0.33± 0.58b	3.6± 0.58b	2.33± 2.31a	2.33± 2.52a	1.33± 1.53a	4±3a	0.33± 0.58a	0.33± 0.58a	0a	14.67± 0.58c

试验共捕获害鼠 4 种，包括大仓鼠、黑线姬鼠、小家鼠、鼩鼱，其中小家鼠和黑线姬鼠为优势种，分别占总捕鼠数的 61.3％ 和 37.7％（图 5-81）。不同规格桶捕获害鼠的种类无差异，均以小家鼠和黑线姬鼠为优势种，其中 h50-r20、h40-r20、h30-r20、h50-r20 等 4 种规格的捕鼠桶各捕获 3 种，h50-r10、h50-r15 和标准捕鼠桶各捕获 2 种。

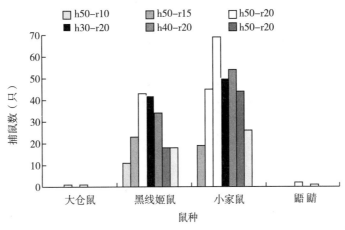

图 5-81　2015 年 4～12 月北京农田不同规格捕鼠桶 TBS 捕获鼠形动物种类及数量

试验共制作 TBS 3 510m，投入总成本为 37 560 元，折每延长米 10.7 元。成品 TBS 每套 1 600 元，长 60m，折每延长米 26.7 元。本试验园区面积 10hm²，若采用外围全封闭方式共需使用围网 1 430m，折每 667m² 使用围网 9.5m；若采用单棚室设置，每 667m² 需使用围网 100m 以上，外围全封闭设置可明显降低成本。若按每延长米 10.7 元，平均每 667m² 一次性投入成本约 101.65 元，设置的 TBS 至少可连续使用 5 年，合计每 667m² 每年投入成本约 20.33 元。试验基地草莓棚常规灭鼠采用粘鼠板法，每棚室每月使用 5 张粘鼠板，一般连放 3 个月，共计 15 张粘鼠板，每块粘鼠板 2 元，共需 30 元。TBS 对设施农业内害鼠的控制成本低于常规控鼠方式，适用于绿色生产蔬菜园区应用。

三、TBS 控制鼠害的经济效益

在推广和应用 TBS 控鼠技术的过程中，研究人员进行了大量理论研究和实践探索。Singleton 等（1998）根据距 TBS 不同距离水稻的受害水平和产量，估算出单个围栏内种植诱饵作物的 TBS 保护辐射半径至少为 200m；Brown（2003）利用无线电监测银腹稻鼠的活动范围，在试验区（TBS＋TC）标记的雄鼠和雌鼠活动中心到 TBS 的距离分别为 466.7m（±59.6SE）、484.7m（±43.4SE），在对照区（TBS）分别为 575.9m（±43.2SE）、420.1m（±56.4SE）。试验结果证实了 TBS 可以提供半径至少为 200m 的保护辐射面积。同时试验区 TBS 共捕鼠 706 只，而对照区只有 10 只，证明在水稻种植区使用 TBS＋TC（水稻提前或晚播）模式可吸引害鼠，捕鼠效果优于单独使用 TBS。

Singleton 等（2003）在印度尼西亚水稻种植区对比了 50m×50m、30m×30m、20m×20m 三种规格的 TBS 控鼠效果，试验结果表明 3 种规格的 TBS 平均每米围栏捕鼠分别为 4 只、2.5 只和 3.5 只，3 种规格 TBS 围栏外 200m 距离内不同距离的水稻均增产 15％～22％，不同规格的 TBS 均可提供一个半径为 200m 的保护辐射范围。通过分析 3 种规格 TBS 的经济效益，在未计算 TBS 材料重复使用的情况下，3 种规格 TBS 的投入产出比分别为 14∶1、10∶1、24∶1。20m×20m 的 TBS 经济效益高于其他两种规格的 TBS，作者推荐农户每 10～15hm² 水稻使用一个 20m×20mTBS 进行鼠害防控。

全国农业技术推广服务中心和中国农业大学比较了传统 20m×20m 矩形 TBS、优化改良后的

30m及60m线形TBS鼠害防控效果和损失挽回情况，系统地对TBS在玉米地内控制害鼠的收益进行了定量测定。

（一）TBS设置

试验地位于吉林省公主岭市黑林子镇柳杨乡，为确保样地作物类型的一致性，样地所在田块玉米连片种植面积均不小于30hm²。2014年，选取3个玉米田块，其中，样地A向西邻接一国家储备粮库，向南和东均为行道树隔开的连片农田，向北邻接一村庄。样地B和样地C相距约1km，周边环境相似，两样地东南边界距离最近的村庄约1km，向西、向北方向均为行道树隔开的连片农田。同时于该镇小窝堡村选择两块相距1km的农田作为对照区，其周围环境与样地B周边环境类似。于各田块中心位置开展试验。2015年，在上述3块样地的基础上，按相同的条件，增加2块样地D和样地E。每年试验区和对照区均连片种植同种玉米，种植和管理模式相同。

（二）TBS控鼠效果评估

试验自当地玉米种植期始（2014年5月12日和2015年4月27日），至玉米收获时结束（两年均为9月30日）。2014年，于田块A设置一20m×20m矩形TBS（R-TBS），田块B、田块C设置长60m、30m的线形TBS（L-TBS）。TBS由孔径≤1cm的金属网围栏和半圆台形捕鼠筒（高50cm，上、下底面直径分别为25cm、32cm）组成。围栏埋入地下约15cm，地上部分高45cm，沿围栏金属网每隔5m埋设一个捕鼠筒，其上底面与地面齐平，下底面封闭并扎孔，使雨水能够渗出。在上底面半圆直径中心对应的金属网上平齐地面剪一5cm×5cm的洞口。设置后每天早晨检查整理捕鼠筒一次，及时清理并记录捕获鼠的种类及数目。于TBS设置前（5月2~3日）及玉米收割期（9月24~25日），在田块A、田块B和田块C TBS设施中心点半径100m范围内、R-TBS围栏内及2对照区内夹捕调查鼠密度。20m×20mTBS围栏内按夹距、行距均5m，每次置夹20个；围栏外及其余各样地按夹距5m、行距50m，放置4行的方式每次置夹200个。以花生米为诱饵，暮放晨收，连续放置2d。

2015年，参照上年L-TBS（60m）设置方法，在5个田块内设置L-TBS（60m），调查捕鼠量。

TBS灭鼠效果依下列公式计算：

$$夹捕率（鼠密度）=\frac{捕获鼠总数}{有效夹日数}\times100\%$$

$$校正灭鼠率=\left(1-\frac{TBS试验区处理后鼠密度\times对照区处理前鼠密度}{TBS试验区处理前鼠密度\times对照区处理后鼠密度}\right)\times100\%$$

2014年整个玉米生长期内，R-TBS、L-TBS（60m）和L-TBS（30m）总捕鼠量分别为91只、87只、60只。试验前后3块试验区鼠密度均明显下降，2块对照区均略有下降。R-TBS、L-TBS（60m）、L-TBS（30m）区块的玉米地校正灭鼠率（控鼠效果）见表5-40。

表5-40 2014—2015年吉林公主岭不同TBS对玉米田害鼠的控制效果

处理		夹捕率（%）		校正灭鼠率（%）
		5月2~3日	9月24~25日	
R-TBS	内	0	0	—
	外	3.5	0.5	84.57
L-TBS	60m	3.8	0.8	77.26
	30m	3.25	1	66.77
对照	对照区1	3.5	3.2	—
	对照区2	3.25	3.05	—

（三）优势种鼠活动距离测算

为评估实验地区TBS捕获的占比最大优势种的最大活动距离，于样地B内沿与围栏平行方向、在距 L-TBS（60m）50m、100m、150m 的位置，各放置一行活捕笼，笼间距 5m，每行 35 个，共 105 个。笼内以花生米为诱饵，自 TBS 设置日起连续布放 2 周，3d 更换一次诱饵，每日早晨检查捕鼠笼，有鼠及时取出，记录鼠种和鼠笼编号，剪趾标记后原地释放。根据同一标记鼠捕获地点间距离，估算其最大活动距离。

135 个活捕笼 2 周内共捕获标记 18 只鼠，其中黑线仓鼠 8 只，黑线姬鼠 6 只，小家鼠 4 只。标记释放后，L-TBS 未捕获标记害鼠，但不同活捕笼间标记重捕黑线仓鼠 4 只，小家鼠 2 只。其中，黑线仓鼠的平均活动直线距离为（112.95±23.22）m；小家鼠平均活动距离为 129.03m。据此，估算 TBS 的捕鼠半径（害鼠最大活动距离）不小于 100m。

（四）玉米产量测算

当地玉米种植模式为机械条播，平均行距为 64.5cm。于玉米收获阶段，2014 年在实验区的 R-TBS 围栏内，R-TBS、L-TBS（60m）、L-TBS（30m）外 50～100m 范围内及对照区内；2015 年于各 TBS 试验点距围栏 100m 范围内分别测产。玉米产量的测算均采用五点取样法分别取样，每点取 5m 双行玉米果穗。自然晒干至水分约 14%，脱粒称重，按下列公式估算每公顷玉米产量。

$$每公顷玉米产量（kg）=\frac{10\ 000m^2}{行距\ 0.625m \times 2\ 行 \times 5m} \times 每个样点平均产量（kg）$$

各 TBS 处理区样点内玉米平均产量及估算产量较对照区有一定提高。其中，R-TBS（内）样点平均产量及估算产量均显著高于对照；R-TBS（外）、L-TBS（60m）和 L-TBS（30m）3 个处理与 2 个对照区样点内玉米平均产量及估算产量间差异不显著。

表 5-41　2014 年吉林公主岭不同 TBS 试验地玉米产量及挽回损失量

处理	样点平均产量（kg）	估算产量（kg/hm²）	挽回损失（kg/hm²）
R-TBS（内）	9.39±0.34 a	14554.5±584.8 a	1085
R-TBS（外）	9.19±0.24 ab	14244.5±419.1 ab	755
L-TBS（60m）	9.17±0.18 ab	14213.5±311.5 ab	744
L-TBS（30m）	9.15±0.24 ab	14182.5±413.0 ab	713
对照区 1	8.68±0.22 b	13469.5±205.3 b	—
对照区 2	8.7±0.23 b		

注：同列数据后不同小写字母表示差异显著（$P<0.05$）。

按 2014 年市场价格计，TBS 金属围栏 15 元/m，捕鼠桶 30 元/个，玉米 2.2 元/kg。根据标记重捕数据，1 个 L-TBS（60m）保护辐射半径至少为 100m，保守估计一个 TBS 的保护辐射面积为 3.14hm²。一个 20m×20m 的 R-TBS 含金属围栏 80m，捕鼠桶 16 个，人工和其他费用 1 400 元，合计费用 3 080 元，其可挽回经济损失 5 311.02 元，投入产出比为 1.7∶1；L-TBS（60m）需金属网 60m，捕鼠桶 12 个，人工和其他费用 1 200 元，合计费用 2 460 元，L-TBS（60m）可挽回经济损失 5 140 元，投入产出比为 2.1∶1；L-TBS（30m）需金属网 30m，捕鼠桶 6 个，人工和其他费用 1 100 元，合计费用 1 730 元，L-TBS（30m）可挽回经济损失 4 925 元，投入产出比为 2.8∶1。

四、TBS 的应用前景

TBS 实质是一种可以大规模、高效率使用的鼠害物理控制技术，全国范围不同作物种植区的推广试验结果证明，其控鼠适用范围广，控鼠效果明显，能够作为农田鼠害防治的一种有效手段。其在防控鼠害，保证作物产量、农户收成的同时，不使用任何杀鼠剂，能有效削减鼠害防治区杀鼠剂的使用总量。避免了鼠药环境污染及对天敌的影响，有助于保护农区的生态平衡，达到可持续发展的目的；利用该技术进行田间鼠害控制，与其他鼠害控制技术比较，其年均投入成本也较低。总体上经济效益和社会效益良好。

TBS 是目前鼠害生态防治（EBRM）的主要措施之一。为了推进 TBS 的应用，其捕鼠原理、控害面积等理论研究也被不少学者所关注。国外研究推测 TBS＋诱饵作物模式的捕鼠效果优于单独的 TBS，诱饵作物在 TBS 防治稻田害鼠中的作用明显。我国学者在我国东北地区玉米地的实验揭示诱饵作物对捕获总量无显著影响，玉米地 TBS 内设置诱饵作物与否，均能捕获到一定量的鼠，年捕鼠量的高低与有无诱饵作物无显著相关性，而可能与当年的鼠害发生程度及气候条件（如降雨）有关。并依此验证了线形 TBS（L－TBS）的效果较矩形 TBS（R－TBS）捕鼠效率高，其方便农事操作，更具推广应用的潜力。根据距 TBS 不同距离水稻的损失量和收获量，及利用无线遥测结果，Brown 提出单个 TBS 的保护辐射半径约为 200m。我国学者根据捕鼠量和玉米产量测算结果，提议在东北玉米种植区使用长 60m、捕鼠桶间隔 5m 设置的 L－TBS 进行鼠害防控，可获得显著经济效果，其辐射保护距离大于 100m。

TBS 是利用鼠类有沿着物体边缘行走的习性，紧贴其途经的屏障边缘线设置陷阱，捕获害鼠的一种方式，具有开发成一种害鼠日常监测方法的潜力。国内外相关报道称 TBS 与夹捕法、笼捕法捕获量存在一定的相关性：在越南水稻种植区研究鼠害防治后害鼠的补偿效应时，发现 TBS 与捕鼠笼捕获量呈现出很好的正相关性，验证了过去用捕鼠笼估算农田实际鼠数量的可信性，即 TBS 捕获量可以反映农田相对鼠密度。2010 年 4 月至 2011 年 11 月在贵州农田中开展的 TBS 试验，每月 TBS 捕鼠量与夹捕捕获率的相关系数为 0.4786，相关性达显著水平，再次表明 TBS 捕鼠量在一定程度上能够反映农田相对鼠密度。且 TBS 能够捕获一些稀有鼠种，如地下活动的鼢鼠，为研究鼠群落结构和种群生态特征提供翔实的资料。此外，与夹捕法相比，TBS 捕获的害鼠较为完整，便于储存，持续捕获量大，弥补了夹捕法捕鼠难的缺陷，为鼠种群的形态、繁殖等生态特征的研究提供了丰富的材料。TBS 有着比传统夹捕法监测农田害鼠更贴合自然种群的优点，可以尝试替代夹捕法。但监测调查中设置标准（设置地点、设置数量）及与夹捕调查相似的缺点，及所反映的种群密度算法等问题需要逐步解决。

第七节　鼠害防控技术研究现状及发展趋势

鼠害的发生会造成巨大的经济损失和生态退化，且治理难度大。但鼠类只是在一定区域内超过一定密度才会产生危害，鼠害防治并不是简单的杀死所有的鼠，实际操作中也不可能做到，鼠害控制的最终目的是减小鼠类对人类的影响。国内外专业工作者对鼠类的防治进行了大量的研究，结合生产实践者尤其是农民的经验，多种多样的鼠害防治手段被创制和实践。物理防治、化学防治、生物防治以及其他防治方法不断涌现。但任何一种单纯的防治方法都有其利弊。利用数学模型研究具有时滞的密度制约及外部因子对鼠类种群动态的影响是目前鼠类群落或种群动态研究的热点之一。其既是鼠类生态学研究的深化，也是鼠害治理的理想方法——生态治理的基础，利用生态平衡原理，统筹平衡鼠类数量、环境协调和人类利益，优化传统防治方法，开创新型防控方法，因地制宜地调节生态系统向有利于人类需求的方向平衡，是鼠害可持续控制的最理想方式。以改进的传统化学防治手段，新型农艺技术、围栏陷阱技术（TBS）、不育控制、天敌防控等手段为基础，通过作物产量测定和化学药物环境残留跟踪，建立定量评估传统和新型鼠害防治方法的经济和环境效益的技术体系，辅以我国常用杀鼠剂抗性检测研究和新型杀鼠剂的相关测试，为未来鼠害化学防治储备技术手段。量化和整合目前鼠害研究的主要技术，进而形成完整的鼠害可持续防治技术策略。从理论上说，这是理想的鼠害防治模式，正在逐渐摸索整合中。实际工作中鼠害治理的各种单项技术也在不断地被向前推进。

一、鼠类种群动态预测预报技术的发展

随着农业生态环境的改变以及异常气候等诸因素的影响，我国农区鼠害的发生将更加频繁。2000年之后，尤其是近 5 年，植保技术突飞猛进，鼠害预警技术也不例外。利用信息技术结合传统技术高效、便捷、持久地监测害鼠种群动态，利用数学模型预测害鼠的种群动态并解析气候变化对害鼠种群数量的影响，探讨种群内及种群间内在关系。达到地面传统方法、航空及卫星遥感技术及物联网技术的有机结合，形成全国或地理区域上的监测记录数据库，预测预报系统和专家决策系统的有机结合，最终实现与我国经济、社会发展水平相适应的害鼠监测预警和可持续防治技术体系，是未来鼠害治理的理想发展方向。根据我国目前该领域的研究现状，我们需加强以下领域的研究：降水、温度等重要气候因子对鼠类生长、发育、行为、繁殖、存活及种群增长的直接和间接影响（通过影响植被和食物等）；运用分子生物学、生理学、生物化学、生态学等多学科技术手段，宏观微观相结合，研究不同生态系统中鼠类对极端气候条件变化的生理生态学响应，害鼠对环境胁迫的适应性进化和生存策略，揭示全球气候变化条件下不同农业生态环境系统中害鼠生态适应的生理、生态及分子机制，阐明害鼠在未来全球气候变化条件下种群暴发为害的机理及发展趋势。

二、鼠害化学防控技术的发展

不管是在人居环境还是在野外环境中，致命的化学药物——杀鼠剂目前仍然是所有啮齿动物控制实践的主要支柱，20 世纪 50 年代引入的抗凝血杀鼠剂，安全性高，在目前可用的杀鼠剂中具有极好的成本效益。在可预见的将来这种情况将会保持下去。

国内长期使用肉毒素和抗凝血杀鼠剂控制鼠害的主要地区，害鼠已产生抗药性和拒食性，致使鼠害控制效果逐年下降，使用剂量也越来越大，灭鼠成本与由此带来环境风险和代价越来越高。目前使用的化学药物主要以毒杀剂为主，有少量的不育剂，毒杀剂仍然是第一代和第二代抗凝血剂，没有新的商品化药物。对于毒杀剂，大量的研究工作是如何使用好现有的抗凝血剂，充分发挥其毒杀效果，同时尽量减少对非靶动物和生态环境的危害。

（一）灭鼠毒饵饵料基本配方筛选

据统计，全国每年用于农田灭鼠消耗的粮食达 4.5 万 t，为减少粮食消耗，开展了许多可代替粮食的饵料的研制。

广东省农业科学院植物保护研究所媒介生物学研究团队将淀粉类的番薯、花生麸（花生油厂下脚料）、木薯、碎玉米（饲料厂下脚料）、碎面渣（方便面厂下脚料）、碎米（精米厂下脚料）等和谷壳（米厂下脚料）、甘蔗渣（糖厂下脚料）、稻谷秸秆等纤维类组合配比成不同处方。将所有原料粉碎，按一定比例加少量水混匀，用模具压制成形。研究黄毛鼠、褐家鼠和板齿鼠对不同处方基饵的适口性，筛选最优基饵配方。以黄毛鼠为主试动物时，以碎米、碎面渣、花生麸及谷壳、甘蔗渣为主要成分的饵料配方更符合试鼠口感需求；淀粉类与纤维类配比不同其配方对试鼠的适口性表现也不同，当耗粮系数<0.5、摄食系数>0.3 时的配比范围为纤维类：淀粉类＝1.2～3.5；在此范围内，初选出 7 种配方 A～G 对黄毛鼠进行适口性检测。在以稻谷为对照时，7 种配方的适口性均为优，其中配方 C、E 和 G 的摄食系数分别为 2.97、2.57 和 1.46，适口性明显高于其他配方。对板齿鼠和褐家鼠进行适口性检验，各配方对两种鼠的适口性均为优，其中配方 C 对板齿鼠的适口性最好，摄食系数达到 2.89；而配方 G 对褐家鼠的适口性最好，摄食系数为 1.76。确定了配方 C 为黄毛鼠和板齿鼠的最优基础配方，配方 G 为褐家鼠的最优配方。

山西省农业科学院植物保护研究所鼠害研究团队以作物秸秆、藤蔓和酒糟、醋糟等为原料，掺入一定比例的粮食粉碎后，用制粒机制成非原粮饵料（JZL20），并用 0.005％溴敌隆制成毒饵，添加了引诱剂（YYJ5），加工成品 JZLY9 毒饵。田间效果测试表明 JZLY9 非原粮毒饵的灭鼠效果比小麦毒

饵的灭鼠率高 3％，该饵料完全可以替代原粮毒饵用于北方常见鼠害的防治，达到节约粮食和降低灭鼠成本的目的。

（二）灭鼠毒饵引诱剂筛选

目前商品化的抗凝血剂，从毒理上看，对害鼠的毒性都很强，只要害鼠取食足量的毒饵，就可达到理想的效果。但实际情况却是，效果好的杀鼠剂毒饵，由于适口性不好，害鼠很少取食甚至拒食，从而达不到毒杀害鼠的效果。

广东省农业科学院植物保护研究所媒介生物学研究团队将各种植物油、动物油脂、各种常用食用调味剂、常见的食品添加剂、毒饵配制中可能用到的各种化学溶剂以及大葱素等已有报道对鼠类具有引诱作用的化学药品进行配比组合。从引诱材料中初筛出 3 种鼠具有引诱效果且效果较为明显的材料，进行调试后按比例复配成引诱剂配方并配制饵料，以引诱效果最好的单种引诱剂为对照进行二级检测，筛选最适引诱剂配方。从 25 种可能对试鼠具有引诱作用的物质中得到 4 种引诱剂配方（分别按 A～D 编号）。其中，配方 A 对 3 种鼠均具有引诱增食作用，配方 B、C 对褐家鼠的引诱作用较好，配方 D 对黄毛鼠和板齿鼠的引诱增食作用较显著。由于各配方对靶标鼠的引诱增食效果在试鼠个体间差异较大，配方对受试鼠的引诱效果不稳定，因此进行引诱配方的调配以降低引诱效果的波动性。因引诱配方 A 单独使用时对 3 种试鼠的引诱增食作用最强，故以添加配方 A 的饵料为对照，做引诱配方的二级筛选。根据 A～D 的引诱特点，分别将配方 A、B、C 和 A、D 按比例复配，形成 2 种复合引诱剂配方 I、II，对 I 和 II 以引诱配方 A 为对照进行二级检测。结果表明，引诱配方 I 和 II 均在配方 A 的基础上有效提高了饵料的增益效果，其中配方 I 对褐家鼠饵料的增益指数为 0.31，配方 II 对黄毛鼠和板齿鼠饵料的增益指数也分别达到 0.29 和 0.31；2 种引诱配方的增益效果均较单一配方稳定，提高了引诱剂的实用性。

黑龙江省农业科学院植物保护研究所鼠害研究团队测试了白糖、白酒、乙醇、乙酸乙酯、盐、酱油、醋等不同成分对褐家鼠、社鼠、子午沙鼠、花鼠、林姬鼠、黑线姬鼠等多种鼠类的引诱效果。研究结果表明饵料中添加白酒对褐家鼠引诱力显著提高，进一步分析了白酒主要成分乙醇和香味成分乙酸乙酯对褐家鼠的引诱效果，起引诱作用的主要为乙醇，而乙酸乙酯存在显著的个体差异。对乙醇处理作用时间的详细分析表明，在田间试验条件下，尽管与新处理后饵料相比引诱效果随投放时间延长而降低，但处理后 10d 饵料引诱力仍旧显著高于对照。抗凝血类杀鼠剂作用时间高峰一般为害鼠取食后 3～7d，这表明这项技术可以有效提高毒饵引诱力，从而提高杀鼠剂使用效率。

（三）杀鼠毒饵防水、防腐剂筛选

杀鼠毒饵投放到野外农田，能否取得理想杀鼠效果，害鼠是否取食是毒杀效果的关键。投放到农田的毒饵，如果发霉变质、毒饵颗粒遇水散开，都会影响害鼠的取食。

广东省农业科学院植物保护研究所媒介生物学研究团队将苯甲酸钠、山梨酸钾、脱氢乙酸钠、丙酸钙、双乙酸钠、乳酸钠、对羟基苯甲酸丙酯和乳酸链球菌素等常用防腐剂经过复配后形成适合的防腐剂配方，添加到诱饵后检测诱饵的霉变时间。采用工业石蜡包埋饵料进行防水处理，观察饵料的水浸粉解情况。霉变试验结果显示，添加了防腐配方的饵料可实现室内保存 60d、室外 25d 后表面无霉斑。而饵料水浸粉解试验结果表明，经连续 24h 完全水中浸泡，石蜡包埋处理的处方饵料的粉解率只有 10％，浸泡 72h 的粉解率低于 40％，而市售饵料在水中浸泡 12h 就完全粉解。

（四）杀鼠毒饵适口性研究

将基础配方、引诱剂、防腐剂和防水剂组配成 2 种替代原粮的灭鼠诱饵配方（田鼠型、家鼠型），分别与常用的两种杀鼠剂杀鼠醚和溴敌隆配伍，研制出两种处方灭鼠毒饵剂型 0.0094％杀鼠醚和 0.002 5％溴敌隆。以 SD 小鼠和黄毛鼠为模式动物，检测 0.009 4％杀鼠醚和 0.002 5％溴敌隆的适口性和灭效。2 种处方灭鼠毒饵剂型的适口性好。其中，SD 小鼠和黄毛鼠对 0.009 4％杀鼠醚连续 3d 的摄食指数分别为 1.263 和 1.142，对 0.002 5％溴敌隆处方毒饵 3d 的摄食指数分别为 1.344 和

1.203，略低于市售的 7.5％杀鼠醚和 0.5％溴敌隆配制的毒谷，但毒杀效果相当，在无选择条件下，黄毛鼠、褐家鼠和板齿鼠连续取食处方灭鼠毒饵 5d，毒杀效果均超过 90％。由此可见，0.009 4％杀鼠醚和 0.002 5％溴敌隆对主要农田害鼠均有很好的防效，添加工业石蜡后虽然降低了处方毒饵的适口性，但由于处方灭鼠毒饵为全食毒饵，防治效果并没有受到影响。

（五）杀鼠剂增效减量技术

大量的化学杀鼠剂投放到农田，一是可能对非靶标动物造成危害，二是对生态环境也带来一些污染，为了减少杀鼠剂的使用量，同时又要达到控制鼠害的目的，国内一些团队在杀鼠剂增效作用方面做了一些研究。

中国科学院亚热带农业生态研究所和广东省农业科学院植物保护研究所鼠害研究团队筛选可以降低鼠类凝血酶浓度的增效成分，将其按照一定比例分别与第二代抗凝血剂溴敌隆和第一代抗凝血剂敌鼠钠盐杀鼠剂混合，制备出增效灭鼠剂，再制成供试毒谷并晾干备用；另按毒谷的常规配制方法，制备 0.01％溴敌隆毒谷和 0.2％敌鼠钠盐毒谷作为对照材料。以黄毛鼠为模式动物，采用生物测定的方法分别评估它们与抗凝血灭鼠剂的协同作用效应。筛选发现盐酸四环素对抗凝血杀鼠剂具有明显的协同抗凝血作用，而且适口性和水溶性好、价格低廉。经过配比筛选试验，提出该增效剂与敌鼠钠盐或溴敌隆复配应用的组方。这 2 种增效杀鼠剂配方既能确保灭鼠效果，又可减少抗凝血杀鼠剂用量的 50％。在杀鼠醚增效研究方面，根据杀鼠醚推荐防治家鼠的毒饵浓度为 0.037 5％，防治野鼠浓度为 0.05％，选取毒饵浓度为 0.05％、0.037 5％、0.031 25％、0.025％、0.018 75％进行喂毒试验以确定复配试验的杀鼠醚浓度。由于杀鼠醚难溶于无水乙醇等常用溶剂，并且稀释后易形成絮状沉淀，经过试验筛选丙酮、二氯甲烷、N,N-二甲基甲酰胺、二甲基亚砜等有机溶剂，最终确定使用二甲基亚砜溶解杀鼠醚，该溶剂对杀鼠醚溶解性好，安全性高，经灌胃试验未发现在使用剂量范围内对小白鼠产生致死作用。饵料用玉米粉和面粉按 1∶1 混合制成毒饵块喂食小白鼠。喂毒方式为实验前停食 1 晚，然后采用单笼单只喂毒，喂毒 3d 时间，保证充足饮水，连续观察 15d，死亡试鼠解剖观察脏器和消化系统及皮下病变情况。实验的结果，进一步降低杀鼠醚加入增效剂配置的毒饵，杀鼠醚的浓度由 0.0375％下降至 0.015％，杀鼠效果和单一使用浓度为 0.0375％杀鼠醚毒饵的效果没有显著差异。

（六）杀鼠饵料渗透剂

由于害鼠取食喜欢剥壳，南方灭鼠大多以稻谷为饵料，在毒饵制作过程中，稻谷谷壳阻碍了大部分鼠药进入稻谷中，害鼠取食时剥壳取食稻米，谷壳上大量的鼠药被浪费和残留在环境中。为了使害鼠在取食稻谷毒饵时，较多摄入杀鼠剂，在制作稻谷毒饵时，对怎样能使更多的杀鼠剂进入稻米，有效控制鼠害、减少杀鼠剂使用量和减少鼠药对环境污染进行了研究。

广东省农业科学院植物保护研究所鼠害研究团队经过多年研究，筛选出能提高抗凝血杀鼠剂溶解性及其对稻谷渗透力的低毒、经济性好的备选助剂。以广东省农田主要优势鼠种黄毛鼠为模式动物，通过生物测定方法，测试不同助剂处理后溴敌隆毒谷的毒杀效果，筛选出能提高药物渗透性和灭鼠效果的助剂及其使用方法。由于抗凝血灭鼠剂常温下的溶解度为微溶或不溶于水，而南方地区降雨频繁，黏附在诱饵表层的药物很容易脱落或受雨水冲刷而降低防效，且造成水体和土壤污染。将乙醇、二甲基亚砜、氯化钠和碱分别按一定比例调配后，在配制毒饵时与杀鼠剂混用，可提高抗凝血灭鼠剂的渗透力，增加药物进入谷壳内米粒的含量，提高了药物的利用率，同时，氯化钠能提高灭鼠剂的适口性，从而提高灭鼠效果。

室内灭效测定的结果表明，添加渗透剂的 0.01％溴敌隆稻谷毒饵在降水量分别为 100mm 和 30mm 的人工模拟降雨冲刷后，对小白鼠仍有 70％～80％的毒杀率，未添加渗透剂的 0.01％溴敌隆稻谷毒饵毒杀效果只有 50％和 65％，表明渗透剂提高了溴敌隆毒饵的抗雨水冲刷能力。

（七）抗凝血杀鼠剂抗药性研究

目前国内可使用的杀鼠剂均为抗凝血剂，由于很多地方对使用杀鼠剂缺乏科学知识。长期、大量、单一使用同一种抗凝血杀鼠剂，致使很多地区出现对抗凝血剂的抗性种群，给鼠害防控工作带来严重问题。

中国科学院亚热带农业生态研究所鼠害研究团队用东方田鼠为实验鼠，定期低剂量给鼠喂食抗凝血药物，研究其抗药性产生情况，至 2015 年已经完成了 F_6 喂毒试验，2016 年已开展 F_7 的喂毒试验。F_7 东方田鼠抗药性实验喂毒 2d 组已完成了 14 只试鼠喂毒试验，存活 2 只雌鼠，总体结果显示东方田鼠对敌鼠钠盐的抗性发展缓慢。

中国农业科学院植物保护研究所鼠害研究团队利用血液凝集法（BCR）结合遗传分析的方法，对全国褐家鼠的抗凝血杀鼠剂抗性进行了检测。对来源于哈尔滨和湛江地区 200 只褐家鼠活体样本及全国 752 份子样本的检测结果表明，仅仅在 2 例标本中检测到抗性基因 Vkorc1 发生了氨基酸变异（Ala140Thr and Cys96Tyr），其中 140 位点变异可能与抗性相关。低频率氨基酸变异表明目前尚未形成褐家鼠抗性种群。

广东省农业科学院植物保护研究所鼠害研究团队探讨血凝反应法检测黄毛鼠对抗凝血杀鼠剂抗性的可行性。以杀鼠灵抗药性区分剂量（10mg/kg）单次灌胃处理结合致死期食毒抗性检测法（LFP）筛选出黄毛鼠敏感种群和抗性种群，在不同时间段采集试鼠血浆，通过检测试鼠血浆的凝血酶活度（PCA）建立黄毛鼠凝血反应标准曲线，并分析抗性区分剂量处理后抗性个体与敏感个体 PCA 的变化差异。建立了黄毛鼠的凝血反应标准曲线：INR（y）$=34.984/x+0.688$（$x=$PCA）（$R^2=0.992$）；以 10.0mg/kg 为区分剂量单次灌胃处理后，抗药性黄毛鼠个体的 PCA 虽有所下降，但可在 2～3 d 内恢复到正常凝血水平的 17% 左右；敏感个体的 PCA 可下降到很低，且不能恢复。结论证实了以血凝反应法检测黄毛鼠对抗凝血剂抗药性的可行性：杀鼠灵 10.0mg/kg 为区分剂量单次灌胃处理 4d 后，以 PCA=16.5（或 INR=4.4）作为阈值来区分黄毛鼠抗药性与敏感性个体，是准确、简便的抗药性判定方法。

（八）抗凝血杀鼠剂残留检测方法

抗凝血杀鼠剂包括第一代杀鼠灵、杀鼠醚、氯杀鼠灵及第二代溴敌隆、氟鼠灵、溴鼠隆等药物，适口性好，毒性大，对各种鼠类均具有良好杀灭作用，且二次中毒程度较轻，对人、畜相对安全，被广泛用于农田控鼠。但此类化合物性质相对稳定，半衰期长，在农田长期使用可能会导致该类化合物在环境中累积，造成潜在的危害。开展投放环境中常用抗凝血杀鼠剂的痕量分析方法研究具有重要的现实意义。

中国科学院亚热带农业生态研究所鼠害研究团队率先在国内开展了杀鼠剂在土壤中残留检测的研究，建立了一套灵敏的常用 5 种抗凝血杀鼠剂环境残留检测方法体系：以丙酮-氨水-甲醇混合液为提取剂；用 NH_2 柱作为净化柱，体积比为 15：5 的正己烷与氯仿混合液洗脱；用甲醇-氨水-水混合液为柱后衍生试剂；以甲醇-乙腈-0.25% 乙酸水溶液为流动相。该法的灵敏度和准确性好，能够用于野外实际施用该 5 种杀鼠剂后的土壤残留检测。使用该方法对添加杀鼠灵、杀鼠醚、溴敌隆、溴鼠隆、氟鼠灵的土壤残留检测结果显示，其检测线性良好，相关系数 $r^2>0.9999$；5 种杀鼠剂的线性范围为 0.02～10.00mg/L；在样品中分别添加 3 个水平的混合工作液进行回收率试验，结果显示 5 种灭鼠药的回收率为 94.6%～117.9%，相对标准偏差（RSD）为 0.8%～10.2%（$n=3$）。应用该方法对 2 个农田投放点的 2 种抗凝血类杀鼠剂的土壤残留量进行了测试，实际检测到一个投放点的土壤中残留浓度为 0.16μg/g 的杀鼠醚和 0.41μg/g 溴敌隆，另一个投放点的土壤中检测到浓度为 0.10μg/g 的杀鼠醚和 0.19μg/g 溴敌隆。

（九）不育剂筛选

为解决化学灭鼠剂对环境带来的影响以及动物福利等问题，世界各国都在致力于研究鼠害可持续控制新技术。寻求安全性好，无污染或污染小、易被公众接受、能较长时期发挥效能的技术和措施已经成为当前有害生物控制的热点问题。不育控制已成为鼠害控制的重要方向之一，并在许多野鼠生育率控制上取得较好的效果。

由中国科学院动物研究所研发的鼠类抗生育剂（炔雌醚和左炔诺孕酮），经中国科学院动物研究所、中国科学院西北高原生物研究所对长爪沙鼠、高原鼠兔、棕背䶄等进行了一定规模的野外实际防治实践研究，其不育效果和实际防效都得到了较好的验证。中国农业大学鼠害研究团队针对布氏田鼠连续2年的跟踪结果分析表明，围栏内70%的不育率至一个繁殖季节结束时止，对种群数量无显著影响，但使种群的主要繁殖时间推迟15～30d。中国科学院亚热带农业生态研究所鼠害研究团队对东方田鼠的抗生育实验结果显示，该药对东方田鼠的生殖系统具有损伤作用，但这种损伤在3个月后恢复，也就是说，东方田鼠取食抗生育剂后，3个月内可影响其繁殖，且效果显著。

山西省农业科学院植物保护研究所鼠害研究团队用雷公藤甲素颗粒剂对以长尾仓鼠为优势鼠种的农田害鼠群落的控制效果进行了测试。投放试验药剂后，随着时间的推移，害鼠的雌体繁殖率在逐渐减少，亚成体所占的比例明显下降，农田害鼠群落的种群密度下降了63.49%。说明该药剂可在较长时间内控制害鼠种群的繁殖，抗生育的综合效果显著。

三、鼠害生态调控技术的发展

有害生物长期持续综合管理体系的建立，是依据相关环境和有害生物种群动态，尽可能协调一致地采用所有适当的技术和方法，将有害生物的种群控制在可造成经济损失的水平之下。基于目前现状，化学防治仍是不可或缺的手段，在化学防治过程中，如何合理使用，最大限度降低其不利影响，是其今后研究的焦点。在鼠害防治的实践中，人们越来越多地意识到新型控制技术开发的必要性。农艺措施、规模化物理防治方法、天敌防控、围栏陷阱技术（TBS）等生态治理的可持续控制技术不断涌现，这些新型可持续防治技术本质上都是生态调控技术。如何提升这些新型控害技术的科技含量及控制效果是近年来鼠害防治工作者关注的焦点。

农艺措施是一种最原始的生态治理方法，其根据作物生长特点和耕作条件，采取一系列措施，协调农田生态系统中各要素之间的相互关系，营造出有利于作物生长而不利于害鼠种群增长的生态条件。如通过改善耕作制度、合理布局作物、改变耕作方式及农作物的田间管理（除草、翻耕、灌溉等农事活动），以减少农田害鼠的食物来源，破坏害鼠的栖息场所；在果园或林业生态系统中，采取林农复合、定期中耕除草、冬翻、冬灌及结合整地挖掘防鼠沟等营林措施，减少害鼠食物来源，破坏其栖息地及阻止其迁移扩散；在草原生态系统中，可通过合理放牧、轮牧、灭除杂草、播种优良牧草等草场管理措施，营造出有利于牧草生长而不利于害鼠滋生的生态条件。这方面的实际应用实例较多，但理论研究很少有报道。

鼠害物理防治技术的本质是利用物理器械致死一定量的害鼠，使其达到人们能够忍受的数量范围。其目前大规模使用的对象主要是化学杀鼠剂和其他方法难以治理的地下害鼠，主要是一些新型捕杀地下害鼠器械的发明创新，尤其是我国的一些厂家，机械式地箭、红外触发地箭等不断问世。但其理论研究和实际的使用效果目前的报道很少。针对地面活动的鼠，使用传统的物理方法大规模防治的措施现在基本绝迹。但一种新型的物理防治方法近年迅速崛起，即围栏陷阱技术，广泛应用于东南亚国家水稻田害鼠的生态防控实践中。由物理屏障和连续捕鼠笼组成的围栏陷阱系统，可连续长期捕鼠。其基本原理是利用鼠类有沿着物体边缘行走的习性，紧贴其途经的屏障边缘线设置陷阱，捕获小型啮齿动物的一种方式。我国于2006年开始推广示范TBS控鼠技术，并根据我国农区的特点，对TBS的材料进行了相应的改进，障碍物使用金属网围栏代替塑料布围栏，用捕鼠桶替代捕鼠笼作为捕鼠陷阱，改进后的TBS材料循环利用率更高，适用区域更广，经济效益良好。2013年起，我国鼠害防治工作者，针对我国TBS的使用实际效果，将封闭式TBS优化为直线形TBS，以便于田间生产和管理。截至目前，其在我国新疆、内蒙古、辽宁、黑龙江、四川、贵州等20个省份40多个地区的农田开展了示范试验，各示范区控鼠效果较好，作物增产明显。该技术正逐渐被基层植保工作者及农户接受认可。为了推进 TBS 的应用，其原理、控害面积等理论研究也被不少学者所关注。国外研究推测 TBS+诱饵作物模式的捕鼠效果优于单独的 TBS，诱饵作物在 TBS 防治稻田害鼠中的作用明显。我国学者在我国东北地区玉米地的实验揭示诱饵作物对捕获总量无显著影响，玉米地 TBS 内设置诱饵作物与否，均能捕获到一定量的鼠，年捕鼠量的高低与有无诱饵作物无显著相关性，而可能与当年的鼠害发生程度及气候条件（如降雨）有关。并依此验证了线形 TBS（L-TBS）的效果较矩形 TBS 捕鼠效率高，其方便农事操作，更具推广应用的潜力。根据距 TBS 不同距离水稻的损失量和收获量，及利用无线遥测结果，Brown 提出单个 TBS 的保护辐射半径约为 200m。我国学者根据捕鼠量和玉米产量测算结果，提议在东北玉米种植区使用长 60m、捕鼠桶间隔 5m 设置的 L-TBS 进行鼠害防控，经济效果显著，其辐射保护距离大于 100m。

利用生态系统中各物种间相互依存、相互制约的关系，以控制有害动物的生物防治技术是当前有害生物防治发展的理想方向，其中最典型的是生物控制。鼠害生物防治的可能途径主要包括利用其捕食天敌、寄生虫及病原微生物。由于病原微生物易变异等不可控性及可能的传播至人类的风险，利用病原微生物防治鼠害的研究近几年进展较少。利用寄生虫防治鼠害的研究也比较少，国内主要于 21 世纪初由中国科学院西北高原生物研究所开展艾美尔球虫对高原鼠兔防控技术的研究。鼠害生物控制的研究焦点是利用捕食性天敌进行防控。该领域理论研究欧美和澳大利亚的学者取得的成就较多，但多限于生态理论模型和天敌的气味驱避害鼠研究。在应用天敌防治鼠害方面，基本摒弃了那种单一引种或招引天敌的办法，而是将天敌的作用放在群落和综合防治的水平上加以考虑。越来越多地研究群落条件所起的作用。而对单一种天敌的生物学、生态学则向更加深入细致的方向发展。从研究的方法和手段看，则趋向精确、定量。围栏、防捕食网、金属标记、放射性同位素标记、无线电发射器标记的手段被广泛应用。天敌防控相较于化学防控，虽然减轻了污染，保护了生态环境，但是仍然存在一系列的问题：招引的天敌由于各种因素无法达到预期效果，天敌防治见效的时间较长，引入天敌物种作为防治手段，由于无法控制天敌的数量，可能会对生态环境造成其他不利影响等。如何将天敌作用与其他自然限制因素以及人为的防治措施结合起来，相互协调，共同作用是今后研究的重点和方向。

以生态学理念为指导，立足于我国现有鼠害治理技术，在加强农业生态系统及有害生物发生规律等基础理论研究基础上，以深化的理论知识指导农业鼠害治理技术的发展，真正实现农业生态系统的平衡，是综合治理鼠害的最理想方式。

四、鼠害防控技术国内外研究进展比较

针对鼠害防治方法的研究，目前我国和国际相关的研究，各有特色。在化学防治领域，传统抗凝血杀鼠剂的增效研究我国开展的比较多，实际防治使用经验在国际上也是独一无二的。但我们对杀鼠剂抗性、新型杀鼠剂的开发等方面的研究与国际水平差异较大。在生态防治领域，由于我国地理环境的特殊性，地下害鼠在我国青藏高原及北方的一些地区对生产和环境造成难以忍受的破坏，当地的需求十分迫切，我国在地下害鼠防治领域的理论和实践研究成果都比较丰富，但到目前为止，针对地下鼠的有效化学防治手段匮乏。

杀鼠剂残留和鼠类抗药性方面，针对杀鼠剂在土壤、水体和动物体内的残留，我国目前刚建立了检测方法，急需支持建立一个杀鼠剂残留监测的网络平台，以便掌握杀鼠剂残留情况，研究寻找治理杀鼠剂残留的问题。鼠类抗药性机制的研究主要集中在 DNA 突变中。临床研究数据表明所有的遗传（主要是基因的多态性）和非遗传因素（包括食物、性别、民族、体重等）总共可以解释 50%～60% 的杀鼠灵剂量变化，说明仍有很多潜在的因素等待挖掘。随着环境表观遗传学的发展，人们发现外界环境因子可以改变生物的表型但并不改变 DNA，并遗传给下一代。因此，研究鼠类抗药性的表观遗传机制有助于从根本上了解鼠类产生抗药性的遗传机制。我国目前对鼠类抗药性的监测主要依靠传统

的致死期食毒法和血液凝集检测法（BCR），这两种生理检测法都需要一定的实验周期，大量的饲喂器具及人员投入，费时费力，检测范围有限。欧美一些国家例如德国、英国、荷兰等已经在小家鼠和褐家鼠中开展大量前期基础研究工作，抗性基因检测法可以在这些国家顺利推行。我国要在鼠类抗性监测工作中开展基因检测法，仍然需要对我国不同地区、不同鼠类的抗药靶基因开展大量基础研究工作。

农艺措施、天敌防控、围栏陷阱技术（TBS）等生态治理的可持续控制技术的研究，多是国外学者首创，我国跟进研究的态势。虽然取得了一些理论研究和实践应用上的成果，但原创性和开拓性的成果几乎没有。这些方面的相关研究需要深入拓展。

第六章　　　　　　　　　　鼠害化学防控技术的实施

　　目前，在成熟的鼠害管理技术中，化学控制仍然是最主要的方法。2012年，全球投入的杀鼠剂费用约6亿美元，预计到2019年会增加到9亿美元。自2004年起，全国相关统计数据显示，我国平均每年农田统防统治的面积稳定在0.2亿 hm² 左右，按相关规程最低投饵量每 667m² 150g 计，农户统一防控的水平稳定在1亿户左右，按行业操作规程平均每户投饵量最少10g计，每年农田农村地区的投饵量约为 46 000t，原药使用量为2～3t。再加上草原、森林、水产养殖及病媒生物控制等领域的鼠害防控用药，其使用范围非常广，涉及的人口及相关农产品的数量都非常巨大。现代社会对有害生物的防控要求更加安全、环保和持久。化学防控措施实施过程中，药物投放的时期、药物的选择及投放方式是化学防控的效率和环境保护的高要求之间协调的关键。药物投放的时期即为鼠害防治的适期问题，这与当地害鼠的密度、害鼠生物学特点（繁殖期）及当地社会经济发展水平相关。由于杀鼠剂的种类较少，鼠害防控中化学杀鼠剂的选择较为容易，目前市场上的主流杀鼠剂是抗凝血类杀鼠剂，属于慢性杀鼠剂；一些急性杀鼠剂如磷化锌等在我国已被禁用。实际的鼠害防治工作中，抗凝血杀鼠剂的使用存在着较多问题，例如，认为毒饵的药物浓度越高效果越好；毒饵投放采取均匀过量投饵的方式；投放的毒饵对非靶标动物的毒杀；环境残留等问题。这些问题随着人们对鼠害防治技术的不断深入实践及社会经济水平的提高，越来越受到重视。

　　配制毒饵时过高或过低的浓度都会影响灭效，药物浓度过高，会造成鼠类的拒食，反而导致灭鼠效果降低，并增加了对非靶标生物的危险性及药物成本；浓度低于半致死剂量，害鼠取食后不能致死，也会影响灭效。化学药物控制鼠害实践中的另外一个问题是单位面积投放的毒饵量太大。长期以来，我国农区鼠害控制工作常采用毒饵裸投的方式，其弊端较多：一是不安全，毒饵暴露于外面容易被非靶标动物误食；二是裸投的毒饵易残留污染环境；三是毒饵易受环境影响变质；四是投放的毒饵量大，成本增加，但效果不一定更好。毒饵站的出现很大程度上解决了上述弊端，但毒饵投放量依然困扰着人们，有些地方主张全区域灭鼠，遍地大量投放，投饵量过大，造成毒饵浪费，防治成本高，灭杀效果也不好；投饵量过小，难以达到理想的防控效果。精准评估投饵量和投饵地点，需要对害鼠生物学、生态学及鼠害防控技术的深入研究（图6-1），目前只有少数国家的少数地区能够达到。

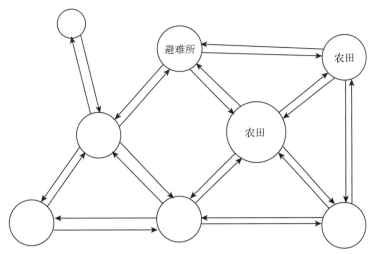

图 6-1 农田生态系统中鼠类活动示意

一、化学防控适期

鼠害的防治适期是指防止害鼠造成危害的最佳防治时期。不同的生态环境下，害鼠为害的方式和造成的危害是不一样的。对大田环境来说，在一个作物生长期内，害鼠的防治适期有播种期和作物灌浆至成熟期两个。播种期害鼠为害直接影响出苗率和作物的苗株数，即使补种也会因播种期、劳动力等原因造成很大的损失。另一方面，这个时期冬季刚过，害鼠食物最为缺乏，毒饵的取食率可以更高，防治的效果也好。作物灌浆至成熟期害鼠直接造成果实的损失。从害鼠的种群数量动态和繁殖特征来看，鼠类一般在开春后进入一年中的第一个繁殖期，在 2 个月后，形成一年的第一个种群数量高峰，大量的新生鼠又开始繁殖，到秋季形成一年的第二个种群数量高峰。在春季防治采取灭杀措施可以起到事半功倍的效果，此时越冬存活的个体在一年中相对较少，此时一般也是害鼠的繁殖高峰期，该时期害鼠种群基数对全年的害鼠密度影响最大，是一年中农田防治害鼠的最佳时期。不同繁殖特征的鼠类，其防控适期也有差异。对于一年只繁殖一次的鼠种，如高原鼠兔，最佳的防治适期是在该鼠种的繁殖前期；对于一年多次繁殖的鼠种，防治适期需根据害鼠造成危害的关键时期和害鼠种群数量的高峰时期确定。

防治适期确定的原则是以最小的投入，获得最大的收益。大田害鼠的防治适期，一般包括策略性防治适期和主害期防治适期。策略性防治适期应根据害鼠的数量消长规律和繁殖规律及耕作制度与气候特点来确立，一般鼠类的策略性防治适期应选择在每年的 3～4 月和 10～11 月。主害期防治适期根据田间害鼠密度和作物受害损失情况来确定，目前的行业标准给出的农田害鼠防治指标为百夹捕获率超过 3%，就需要实施防治措施。

二、杀鼠剂的选择

长期的灭鼠实践中，人们认识到，毒性特强的化合物不一定是良好的杀鼠剂。毒物的毒性发作快可能导致鼠病理性厌食而取食不够致死剂量的药物。理想的杀鼠剂应具备以下特点：①靶标动物不拒食，适口性较好，对毒饵的平均摄食量所含的有效成分足够达到致死剂量；②对靶标动物具有选择性毒力；③操作安全，使用方便；④作用缓慢，靶标动物有时间吃够致死剂量；⑤二次中毒危险性小；⑥使用浓度对人畜安全；⑦没有累积毒性；⑧对植物没有内吸毒性；⑨在环境中很快分解成无毒害的产物（生物降解）；⑩有特效解毒剂或治疗方法；⑪价格低廉；⑫不产生生理耐药性；⑬国家农药登记合格。到目前为止，还没有一种化合物能完全符合上述标准，只有抗凝血剂尚能接近这些标准。

根据以上原则，我们在进行杀鼠剂评价的过程中主要考虑以下几个方面的性质。

1. 毒力的评价

杀鼠剂毒力的大小常以致死中量（LD_{50}）作为标准。致死中量（half lethal dose；median lethal dose）是使靶标动物死亡半数所需要的有毒物质的剂量，其单位常用 mg（药物）/kg（受试动物体重）。LD_{50} 的数值越小，药物的毒力越强。用于灭鼠的药物毒力可分为 5 级（表 6-1）。

表 6-1　经口灭鼠药的毒力等级

毒力等级	极毒（mg/kg）	剧毒（mg/kg）	毒（mg/kg）	弱毒（mg/kg）	微毒（mg/kg）
LD_{50}	<1.0	1.0～9.9	10.0～99.9	100～999.9	>1000

常用的杀鼠药毒力 LD_{50} 在 1～50mg/kg 为宜，即为剧毒至毒两个毒力等级之间。毒力过强，安全的问题突出，且毒饵的配制工艺要求高。毒力过弱则饵料消耗大，也影响灭效。此外，毒力的指标还可用最小致死量（minimal lethal dose，MLD）和全致死量（LD_{100}）来衡量，最小致死量是受试动物开始出现中毒而死亡时所使用的药物剂量；全致死量是受试动物全部死亡时所用的最小剂量。这两个指标在应用过程中不如 LD_{50} 灵敏易测，且易因动物对药物耐受差异而有较大波动，实际中很少使用。在配制毒饵时为保证灭效，常用的药物浓度大多高于 LD_{100}。

急性毒性实验是新药安全性评价的首要环节。一般情况下，药物的剂量大小与动物反应之间呈现出一定的规律关系。若以实验剂量的大小作为自变量，动物的死亡率为因变量，描点连线会得到一条不对称的长尾 S 形曲线，曲线的中间部分斜率较大，在因变量为 50% 的点为曲线的中心，倾斜程度最大，自变量的微小变化就能引起因变量的巨大变化，在曲线两头变化缓慢且倾斜程度小，自变量的变化对因变量的影响比较小。因此，致死中量 LD_{50} 是曲线上因变量变化最敏感的点，这一点对应的剂量误差小，很准确，用它来表示药物的急性毒性大小最为合理。

自 1927 年 Trevan 提出半致死量概念以来，多年来科研工作者从不同角度设计了各种各样的计算方法，总的来说分为 3 种：插入法（如霍恩法）、面积法（如孙氏改良综合计算法）、概率单位-对数图解法（miller and tianter）。这些方法各有其优缺点，比如有的计算简便，但结果粗略，有的结果精确但计算过程烦琐，有的对实验设计要求比较高，有的应用范围较局限等。在实际计算中，对具体方法的选择应结合工作目的和要求来综合考虑。

2. 药物的选择性

理想的灭鼠药应只对鼠类甚至某种鼠类有毒，而对人、畜和其他动物无害，但目前这种药物尚在探索之中。现在市场上主流的抗凝血杀鼠剂都展示出了广谱性，非靶标生物也有中毒的危险，人类暴露于杀鼠剂造成中毒的现象早已司空见惯。根据美国毒物控制中心协会（AAPCC）的年度中毒报告，在北美地区每年有 10 000～20 000 人杀鼠剂中毒，在 2014 年，这些病例中有 78% 是 5 岁以下的儿童。在实际工作中，应根据灭杀对象和环境情况尽量使用对人、畜、禽毒力小的药物。国家农药监督部门要求在灭鼠药的标签上注明对各种动物的毒力。

3. 药物的适口性

经口药如有鼠类不喜欢的味道或气味将会影响其灭效。适口性即鼠类对毒饵的接受程度。在判断药物适口性的好坏时需对靶标动物进行实际测试，切忌以主观感觉评价。如磷化锌具有刺鼻的辛辣味，并不为人所喜欢，却可被多数鼠类接受。一般情况下，鼠类对花生油比芝麻油更易接受。

当药物的适口性较差时，可采取以下措施：①掩盖，在毒饵中加入一定量的调味剂，如糖、油等；②微囊化，用微囊包衣技术将药物包裹起来，使鼠类进食时不会拒绝毒饵；③改变药物剂型，在不影响毒力的条件下将其改变为可被鼠类接受的剂型。

4. 鼠类抗药性

如果鼠类不能被为"敏感"或"普通"鼠种的抗凝血剂致死剂量所杀死，我们称该鼠种群对药物产生了抗性，鼠类的抗药性表现为个体或种群对药剂耐受程度增强，以致原剂量不能达到灭杀的作用。具有抗药性的鼠类还可将其遗传给后代，出现这种情况后再次灭鼠时其灭效会大幅度降低。目前，已有一些抗凝血剂类的药物发现了抗药种群。另外，急效药物也会使食入毒饵但未致死的个体将食入毒饵的不适感觉与毒饵联系在一起，再次遇到毒饵时会出现拒食。故在一个地区所使用的杀鼠剂应各种药物交替轮换。

5. 药物的作用速度

杀鼠药的作用速度有两个含义，一是毒饵被采食后，出现不适反应的时间；二是毒饵使鼠类致死所用的时间。通常将投药后 1～2d 即可发现大量死鼠的药物称为急效药；在 5～7d 发现死鼠的药物称为缓效药；发现死鼠的时间在两者之间的，称为亚急效药物。

急效药又称为急性杀鼠剂或单剂量杀鼠剂，药剂进入鼠体后数小时甚至几十分钟可使鼠死亡。如磷化锌、毒鼠磷、氟乙酸钠、氟乙酰胺、毒鼠强等。其特点为：①对鼠作用快，潜伏期短，投药后 24h 内便可收到较好的灭鼠效果；②鼠类一般取食一次毒饵即可被毒杀；③作用快、反应强烈，鼠易产生拒食性和耐药性；④多数对人、畜、禽不安全，特别是氟乙酸钠、氟乙酰胺毒力强，会产生二次中毒，污染环境，无特效解毒方法。毒鼠强作用于神经系统，作用快，鼠食后数分钟内即可中毒死亡，人如误食中毒来不及抢救。氟乙酸钠、氟乙酰胺、毒鼠强因其毒性大、不安全，国家已明令禁用。急效药作用速度快，会使部分个体在食入致死量前感到不适而中止采食毒饵，尚未吃到毒饵的个体在见到同类大量死亡的情况下也会发生拒食（不仅是对鼠药，其他原因的大量死亡也是如此），甚至会短期迁移。

缓效药又称为慢性杀鼠剂或多剂量杀鼠剂。这类药物破坏凝血机能和损害毛细血管管壁，增加其通透性，使鼠缓慢出血不止，最后大出血死亡，所以又称为抗凝血剂。这类药物的特点是：①对鼠作用缓慢，鼠中毒潜伏期长，多大于 3d，1～2 周方可收到最高的灭鼠效果；②鼠易接受，不易产生拒食性；③一般需多次进食毒饵后蓄积中毒致死；④灭鼠效果好，可达 90% 以上；⑤对人、畜、禽较安全，有特效解毒剂维生素 K_1；⑥耗粮一般较多，也较费人工。缓效药的中毒潜伏期长，鼠类食入毒饵后缓慢产生中毒症状。绝大多数个体有充分的机会食入致死量从而保证了灭效。特别是当人、畜误食后有较充足的时间进行抢救。其缺点则是消耗的毒饵量高，长期使用易产生抗药性。

6. 药物的稳定性和二次中毒

良好杀鼠剂应该在使用前性质稳定，配成毒饵之后，经过一段时间失效，毒饵被鼠采食后能在死鼠体内分解。毒饵被鼠采食后若不能在体内分解，它又会被其他动物（鼠的天敌、猫、犬等）吃后再次发生中毒现象，称为二次中毒。在使用中应尽量选择二次中毒程度较小的药物。目前，市场上常见的灭鼠药物都不能完全避免二次中毒，但其程度有较大的差别。在使用中应尽量选择二次中毒程度较小的药物。有些杀鼠剂因其二次中毒的问题突出已被禁止使用。

7. 其他性质

选择杀鼠剂时，除了上述特征需要考虑，其他如药物的溶解性、价格和来源等也需要考虑。由于毒饵的配制浓度一般较低，如药物可溶于水或其他可食溶液（食油、酒、甘油等），其配制工艺比较简单，配制质量也易于保证。用水溶液配制的毒饵应干燥后使用，否则易发霉变质。

三、急性与缓效杀鼠剂

Gutteridge 于 1972 年首次提出了杀鼠剂的全面标准。尽管已经过去了 40 多年，其仍然是一个很好的用于判断化合物能否成为有效杀鼠剂的实用标准。然而，这些令人满意的杀鼠剂特征，令监管部门对杀鼠剂的要求越来越严格，如增加了一些毒理学、环境和动物福利的先决条件，使其满足已经非常苛刻的要求。在可预见的未来，很少有（如果有的话）新的杀鼠剂问世，同时满足这些要求的化合物非常难于发现或合成。在未来 20 年里，新型杀鼠剂的问世仍然非常困难，面临研究、开发、注册和商业化等因素的巨大挑战。实用的杀鼠剂要求无论是监管机构旨在保护人类健康和环境，还是行业需要安全有效及可食用等基本考虑，都要涉及两个主要参数：功效和安全性。

功效——对目标啮齿动物具有毒性是杀鼠剂的先决条件。毒性与确定有效性的其他要素密切相关。如果化合物毒性大，以一定的量使用在毒饵中，对鼠的适口性会差，这样的杀鼠剂是无效的。杀鼠剂的适用范围也很重要，如果该化合物对大量的目标物种有效，可能在商业上会更易成功，如果适用范围受限，在商业上可能行不通。同样，在目标物种中，成功的杀鼠剂对于所有个体应该都有效，与个体的性别、年龄和品系无关。对功效的另一个重要影响是药效的发作速度。如果中毒症状发作过快，啮齿动物不太可能消耗掉致死剂量的杀鼠剂。因此，发作的速度对导致毒饵拒食性有很大的影响。最后，该药物的使用不能够或不易引起抗药性，这显然不是抗凝血杀鼠剂药物能够达到的。

安全性——广谱性是杀鼠剂的重要有益特征，但对啮齿动物的特异性也是非常必要的。针对目前的两个关键目标物种褐家鼠和小家鼠，与许多脊椎动物的生理特征类似，其被用作生理和毒理学模型。大量的药物开发实验实际上已经证明几乎不可能开发出只针对啮齿动物的特异性毒物，尽管一些化合物对某些重要的非目标物种具有有用的安全边际。啮齿动物在生态系统中是许多捕食者的猎物，寻找在啮齿动物身体中快速分解的并且没有二次毒性的化合物非常重要。由于鼠与人类的共生性，杀鼠剂的使用常涉及人畜的安全性，因此必须有相应的解毒剂。在这种情况下，药效的缓慢发生也是非常有益的，缓效发作可以有足够的时间来识别中毒症状并服用解毒剂。这些要求是抗凝血剂增强安全性的重要一步。除此之外，监管条款还要求该化合物没有致畸或致癌性质，不能对环境造成不可接受的影响。另外，杀鼠剂的动物福利问题已经成为过去 20 年国外逐渐关注的焦点。1962 年，因为动物残忍毒杀法案，英国是少数几个立法强制要求有毒物质动物福利的国家之一。欧盟的"杀生物化学品规则"［BPR，Regulation（EU）528/2012］还要求杀鼠剂不应对目标动物造成"不良影响"，这表明在该监管框架内获得注册的药物必须显示人道主义原则。

1. 急性杀鼠剂

一些急性杀鼠剂的起源可追溯到几百年，甚至几千年前。其共同特点一是在摄入有效剂量后，毒力的发生很快。一般情况下，症状出现在不到 24h 内，有些化合物仅几分钟。这些化合物的其他特征是毒饵浓度高，分子结构大多不复杂，因此生产成本低，并且无专利保护。二是很少（如果有的话）有特定的解毒剂。即使有解毒剂，因作用的快速性，很少有时间来治疗。故许多国家对急性杀鼠剂的利用做出了限制。但急性杀鼠剂仍在现代啮齿动物管理中占有一席之地，主要由于在农业大规模控制有害生物及移除入侵物种的实践中，反复使用抗凝血杀鼠剂易导致抗性。由训练有素的专业人员施用这些药物可以延缓抗凝血杀鼠剂的抗性发作时间，同时确保安全。

啮齿类动物的新物反应对使用急性杀鼠剂有重大影响。鼠类取食少量急性杀鼠剂毒饵后，可能会很快引起不适症状，但不会导致死亡，随着毒性的迅速发作，啮齿动物可能将因果关联起来。受影响的动物通常会在随后的时间内拒绝食用毒饵，这称为拒食性。使用这些药物后，鼠类可能不愿再取食，甚至可能会警惕再次返回到毒饵投放取食区域。投放无毒前饵可能是消除这种弊端的有效方式。一般在投放毒饵前，连续放前饵 5～6 晚。前一天晚上放饵，早上收饵，如鼠吃光则再加倍量投放，直到连续两晚消耗量不变，说明鼠对这种饵已习惯，接着可投放毒饵。毒饵投放量通常是前饵量的一半。慢性杀鼠剂灭鼠时可不用投前饵，防控野鼠时也可不用前饵，因为野鼠几乎不存在对食物的警觉反应。

但是，在一些紧急情况下，如鼠害呈暴发的态势，应该使用急性杀鼠剂。这些化合物的优点是其作用效果快速。当有价值的作物或储存的商品严重受到啮齿类动物的侵袭时，通过使用速效毒剂，可以迅速减少损失。为了获得快速效果，必须使用不太有效的直接毒饵投放方法，如果使用前饵进行预引导，快速的优点就会丧失。急性毒物的另一个优点是因为其和抗凝血杀鼠剂的作用方式不同，可以对抗抗凝血剂的鼠类进行有效灭杀。采取不同的药物灭杀方式可以减轻鼠类对抗凝血杀鼠剂的选择压力，有效减缓抗性的发生。

1950 年之前，所有杀鼠剂都是非抗凝剂，大部分是急性或快速作用的药物，华法林诞生以及其他抗凝剂之后，这些急性化合物的重要性大大降低。随着对抗凝血杀鼠剂抗性的增加，对抗凝血剂替代品的需求变得紧迫，由于监管的限制，人们重点关注那些仍在使用的物质。美国、澳大利亚和新西兰使用的主要急性杀鼠剂是磷酸锌、氟乙酸钠（1080）和胆钙化醇。溴鼠胺也在美国注册为家栖啮齿动物控制的药物。毒鼠碱仍然在一些国家（如美国）注册，用于对地下生活啮齿动物的控制。在欧洲，急性化合物的使用在很大程度上已被放弃，例外的是阿舒洛韦糖（alphachloralose），该化合物仍然被授权用于室内家鼠的控制。

2. 缓效杀鼠剂

1944 年，林克等在研究加拿大牛的"甜苜蓿病"时发现双香豆素有毒，后来合成第一个抗凝血性杀鼠剂杀鼠灵，为杀鼠剂开辟了一个新的领域，提高了大规模灭鼠的效果，并减少了对其他动物的危害，也不易引起人畜中毒（董天义等，1998）。抗凝血杀鼠剂因防治效果显著、安全性高、中毒后有特效解药等优势，是目前常用的灭鼠药。20 世纪 50 年代之后，鼠类逐渐对第一代抗凝血杀鼠剂产生了抗药性，其灭效受到了很大的影响。为了解决这种抗药性，20 世纪 70 年代世界各国又相继开发了第二代抗凝血杀鼠剂。包括大隆（brodifacoum）、溴敌隆（bomadiolone）、鼠得克（difenaconm）、杀它仗（flocoumafen）和硫敌隆（difethialone），随后被广泛使用。第二代抗凝血杀鼠剂较第一代毒性更强，通常在食用一次后便可达到致死剂量。随着抗凝血杀鼠剂的长期大量使用，其使用过程中也产生了诸如抗性、二次中毒和环境残留等问题。随着现代社会人们环保意识的增强，提高杀鼠剂效率、绿色环保成为鼠害防治的新思路。目前市场提供的抗凝血杀鼠剂在我国大部分地区均能够经济高效用于鼠害防控，但同一种抗凝血杀鼠剂对不同鼠类的灭杀效率也存在差异性。湖南省多年在 6.7 万～66.7 万hm² 农田灭鼠实践中探索的经验表明：敌鼠钠盐、溴敌隆和氯敌鼠钠盐是城镇、农舍室内及农田野外进行鼠害控制效果最佳的杀鼠剂，它们兼顾了经济效益、生态效益和社会效益，得到了广泛认可。尽管溴敌隆的市场价格高，但是它在小家鼠和黑线姬鼠数量多的地方灭鼠的效果要比其他两种杀鼠剂更好。另一方面，在一些长期高频率使用抗凝血杀鼠剂的地区和场所，鼠类已经产生了对抗凝血杀鼠剂的抗性，需要使用非抗凝血类杀鼠剂来控制。

四、毒饵的配制

经口灭鼠药物通常不能直接使用，它须与载体混合成毒饵后方可被鼠取食。因而载体是否对靶标动物具有诱惑力是达到灭效的关键。毒饵选择配制中需注意以下问题：

1. 选择诱惑力强的饵料

不同鼠种、不同地方、不同环境的鼠类对食物的喜食性有很大差别。例如，居民区内的褐家鼠在呼和浩特地区对玉米的喜食程度超过小麦，而在临河市则恰好相反；粮食仓库内的褐家鼠喜食胡萝卜和蔬菜叶，小家鼠则喜食谷子、玉米渣。为此，灭鼠前应做饵料试验，针对当地害鼠的食性选择适当的饵料，切忌根据主观判断配制毒饵，影响灭效。可根据实际情况制成颗粒型毒饵、毒水、蜡块毒饵等。为大规模灭鼠配制毒饵所选择的饵料种类不宜过多，通常 1～2 种即可，这是由于在投饵量大、时间比较集中的情况下，其可操作性要强，方法简便易行方可达到设计要求。一次配制大量的多汁毒饵也易腐败。鉴于以粮食作饵料的经济成本较高，人们对能否采用非粮代用品进行了长期的探索。目前，已用于实际灭鼠的非粮毒饵有纸屑、胡萝卜干、草籽、草粉颗粒及白垩土等。一般非粮毒饵的适口性较差，需要用添加剂增加诱惑效果，其工艺往往比较复杂，灭效也不够稳定。

2. 颗粒的大小

毒饵中的药物含量关系到灭鼠效果。浓度过低，不易达到鼠类的致死量，而且可产生抗药性，浓度过高，鼠类拒食，效果反而更低，成本也随之增加。根据野外经验，灭杀野鼠时应达到 1 粒毒饵即可达到一只鼠致死量，消灭家鼠时要求 0.2～1g 毒饵中含有一只鼠全致死量。毒饵颗粒大小应与药物

毒力大小相吻合。一般其计算公式为

消灭野鼠：饵料颗粒×致死中量＝药物浓度×0.2

消灭家鼠：饵料颗粒×致死中量＝药物浓度×0.04

3. 添加剂

包括黏着剂、引诱剂、警戒色、稀释剂、防腐剂等。黏着剂的作用是增加药物的附着力。常用的黏着剂有植物油，植物油的黏着力强，能防治毒饵干缩，又有很好的诱惑作用被广泛使用。豆油、菜籽油、花生油、棉籽油都是理想的黏着剂，一般每千克毒饵加入20～30g即可。良好的引诱剂能明显增加毒饵采食率，使用得当不仅能提高灭效且可节约大量饵料，是长期以来灭鼠研究的热点。一般情况下，食糖、味精、盐、油脂和蛋白质含量高的食品均具有一定的引诱力。但实践证明这些添加剂的作用并不稳定。酒和香油的引诱作用常因地区和环境有较大的差异；奶粉、肉渣、油渣等易变质的动物性添加剂多用于家庭的小范围灭鼠，而不宜长期储存或在野外使用；香精、色素几乎没有引诱作用，有时还会引起鼠类拒食；警戒色是用于区别含有杀鼠剂的毒饵与无毒饵料的颜色，其应能够使接触毒饵者清楚地辨认出毒饵与无毒饵料之间的区别；商业毒饵还需要添加防腐剂，以利于保存。

五、毒饵投放及毒饵站技术

毒饵投放前要了解当地的主要鼠种、环境特点、鼠类密度、投饵面积、灭鼠药物的性质。在此基础上确定所需人力、投饵方式。常用的投饵方法有洞口投饵、条带投饵、毒饵盒投饵等。洞口投饵是选择有鼠活动的洞口，将毒饵直接投入洞内或洞口旁，耗用人力大，工效较低。条带投饵是按一定距离将毒饵呈条状均匀地投撒在地面，使鼠类寻觅毒饵，一般投饵量为每米1～2g；条间距以主要害鼠的活动半径为依据，田鼠、仓鼠为15～25m，黄鼠、家鼠为30～50m。条带投饵的优点是工效高、易于大面积作业。但鼠密度差异较大的地方，灭效会受到影响。

毒饵盒投饵是由Howard教授（美）为解决韩国稻田鼠害问题而发明的技术。这项技术改变了露天投放毒饵的传统，将毒饵放在盒内，避免了毒饵容易被土掩盖，并解决了毒饵受潮发霉和被食谷鸟误食等问题。20世纪80年代，Howard曾多次访华，介绍这项技术。此后，我国各地，特别是城镇广泛使用，成为鼠害治理的主要手段之一，发挥了良好的作用，并先后研制出许多种类适于当地或具体环境的毒饵盒。在需常年保持无鼠害的环境可采用毒饵盒灭鼠。做法是将毒饵盒按一定距离安装在灭鼠区内，经常保持盒内有饵料。当发现鼠类盗食饵料后及时换上毒饵。毒饵盒的样式可因地制宜。此种方法的经济投入较大，需有人常年管理，但可保持长期无鼠害，特别是对防止鼠类数量的回升具有明显的效果。

自20世纪80年代起，我国在许多地区引进和推广使用毒饵站技术，并根据不同使用区域和场所的特点，对技术进行了改进，因地制宜地开发出了适合不同使用环境的毒饵站。自2000年起，四川开展毒饵站灭鼠技术研究与应用示范，2003年在四川、浙江、贵州等18个省（自治区、直辖市）实施了农区毒饵站灭鼠技术研究与应用推广项目，项目实施过程中，研制开发了具有自主知识产权的毒饵站，并获得了国家专利（专利证书号：709178）。因其在我国农业鼠害控制中的系统研究推广面积大，对鼠害的控制效果显著，获得了2002—2003年度联合国粮食及农业组织（FAO）最高奖——爱德华·萨乌马奖（Edouard Saouma Award），此次为中国首次获得该奖项，也是世界上第六个获得该奖项的国家。回良玉副总理对《农村鼠害系统控制技术》（即毒饵站灭鼠技术）获FAO大奖作了批示："首先对四川省植保站获FAO大奖表示祝贺。望农业部认真总结经验，组织推广安全、高效、经济、环保控制鼠害技术，切实减轻农村鼠害"。近年来，毒饵站灭鼠技术作为农区鼠害可持续治理技术之一，因其具有高效、安全、环保、持久等优点，已在全国30多个省（自治区、直辖市）农区灭鼠中得到了广泛的应用，得到了农户广泛认可。全国各地研制开发了不同类型的毒饵投放装置，集成了高效、安全、经济、环保、持久的毒饵站灭鼠技术，创新了农田灭鼠的投饵技术，解决了我国农区安全使用化学药物灭鼠的技术关键，形成了以毒饵站灭鼠技术为核心的农区鼠害综合防治技术体系。

（一）毒饵站的种类

我国农区灭鼠中推广应用的毒饵站种类较多，主要有竹筒毒饵站、PVC管毒饵站、矿泉水瓶（或可口可乐等饮料瓶）毒饵站、花钵毒饵站、筒瓦毒饵站和瓦筒毒饵站等（图6-2至图6-12）。PVC管材取材方便、价格便宜，每个毒饵站成本约1.5元，制作的毒饵站不易破裂，而且美观、实用，群众容易接受。竹筒毒饵站因长期日晒雨淋，容易出现竹筒破裂现象，不利于防雨防潮，因此，在竹材匮乏的地区，应用PVC管毒饵站统一灭鼠更具有推广价值。矿泉水瓶（或可口可乐等饮料瓶）毒饵站也具有取材方便、成本低、变废为宝等优点，但矿泉水瓶比较轻、容易破损、使用寿命短。不同类型毒饵站各具优缺点，而且适用范围和防治鼠类种类也不尽相同。

1. 竹筒（或 PVC管）毒饵站

竹筒毒饵站制作材料为当地产的竹子，直径5～6cm；PVC管毒饵站制作材料为市场上销售的直径5～6cm PVC管材。制作农田区毒饵站时将竹子（或 PVC管）锯成55cm长的竹筒（或 PVC管），把竹节中间打通，竹筒（或 PVC管）两头各留5cm长的"耳朵"防雨，用铁丝做两个固定脚作支架，耳朵朝下，将铁丝脚架插入田埂，离地面3cm左右，以免雨水灌入（图6-2）。农舍区毒饵站直接将竹子（或 PVC管）锯成30cm长的竹筒（或 PVC管），打通竹节即可（图6-3）。其适用于农田区和农舍区灭鼠。

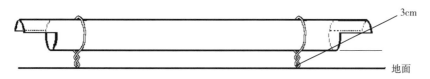

图6-2 农田区竹筒（PVC管）毒饵站

图6-3 农舍区竹筒（或 PVC管）毒饵站

2. 饮料瓶毒饵站

把用过的矿泉水瓶等饮料瓶，两端去掉，用铁丝圈箍固定，铁丝留一15cm脚用于插入土中固定，瓶距地面约3cm（图6-4）。其适用于农田区和农舍区灭鼠。

3. 筒瓦毒饵站

制作材料直接用农村盖房用的筒瓦，将筒瓦二片合起，用铁丝扎紧即可（图6-5）。其适用于农田区灭鼠。

图6-4 矿泉水瓶毒饵站　　　　图6-5 农田区投放的筒瓦毒饵站

4. 花钵毒饵站

将口径为20cm左右的陶瓷花钵（或废旧的花盆）上端边缘敲开一缺口，缺口口径5～6cm，翻过来倒扣于地面即可（图6-6）。其适用于农舍区灭鼠。

5. 瓦筒毒饵站

用黏土制成长度40cm、内径10cm、内呈圆柱形，经窑高温烧制而成的筒状物（图6-7）。其适用于农田区和农舍区灭鼠。

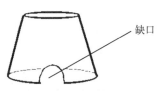

图6-6　农舍区花钵毒饵站

图6-7　农田区瓦筒毒饵站

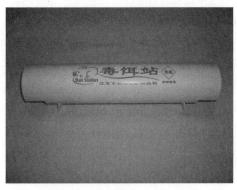

图6-8　农田区PVC毒饵站

图6-9　农田区黏土烧制的毒饵站

图6-10　农田区竹筒毒饵站

图6-11　农田区纸制毒饵站

图6-12　农舍区塑料毒饵站

（二）毒饵站投饵方法

1. 放置数量及位置

对于鼠密度3％～10％的农田，每亩放置毒饵站1个，将耳朵朝下，铁丝脚架插入土中固定于田埂或沟渠边，毒饵站离地面 3cm 左右。对于害鼠捕获率 10％以上的农田，每亩放置毒饵站 2 个。农舍一般每户设置毒饵站 2 个，重点放置在房前屋后、厨房、粮仓、畜禽圈等鼠类经常活动的地方，用砖块等物固定好。

2. 投饵量及放置时间

农区鼠害防治时，一般每个毒饵站放置毒饵 20～30g，连续放置 3d 后，根据害鼠取食情况补充毒饵。毒饵站可长期放置，重复使用。毒饵可选用原粮拌制的 0.005％溴敌隆毒饵、0.005％溴鼠灵毒饵、0.5％溴敌隆水剂等抗凝血杀鼠剂或商品毒饵。

（三）毒饵站灭鼠的优点

在毒饵站大规模应用之前，我国农区传统的投饵方式是裸露饱和投饵法，即把毒饵直接散投在地上。灭鼠期一般在春秋两季，田间雨水较多，裸露投放在田间的毒饵易受潮霉变，导致害鼠拒食，影响防治效果，同时又有大量毒饵残留于田间，造成环境污染、非靶标动物误食中毒等问题。采用毒饵站投放毒饵开展农区灭鼠，可长期投放，重复使用，毒饵持续发挥作用，对害鼠的控制时间持续长。儿童、禽畜不易接触到毒饵，对人畜禽安全，而且毒饵不被雨水冲刷，不易受潮霉变，可长久发挥药效，节省毒饵，降低灭鼠成本，也能减少田间残留毒饵量，减小环境污染。

1. 经济性

四川省彭山县观音镇用毒饵站在两个村进行的统一灭鼠，共投饵 180kg，为裸露饱和投饵法投饵量的 30％。两个村通过使用该技术，共节约粮食 400kg、节约资金约 2500 元（含投工情况）。裸投毒饵灭鼠所用粮食是毒饵站灭鼠的 3.2 倍，所用资金是毒饵站灭鼠的 3.4 倍（图 6-13）。北京地区的统计表明，单个养殖场使用毒饵站较常规裸露饱和投饵，平均年少投放毒饵 15kg。

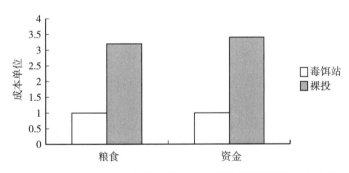

图 6-13　四川省示范点毒饵站灭鼠与裸投毒饵灭鼠的成本比较

2. 高效性

尽管毒饵站灭鼠投饵量低，但由于毒饵消耗率高，在四川两个村的试验中，毒饵消耗率分别为 45％和 51％，都大大高于常年大面积裸投灭鼠的 10％～20％毒饵消耗率。两村的毒饵站灭鼠效果分别为 84.6％和 79.1％，较裸投毒饵灭鼠的灭效 67.7％及 68.8％高（图 6-14）。其他各地的试验示范结果也证明了这一点。

3. 安全性

四川省毒饵站灭鼠示范试验中发生了 2 起非靶标动物误食事件，远远少于传统裸投灭鼠中两个村 25～60 起动物误食的事件（图 6-15）。其他各地在多年使用毒饵站灭鼠的过程中，也基本没有相关中毒事故的报告。

4. 环保性

在传统的大面积统一灭鼠活动中，四川省示范点的两个村毒饵的投放量 600kg 左右，除鼠类消耗的 40～80kg 外，其余 85％左右的毒饵残留在土地中；而使用毒饵站技术，不仅投饵量大大降低，且剩余的毒饵继续发挥作用，大大减少了环境污染（图 6-16）。

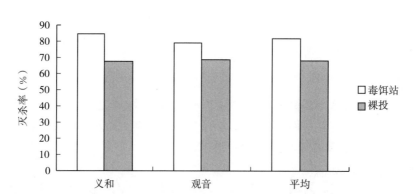

图 6-14　四川省示范点毒饵站灭鼠和裸投毒饵灭效比较

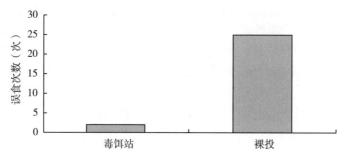

图 6-15　四川省示范点毒饵站灭鼠与裸投毒饵灭鼠安全性比较

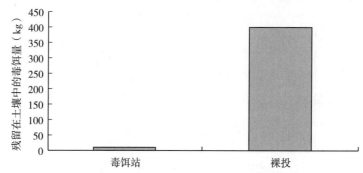

图 6-16　四川省示范点毒饵站灭鼠和裸投毒饵灭鼠环保性比较

5. 持久性

　　四川省 2001 年在试验中调查发现，尽管 6 月的降雨多，但放置 100d 后，仅 4.8％毒饵站毒饵发霉变质，其余毒饵站中的毒饵没有生霉发芽，仍然有效。而裸投毒饵通常在 1 周内因生霉、发芽而失效（图 6-17）。

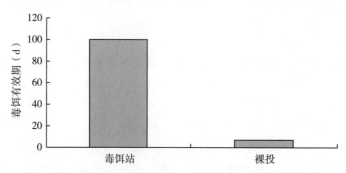

图 6-17　四川省示范点毒饵站灭鼠与裸投毒饵有效期比较

（四）毒饵站灭鼠技术在我国的研究与推广

1. 毒饵站灭鼠技术研究

毒饵站灭鼠技术的试验研究得到各地的高度重视，先后有许多研究结果报道，这些结果主要针对不同类型毒饵站的取食性及灭鼠效果，毒饵站设置位置、毒饵站放置密度和毒饵站长度对灭鼠效果的影响，以及毒饵站投饵灭鼠与传统裸露投饵灭鼠的比较等方面进行了广泛深入的研究，为毒饵站灭鼠在全国大面积推广应用提供了技术储备。

（1）农区不同类型毒饵站的适合性选择试验　　四川在农舍区选用5种类型的毒饵站进行灭鼠比较，其均选择天然材料制成，分别为黏土烧制而成的一端开口、两端开口的弯管状毒饵站，黏土烧制而成的碗状毒饵站，水泥盒及竹筒毒饵站。5种毒饵站有4~6开口。在丘区、坝区各选择50户农户。将5种不同类型的毒饵站编成一组，在农户的同一房屋内排列成直径约1m的圆圈，每个毒饵站放20g大米，让其取食，第二天称量耗饵量，连续进行5d，每天依次轮换毒饵站的位置。结果表明，无论在平原区还是在丘陵区，害鼠对不同类型毒饵站的选择基本一致，其取食次数和耗饵量均是碗状黏土类和竹筒毒饵站高。在平原区，害鼠在碗状黏土类毒饵站和竹筒毒饵站中的取食次数分别占总次数的23.9%和36.2%，取食量分别占总量的26.4%和39.0%。平原区与之类似，分别为50.4%和24.8%及50.1%和24.0%（表6-2）。四川农村家栖鼠对上述不同类型的毒饵站选择差异显著（平原区 $X^2=123.75$，$P=0.001$，丘陵区 $X^2=280.95$，$P=0.001$）。碗状黏土类毒饵站和竹筒类毒饵站的制作工艺简单，取材方便，成本均较低，一个毒饵站成本1元左右，在四川农村大面积灭鼠及鼠类长期控制活动中可为首选。

表6-2　2001年四川省试验点农村家栖鼠对不同类型毒饵站的选择实验

毒饵站类型	平原区				丘陵区			
	取食次数	占比（%）	耗饵量（g）	占比（%）	取食次数	占比（%）	耗饵量（g）	占比（%）
黏土类（一端开口）	44	9.8	277	8.0	3	2.7	51	3.3
黏土类（两端开口）	69	15.4	470	13.6	9	8.0	134	8.6
黏土类（碗状）	107	23.9	915	26.4	57	50.4	783	50.1
水泥类	66	14.7	452	13.0	16	14.2	220	14.1
竹筒	162	36.2	1 353	39.0	28	24.8	376	24.0

广东试验用3种类型的毒饵站灭鼠：竹筒毒饵站、PVC管毒饵站和瓦筒毒饵站。其中竹筒毒饵站分A、B型两型，A型为两端均开口的双孔型，B型为一端开口、一端封闭的单孔型；PVC管毒饵站采用口径5cm或7cm的PVC管制作，长度均为30cm；瓦筒毒饵站的口径为8cm，用黏土高温烧制成圆柱状，长度分别为30cm、40cm和50cm 3种规格。试验结果表明，两端开口的双孔毒饵站具有较高取食率同时对毒饵也有较好的保鲜效果，口径8~10cm、长度40~50cm的瓦筒毒饵站在取食率、防治效果、防盗及来源等方面均比PVC管更有优势。

广西使用竹筒毒饵站、塑料毒饵站和PVC管毒饵站，在水稻、玉米、甘蔗、果树及农宅5个不同生境对比了其控鼠害效果。每个生境分别设竹筒毒饵站、PVC管毒饵站和塑料毒饵站3个处理，每个处理3个重复。结果可以看出：3种毒饵站的灭鼠效果均良好，其中竹筒毒饵站和塑料毒饵站灭鼠效果相对较好，竹筒毒饵站在水稻、甘蔗和农宅灭效最高，分别达88.3%、89.4%和91.9%；塑料毒饵站在玉米和果树的灭鼠效果最高，分别为86.1%和84.7%；PVC管灭鼠效果相对较低，但其在5种生境中的防治效果均在76%以上（表6-3）。

北京的试验表明，砖、瓦、塑料、PVC等材质的毒饵站取食率无显著差异（表6-4），说明制作毒饵站的材质可广泛取材（如可乐瓶、瓦罐、硬纸筒、砖瓦垒砌、破旧烟筒、陶土等），选材原则以

经济、耐用为准。

表6-3　广西2005年不同类型毒饵站灭鼠效果（%）

毒饵站类型	水稻	甘蔗	玉米	果树	农宅
竹筒毒饵站	88.3	89.4	83.3	82.5	91.9
塑料毒饵站	86.0	86.7	86.1	84.7	89.1
PVC管毒饵站	79.0	77.8	77.8	76.0	81.0

表6-4　北京2006年不同材质毒饵站毒饵消耗量

位置	毒饵站类型	药后5d		药后10d		药后15d		总消耗率（%）
		消耗量（g）	消耗率（%）	消耗量（g）	消耗率（%）	消耗量（g）	消耗率（%）	
地边排水渠	可乐瓶	321	64.2	167	33.4	8	1.6	33.1
	瓦罐	300	60.0	207	41.7	52	10.4	37.2
地中排水渠	可乐瓶	450	90.0	259	51.8	206	41.2	61.0
	瓦罐	382	95.5	255.2	63.8	147.2	36.8	65.4

吉林省的试验使用了口径6cm的塑料管和再生塑料管，及口径为5cm的PVC管。于农舍放置长度38cm（包括耳朵）的PVC管、长度分别为40cm和50cm的塑料管及再生塑料管等5种规格的毒饵站；于农田放置的毒饵站为长度40cm和50cm的塑料管和再生塑料管共4种规格。试验结果表明：长度38cm、40cm、50cm的同一材质毒饵站灭鼠效果无显著差异。从成本的角度考虑，无论是在农舍或农田灭鼠，选用长度38cm（其中耳朵长度5cm）的毒饵站为宜。从毒饵站的口径看，最好的口径以6cm为宜，其便于个体大的褐家鼠等钻入取食；而口径5cm的毒饵站只便于个体较小的小家鼠、黑线姬鼠等取食，通用性不好。从材质看，PVC管、塑料管和再生塑料管制作毒饵站均可，考虑成本，应首选PVC管，其次是再生塑料管，最后是塑料管。

北京在顺义区南彩镇的果园进行了农田毒饵站长度筛选试验，试验设长度为33cm、40cm、50cm的PVC毒饵站等3个处理。试验结果表明，随着毒饵站长度的增加，置饵后15d毒饵的总消耗率呈下降趋势。其中，33cm的毒饵站总消耗率最高（4.8%），50cm的毒饵站总消耗率最低（3.7%）。但3个长度毒饵站的取食率没有显著差异，说明3种长度的毒饵站均可在农田灭鼠中使用。3种长度的毒饵站置饵后15d、30d的灭鼠效果均为100%。北京地区还在通州区张家湾镇上店村进行了养殖场毒饵站长度的筛选试验，共设30cm、40cm、45cm 3个长度PVC毒饵站及空白等4个处理。结果表明：养殖场内各环境毒饵取食量和取食率差异不大，但养殖场内的毒饵取食量和取食率明显高于外部，说明养殖场各环境鼠密度均较高，应全面布药。根据害鼠的取食习惯，应适当加大毒饵投放量。不同长度的毒饵站的毒饵消耗差异明显，其中以40cm长的毒饵站毒饵取食量和取食率最高，药后15d的总取食量和总取食率分别为1 167g和43.2%；以45cm长的毒饵站最低，置饵后15d的总取食量和总取食率分别为137g和5.1%。40cm、30cm长的毒饵站取食量均比45cm长度的毒饵站显著多，但40cm和30cm长的毒饵站间不存在显著差异。养殖场宜使用长度为30~40cm的毒饵站。

以上研究案例显示：无论用自然材质或者塑料等无特殊气味的材质制作的毒饵站对害鼠的取食均没有显著影响，两头都有开口的毒饵站取食效果高于单孔毒饵站，这可能与害鼠的警惕习性有关。各地可根据当地情况选择来源广泛、成本低廉、经久耐用的材质制作不同类型的毒饵站。其规格（长度、开口大小、材质等）应该根据各地害鼠种类、习性等决定，如广东的板齿鼠个体比较大，宜用口径8cm左右的毒饵站，四川等地宜选择口径6cm左右的毒饵站，当地体形稍大的褐家鼠也可自由出入。确切的长度也应该根据当地实际情况，选择效果好、省材料、加工方便的适当长度材料。

（2）**毒饵站放置位置对效果的影响**　四川省分别在彭山县观音镇陈家村、梓潼村和杨柳村选择了30个农户设置毒饵站，每村视为一个重复。分别在每个农户的猪圈、仓房、卧室、厨房、室外前屋檐和室外后屋檐设置一个毒饵站。毒饵站均采用直径4～6cm、长30cm的竹筒。每晚在毒饵站中放入20g小麦，翌日称取耗饵量，并补足至20g，连续5d。试验结果表明，猪圈中毒饵站的取食量最大，然后依次为室外后屋檐、仓房、厨房、室外前屋檐和卧室。不同位置间差异显著（$F=104.65$，$df=17$，$P<0.01$）（表6-5）。

表6-5　四川省2001年农舍不同位置毒饵站取食量

位置	Ⅰ（陈家村）	Ⅱ（梓潼村）	Ⅲ（杨柳村）	合计
仓房	120.0	1 325.0	266.0	1 711.0
厨房	116.0	1 108.0	235.0	1 459.0
卧室	131.0	877.0	114.0	1 122.0
猪圈	127.0	1 609.0	555.0	2 291.0
室外前屋檐	159.0	1 026.0	158.0	1 343.0
室外后屋檐	317.0	1 520.0	359.0	2 196.0

广西的试验表明，设在厨房和屋外墙角的毒饵站取食量较大，分别为658g和641g，客厅和猪圈的取食量较少，害鼠对各毒饵站的取食量在第三天或第四天达到一个高峰，第五天开始回落。总体上看，5d各毒饵站取食量均保持了较高的水平（表6-6）。

表6-6　广西2005年不同放置位置毒饵站选择试验饵料消耗情况

毒饵站位置	毒饵消耗量（g）					
	第一天	第二天	第三天	第四天	第五天	合计
屋外房檐下	36	89	117	126	87	455
屋外墙角	49	103	187	164	138	641
猪圈	37	49	89	76	71	322
厨房	51	96	173	186	152	658
客厅	32	42	75	53	55	257

鼠类活动场所与食物因素、人为活动有很大关系，猪圈和仓房的食物条件相对丰富，鼠类活动频繁。后屋檐人员活动较少，为栖息在室外的害鼠进入房舍的通道之一。因此，民居灭鼠活动中应注意在猪圈、后屋檐及仓房等场所设置毒饵站。在农田应该根据害鼠活动习性和降雨涨水等情况，将毒饵站放置在田埂边上，要求离地2～3cm，其目的一是害鼠有在田埂边活动的习性，二是可以防止涨水灌入毒饵站浸泡毒饵。

（3）**农田毒饵站放置密度对效果的影响**　四川省2000年分别在彭山县黄丰镇和观音镇选择旱地和水稻田各3块，每块样地的面积均为2.4hm²。在每种类型的3块样地中分别置放12个、24个、36个竹筒毒饵站（即每公顷5个、10个、15个）、每晚每个毒饵站放10g大米，第二天称取耗饵量，连续进行5d。竹筒毒饵站直径4～6cm，长60cm，两端有10cm左右的支架。放置时，竹筒口离地面2～3cm。在水稻田中沿田埂置放，在旱地中尽量均匀置放。试验结果表明：水稻田中每公顷放置5个、10个、15个毒饵站，单个饵站的5d平均耗饵量分别为20.4g、27.0g和16.5g，3种放置密度间无显著差异。放置密度与取食次数间也无显著差异（表6-7）。

表 6-7 四川省 2001 年田间不同放置密度竹筒毒饵站取食量及取食次数

项目	放置场所					
	水稻田			旱地		
放置密度（个/hm²）	5	10	15	5	10	15
耗饵量（g）	245	540	593	75	186	375.5
平均耗饵量（g）	20.4	27.0	16.5	6.3	7.8	10.4
取食次数	38	86	109	20	56	101
平均取食次数	3.2	3.6	3.0	1.7	2.3	2.8

由于鼠类的活动存在一定的领域性，在鼠密度一定的情况下，毒饵站的放置密度增加到一定程度时，其平均取食量及取食次数将下降。试验中当放置密度从 10 个/hm² 增加到 15 个/hm² 时，其平均耗饵量及取食次数均有下降的趋势，显示毒饵站的密度可能过密，在当时鼠密度条件下，每公顷放置 10 个毒饵站的灭鼠效果可能最好。

为进一步筛选出不同鼠密度下毒饵站的最适放置密度，四川省于 2001 年在彭山县试验了在害鼠高密度区（10%以上）和低密度区（10%以下）分别放置不同密度的毒饵站（0.07hm²/个、0.13hm²/个、0.20hm²/个）及相同的无毒小麦毒饵站。试验每小区面积 6hm²，小区间以河道和道路相隔。处理前后分别进行前饵和后饵测定，即每个饵站中放无毒小麦 50g，5d 后称耗饵率。灭效采用校正灭效＝1－（处理后饵×对照前饵）/（处理前饵×对照后饵）计算。在鼠密度 18% 的高密度区，每 0.07hm²/个毒饵站的防治效果达到 90% 以上，其中 0.13hm²/个和 0.21hm²/个毒饵站的防治效果均低于 80%。在鼠密度 8.5% 的低密度区，每 0.07hm²/个和 0.13hm²/个毒饵站的防治效果都达到 90% 左右（表 6-8）。因此，在鼠密度 5%～10% 时宜选用 0.13hm² 1 个的毒饵站设置。

表 6-8 四川省 2001 年不同鼠密度区与不同毒饵站数量的灭鼠效果

处理		处理区（g）		对照区（g）		防治效果（%）
		前饵	后饵	前饵	后饵	
高密区（鼠密度 18%）	每 0.07hm²/个	298	32	150	301	94.65
	每 0.13hm²/个	258	65	265	312	78.60
	每 0.20hm²/个	276	78	314	321	72.36
低密区（鼠密度 8.50%）	每 0.07hm²/个	176	0	201	302	100.00
	每 0.13hm²/个	155	68	168	687	89.27
	每 0.20hm²/个	157	74	156	269	72.67

广西也分别进行了在农田鼠害高密度区（10%以上）和低密度区（10%以下）不同数量毒饵站灭鼠效果试验，结果见表 6-9 和表 6-10。在高鼠密度区毒饵站设置数量对防治效果的影响大于低鼠密度区，在低鼠密度区毒饵站设置数量略微减少对控鼠效果影响不大，但高密度区需要设置足够的毒饵站以保证灭鼠效果。农田毒饵站试验中，0.067hm²、0.13hm² 放置 1 个毒饵站的高鼠密度区和低鼠密度区防治效果差异不大，实践防治中 0.13hm² 放置 1 个毒饵站即可，若当年鼠密度升高，可适当增加毒饵站数量。农宅的结果类似，当每户放置 2 个和 3 个毒饵站时，灭鼠效果无差异，推荐农户每户 2 个毒饵站基本能达到控制鼠害的目的。

表 6-9　广西 2005 年农田不同密度区不同毒饵站数量灭鼠效果

毒饵站放置密度		试验后捕获率（%）	试验前捕获率（%）	防治效果（%）
高密度区 （鼠密度 10% 以上）	0.067hm²/个	3.33	26.67	87.5
	0.13hm²/个	3.67	24.00	84.7
	0.2hm²/个	5.33	21.33	78.1
低密度区 （鼠密度低于 10%）	0.067hm²/个	0.67	5.67	87.4
	0.13hm²/个	1.00	6.00	83.3
	0.2hm²/个	1.33	8.33	84.0

表 6-10　广西 2005 年农宅不同密度区不同毒饵站数量灭鼠效果

毒饵站放置密度		试验前捕获率（%）	试验后捕获率（%）	防治效果（%）
高密度区 （鼠密度高于 10%）	1/户	18.67	4.00	78.6
	2/户	19.33	2.67	86.2
	3/户	26.67	3.33	87.5
低密度区 （鼠密度低于 10%）	1/户	8.00	2.00	75.0
	2/户	5.00	0.67	86.6
	3/户	9.33	1.33	85.7

　　总体来说，各地研究结果表明，在农田使用毒饵站灭鼠，可以根据鼠密度，在鼠害高密度区（10% 以上）每 667m² 放置 1~2 个毒饵站，在低密度区（10% 以下）每 667m² 放置 1 个即可以达到控制鼠害的目的。农户每户放置 2 个毒饵站即可基本控制鼠害。

　　（4）**毒饵站投饵与裸露投饵的比较**　对于毒饵站投饵与裸露投饵在农田和农舍环境中灭鼠效果的对比，我国各地技术推广部门也做了许多工作。在广西，无论是农田还是农舍，毒饵站控制鼠害的效果都比裸投毒饵好，毒饵站在当地农田和农舍的灭鼠效果分别达 84.9% 和 87.9%，而裸投毒饵防治效果为 75.1% 和 77.7%（表 6-11）。

表 6-11　广西地区 2005 年毒饵站投饵与裸投毒饵灭鼠效果比较

处理	农田		农户	
	毒饵站	裸投毒饵	毒饵站	裸投毒饵
处理区耗饵率（%）	7.2	13.5	6.9	13.7
对照区耗饵率（%）	47.7	54.3	56.8	61.3
防治效果（%）	84.9	75.1	87.9	77.7

　　贵州省 2004—2007 年期间，在余庆、息烽、大方、桐梓、仁怀 5 县（市）农田区进行了 PVC 管毒饵站、竹筒毒饵站、矿泉水瓶毒饵站与裸露投放毒饵防控害鼠的试验。结果表明：投饵后 3d，各试验区的毒饵平均取食率分别为 27.24%、30.64%、9.72% 和 65.07%，投饵后 15d，防治效果分别为 78.98%、82.98%、76.37%、83.72%（表 6-12）。不同类型毒饵站投放毒饵与裸露投放毒饵防治效果相近，PVC 管毒饵站、竹筒毒饵站、矿泉水瓶毒饵站在贵州省农田灭鼠中均具有推广应用价值。

表 6-12　贵州省 2009 年不同投饵方法农田鼠类的取食率及防治效果

投饵方法	试验地点	试验时间	取食率（％）	防治效果（％）
PVC 管毒饵站	余庆县	2004 年 10～11 月	33.60	84.14
	仁怀市	2004 年 9～10 月	45.67	80.19
	息烽县	2004 年 10～11 月	30.92	87.00
	桐梓县	2007 年 10～11 月	10.60	76.92
	余庆县	2007 年 8～9 月	15.40	66.67
竹筒毒饵站	余庆县	2004 年 5～6 月	55.48	81.29
	余庆县	2004 年 10～11 月	31.88	77.73
	仁怀市	2004 年 9～10 月	48.47	83.51
竹筒毒饵站	息烽县	2004 年 10～11 月	27.33	88.61
	大方县	2004 年 4～5 月	—	86.37
	桐梓县	2007 年 10～11 月	10.90	83.33
	余庆县	2007 年 8～9 月	9.80	80.00
矿泉水瓶毒饵站	桐梓县	2007 年 10～11 月	9.69	72.73
	余庆县	2007 年 8～9 月	9.75	80.00
裸露投放毒饵	余庆县	2004 年 5～6 月	60.90	83.37
	息烽县	2004 年 10～11 月	—	82.07
	大方县	2004 年 4～5 月	69.24	85.71

在湖南省，农田毒饵站灭鼠效果表现为优于裸露投放毒饵灭鼠，竹筒毒饵站和 PVC 毒饵站的防效为 87.94％和 86.36％，分别高出常规裸露投放 6.78％和 5.2％（表 6-13）。

表 6-13　湖南省 2004 年毒饵站投饵与裸投毒饵灭鼠效果比较

灭鼠技术	农田鼠密度（％）		防治效果（％）
	灭鼠前	灭鼠后	
竹筒毒饵站	4.23	0.51	87.94
PVC 毒饵站	4.18	0.57	86.36
裸露投放	4.30	0.81	81.16

在陕西省，使用 PVC 毒饵站和裸露投放两种灭鼠技术在农田、住宅实施灭鼠后 10d 调查，发现农田 PVC 毒饵站的灭效为 86.97％，比裸露投放毒饵效果高 4.89％；住宅区 PVC 毒饵站比裸露投放灭鼠效果高 1.97％（表 6-14）。

表 6-14　陕西省 2005 年毒饵站投饵与裸投毒饵灭鼠效果

试区	灭鼠技术	生境	灭鼠前			灭鼠后			防治效果（％）
			置夹数（个）	捕鼠数（只）	捕获率（％）	置夹数（个）	捕鼠数（只）	捕获率（％）	
马渠村	PVC 毒饵站	农田	212	7	3.30	233	1	0.43	86.97
		住宅	270	15	5.56	200	2	1.00	82.01
泥沟村	裸露投放	农田	208	8	3.85	435	3	0.69	82.08
		住宅	208	10	4.81	208	2	0.96	80.04

在山西省，两种灭鼠技术在农田、住宅灭鼠后10d调查，防治效果均超过80%。在农田，PVC毒饵站和裸露投放防治效果分别为87.9%、81.4%，相差6.5%；在住宅区PVC毒饵站和裸露投放灭鼠效果差异不显著（$P<0.05$）。取食率结果显示，农田PVC毒饵站和裸露投放平均取食率分别为30.92%、27.33%，住宅区PVC毒饵站和裸露投放平均取食率分别为24.50%、22.58%。毒饵站取食率均高于裸露投放。

从上述各地的试验结果看，使用毒饵站灭鼠，大多地区试验点的毒饵利用率和灭鼠效果明显高于传统裸露投放毒饵灭鼠。

（5）**毒饵站控制鼠害的持续性** 为了评估毒饵站控制害鼠的有效作用时间，郭永旺等（2007）在北京通州区的3个养殖场实施了毒饵站长期控制鼠害的有效性试验。试验设置了饱和投饵、饱和投饵＋毒饵站投饵及空白对照3个处理，试验连续进行6个月。统计的结果表明：养殖场在鼠密度高的情况下，采用一次性饱和投饵，可迅速压低害鼠密度，但6个月后鼠密度明显上升。在饱和投饵＋毒饵站投饵试验区，一次性饱和投饵后，继续在养殖棚、料库外布放毒饵站，并配合使用防鼠网及交替使用不同类型杀鼠剂等措施，6个月后，其防治效果仍在90%以上。使用毒饵站投饵可以长期有效实现对养殖场害鼠的持续控制。

2. 毒饵站技术在我国推广应用概况

近年来，我国农区鼠害呈加重发生趋势，农区鼠害发生面积不断扩大，鼠传疾病呈上升态势，灭鼠防病形势严峻，环境污染与人身安全等问题也较突出。自2003年起，全国农业技术推广服务中心组织四川、浙江、贵州等18个省（自治区、直辖市）开展了大规模农区毒饵站灭鼠关键技术研究与应用推广。通过采取统一组织领导、广泛宣传、开展技术培训、建立灭鼠示范区等形式，创新了农区鼠害管理模式，以毒饵站为主体的鼠害综合防治技术推广迅速，社会反响良好。目前该项技术已在全国31个省（自治区、直辖市）及新疆生产建设兵团广泛应用。仅据2003—2006年18个省（自治区、直辖市）统计，这些地区累计推广农田毒饵站灭鼠面积702.58万hm²，农户毒饵站灭鼠3 734.93万户，农田灭鼠效果为80.0%～94.2%，农户灭鼠效果为85.0%～95.3%，累计挽回粮食损失24.16亿kg，节省药饵及工本费15 524.51万元，新增经济效益30.85亿元，投入产出比达1：10.96。全国近6 000万农户从中受益。这一技术的推广同时增强了群众科学灭鼠意识和提高了灭鼠技能，减少了环境污染和人畜中毒事件的发生，推广区鼠传疾病发病人数明显下降。该技术的推广还有力地协助了全国毒鼠强专项整治工作的开展，巩固了毒鼠强专项整治成果，取得了明显的经济、社会和生态效益。

鼠害控制技术中，毒饵站技术算不上高精尖，但其极大地克服了鼠害化学控制的弊端，得到了广大人民群众的认可，其将是我国今后一段时期防治农区鼠类的主要推广应用技术，具有广阔的推广应用前景。针对毒饵站灭鼠技术的推广应用需要注意以下事项：

①加强领导，加大毒饵站灭鼠技术宣传、培训力度。鼠害给人类、农业生产带来的重大损失，并不亚于其他自然灾害，控制鼠害关键在于各级政府部门提高认识，加强领导。切实地把农田灭鼠工作作为减灾工作列入各级政府的议事日程，增加经费投入，加大技术宣传、培训力度，创新灭鼠技术的宣传、培训形式，提高并普及农民科学灭鼠意识，提高该技术的实施率。

②加大毒饵站设备的研制开发力度。各级植保部门可根据当地资源情况，结合鼠种种类及生活习性特点，围绕毒饵站技术的关键特点，方便鼠类自由出入，提高取食率，减少其他非靶标动物误食中毒，达到经济、安全、高效、环保等目的。研制开发具有推广价值的新型毒饵站，可因地制宜、因陋就简地开发各种高效、经济的毒饵站。

③交替使用不同类型杀鼠剂毒饵。化学方法是目前国内外害鼠防治的主要方法。其特点是效率高、防效快。但长期在一个环境里持续使用同一类型杀鼠剂毒饵会加速鼠类抗药性的产生，在目前杀鼠剂种类稀少、原理单一的情况下，一旦发生抗性，极易引起无药可用的窘境。

④把毒饵站技术与农艺、生态、物理、生物等各项鼠害管理措施有机结合。农区鼠害问题实质上

是一个生态问题，应从确保农业可持续发展战略方向来考虑鼠害的控制，以整体效益为目标，优先考虑农业农艺、生态等措施，加强鼠情预测预报技术，合理使用毒饵站投饵技术，使防治对策由单纯的化学防治，逐步向以生态控制、物理防治、生物防治为主，化学控制为辅的有机综合防控技术体系发展，实现经济、社会和生态三大效益有机统一的鼠害管理目标。

六、毒饵的安全使用

抗凝血类杀鼠剂及其毒饵存放和销毁的地点必须远离食品、饮用水和饮用水源。杀鼠剂及其毒饵必须及时包装，并具有明显标志，且不能置于室外保管。保管应由专人负责，并对其使用去向登记。

直接接触杀鼠剂或配制毒饵的设备、工具、仪器为专用器具，应有明显的"有毒物品"或"危险物品"标志。未经除毒处理的专用器具不得转作他用，或未经除毒处理就丢弃。

火车、轮船、飞机、长途汽车、公交车等有公众乘坐的公共交通工具未经安全部门许可禁止携带未经严格包装的零散杀鼠剂及其毒饵。

对发现的死鼠及时掩埋，掩埋深度应能够避免食肉类动物将其掘出，防止出现二次中毒。

附　录

附录一　我国主要啮齿动物名录

1. 藏鼠兔 *Ochotona thibetana* Milne-Edwards，1871；英文名：Moupinpika；别名：鸣声鼠、啼鼠、岩鼠、岩兔、西藏鼠兔、西藏碲兔、阿卜热（藏名译音）；中国特有种。

2. 达乌尔鼠兔 *Ochotona dauurica* Pallas，1776；英文名：DaurianPika。

3. 格氏鼠兔 *Ochotona gloveri* Thomas，1922；英文名：Glover's Pika；别名：川西鼠兔，岩兔。

4. 蒙古鼠兔 *Ochotona argentata* Howell，1928；英文名：Silver pika。

5. 甘肃鼠兔 *Ochotona cansus* Lyon，1907；英文名：Gansu pika；别名：间颅鼠兔、鸣声鼠、无尾鼠。中国特有种。

6. 高原鼠兔 *Ochotona curzoniae* Hodgson，1858；英文名：Plateau pika；别名：黑唇鼠兔、鸣声兔等。

7. 赤颊黄鼠 *Spermophilus erythrogenys* Brandt，1841；英文名：Red-cheeked ground squirrel）；别名：地松鼠。

8. 达乌尔黄鼠 *Spermophilus dauricus* Brandt，1843；英文名：Darian ground squirrel。

9. 阿拉善黄鼠 *Spermophilus alaschanicus* Buchner，1888；英文名：Alashan ground squirrel；别名：大眼贼、豆鼠子。

10. 天山黄鼠 *Spermophilus rally* Kuznetsov，1948；英文名：Tianshan groung squirrel；别名：黄鼠、地松鼠。

11. 花鼠 *Tamias sibiricus* Laxmann，1769；英文名：Siberian chipmunk；别名：五道眉、金花鼠、花狸棒、犹猁、花栗鼠。

12. 岩松鼠 *Sciurotamias davidianus* Milne-Edwards，1867；英文名：Forrest's rock squirrel。

13. 赤腹松鼠 *Callosciurus erythraeus* Pallas，1779；英文名：Red-bellied tree squirrel。

14. 隐纹花松鼠 *Tamiops swinhoei* Milne-Edwards，1874；英文名：Swinhoe's striped squirrel；别名：隐纹松鼠。

15. 小飞鼠 *Pteromys Volans* Linnaeus，1758；英文名：Siberian flying squirrel。

16. 林睡鼠 *Dryomys nitedula* Pallas，1779；英文名：Forest dormouse。

17. 草原鼢鼠 *Myospala xaspalax* Pallas，1776；英文名：False Zokor，Steppe Zokor；别名：阿尔泰鼢鼠、达乌里鼢鼠、梨鼠、瞎老鼠、地羊。

18. 东北鼢鼠 *Myospalax psilurus* Milne-Edwards，1874；英文名：Transbaikal Zokor，Siberian Zokor；别名：华北鼢鼠、裸尾鼢鼠、地羊、地排子、盲鼠、瞎老鼠、瞎摸鼠子。

19. 甘肃鼢鼠 *Eospalax cansus* Lyon，1907；英文名：Gansu zokor；别名：瞎老鼠、地老鼠、瞎瞎等。

20. 高原鼢鼠 *Myospalax baileyi* Thomas，1911；英文名：Plateau zokor；别名：瞎老鼠、塞隆、瞎老、地老鼠等。

21. 中华鼢鼠 *Eospalax fontanierii* Milne-Edwards，1867；英文名：Chinese zokor；别名：瞎狯、瞎老（鼠）、瞎瞎、拱老鼠、串地龙、赛隆等。

22. 银星竹鼠 *Rhizomys pruinosus* Blyth，1851；英文名：Hoary bamboo rat。

23. 鼹形田鼠 *Ellobius talpinus* Pallas，1770；英文名：Northern mole vole。

24. 草原兔尾鼠 *Lagurus lagurus* Pallas，1773；英文名：Steppe lemming。

25. 蒙古兔尾鼠 *Eolagurus przewalskii* Büchner，1889；英文名：Przewalski's steppe lemming；别名：谱氏兔尾鼠。

26. 黄兔尾鼠 *Eolagurus luteus* Eversmann，1840；英文名：Yellow steppe lemming；别外：旅鼠。

27. 白尾松田鼠 *Phaiomys leucurus* Blyth，1863；英文名：Blyth's mountain vole；别名：拟田鼠、松田鼠、布氏松田鼠。

28. 布氏田鼠 *Lasiopodomys brandtii* Raddle，1861；英文名：Brandt's vole；别名：沙黄田鼠、草原田鼠、白兰其田鼠、布兰德特田鼠。

29. 青海田鼠 *Lasiopodomys fuscus* Büchner，1889；英文名：Someky vole。

30. 棕色田鼠 *Lasyopodomysmandarinus* Milne-Edwards，1871；英文名：Mandarin vole；别名：北方田鼠、田鼠等。

31. 东方田鼠 *Microtus fortis* Büchner，1889；英文名：Reed vole；别名：沼泽田鼠、远东田鼠、苇田鼠、水耗子等。

32. 根田鼠 *Microtus oeconomus* Pallas，1776；英文名：Tundra vole。

33. 莫氏田鼠 *Microtus maximowiczii* Schrenk，1859；英文名：Maximowicz's vole。

34. 狭颅田鼠 *Microtus gregalis* Pallas，1779；英文名：Narrow-headed vole。

35. 红背 *Myodes rutilus* Pallas，1779；英文名 Northern red-backed vole。

36. 山西 *Myodes shanseius* Thomas，1908；英文名：Shanxi red-backed vole；别名：山西绒鼠。

37. 棕背 *Myodes rufocanus* Sundevall，1846；英文名：Grey red-backed vole；别名：红毛耗子、大红牙背。

38. 中华绒鼠 *Eothenomy schinensis* Thomas，1891；英文名：Sichuan red-backed vole；中国特有种。

39. 大绒鼠 *Eothenomy smiletus* Thomas，1914；英文名：Yunnan red-backed vole；别名：嗜谷绒鼠。

40. 黑腹绒鼠 *Eothenomys melanogaster* Milne-Edward，1871；英文名：Père David's vole；别名：黑线绒鼠、绒鼠，俗称猫儿老壳耗子、地滚子。

41. 短耳仓鼠 *Allocricetulus eversmanni* Brandt，1859；英文名 Eversman's hamster；别名：埃氏仓鼠。

42. 黑线仓鼠 *Cricetulus barabensis* Pallas，1773；英文名：Striped dwarf hamster；别名：花背仓鼠、背纹仓鼠、小腮鼠、搬仓鼠。

43. 灰仓鼠 *Cricetulus migratorius* Pallas，1773；英文名：Gray dwarf hamster。

44. 长尾仓鼠 *Cricetulus longicaudatus* Milne-Edwards，1867；英文名：Long-tailed dwarf hamster。

45. 大仓鼠 *Tscherskia triton* de Winton，1899；英文名：Greater Long-tailed hamster；别名：大腮鼠、搬仓鼠。

46. 黑线毛足鼠 *Phodopus sungorus* Pallas，1773；英文名：Dzhungarian hamster。

47. 小毛足鼠 *Phodopus roborovskii* Satunin，1903；英文名 Desert hamster，别名：荒漠毛跖鼠、沙漠侏儒仓鼠、罗伯罗夫斯基仓鼠、小白鼠、豆鼠、毛脚鼠，俗称老公公鼠。

48. 柽柳沙鼠 *Meriones tamariscinus* Pallas，1773；英文名：Tamarisk gerbil。

49. 红尾沙鼠 *Meriones libycus* Lichtenstein，1823；英文名：Libyan Jird；别名：利比亚沙鼠（*Meriones erythrourus* Gray，1842）。

50. 长爪沙鼠 *Meriones unguiculatus* Milne-Edwards，1867；英文名：Mongolian gerbil；别名：长爪沙土鼠、蒙古沙鼠、黄耗子、白条鼠。

51. 子午沙鼠 *Meriones meridianus* Pallas，1773；英文名：Mid-day gerbil。

52. 大沙鼠 *Rhombomys opimus* Lichtenstein，1823；英文名：Great gerbil；别名：大砂土鼠、黄老鼠、柴老鼠。

53. 板齿鼠 *Bandicota indica* Bechstein，1880；英文名：Greater bandicoot rat；别名：大柜鼠、乌毛柜鼠、小拟袋鼠、印度板齿鼠。

54. 巢鼠 *Micromys minutus* Pallas，1771；英文名：Eurasian harvest mouse；别名：禾鼠、燕麦鼠、稻鼠、圃鼠。

55. 小家鼠 *Mus musculus* Linnaeus，1758；英文名：House mouse；别名：鼷鼠、小鼠、小耗子、米鼠仔、月鼠、车鼠、家小鼠。

56. 卡氏小鼠 *Mus caroli* Bonhote，1902；英文名：Ryukyu mouse；别名：野外鼷鼠、棒杆鼷鼠、麦秆小家鼠、台湾小家鼠。

57. 朝鲜姬鼠 *Apodemus peninsulae* Thomas，1906；英文名：Korean field mouse；别名：大林姬鼠、林姬鼠、山耗子。

58. 大耳姬鼠 *Apodemus latronum* Thomas，1911；英文名：Large-eared field mouse；别名：姬鼠、森林姬鼠、川藏姬鼠，中国特有种。

59. 高山姬鼠 *Apodemus chevrieri* Milne-Edwards，1868；英文名：Chevrier's field mouse；别名：高原姬鼠、齐氏姬鼠。

60. 黑线姬鼠 *Apodemus agrarius* Pallas，1771；英文名：Striped field mouse；别名：田姬鼠、黑线鼠、长尾黑线鼠、金耗儿。

61. 中华姬鼠 *Apodemus draco* Barrett-Hamilton，1900；英文名：South China field mouse；别名：龙姬鼠。

62. 针毛鼠 *Niviventer fulvescens* Gray，1847；英文名：Chestnut rat，Chestnut white-bellied rat；别名：栗鼠、山鼠、赤鼠、黄刺毛鼠、刺毛黄鼠、针毛黄鼠、榛鼠、黄毛跳。

63. 北社鼠 *Niviventer confucianus* Milne-Edwards，1871；英文名：Confucian nivivente；别名：社鼠、孔氏鼠、硫黄腹鼠、刺毛灰鼠、白尾鼠、黄姑鼠。

64. 褐家鼠 *Rattus norvegicus* Berkenhout，1769；英文名：Brown rat；别名：大家鼠、沟鼠、挪威鼠、白尾吊、家耗子。

65. 大足鼠 *Rattus nitidus* Hodgson，1845；英文名：Himalayan field rat。

66. 黄毛鼠 *Rattus losea* Swinhoe，1871；英文名：Losea rat；别名：罗赛鼠、黄哥仔、园鼠、拟家鼠。

67. 黄胸鼠 *Rattus tanezumi* Temminck，1844；英文名：Oriental house rat，Yellow-bellied rat，Buffbreasted rat，Tanezumi rat，Sladen's rat；别名：达氏家鼠、黄腹鼠、长尾吊、长尾鼠。

68. 屋顶鼠 *Rattus rattus* Linnaeus，1758；英文名：House rat，Black rat，Roof rat，Ship rat；别名：家鼠、黑家鼠、安达曼鼠、斯氏家鼠、海南屋顶鼠、施氏屋顶鼠。

69. 复齿鼯鼠 *Trogopterus xanthipes* Milne-Edwards，1867；英文名：Complex-toothed flying squirrel；别名：飞虎、树标子、寒号虫。

70. 巨泡五趾跳鼠 *Allactaga bullata* Allen，1925；英文名：Gobi jerboa。

71. 三趾跳鼠 *Dipus sagitta* Pallas，1773；英文名：Northern three-toed jerboa。

72. 麝鼠 *Ondatra zibethicus* Linnaeus，1766；英文名：Muskrat；别名：麝香鼠、麝狸、麝鼠平、青根貂、水老鼠、水耗子。

73. 五趾跳鼠 *Allactaga sibirica* Forster，1778；英文名：Mongolian five-toed jerboa。

74. 三趾心颅跳鼠 *Salpingotus crassicauda* Vinogradov，1924；英文名：Think-tailed pygmy jerboa。

75. 长耳跳鼠 *Euchoreutes naso* Sclater，1891；英文名：Long-eared jerboa。

76. 小泡巨鼠 *Leopoldamys edwardsi* Thomas，1882；英文名：Edward's rat。

77. 长尾旱獭 *Marmota caudate* Geoffroy Saint-Hilaire，1877；英文名：Long-tailed marmot；别名：红旱獭。

78. 西伯利亚旱獭 *Marmota sibirica* Radde，1862；英文名：Tarbagan marmot；别名：蒙古旱獭、塔尔巴干。

79. 喜马拉雅旱獭 *Marmota himalayana* Hodgson，1841；英文名：Himalayan Marmot；别名："哈拉"（藏民称"梭娃"）、雪猪、雪里猫、土狗。

80. 旱獭属 *Marmota*，包括四个种，长尾旱獭 *Marmota caudata*，喜马拉雅旱獭 *Marmota himalayana*，西伯利亚旱獭 *Marmota sibirica*，灰旱獭 *Marmota baibacina*。

81. 灰旱獭 *Marmota baibacina* Brandt，1843；英文名：Gray marmot；别名：天山旱獭、阿尔泰旱獭。

82. 豪猪 *Hystrix brachyura* Linnaeus，1758．英文名：Malayan porcupine；别名：箭猪，刺猪，响铃猪。

83. 东北兔 *Lepus mandshuricus* Radde，1861；英文名：Manchurian hare；别名：满洲兔、山跳子、山兔、跳猫等。

84. 蒙古兔 *Lepus tolai* Pallas，1778；英文名：Tolaihare。

85. 高原兔 *Lepus oiostolus* Hodgson，1840；英文名：Woolly hare；别名：灰尾兔，野兔子。

86. 塔里木兔 *Lepus yarkandensis* Gunther，1875；英文名：Yarkand hare。

87. 雪兔 *Lepus timidus* Linnaeus，1758；英文名：Mountain hare。

88. 大麝鼩 *Crocidura lasiura* Dobson，1890；英文名：Ussurishrew。

89. 短尾鼩 *Anourosorex squamipes* Milne-Edwards，1872；英文名：Mole shrew，Chinese mole shrew，Sichuan burrowing shrew，Chinese short-tailed shrew；别名：四川短尾鼩、微尾鼩、鳞鼹鼩、地滚子、臭耗子、药老鼠。

90. 北小麝鼩 *Crocidura gmelini* Pallas，1811；英文名：Gmelin's shrew。

91. 臭鼩 *Suncus murinus* Linnaeus，1766；英文名：Asian house shrew，House shrew，Muck shrew；别名：大臭鼩、粗尾鼩鼱、食虫鼠、蚱蜢鼠、钱鼠、臭老鼠、臊鼠等。

附录二　我国杀鼠剂登记企业名录

序号	登记证号	登记名称	类别	剂型	总含量	有效期至	生产企业
1	PD20081024	溴敌隆	杀鼠剂	母液	0.50%	2018/8/6	江苏省泗阳县鼠药厂
2	PD20081102	溴鼠灵	杀鼠剂	毒饵	0.01%	2018/8/18	江苏省泗阳县鼠药厂
3	PD20081101	溴鼠灵	杀鼠剂	母液	0.50%	2018/8/18	江苏省泗阳县鼠药厂
4	PD20131851	敌鼠钠盐	杀鼠剂	母药	4%	2018/9/24	辽宁省大连实验化工有限公司
5	PD20081380	溴鼠灵	杀鼠剂	饵剂	0.01%	2018/10/27	浙江宁尔杀虫药业有限公司
6	PD20081524	溴鼠灵	杀鼠剂	毒饵	0.01%	2018/11/6	北京市隆华新业卫生杀虫剂有限公司
7	PD20081761	溴敌隆	杀鼠剂	母液	0.50%	2018/11/18	北京市隆华新业卫生杀虫剂有限公司
8	PD20081779	杀鼠灵	杀鼠剂	毒饵	0.05%	2018/11/19	天津阿斯化学有限公司
9	PD20081804	溴敌隆	杀鼠剂	母液	0.50%	2018/11/19	陕西秦乐药业化工有限公司
10	PD20081843	溴鼠灵	杀鼠剂	饵剂	0.01%	2018/11/20	江苏省无锡洛社卫生材料厂
11	PD20081832	溴敌隆	杀鼠剂	毒饵	0.01%	2018/11/20	陕西秦乐药业化工有限公司
12	PD20082007	溴鼠灵	杀鼠剂	母药	0.50%	2018/11/25	上海高伦现代农化股份有限公司
13	PD20082245	溴敌隆	杀鼠剂	毒饵	0.01%	2018/11/27	广东省广州新天地化学实业有限公司
14	PD20082242	溴鼠灵	杀鼠剂	饵剂	0.01%	2018/11/27	浙江省慈溪市逍林化工有限公司
15	PD20082241	溴鼠灵	杀鼠剂	母药	0.50%	2018/11/27	浙江省慈溪市逍林化工有限公司
16	PD20082314	溴敌隆	杀鼠剂	饵剂	0.01%	2018/12/1	浙江宁尔杀虫药业有限公司
17	PD20082453	溴敌隆	杀鼠剂	毒饵	0.01%	2018/12/2	浙江省慈溪市逍林化工有限公司
18	PD20082452	溴敌隆	杀鼠剂	母药	0.50%	2018/12/2	浙江省慈溪市逍林化工有限公司
19	PD20082560	溴敌隆	杀鼠剂	母液	0.50%	2018/12/4	重庆泰帮化工有限公司
20	PD20082828	溴敌隆	杀鼠剂	毒饵	0.01%	2018/12/9	辽宁省沈阳东大迪克化工药业有限公司
21	PD20082821	溴鼠灵	杀鼠剂	母液	0.50%	2018/12/9	河南远见农业科技有限公司
22	PD20082849	溴敌隆	杀鼠剂	毒饵	0.01%	2018/12/9	北京科林世纪海鹰科技发展有限公司
23	PD20082970	溴敌隆	杀鼠剂	毒饵	0.01%	2018/12/9	上海高伦现代农化股份有限公司
24	PD20083277	溴敌隆	杀鼠剂	母液	0.50%	2018/12/11	开封市普朗克生物化学有限公司
25	PD20083344	溴敌隆	杀鼠剂	毒饵	0.01%	2018/12/11	河南远见农业科技有限公司
26	PD20083360	溴敌隆	杀鼠剂	母液	0.50%	2018/12/11	陕西先农生物科技有限公司
27	PD20083755	溴鼠灵	杀鼠剂	饵剂	0.01%	2018/12/15	浙江迪乐化学品有限公司
28	PD20083857	溴敌隆	杀鼠剂	毒饵	0.01%	2018/12/15	重庆泰帮化工有限公司
29	PD20084359	溴敌隆	杀鼠剂	毒饵	0.01%	2018/12/17	开封市普朗克生物化学有限公司
30	PD20084426	溴鼠灵	杀鼠剂	毒饵	0.01%	2018/12/17	辽宁省大连金猫鼠药有限公司
31	PD20084740	溴鼠灵	杀鼠剂	毒饵	0.01%	2018/12/22	辽宁省沈阳爱威科技发展股份有限公司
32	PD20084783	溴敌隆	杀鼠剂	母药	0.05%	2018/12/22	河南远见农业科技有限公司

（续）

序号	登记证号	登记名称	类别	剂型	总含量	有效期至	生产企业
33	PD20085376	溴敌隆	杀鼠剂	毒饵	0.01%	2018/12/24	陕西先农生物科技有限公司
34	PD20086047	溴敌隆	杀鼠剂	毒饵	0.01%	2018/12/29	北京市隆华新业卫生杀虫剂有限公司
35	PD20086063	溴敌隆	杀鼠剂	母液	0.50%	2018/12/30	商丘市大卫化工厂
36	PD20086384	杀鼠醚	杀鼠剂	毒饵	0.04%	2018/12/31	北京市隆华新业卫生杀虫剂有限公司
37	PD20086244	溴敌隆	杀鼠剂	毒饵	0.01%	2018/12/31	商丘市大卫化工厂
38	PD20086375	杀鼠醚	杀鼠剂	毒饵	0.04%	2018/12/31	吉林省延边天泰生物工程科贸有限公司
39	PD20090004	雷公藤甲素	杀鼠剂	颗粒剂	0.25mg/kg	2019/1/4	江苏无锡开立达实业有限公司
40	PD20090049	敌鼠钠盐	杀鼠剂	母药	40%	2019/1/6	辽宁省大连实验化工有限公司
41	PD265－99	杀鼠醚	杀鼠剂	追踪粉剂	0.75%	2019/1/15	拜耳有限责任公司
42	PD185－94	氟鼠灵	杀鼠剂	毒饵	0.01%	2019/1/15	巴斯夫欧洲公司
43	PD20090644	溴鼠灵	杀鼠剂	母液	0.50%	2019/1/15	开封市普朗克生物化学有限公司
44	PD20090909	杀鼠醚	杀鼠剂	母粉	3.75%	2019/1/19	河北省张家口赛制药有限公司
45	PD20090962	溴敌隆	杀鼠剂	饵剂	0.01%	2019/1/20	广东省广州市花都区花山日用化工厂
46	PD20091904	溴鼠灵	杀鼠剂	毒饵	0.01%	2019/2/9	上海高伦现代农化股份有限公司
47	PD20092321	溴敌隆	杀鼠剂	毒饵	0.02%	2019/2/24	甘肃省武山县农药厂
48	PDN62－99	溴敌隆	杀鼠剂	母药	0.50%	2019/3/10	天津市天庆化工有限公司
49	PDN61－99	溴敌隆	杀鼠剂	母药	0.50%	2019/3/10	天津市天庆化工有限公司
50	PD20093169	溴敌隆	杀鼠剂	母液	0.50%	2019/3/11	河南力克化工有限公司
51	PD20093308	溴敌隆	杀鼠剂	毒饵	0.01%	2019/3/13	北京市朝阳区利华鼠药厂
52	PD20093388	敌鼠钠盐	杀鼠剂	毒饵	0.10%	2019/3/19	广东省广州市花都区花山日用化工厂
53	PD20093420	溴鼠灵	杀鼠剂	毒饵	0.01%	2019/3/23	商丘市大卫化工厂
54	PD20093977	杀鼠醚	杀鼠剂	母粉	0.75%	2019/3/27	北京市隆华新业卫生杀虫剂有限公司
55	PD20094117	溴敌隆	杀鼠剂	毒饵	0.01%	2019/3/27	蠡县金诺达制香有限公司
56	PD20094272	溴鼠灵	杀鼠剂	母液	0.50%	2019/3/31	辽宁省沈阳爱威科技发展股份有限公司
57	PD20094627	溴敌隆	杀鼠剂	母药	0.50%	2019/4/10	商丘市大卫化工厂
58	PD20094685	溴敌隆	杀鼠剂	毒饵	0.01%	2019/4/10	江西威敌生物科技有限公司
59	PD20094759	溴敌隆	杀鼠剂	母药	0.50%	2019/4/13	辽宁省大连金猫鼠药有限公司
60	PD20095157	溴鼠灵	杀鼠剂	毒饵	0.01%	2019/4/24	陕西秦乐药业化工有限公司
61	PD20095172	溴敌隆	杀鼠剂	母液	0.50%	2019/4/24	辽宁省沈阳爱威科技发展股份有限公司
62	PD20095758	敌鼠钠盐	杀鼠剂	饵剂	0.05%	2019/5/18	安阳全丰生物科技有限公司
63	PD20095910	溴敌隆	杀鼠剂	毒饵	0.01%	2019/6/2	黑龙江省平山林业制药厂
64	PD20096044	溴鼠灵	杀鼠剂	母药	0.50%	2019/6/16	辽宁省大连金猫鼠药有限公司
65	PD20096195	溴敌隆	杀鼠剂	饵剂	0.01%	2019/7/13	法国戴商高士公司
66	PD20096394	溴敌隆	杀鼠剂	毒饵	0.01%	2019/8/4	辽宁省沈阳爱威科技发展股份有限公司

（续）

序号	登记证号	登记名称	类别	剂型	总含量	有效期至	生产企业
67	PD20096472	D型肉毒梭菌毒素	杀鼠剂	水剂	1 000万毒价/mL	2019/8/14	青海绿原生物工程有限公司
68	WP20090307	硫酰氟	熏蒸剂	气体制剂	99.80%	2019/8/17	杭州茂宇电子化学有限公司
69	PD20096561	溴鼠灵	杀鼠剂	毒饵	0.01%	2019/8/24	洛阳派仕克农业科技有限公司
70	PD20097078	溴鼠灵	杀鼠剂	母药	0.50%	2019/10/10	商丘市大卫化工厂
71	PD20097284	溴鼠灵	杀鼠剂	饵粒	0.01%	2019/10/26	北京科林世纪海鹰科技发展有限公司
72	PD20097631	溴鼠灵	杀虫剂	饵剂	0.01%	2019/11/3	辽宁省鞍山东大嘉隆生物控制技术开发有限公司
73	PD20142491	溴鼠灵	杀鼠剂	母药	0.50%	2019/11/19	河南省虞城县韩氏化工有限公司
74	WP20140244	溴敌隆	杀鼠剂	饵剂	0.01%	2019/11/21	河南省虞城县韩氏化工有限公司
75	WP20150014	溴敌隆	卫生杀虫剂	毒饵	0.01%	2020/1/5	安阳全丰生物科技有限公司
76	PD20101206	溴敌隆	杀鼠剂	毒饵	0.01%	2020/2/21	甘肃省武山县农药厂
77	PD20101276	莪术醇	杀鼠剂	饵剂	0.20%	2020/3/5	吉林延边天保生物制剂有限公司
78	PD20101332	α-氯代醇	杀鼠剂	饵剂	1%	2020/3/18	四川新洁灵生化科技有限公司
79	PD20150868	溴敌隆	杀鼠剂	母药	0.50%	2020/5/18	河南省虞城县韩氏化工有限公司
80	PD20101562	溴敌隆	杀鼠剂	毒饵	0.01%	2020/5/19	广西玉林祥和源化工药业有限公司
81	PD20101540	敌鼠钠盐	杀鼠剂	饵剂	0.05%	2020/5/19	辽宁省大连实验化工有限公司
82	PD20101811	杀鼠醚	杀鼠剂	毒饵	0.04%	2020/7/19	广西玉林祥和源化工药业有限公司
83	PD20151269	D型肉毒梭菌毒素	杀鼠剂	浓饵剂	1 500万毒价/mL	2020/7/30	青海生物药品厂有限公司
84	PD20102144	地芬·硫酸钡	杀鼠剂	饵剂	20.02%	2020/12/7	辽宁微科生物工程股份有限公司
85	PD20152448	溴鼠灵	杀虫剂	饵剂	0.01%	2020/12/16	开封市普朗克生物化学有限公司
86	PD20160352	胆钙化醇	杀鼠剂	饵粒	0.08%	2021/2/25	浙江花园生物高科股份有限公司
87	WP20110079	溴敌隆	卫生杀虫剂	饵粒	0.01%	2021/3/31	四川锦辰生物科技股份有限公司
88	PD20110547	溴敌隆	杀鼠剂	母药	0.50%	2021/5/12	辽宁省沈阳东大迪克化工药业有限公司
89	PD18-86	溴鼠灵	杀鼠剂	饵块	0.01%	2021/6/12	英国先正达有限公司
90	PD16-86	溴鼠灵	杀鼠剂	饵剂	0.01%	2021/6/12	英国先正达有限公司
91	PD20110686	敌鼠钠盐	杀鼠剂	毒饵	0.10%	2021/6/20	甘肃天保农药化工有限公司
92	PD20110697	溴鼠灵	杀鼠剂	饵剂	0.01%	2021/6/27	柳州市白云生物科技有限公司
93	PD20161126	溴鼠灵	杀鼠剂	饵剂	0.01%	2021/8/30	河南省虞城县韩氏化工有限公司
94	PD20111011	溴敌隆	杀鼠剂	毒饵	0.01%	2021/9/28	洛阳派仕克农业科技有限公司
95	PD86119	杀鼠灵	杀鼠剂	母药	2.50%	2021/11/16	河北省张家口金赛制药有限公司
96	PD86118	杀鼠灵	杀鼠剂	原药	98%	2021/11/16	河北省张家口金赛制药有限公司

（续）

序号	登记证号	登记名称	类别	剂型	总含量	有效期至	生产企业
97	PD20111263	敌鼠钠盐	杀鼠剂	毒饵	0.05％	2021/11/23	广西玉林祥和源化工药业有限公司
98	WP20170048	溴鼠灵	卫生杀虫剂	饵剂	0.01％	2022/5/31	开平市达豪日化科技有限公司
99	PD20171008	D型肉毒梭菌毒素	杀鼠剂	浓饵剂	1亿毒价/g	2022/5/31	青海绿原生物工程有限公司
100	PD20121033	溴鼠灵	杀鼠剂	饵剂	0.01％	2022/7/3	广东省广州市花都区花山日用化工厂
101	PD20070274	杀鼠醚	杀鼠剂	饵剂	0.04％	2022/9/5	拜耳有限责任公司
102	PD20172203	溴鼠灵	杀鼠剂	饵剂	0.01％	2022/10/17	四川锦辰生物科技股份有限公司
103	PD20070418	C型肉毒杀鼠素	杀鼠剂	水剂	100万毒价/mL	2022/11/6	青海生物药品厂有限公司
104	PD20121885	溴鼠灵	杀鼠剂	饵剂	0.01％	2022/11/28	辽宁省沈阳东大迪克化工药业有限公司
105	PD20080075	溴敌隆	杀鼠剂	母液	0.50％	2023/1/4	河南远见农业科技有限公司
106	PD20080198	溴敌隆	杀鼠剂	饵剂	0.01％	2023/1/11	天津市天庆化工有限公司
107	PD20080197	溴鼠灵	杀鼠剂	母液	0.50％	2023/1/11	天津市天庆化工有限公司
108	PD20080195	溴鼠灵	杀鼠剂	毒饵	0.01％	2023/1/11	天津市天庆化工有限公司
109	WP20180007	溴敌隆	卫生杀虫剂	饵剂	0.01％	2023/1/14	辽宁东峰日用品有限公司
110	WP20130013	溴鼠灵	卫生杀虫剂	饵粒	0.01％	2023/1/17	广西柳州市万友家庭卫生害虫防治所
111	PD20180515	溴敌隆	杀鼠剂	母液	0.50％	2023/2/8	辽宁东峰日用品有限公司
112	PD20080336	溴敌隆	杀鼠剂	毒饵	0.01％	2023/2/26	辽宁省大连金猫鼠药有限公司
113	PD20080376	溴敌隆	杀鼠剂	母粉	0.50％	2023/2/28	河南远见农业科技有限公司
114	PD20080602	溴敌隆	杀鼠剂	饵粒	0.01％	2023/5/12	北京市隆华新业卫生杀虫剂有限公司
115	WP20180083	氟鼠灵	卫生杀虫剂	毒饵	0.01％	2023/5/16	江苏功成生物科技有限公司
116	PD20131758	C型肉毒梭菌毒素	杀鼠剂	浓饵剂	100万毒价/mL	2023/9/6	青海生物药品厂有限公司

参考文献

边疆晖，樊乃昌，1997. 捕食风险与动物行为及其决策的关系. 生态学杂志，16（1）：34-39.

卜小莉，施大钊，2009. 抗凝血类杀鼠剂抗性检测与方法研究——长爪沙鼠对氯敌鼠钠的抗药性 [D]. 北京：中国农业大学.

陈东平，王晓，2005. 鼠类不育技术控制鼠害的理论与实践 [J]. 预防医学情报杂志，21（2）：163-165.

陈昊，2010. TBS 技术农田控鼠效果研究 [J]. 现代农业科技，6：138-139.

陈千权，曲家鹏，刘明，等，2010. 高原鼠兔对炔雌醚、左炔诺孕酮和 EP-1 不育药饵适口性 [J]. 动物学杂志，45：87-90.

陈雅娟，张博，靳铁治，等，2014. 不育控制技术在有害鼠类防控中的研究进展 [J]. 陕西农业科学，60（12）：73-76.

陈谊，张彩菊，蒋洪，2014. 胆钙化醇灭鼠剂的研究 [J]. 中华卫生杀虫药械，20（3）：282-286.

陈越华，陈伟，2009. 围栏捕鼠技术初探 [J]. 湖南农业科学，（10）：97-98.

戴荣禧，庞诗宜，林心楷，等，1978. 棉花籽抗生育的研究 [J]. 实验生物学报，11（1）：1-10.

戴忠平，施大钊，2004. 毒芹挥发性成分分析及对布氏田鼠驱避作用研究 [D]. 北京：中国农业大学.

邓址，1985. 选择性毒力的急性杀鼠剂 [J]. 中国媒介生物学及控制杂志，1（2）：115-122.

邓址，1991. 啮齿动物对人类健康的危害 [J]. 中国公共卫生，7（3）：131-134.

邓址，1996. 毒饵灭鼠 [J]. 中国媒介生物学及控制杂志，2：169-172.

董天义，阎丙申，1998. 抗凝血灭鼠剂研究进展 [J]. 医学动物防制，14（4）：61-67.

董维惠，侯希贤，周廷林，等，1990. 抗凝血杀鼠剂防治布氏田鼠的研究 [J]. 中国媒介生物学及控制杂志，1：157-161.

冯志勇，叶冠良，2001. 抗凝血灭鼠剂的增效研究 [J]. 广东农业科学，（5）：44-46.

付和平，张锦伟，施大钊，等，2011. EP-1 不育剂对长爪沙鼠野生种群增长的控制作用 [J]. 兽类学报，31：（4）404-411.

付学锋，田彦林，张洪江，等，2009. 对食饵法夹捕法监测结果影响因子的初步探讨 [J]. 中国媒介生物学及控制杂志，20（6）：519-521.

高源，1996. 鼠类化学不育剂的发展 [J]. 中国媒介生物学及控制杂志，7（6）：481-484.

高志祥，施大钊，2007. 抗凝血类灭鼠剂抗性管理研究 [D]. 北京：中国农业大学.

高志祥，施大钊，郭永旺，等，2008. 北京地区黑线姬鼠对杀鼠灵抗药性的测定 [J]. 中国媒介生物学及控制杂志，19：90-92.

巩爱岐，2004. 青海草地害鼠害虫毒草研究于防治 [M]. 西宁：青海人民出版社.

郭全宝，1984. 中国鼠类及其防治 [M]. 北京：农业出版社.

郭永旺，王登，施大钊，2013. 我国农业鼠害发生状况及防控技术进展 [J]. 植物保护，39（5）：62-69.

郭永旺，张振铎，李国忠，等，2011. 围栏陷阱（TBS）捕鼠技术对玉米田害鼠的防治效果及鼠害产量损失研究初报 [J]. 中国植保导刊，31（10）：20-22.

郭永旺，李全喜，张敬德，等，2016. 围栏陷阱法（TBS）对东北地区玉米地害鼠的防治效益 [J]. 中国植保导刊，36（12）：29-33.

郭永旺，施大钊，2012. 中国农业鼠害防控技术培训指南 [M]. 北京：中国农业出版社.

郭永旺，施大钊，王登，等，2015. 农业鼠害防控技术及杀鼠剂科学使用指南 [M]. 北京：中国农业出版社.

郭永旺，王登，施大钊，2013. 我国农业鼠害发生状况及防控技术进展 [J]. 植物保护，39（5）：62-69.

韩崇选，王明春，杨学军，等，2002. 克鼠星 1 号对小白鼠的毒力测定 [J]. 西北林学院学报，17（1）：45-48.

韩崇选，杨学军，王明春，等，2004. 农林啮齿动物灾害环境修复与安全诊断 [M]. 杨凌：西北农林科技大学出版社.

何玲，穆龙，2012. TBS 灭鼠技术在新疆的应用 [J]. 新疆农垦科技（2）：21-22.

何咏琪，黄晓东，侯秀敏，等，2013. 基于 3S 技术的草原鼠害监测方法研究 [J]. 草业学报，22（3）：33-40.

侯秀敏，文香，李卫民，等，2007. 莪术醇雌性不育剂防治草地害鼠试验研究 [J]. 青海草业，16（4）：14-19.

胡晓鹏，梁红春，郭喜红，等，2006. 北京顺义区农田害鼠调查方法比较 [J]. 中国媒介生物学及控制杂志，16（6）：474-475.

黄立胜，陈玉托，姚丹丹，等，2008. 广东农区毒饵站灭鼠技术试验研究 [J]. 广东农业科学，7：68-71.

霍秀芳，施大钊，王登，2007. EP-1 对长爪沙鼠的作用 [J]. 植物保护学报，34（3）：321-325.

霍秀芳，施大钊，2006. 两种不育剂对长爪沙鼠的作用效果研究 [D]. 北京：中国农业大学.

霍秀芳，王登，郭永旺，等，2008. 雷公藤制剂对雄性长爪沙鼠繁殖功能的影 [J]. 兽类学报，3：305-310.

姜书凯，2016. 一种全新的杀鼠剂胆钙化醇（VD3）在我国问世 [J]. 农药市场信息，3：19.

蒋光藻，2007. 川西北草原害鼠之天敌控鼠效果初探 [J]. 西南农业学报，19（6）：1169-1171.

金星，杨再学，刘晋，等，2009. 贵州省毒饵站灭鼠技术的研究与应用 [J]. 贵州农业科学，37（9）：107-111.

孔琪，夏霞宇，赵永坤，2015. 美国实验动物品种资源现状分析 [J]. 中国实验动物学报，23（5）：539-542.

雷邦海，松会武，1988. 水稻鼠害经济防治指标研究初报 [J]. 贵州农业科学（6）：9-12.

黎唯，于心，叶瑞玉，2010. 啮齿动物及其寄生蚤的分布与分析 [J]. 中华卫生杀虫药械，16（4）：325-326.

李根，施大钊，2009. 两种药剂对布氏田鼠的不育作用研究 [D]. 北京：中国农业大学.

李广华，魏新政，王惠卿，等，2011. 新疆 TBS 灭鼠技术示范应用效果初报 [J]. 中国植保导刊，31（8）：27-29.

李克欣，张堰铭，2011. 高原鼠兔种群遗传多样性及其对不育控制的响应 [D]. 西宁：中国科学院西北高原生物研究所.

李全喜，王登，2015. 围栏陷阱系统（TBS）对吉林省玉米地害鼠的控制与监测效果 [D]. 北京：中国农业大学.

梁红春，兰璞，郭永旺，2014. 围栏捕鼠技术在天津地区应用研究 [J]. 中国媒介生物学及控制杂志，25（2）：145-147.

梁俊勋，1981. 灰仓鼠、柽柳沙鼠和草原兔尾鼠对沙门氏菌的感受性实验灭鼠和鼠类生物学研究报告（第四集）[M]. 北京：科学出版社.

刘初生，2009. 隧道型塑料毒饵站灭鼠效果试验 [J]. 中国植保导刊，29（4）：36-37.

刘汉武，周立，刘伟，等，2008. 利用不育技术防治高原鼠兔的理论模型 [J]. 生态学杂志，27（7）：1238-1243.

刘汉武，王荣欣，张凤琴，等，2011. 我国害鼠不育控制研究进展 [J]. 生态学报，31（19）：5484-5494.

刘汉武，周立，刘伟，等，2008. 利用不育技术防治高原鼠兔的理论模型 [J]. 生态学杂志，27（7）：1238-1243.

刘乾开，1996. 农田鼠害及其防治 [M]. 北京：中国农业出版社.

刘伟，姜雅琴，2001. 长爪沙鼠在作物秋收期的行为适应特征及其生态治理对策 [J]. 兽类学报，21（2）：107-115.

刘伟，宛新荣，王广和，等，2004. Jolly-Seber 法估算长爪沙鼠种群参数的适用性探讨 [J]. 兽类学报，24（1）：36-41.

刘晓芳，徐杰，张迅，等，2004. 农区竹筒毒饵站灭鼠新技术 [J]. 安徽农业（8）：20.

刘铸，徐艳春，戎可，等，2014. 啮齿动物分子系统地理学研究进展 [J]. 生态学报，34（2）：307-315.

马庭矗，李凤龙，谢德昌，等，2000. 溴敌隆等量毒饵不同投饵方法灭鼠效果观察 [J]. 中国媒介生物学及控制杂志，2：147-148.

马西，王登，2018. 常用抗凝血杀鼠剂毒饵及一种鼠特灵衍生物的毒力测试 [D]. 北京：中国农业大学.

缪勇，陈述仁，卞红正，等，2001. 有害生物可持续控制的几点探讨 [J]. 安徽农业通报，7（3）：8-10.

欧汉标，余向明，麦海，等，2004. 湛江地区家鼠抗药性的动态及其治理对策 [J]. 中国媒介生物学及控制杂志，15：365-367.

潘世昌，李梅，邓启国，等，2007. 毒饵站灭鼠技术研究 [J]. 农技服务，24（6）：56-57.

彭文富，陈玉妹，林坚贞，等，1996. 农田害鼠"诱、杀、避"防治配套技术研究 [J]. 福建农业学报，11（1）：45-49.

秦姣，施大钊，2008. 防治布氏田鼠经济阈值的研究 [D]. 北京：中国农业大学.

青海省生物研究所微生物灭鼠研究组，1973. 鼠痘病毒灭鼠的研究，灭鼠和鼠类生物学研究报告（第一集）[M]. 北京：科学出版社.

曲昌明，2013. 毒饵站技术在农区灭鼠中的应用研究 [J]. 农业科技与装备（1）：11-13.

尚玉昌，1990. 捕食者-猎物关系的理论和应用研究 [J]. 应用生态学报，1（2）：177-185.

沈伟，郭永旺，施大钊，等，2011. 炔雌醚对雄性长爪沙鼠不育效果及其可逆性 [J]. 兽类学报，31（2）：171-178.

师小梅，赵治萍，郑卫锋，2008. 褐家鼠活动规律与毒饵站比对试验研究 [J]. 山西农业科学，36（12）：77-78.

施大钊，郭永旺，苏红田，2009. 农牧业鼠害及控制进展 [J]. 中国媒介生物学及控制杂志，20（6）：499-501.

施大钊，王登，高灵旺，2008. 啮齿动物生物学 [M]. 北京：中国农业大学出版社.

舒东辉，商永亮，王国义，2012. EP-1 不育剂颗粒林地鼠害防治试验 [J]. 内蒙古林业调查设计，35（4）：114-115.

宋凯，1997. 草原保护学第一分册，草原啮齿动物学 [M]. 2版. 北京：中国农业出版社.

宋英，李宁，王大伟，等，2016. 鼠类对抗凝血类灭鼠剂抗药性的遗传机制 [J]. 中国科学：生命科学，46（5）：619-626.

孙飞达，龙瑞军，路承香，2010. 高原鼠兔不同洞穴密度对高寒草地植物群落组成及多样性的影响 [J]. 干旱区资源与环境，24（7）：181-186.

宛新荣，王梦军，王广和，等，2001，具有左截断、右删失寿命数据类型的生命表编制方法 [J]. 动物学报，47（1）：101-107.

宛新荣，石岩生，宝祥，等，2006. EP-1 不育剂对黑线毛足鼠种群繁殖的影响 [J]. 兽类学报，26（4）：392-397.

汪诚信，王祖望，1996. 害鼠防治与卫生防疫 [M]//王祖望，张知彬. 鼠害治理的理论与实践. 北京：科学出版社：38-52.

汪诚信，1996. 我国鼠害及其防治对策 [J]. 中国媒介生物学及控制杂志，1：62-65.

王阿川，贾涛，2007. 结合 WebGIS 的森林病虫鼠害管理信息系统的研究与实现 [J]. 林业劳动安全，20（3）：34-37.

王朝斌，蒋凡，郭聪，等，2003. 竹筒毒饵站农田灭鼠效果观察 [J]. 植保技术与推广，23（10）：31-32.

王朝斌，袁春花，罗林明，2003. 家栖鼠对 5 种类型毒饵站的选择研究 [J]. 中国媒介生物学及控制杂志，14（3）：190-191.

王华弟，陈军昂，徐云，等，2008. 6 种常用杀鼠剂对农区害鼠防效试验及推广应用 [J]. 植物保护，34（1）：148-151.

王梅静，陈锋，2009. 两种含氟 4-羟基香豆素类抗凝血杀鼠剂的合成与药效研究 [D]. 哈尔滨：东北大学.

王显报，郭永旺，蒋凡，等，2011. TBS 技术在农田鼠害长期控制中的应用研究 [J]. 中国媒介生物学及控制杂志，22（1）：57-58.

王显报，袁春花，2004. UPVC 管材毒饵站在城镇灭鼠中的应用研究 [J]. 中国媒介生物学及控制杂志，15（4）：295.

王勇，刘晓辉，王登，等，2018. 鼠害防治学学科发展研究 [M]//中国植物保护学会编. 2016—2017 植物保护学学科发展报告. 北京：中国科学技术出版社：366-389.

王西之，马林，陈东平，等，2003. 化学不育剂-环丙醇类衍生物控制鼠害Ⅲ-现场试验 [J]. 四川动物，22（4）：215-217.

王振坤，戴爱梅，郭永旺，等，2009. TBS 技术在小麦田的控鼠试验 [J]. 中国植保导刊（9）：29-30.

王祖望，何新桥，王基琳，等，1975. 野外条件下鼠痘病毒在小家鼠的中的传播实验灭鼠和鼠类生物学研究报告（第二集）[M]. 北京：科学出版社.

王祖望，刘季科，苏建平，等，1987. 高寒草甸生态系统——小哺乳动物能量动态的研究 Ⅱ. 通过高原鼠兔种群能流的初步估计 [J]. 兽类学报，7（3）：189-202.

魏万红，杨生妹，樊乃昌，等，2004. 动物觅食行为对捕食风险的反应 [J]. 动物学杂志，39（3）：84-90.

武晓东，1990. 布氏田鼠种群生态研究 [J]. 兽类学报，10（1）：54-59.

武晓东，1995. Jolley - Seber 模型对莫氏田鼠种群若干参数的估算 [C]//中国兽类生物学研究. 北京：中国林业出版社.

夏武平，1986. 从生态系统的观点看草原灭鼠 [J]. 生态学杂志，5 (1)：26 - 28.

肖春国，1984. 杀鼠剂灭鼠安国内外情况介绍 [J]. 辽宁化工 (6)：29 - 34.

徐仁权，朱江，任文军，等，2006. 上海地区家栖鼠对杀鼠灵和溴敌隆抗药性研究 [J]. 中国媒介生物学及控制杂志，16 (6)：427 - 429.

徐翔，罗林明，蒋凡，等，2006. 不同鼠密度农田毒饵站的最适放置密度研究 [J]. 中国媒介生物学及控制杂志，16 (5)：383 - 383.

徐翔，王朝斌，蒋凡，等，2004. 家栖鼠对农舍不同位置放置毒饵站的选择性 [J]. 植物医生，17 (5)：26 - 26.

薛冬娟，张冬冬，蒋文科，等，2004. 作物病虫害综合治理地理信息系统 [J]. 河北农业大学学报，27 (5)：104 - 109.

杨东生，赵新春，熊琳，等，2005. 新疆草原鼠害的动态监测 [J]. 新疆畜牧业 (6)：58 - 60.

杨高乾，2011. 不同类型毒饵站灭鼠的适口性及防治效果对比试验 [J]. 植物医生 (5)：45 - 46.

杨健，王汉斌，2008. 杀鼠剂的毒性与分类 [J]. 中国医刊，43 (4)：2 - 3.

杨敏，张堰铭，2009. 不育剂对高原鼠兔繁殖的作用格局 [D]. 北京：中国科学院.

杨卫平，杨荷芳，1991. 天敌对害鼠种群控制作用的研究进展 [J]. 动物学杂志，26 (3)：55 - 64.

杨新根，侯玉，朱文雅，等，2012. 雄性不育剂对农田害鼠的防控效果 [J]. 山西农业科学，40 (10)：1095 - 1098.

杨学荣，马林，等，2004. 环丙醇类衍生物——雄性不育剂对养鸡场控制鼠害效果观察 [J]. 医学动物防制，20 (9)：524 - 526.

杨玉平，张福顺，王利清，2016. 草原鼠害综合防治技术 [M]. 北京：中国农业科学技术出版社.

杨再学，郭永旺，金星，等，2012. TBS 技术监测及控制农田害鼠效果初报 [J]. 山地农业生物学报，31 (4)：301 - 306.

杨再学，金星，2002. 黑线姬鼠种群年龄组划分标准比较研究 [J]. 西南农业学报，15 (1)：112 - 115.

杨再学，雷帮海，2008. 农田灭鼠经济效益计算方法探讨 [J]. 贵州农业科学，36 (2)：78 - 80.

杨再学，郑元利，金星，2005. PVC 管"毒饵站"在农区灭鼠中的应用效果 [J]. 贵州农业科学，33 (2)：26 - 28.

姚丹丹，冯志勇，隋晶晶，等，2013. 黄毛鼠对抗凝血杀鼠剂回避行为的初步研究 [J]. 中国媒介生物学及控制杂志，3：9.

尹德惠，何余江，杨贵林，等，2005. 不同类型"毒饵站"对鼠类防治效果试验观察 [J]. 植物医生，18 (3)：32 - 34.

虞孝里，李思惠，王招兄，等，2000. 职业性亚急性抗凝血杀鼠剂中毒 4 例临床分析 [J]. 中国工业医学杂志，13 (1)：33 - 34.

袁媛，邱霞，2013. 急性毒性试验研究进展 [J]. 海军医学杂志，34 (5)：360 - 361.

袁志强，董杰，岳瑾，等，2017. 捕鼠桶尺寸对围栏陷阱系统（TBS）捕鼠效果的影响 [J]. 中国植保导刊，37 (1)：23 - 26.

袁志强，杨秀环，张永安，2007. 不同长度管形毒饵站在养殖场灭鼠试验报告 [J]. 当代畜牧 (2)：52 - 53.

张宏利，卜书海，韩崇选，等，2003. 鼠害及其防治方法研究进展 [J]. 西北农林科技大学学报（自然科学版），31 (增刊)：167 - 172.

张连峰，2011. 我国常用实验动物资源的现状及对未来发展的思考 [J]. 中国比较医学杂志，21 (10 - 11)：39 - 44.

张亮亮，施大钊，王登，2009. 不同不育比例对布氏田鼠种群增长的影响 [J]. 草地学报，17 (6)：830 - 833.

张涛，刘铭泉，2005. 不育剂在灭鼠中的应用研究 [J]. 中国媒介生物学及控制杂志，16 (4)：327 - 328.

张显理，唐伟，顾真云，等，2005. 不育剂甲基炔诺酮对宁夏南部山区甘肃鼢鼠种群控制试验 [J]. 农业科学研究，26 (1)：37 - 42.

张知彬，朱靖，杨荷芳，1993. Jolly - Seber 法对大仓鼠和黑线仓鼠种群若干参数的估算 [J]. 生态学报，13 (2)：115 - 120.

张知彬，1995. 鼠类不育控制的生态学基础 [J]. 兽类学报，15 (3)：229 - 234.

张知彬，2003. 我国草原鼠害的严重性及防治对策 [J]. 中国科学院院刊，5：343 - 347.

张知彬，张健旭，王福生，等，2001. 不育和"灭杀"对围栏内大仓鼠种群繁殖力和数量的影响 [J]. 动物学报，47

（3）：241－248.

赵桂芝，施大钊，1994. 中国鼠害防治［M］. 北京：中国农业出版社.

赵俊君，朱文刚，2002. 三种常用方法调查鼠密度结果评价［J］. 医学动物防制，18（8）：413－414.

赵珺，黄玉珍，李悦，等，2010. 0.2%莪术醇饵剂防治农田害鼠试验［J］. 河南农业科学，6：95－97.

赵敏，张国忠，李荣，2007. 溴敌隆竹筒毒饵站法农田灭鼠效果试验［J］. 植物保护，33（2）：130－131.

郑剑宁，裴炯良，2004. 硫酰氟在国外的研究及应用进展［J］. 中华卫生杀虫药械，10（4）：244－248.

郑剑宁，王燕，裴炯良，2007. 鼠传疾病与鼠类宿主研究概况［J］. 中国媒介生物学及控制杂志，18（5）：427－429.

郑元利，杨再学，李大庆，等，2009. 不同类型毒饵站灭鼠对比试验观察［J］. 植物医生（2）：27－29.

郑智民，姜志宽，陈安国，2008. 啮齿动物学［M］. 上海：上海交通大学出版社.

郑重武，焦守文，张凤琴，等，2014. 出生和死亡具有密度制约的不育控制下的害鼠种群动态［J］. 生物数学学报，29（2）：315－320.

钟文勤，樊乃昌，2002. 我国草地鼠害的发生原因及其生态治理对策［J］. 生物学通报，37（7）：1－4.

钟文勤，周庆强，王广和，等，1991. 布氏田鼠鼠害生态治理方法的设计及其应用［J］. 兽类学报，11（3）：204－212.

朱姝，周亚娟，王娅芳，2015. 2004—2013 年贵州省鼠药中毒情况分析［J］. 微量元素与健康研究，32（4）：37－39.

朱文平，2008. 不同类型毒饵站灭鼠的适口性及防治效果对比试验［J］. 植物医生，21（3）：41－42.

庄凯勋，贾培峰，初德志，等，2001. 应用植物不育剂控制林木鼠害新技术应用［J］. 中国森林病虫，S1：34－37.

邹波，李新苗，张长江，等，2016. 银恒快速捕鼠器防治山西省中华鼢鼠的研究与改进［J］. 农业技术与装备（4）：82－84.

Addink E A，De Jong S M，Davis S A，et al，2010. The use of high－resolution remote sensing for plague surveillance in Kazakhstan［J］. *Remote Sensing of Environment*，114（3），674－681.

Al－Ali A，Alkhawajah AA，Randhawa MA，et al，2008. Oral and intraperitoneal LD50 of thymoquinone, an active principle of Nigella sativa, in mice and rats［J］. Journal of Ayub Medical College Abbottabad，20（2）：25－27.

Alomar H，Chabert A，Coeurdassier M，et al，2018. Accumulation of anticoagulant rodenticides (chlorophacinone, bromadiolone and brodifacoum) in a non－target invertebrate, the slug, Deroceras reticulatum［J］. Science of the Total Environment，610：576－582.

Aplin K P，Brown P R，Jacob J，et al，2003. Field methods for rodent studies in Asia and the Indo－Pacific［M］. Melbourne：Australian Centre for International Agricultural Research（ACIAR）Monograph，Print Group.

Arthur A D，Pech RP，Singleton GR，2005. Predicting the effect of immunocontraceptive recombinant murine cytomegalovirus on population outbreaks of house mice（*Mus musculus domesticus*）in mallee wheatlands［J］. *Wildlife Research*，32：631－637.

Atkinson I A E，1985. The spread of commensal species of Rattus to oceanic islands and their effects on island avifaunas［J］. ICPB Tech Publ，3：35－81.

Battersby S，Hirschhorn R B，Amman R B，2008. Commensal rodents［M］//X Bonnefoy，H Kampen，K Sweeney. Public health significance of urban pests. Denmark：Regional Office for Europe，World Health Organization：387－419.

Begon M，2003. Disease：health effects on humans, population effects on rodents［J］. Aciar Mono Graph Series，96：13－19.

Bolaños F，LeDue J M，Murphy T H，2017. Cost effective raspberry pi－based radio frequency identification tagging of mice suitable for automated in vivo imaging［J］. *Journal of Neuroscience Methods*，276：79－83.

Bolger D T，Morrison T A，Vance B，et al，2012. A computer－assisted system for photographic mark－recapture analysis［J］. *Methods in Ecology and Evolution*，3（5）：813－822.

Bonnefoy X，Kampen H，Sweeney K，2008. Public health significance of urban pests［M］. World Health Organization.

Boyle C M，1960. Case of apparent resistance of Rattus norvegicus Berkenhout to anticoagulant poisons［J］. Nature，188（4749）：517－517.

Brown P R，Douangboupha B，Htwe N M，et al，2017. Control of rodent pests in rice cultivation［M］//T Sasaki. Achieving sustainable rice cultivation. Cambridge，UK：Burleigh Dodds Science Publishing：1－34.

Brown P R, Huth N I, Banks P B, et al, 2007. Relationship between abundance of rodents and damage to agricultural crops [J]. *Agriculture, ecosystems & environment*, 120 (2): 405 – 415.

Brown P R, Leung L K P, Sudarmaji, et al, 2003. Movements of the ricefield rat, Rattus argentiventer, near a trap – barrier system in rice crops in West Java, Indonesia [J]. International journal of pest management, 49 (2): 123 – 129.

Brown P R, Nguyen P T, Singleton G R, et al, 2006. Ecologically based rodent management in the real world: applied to a mixed agro – ecosystem in Vietnam [J]. *Ecological Applications*, 16: 2000 – 2010.

Brown P R, Tuan N P, Singleton G R, et al, 2006. Ecologically based management of rodents in the real world: applied to a mixed agroecosystem in Vietnam [J]. Ecological Applications, 16 (5): 2000 – 2010.

Buckle A P, Klemann N, Prescott C V, 2012. Brodifacoum is effective against Norway rats (Rattus norvegicus) in a tyrosine139 cysteine focus of anticoagulant resistance in Westphalia, Germany [J]. Pest Management Science, 68: 1579 – 1585.

Buckle A P, Smith R H, 1994. Rodent pests and their control [M]. Wallingford, UK: CAB International: 405.

Buckle A P, Smith R H, 2015. Rodent pests and their control [M]. 2nd ed. Wallingford, UK: CABI: 422.

Buckle A P, Smith R H, 2015. Rodent Pests and their Control [M]. 2nd ed. Wallingford, Oxfordshire: CAB International: 422.

Buckle A, 2013. Anticoagulant resistance in the United Kingdom and a new guideline for the management of resistant infestations of Norway rats (*Rattus norvegicus* Berk) [J]. Pest Management Science, 69: 334 – 341.

Campbell K J, Beek J, Eason C T, et al, 2015. The next generation of rodent eradications: innovative technologies and tools to improve species specificity and increase their feasibility on islands [J]. Biological Conservation, 185: 47 – 58.

Caughley J, Monamy V, Heiden K, 1994. Impact of the 1993 mouse plague [M]. Canberra: Grains Research and Development Corporation.

Chambers L K, Singleton G R, Hinds L A, 1999 Fertility control of wild mouse populations: the effects of hormonal competence and an imposed level of sterility [J]. *Wildlife Research*, 26: 579 – 591.

Choi H, Conole D, Atkinson D J, et al, 2016. Fatty Acid – Derived Pro – Toxicants of the Rat Selective Toxicant Norbormide [J]. Chemistry & Biodiversity, 13 (6): 762 – 775.

Davis SA, Leirs H, Pech R, et al, 2004. On the economic benefit of predicting rodent outbreaks in agricultural systems [J]. *Crop Protection*, 23 (4): 305 – 314.

Deng Wang, Quanxi Li, Ke Li, et al, 2017. Modified trap barrier system for the anagement of rodents in maize fields in Jilin Province, China [J]. *Crop Protection*, 98: 172 – 178.

Duckworth J A, Cui X, Scobie S, et al, 2008. Development of a contraceptive vaccine for themarsupial brushtail possum (*Trichosurus vulpecula*): lack of effects in mice and chickensimmunised with recombinant possum ZP3 protein and a possum ZP3 antifertility epitope [J]. Wildlife research, 35 (6): 563 – 572.

Duckworth J A, Cui X, Scobie S, et al, 2008. Development of a contraceptive vaccine for themarsupial brushtail possum (Trichosurus vulpecula): lack of effects in mice and chickensimmunised with recombinant possum ZP3 protein and a possum ZP3 antifertility epitope [J]. Csiro Wildlife research, 35 (6): 563 – 572.

Eason C T, Fagerstone K A, Eisemann J D, et al, 2010. A review of existing and potential New World and Australasian vertebrate pesticides with a rationale for linking use patterns to registration requirements [J]. Pans Pest Articles & News Summaries, 56 (2): 109 – 125.

Eason C T, Murphy E C, Wright G R G, et al, 2002. Assessment of Risks of Brodifacoum to Non – target Birds and Mammals in New Zealand [J]. Ecotoxicology, 11: 35.

Eason C T, Murphy E C, Wright GRG, et al, 2002. Assessment of Risks of Brodifacoum to Non – target Birds and Mammals in New Zealand [J]. Ecotoxicology, 11 (1): 35 – 48.

Eason C T, Shapiro L, Ogilvie S, et al, 2017. Trends in the development of mammalian pest control technology in New Zealand [J]. New Zealand Journal of Zoology, 44 (4): 267 – 304.

Eason C T, 2002. Sodium monofluoroacetate (1080) risk assessment and risk communication [J]. Toxicology, 181 (24): 523 – 530.

Efford M G, Fewster R M, 2013. Estimating population size by spatially explicit capture – recapture [J]. *Oikos*, 122 (6), 918 – 928.

Feiyang Z, Yueming H, Liancheng C, et al, 2016. Monitoring behavior of poultry based on RFID radio frequency network [J]. *International Journal of Agricultural and Biological Engineering*, 9 (6): 139.

Fernandez B, 2016. Embracing technology in monitoring rodent risks [J]. *International Pest Control*, 58 (6): 322.

Geddes A W M, 1992. The relative importance of pre – harvest crop pests in Indonesia [J]. Natural Resource Institute Bulletin, 47: 7 – 11.

Golovljova I, Vasilenko V, Mittženkov V, et al, 2007. Characterization of hemorrhagic fever with renal syndrome caused by hantaviruses, Estonia [J]. Emerging Infectious Diseases, 13 (11): 1773 – 1776.

Gratz N G, 1973. A critical review of currently used single – dose rodenticides [J]. Bulletin of the World Health Organization, 48 (4): 469 – 477.

Greaves J H, Rowe F P, Redfern R, et al, 1968. Microencapsulation of rodenticides [J]. Nature, 219 (5152): 402 – 403.

Greaves J H, Shepherd D S, Quy R, 1982. Field trials of second – generation anticoagulants against difenacoum – resistant Norway rat populations [J]. Epidemiology & Infection, 89 (2): 295 – 301.

Hielkema J U, Roffey J, Tucker C J, 1986. Assessment of ecological conditions associated with the 1980/81 desert locust plague upsurge in West Africa using environmental satellite data [J]. International Journal of Remote Sensing, 7 (11): 1609 – 1622.

Howald G R, Mineau P, Elliott J E, et al, 1999. Brodifacoum poisoning of avian scavengers during rat control on a seabird colony [J]. Ecotoxicology, 8 (6): 431 – 447.

Howald G, Donlan C J, Galvan J P, et al, 2007. Invasive rodent eradication on islands [J]. Conservation biology, 21 (5): 1258 – 1268.

Huggins R, Hwang W H, 2011. A Review of the Use of Conditional Likelihood in Capture-Recapture Experiments [J]. *International Statistical Review*, 79 (3): 385 – 400.

Jacob J, Herawati N A, Davis S A, et al, 2004. The impact of sterilised females on enclosed populations of ricefield rats [J]. *Journal of Wildlife Management*, 68: 1130 – 1137.

Jacob J, Singleton G R, Herawati N A, et al, 2010. Ecologically based management of rodents in lowland irrigated rice fields in Indonesia [J]. Wildlife research, 37 (5): 418 – 427.

Jacob J, Singleton G R, Hinds L A, 2008. Fertility control of rodent pests [J]. Wildlife research, 35 (6): 487 – 493.

Jay – Smith M, Murphy E C, Shapiro L, et al, 2016. Stereoselective synthesis of the rat selective toxicant norbormide [J]. Tetrahedron, 72 (35): 5331 – 5342.

John A, 2014. Rodent outbreaks and rice pre – harvest losses in Southeast Asia [J]. Food Security, 6 (2): 249 – 260.

Johnston M, McCaldin G, Rieker A, 2016. Assessing the availability of aerially delivered baits to feral cats through rainforest canopy using unmanned aircraft [J]. *Journal of Unmanned Vehicle Systems*, 4 (4): 276 – 281.

Kausrud K L, Mysterud A, Steen H, et al, 2008. Linking climate change to lemming cycles [J]. Nature, 456 (7218): 93 – 97.

Kidd K A, Blanchfield P J, Mills K H, et al, 2007. Collapse of a fish population after exposure to a synthetic estrogen [J]. *Proceedings of the National Academy of Sciences of the United States of America*, 104: 8897 – 8901.

Kirkpatrick J F, Lyda R O, Frank K M, 2011. Contraceptive Vaccines for Wildlife: A Review [J]. American Journal of Reproductive Immunology, 66: 40 – 50.

Kirkpatrick J F, Turner A, 2008. Achieving population goals in longlived wildlife species (*Equus caballus*) with contraception [J]. *Wildlife Research*, 35: 513 – 519.

Kirkpatrick J F, Turner J W J, Liu I K M, et al, 1997. Case studies in wildlifeimmunocontraception: wild and feral equids and white – tailed deer [J]. *Reproduction, Fertility and Development*, 9: 105 – 110.

Kline, 2014. Global Rodent Control: Market Analysis and Opportunities [M]. Kline & Company.

Kniplin E F, McGuire J U, 1972. Potential role of sterilization for suppressing rat populations: a theoretical appraisal

［J］. Agricultural Research Service Technical Bulletin, U. S. Department of Agriculture, 1455: 1 - 27.

Knipling E F, 1959. Sterile male method of population control ［J］. *Science*, 130 (3380): 902 - 904.

Krebs C J, Boonstra R, 1984. Trappability estimates for mark - recapture data ［J］. Canadian Journal of Zoology, 62 (12): 2440 - 2444.

Lam Y M, 1988. Rice as a trap crop for the rice field rat in Malaysia ［M］//Proceedings of the 13th Vertebrate Pest Conference: 123 - 128.

Lazarus A B, Rowe F P, 1982. Reproduction in an island population of Norway rats, *Rattus norvegicus* (Berkenhout), treated with an oestrogenic steroid ［J］. Agro - Ecosystems, 8 (1): 59 - 67.

Leach S, 1981. Environmental control of plant pathogens using avoidance ［M］. CRC handbook of pest management in agriculture, 347 - 355.

Leirs H, 2003. Management of rodents in crops: the Pied Piper and his orchestra ［M］//Singleton GR, Hinds L A, Krebs C J, et al. Rats, Mice and People: Rodent Biology and Management. Australian Centre for International Agricultural Research: 183 - 190.

Lima M, Marquet PA, Jaksic FM, 1999. El Nino events, precipitation patterns, and rodent outbreaks are statistically associated in semiarid Chile ［J］. *Ecography*, 22 (2): 213 - 218.

Liu M, Qu J, Wang Z, et al, 2012. Behavioral mechanisms of male sterilization on plateau pika in the Qinghai - Tibet plateau ［J］. Behav Processes, 89 (3): 278 - 85.

Liu M, Qu J, Yang M, et al, 2012. Effects of quinestrol and levonorgestrel on populations of plateau pikas, Ochotona curzoniae, in the Qinghai - Tibetan Plateau ［J］. Pest Manag Sci, 68 (4): 592 - 601.

Liu M, Wan X, Yin Y, et al, 2012. Subfertile effects of quinestrol and levonorgestrel in male rats ［J］. Reprod Fertil Dev, 24 (2): 297 - 308.

Lv X H, Shi D Z, 2011. The effects of quinestrol as a contraceptive in Mongolian gerbils (*Meriones unguiculatus*)［J］. *Exp. Anim*, 60 (5): 489 - 496.

Lv X H, Shi D Z, 2011. Effects of levonorgestrel on reproductive hormone levels and their receptor expression in Mongolian gerbils (Meriones unguiculatus)［J］. *Exp. Anim*, 60: 363 - 371.

M G Begonia, A K Castillo, J S Tolentino, et al, 2011. Community Trap Barrier System (CTBS): An effective technique for rodent monitoring and surveillance ［C］.

Ma Aituan, Yang Xiaozhen, Wang Zixu, et al, 2008. Adult exposure to diethylstilbestrol induces spermatogenic cell apoptosis in vivo through increased oxidative stress in male hamster ［J］. *Reproductive Toxicology*, 25 (3): 367 - 373.

Manville RH, 1949. Techniques for capture and marking of mammals ［J］. *Journal of Mammalogy*, 30 (1): 27 - 33.

McCulloch L, Hunter D M, 1983. Identification and monitoring of Australian plague locust habitats from Landsat ［J］. Remote Sensing of Environment, 13 (2): 95 - 102.

McLeod S R, Saunders G, Twigg L E, et al, 2007. Prospects for the future: is there a role for virally vectored immunocontraception in vertbrate pest management? ［J］. *Wildlife Research*, 34: 555 - 566.

Meerburg B G, Singleton G R, Kijlstra A, 2009. Rodent - borne diseases and their risks for public health ［J］. Critical Reviews in Microbiology, 35 (3): 221 - 270.

Millar S E, Chamow S M, Baur A W, et al, 1989. Vaccination with a synthetic zona pellucida peptide produces long - term contraception in female mice ［J］. Science, 245: 935 - 938.

Murphy M J, 2012. Anticoagulant rodenticides ［M］// RC Gupta. Veterinary Toxicology. 2nd ed. Academic Press: 469 - 484.

Nadian A, Lindblom L, 2002. Studies on the development of a microencapsulated delivery system for norbormide, a species - specific acute rodenticide ［J］. International Journal of Pharmaceutics, 242 (1 - 2): 63 - 68.

Nash P, Furcolow C A, Bynum K S, et al, 2007. Dia zacholesterol as an oral contraceptive for blacktailed prairie dog population ma nagement ［J］. Human Wildlife Conflicts, 1: 60 - 67.

Newton I, Wyllie I, Dale L, 1997. Mortality causes in British barn owls (*Tyto alba*), based on 1, 101 carcasses examined during 1963 - 1996 ［J］. USDA Forest Service General Technical Report NC - 190: 299 - 307.

Nichols J D, Pollock K H, 1983. Estimation methodology in contemporary small mammal capture - recapture studies [J]. Journal of Mammalogy: 253 - 260.

Palis F G, Morin S, Van Chien H, et al, 2005. Socio - cultural and economic assessment of CTBS (Community Trap Barrier System) adoption in south vietnam [J]. Omonrice, 13: 85 - 89.

Pelfrene A F, 2001. Rodenticides [M]// Krieger RI. Handbook of Pesticide Toxicology. 2nd ed. San Diego (USA): Academic Press: 1793 - 1836.

Pelz H J, Rost S, Hunerberg M, et al, 2005. The genetic basis of resistance to anticoagulants in rodents [J]. Genetics, 170 (4): 1839 - 1847.

Perry G, Wallace M C, Perry D, et al, 2011. Toe Clipping of Amphibians and Reptiles: Science, Ethics, and the Law1 [J]. *Journal of Herpetology*, 45 (4): 547 - 555.

Petit S, Waudby H P, Walker A T, et al, 2012. A non - mutilating method for marking small wild mammals and reptiles [J]. *Australian Journal of Zoology*, 60 (1): 64 - 71.

Redhead T, Singleton G, 1988. The PICA Strategy for the prevention of losses caused by plagues of Mus domesticus in rural Australia1 [J]. EPPO Bulletin, 18 (2): 237 - 248.

Redwood A J, Smith L M, Lloyd M, et al, 2007. Prospects for virally vectored immunocontraception in the control of wild house mice (*Mus domesticus*) [J]. *Wildlife Research*, 34: 530 - 539.

Rennison D, Laita O, Bova S, et al, 2012. Design and synthesis of prodrugs of the rat selective toxicant norbormide [J]. Bioorganic & Medicinal Chemistry, 20 (13): 3997 - 4011.

Rennison D, Laita O, Conole D, et al, 2013. Prodrugs of N - dicarboximide derivatives of the rat selective toxicant norbormide [J]. Bioorganic & medicinal chemistry, 21 (18): 5886 - 5899.

Riley S P D, Bromley C, Poppenga R H, et al, 2007. Anticoagulant exposure and notoedric mange in bobcats and mountain lions in urban southern California [J]. *Journal of Wildlife Management*, 71: 1874 - 1884.

Rispin A, Farrar D, Margosches E, et al, 2002. Alternative methods for the median lethal dose (LD50) test: the up - and - down procedure for acute oral toxicity [J]. ILAR journal, 43 (4): 233 - 243.

Roszkowski A P, Nause B R, Michael E H, et al, 1965. The pharmacological properties of norbormide, a selective rat toxicant [J]. Journal of Pharmacology and Experimental Therapeutics, 149 (2): 288 - 299.

Roszkowski A P, Poos G I, Mohrbacher R J, 1964. Selective rat toxicant [J]. Science, 144 (3617): 412 - 413.

Ruiz - Suárez N, Henríquez - Hernández L A, Valerón P F, et al, 2014. Assessment of anticoagulant rodenticide exposure in six raptor species from the Canary Islands (Spain) [J]. Science of the Total Environment, 485: 371 - 376.

Shen Wei, Shi Dazhao, Wang Deng, et al, 2011. Effects of quinestrol on reproductive organs of male Mongolian gerbils (*Meriones unguicul* ats)[J]. *Experiment Animals*, 60 (5): 445 - 453.

Shi D, Wan X, Davis S A, et al, 2002. Simulation of lethal control and fertility control in a demographic model for Brandt's vole *Microtus brandti* [J]. Journal of Applied Ecology, 39: 337 - 348.

Siddiqi Z, Blane W D, 1982. Anticoagulant resistance in house mice in Toronto, Canada [J]. Environmental Health Review, 32: 49 - 51.

Singla N, Parshad V R, 2010. Efficacy of acute and anticoagulant rodenticide baiting in sugarcane fields of Punjab [J]. International journal of pest management, 56 (3): 201 - 210.

Singleton G R, Belmain S R, Brown P R, et al, 2010. Impacts of rodent outbreaks on food security in Asia [J]. Wildlife Research, 379 (5): 355 - 359.

Singleton G R, Brown P R, 2003. Comparison of different sizes of physical barriers for controlling the impact of the rice field rat, Rattus argentiventer, in rice crops in Indonesia [J]. Crop Protection, 22 (1): 7 - 13.

Singleton G R, Sudarmaji, Jacob J, et al, 2005. An analysis of the effectiveness of integrated management of rodents in reducing damage to lowland rice crops in Indonesia [J]. Agriculture Ecosystems & Environment, 107: 75 - 82.

Singleton G R, Suriapermana S, 1998. An experimental field study to evaluate a trap - barrier system and fumigation for controlling the rice field rat, Rattus argentiventer, in rice crops in West Java [J]. Crop Protection, 17 (1): 55 - 64.

Singleton G R, Suriapermana S, 1998. An experimental field study to evaluate a trap - barrier system and fumigation for controlling the rice field rat, Rattus argentiventer, in rice crops in West Java [J]. Crop Protection, 17 (1): 55 - 64.

Singleton G R, 2003. Impacts of rodents on rice production in Asia [J]. IRRI Discussion Paper, 45: 1 - 30.

Stenseth N C, Leirs H, Mercelis S, et al, 2001. Comparing strategies for controlling an African pest rodent: an empirically based theoretical study [J]. *Journal of Applied Ecology*, 38: 1020 - 1031.

Stone W B, Okoniewski J C, Stedlin J R, 1999. Poisoning of wildlife with anticoagulant rodenticides in New York [J]. Journal of Wildlife Diseases, 35 (2): 187 - 193.

Sullivan T P, Sullivan D S, Crump D R, et al, 1988. Predators and their potential role in managing pest rodents and rabbits [J]. Proceedings Vertebrate Pest Conference, 13: 145 - 150.

Tang Tao, Li Pingliang, Luo Laixin, et al, 2010. Development and validation of a HPLC method for determination of levonorgestrel and quinestrol in rat plasma [J]. Biomedical chromatography, 24: 706 - 710.

Taylor K D, 1972. Rodent problems in tropical agriculture [J]. Pest Articles & News Summaries, 18 (1): 81 - 88.

Thomas P J, Mineau P, Shore R F, et al, 2011. Second generation anticoagulant rodenticides in predatory birds: probabilistic characterisation of toxic liver concentrations and implications for predatory bird populations in Canada [J]. Environment International, 37 (5): 914 - 920.

Twigg LE, Williams C K, 1999. Fertility control of overabundant species: can it work for feral rabbits? [J]. *Ecology Letters*, 2: 281 - 285.

Valchev I, Binev R, Yordanova V, et al, 2008. Anticoagulant rodenticide intoxication in animals - a review [J]. Turkish Journal of Veterinary and Animal Sciences, 32 (4): 237 - 243.

Wang D W, Li N, Liu M, et al, 2011. Behavioral evaluation of quinestrol as a sterilant in male Brandt's voles [J]. Physiology & Behavior, 104 (5): 1024 - 1030.

Watt B E, Proudfoot A T, Bradberry S M, et al, 2005. Anticoagulant rodenticides [J]. Toxicological Reviews, 24 (4): 259 - 269.

Weber L P, 2014. Norbormide [J]. Encyclopedia of Toxicology, 3: 617 - 618.

Williams C K, 2007. Assessment of the risk of inadvertently exporting from Australia a genetically modified immunocontraceptive virus in live mice (*Mus musculus domesticus*)[J]. *Wildlife Research*, 34: 540 - 554.

Wilson D E, Reeder D M, 2005. Mammals Species of the World: A Taxonomic and Geographic Reference [M]. 3rd ed. John Hopkins University Press, Baltimore, Maryland: 745 - 2142.

Wróbel A, Bogdziewicz M, 2015. It is raining mice and voles: which weather conditions influence the activity of Apodemus flavicollis and Myodes glareolus? [J]. European Journal of Wildlife Research, 61 (3): 475 - 478.

Zhao M R, Liu M, Li D, et al, 2007. Anti - fertility effect of levonorgestrel and quinestrol in Brandt's voles (*Lasiopodomys brandtii*)[J]. Integrative Zoology, 2: 260 - 268.

Zulian A, Šileikyte J, Petronilli V, et al, 2011. The translocator protein (peripheral benzodiazepine receptor) mediates rat - selective activation of the mitochondrial permeability transition by norbormide. Biochim Biophys [J]. Acta, 1807 (12): 1600 - 1605.

达乌尔黄鼠

赤颊黄鼠（蒋卫　提供）

花　鼠

岩松鼠

林睡鼠

中华鼢鼠

甘肃鼢鼠（苏军虎　提供）

高原鼢鼠

东北鼢鼠

草原鼢鼠

鼹形田鼠   草原兔尾鼠   白尾松田鼠

布氏田鼠   棕色田鼠   东方田鼠

莫氏田鼠   社田鼠   黑腹绒鼠

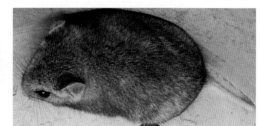

大仓鼠   黑线仓鼠   灰仓鼠

长尾仓鼠   小毛足鼠

长爪沙鼠

子午沙鼠

红尾沙鼠

巢　鼠

小家鼠

板齿鼠

黑线姬鼠

高山姬鼠

针毛鼠

北社鼠

屋顶鼠

褐家鼠

黄胸鼠

黄毛鼠

大足鼠

三趾跳鼠

五趾跳鼠

高原鼠兔

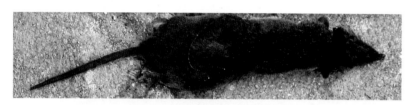
臭鼩

二、鼠害防控常用技术

置放鼠夹训练

农田夹捕调查

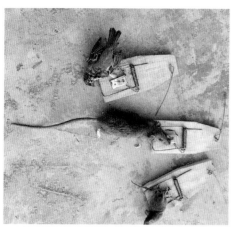

捕获的鼠和鸟

标记重捕

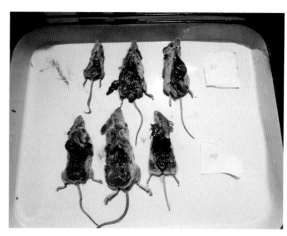

鼠的解剖

田间放置地箭

红外感应地箭

居家电猫灭鼠(不推荐)

野外电猫灭鼠(不推荐)

人工配制抗凝血杀鼠剂毒饵

机器配制抗凝血杀鼠剂毒饵

人工投饵

毒饵投放机械

毒饵站

矩形TBS　　　　　　　　　　　　　　线形TBS

鼠类饲养室

用水泥混凝土和木板建造的猫舍

设置在农田的猫舍　　　　　　　　　　　　野化后的家猫在农田活动